海洋脊椎动物学

Marine Vertebrate Zoology

主编　武云飞

编者　武云飞　艾庆辉

　　　刘　云　姜国良

中国海洋大学出版社

·青岛·

图书在版编目(CIP)数据

海洋脊椎动物学 / 武云飞主编. —青岛:中国海
洋大学出版社,2013.6
  ISBN 978-7-5670-0342-2

  Ⅰ.①海… Ⅱ.①武… Ⅲ.①海洋脊椎动物 Ⅳ.
①Q959.3

中国版本图书馆 CIP 数据核字(2013)第 132428 号

出版发行	中国海洋大学出版社		
社　　址	青岛市香港东路 23 号	邮政编码	266071
出 版 人	杨立敏		
网　　址	http://www.ouc-press.com		
电子信箱	dengzhike@sohu.com		
订购电话	0532－82032573(传真)		
责任编辑	邓志科	电　　话	0532－85902121
印　　制	日照报业印刷有限公司		
版　　次	2013 年 6 月第 1 版		
印　　次	2013 年 6 月第 1 次印刷		
成品尺寸	185 mm×260 mm		
印　　张	25		
字　　数	580 千字		
定　　价	50.00 元		

前　言

　　《水生脊椎动物学》于 2001 年 3 月问世以来,已历时 10 年有余,其间只在 2004 年 10 月第 2 次印刷时作过少量修改。该书虽然已流通于海峡两岸,或被国内沿海一些水产院校普遍采用。但是,随着"科技进步和开发海洋"的深入发展,人们对海洋脊椎动物多样性与资源所受胁迫情况了解越多,对这些动物基本知识的需求越大,越感到早期为我国海洋和水产事业培养专业人才编写的《水生脊椎动物学》中介绍的海洋鱼类、爬行类、鸟类和哺乳类存在不足,而且有些内容已落后于现实生活和生产实践,因此,我们对《水生脊椎动物学》进行了重大修改,并更名为《海洋脊椎动物学》。

　　《海洋脊椎动物学》在叙述脊索动物三亚门及各纲代表动物时,与其形态解剖有关的部分改动较少,而各纲分类系统或特征描述均按《中国动物志》或最新出版的分类学有关资料重新改写。对代表性强及常见的陆栖脊椎动物压缩了文字,而没有整体删除,以免割断动物系统间的内在联系。针对当前濒危物种保护呼声显著增高以及海洋生物资源合理开发与持续利用行动的逐步落实,动物分类广泛需求与应用同当前分类人才短缺、学生分类基础薄弱之间的矛盾而新撰写了《绪论》一章,在其简述海洋脊椎动物学概要的同时,专门介绍了动物分类原理与方法,以便需要时查阅。第二章增加了脊索动物门系统发育关系图,补充尾索和头索两亚门动物的分类内容并新增 3 种海鞘和文昌鱼的介绍和图片等。第三章补充改写了脊椎动物亚门排泄、神经和内分泌系统的内容,简要地增加了"脊椎动物起源的证据"一节。第四章全文改写圆口纲概述、分类与起源以及演化部分的内容,并增加 2 个图。第五章鱼总纲,全文大篇幅改写,分别增加软骨鱼类和硬骨鱼类代表动物的介绍及图片而取代淡水鲤鱼;鱼总纲分类全面改写使其与 Joseph S. Nelson. 2006 年出版的《世界鱼类》一致;为提高师生实践应用能力增加了"海洋鱼类分类鉴定的实例"和"常见的鱼类学问题"两节。第六章两栖纲,增加了"海陆蛙"形态特征与鉴别的介绍。第七章爬行纲,在分类与地理分布一节中分别增加了海龟、蠵龟、玳瑁、棱皮龟、青环海蛇、平颏海蛇和海蜥等海产动物的形态介绍和图片。第八章鸟纲,对突胸总目的分类目录进行了改写,增加了多种沿海常见种类,如白鹭和白鹳、丹顶鹤、鹗等的介绍和图片。第九章哺乳纲,分类部分增写了斑海豹、江豚、抹香鲸、虎鲸、灰鲸、小须鲸、露脊鲸及儒艮等海洋兽类的形态特征及资源概况。第十章动物的进化研究与系统生物学的发展及有关学科概要,增加海洋环境和海水鱼类地理群的简述及分布图,并改写与补充了世界海洋渔区的划分与产量分布的内容。

　　本书作者编写分工与《水生脊椎动物学》基本一样:脊索动物门及其尾索动物和头索动物两亚门、脊椎动物亚门概述和鸟纲原刘云编写,武云飞改写和补充;圆口纲、鱼总纲和两栖纲原姜国良编写,武云飞改写与补充;前言、绪论、爬行纲、哺乳纲、动物的进化研究与

系统生物学的发展及有关学科概要由武云飞、艾庆辉编写。最后由武云飞全面梳理、补充并核对全文。

在此期间胡维兴、杨德渐、宋微波和陈万青等教授对教材内容提出宝贵意见，郑长禄先生无私提供海龟生态学资料，孟庆闻赠送《鱼类比较解剖学》、《鲨和鳐的解剖》大作并准予引用，吴翠珍高级工程师绘制了爬行纲和哺乳纲动物图，谨此一并表示深切的感谢。

由于我们的知识水平和实践经验有限，错误难免，诚恳希望读者批评指正。

武云飞

2012 年 4 月 20 日

目　录

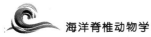

第一章 绪 论

《海洋脊椎动物学》是专为海洋生物、海洋水产、海洋医药等有关学科各专业本科学生学习而编著的,也可供综合大学、高等师范院校、海洋水产院校、农林院校和医药院校生物系、水产系、农学系有关教师、研究生和科研工作人员参考。

由于脊椎动物的许多类群已脱离水环境向陆地和空中发展,致使其躯体结构、生理机能和行为适应等方面远较无脊椎动物复杂、进化,从而出现了两栖类、爬行类、鸟类和哺乳类等新类型的产生,显示出动物由低等向高等不断发展的进化历程。它们栖息在不同的生活环境,包括海洋、淡水、空中和地下,而要求着不同的生活条件并以相应的生活方式适应它。这是它们长期改造不断适应其周围生活环境而形成的。当我们正在为"海洋脊椎动物"下定义、划范围犯愁时,恰逢《中国海洋生物名录》这本 327 万字的巨著出版,给我们提供了重要参考。它明确地将海蛙 Rana cancrivora (Gravenhorst)作为两栖纲的海洋种类代表,解决了海洋脊椎动物缺少两栖纲动物的问题;另外又列出中国海洋鸟类名录,对我们的工作都是有益的。再进一步参考《海洋鸟类》(Л. О. 别洛波利斯基和 B. H. 舒恩托夫,1991)及新近出版的《中国动物志》等有关论著,可以对"海洋脊椎动物"作出如下定义:海洋脊椎动物是终生或生命的某阶段在海洋环境中生活并与海洋生物有密切联系的脊椎动物。详细地说,可以分为:①真海洋脊椎动物:终生在海中栖息、摄食和繁殖,甚至育仔都在海中的脊椎动物,如多数的鱼类和鲸类。②半海洋脊椎动物:部分时间在海上度过,部分时间需要迁徙到陆地或淡水去繁殖及生长发育的脊椎动物,如一些淡海水洄游鱼类、两栖类、爬行类及海陆迁徙鸟类等,因为它们到了滨海地带就以沿海生物为食,这些动物部分时间生活在海洋或沿海,依赖海洋生物为生,河口、大陆浅海、沿海岛屿、珊瑚礁群、远洋以及深邃的洋盆底沟处都有可能成为它们的栖息场所,它们要求着不同的生活、环境条件,并采取着不同的生活方式以适应其生存和发展。

本书的研究对象包括脊索动物门中有代表性的海产低等脊索动物和海洋脊椎动物。世界海洋动物的现存种数有 50 000 多种[①]。

1.1 《海洋脊椎动物学》的基本范畴与研究内容

《海洋脊椎动物学》是研究动物界的脊索动物门的 3 个亚门,即尾索动物亚门、头索动物亚门和脊椎动物亚门海洋类群动物的形态结构和有关生命活动规律的科学。根据其研

---

① 本文统计数较少于《中国海洋生物名录》(刘瑞玉,2008)的 70 596 种,其主要的差别在于后者把世界鸟类 9 755 种误当做海洋鸟类统计(实际 500 种左右),故出现误差。

究内容的不同而划分为不同的学科,主要包括:

动物形态学:指研究动物体内外结构及其在个体发育和系统发展中变化规律的科学。包括研究细胞与器官的显微结构、动物遗传变异规律及个体发育中的动物体器官系统形成过程,以及研究已绝灭动物在地层的化石等。

动物分类学:研究动物类群之间彼此相似程度并把它们分门别类列成系统,以阐明它们的亲缘关系、进化过程和发展规律的科学。

动物生理学:研究动物体的生活机能,如消化、循环、呼吸、排泄、生殖、刺激反应性等各种机能的变化、发展情况以及在环境条件影响下所起的反应等。

动物生态学:根据有机体与环境条件的辩证统一,研究动物的生活规律及其与环境中非生物与生物因子的相互关系的科学。

动物地理学:研究不同水域动物分布情况以及动物与其存活环境的相互依存关系的科学。

近年来,由于数理化、天文气象、医学、电子技术及人口环境等学科的迅速发展并与生物学的相互渗透,形成了若干新兴的边缘学科。它们不断地从各个方面促进动物学科的发展,特别是分子生物学的技术方法在动物学上的应用,从分子水平上来阐明动物间的亲缘关系和分类地位,使动物分类与演化关系研究越来越可信,大大地推动了动物分类学的发展。与此同时,对动物学其他各领域在学术理论观点和技术改进方面也有广泛的突破与促进。这些内容将插在有关章节分别论述,而本章仅将动物分类学原理和方法以及动物命名法规简要介绍,以解决日常动物分类问题的困扰。本教材在介绍动物学基本理论知识的同时,尤其注重各学科发展的前沿动态、注重教学理论联系实际及学生学用结合能力的培养。

1.2 动物分类学与生产发展的关系

从历史发展的角度讲,在生物科学发展的初期,植物学和动物学实质上都是为医学服务的。在植物方面,首要的注意给予了草药,以往的植物园其实就是栽培草药的苗圃。而动物学的出现是与人体解剖学及生理学相联系的。早在公元前 1 000 年前的《山海经》中就载录了大量殷商时期及此前的海洋学资料,对海洋的认识领域已达环绕古代中国的太平洋边缘海域:日本海、渤海、黄海、东海和南海等,并扩大到南太平洋诸岛及其海域。所记载的海洋生物主要是鱼类,其中记载有治病作用并能考证出物种种属的海洋药物 8 种,即鲀鱼(河豚)、虎蛟(虎鲨)、文鳐鱼、鯥鱼(鲦鱼)、人鱼(儒艮)、鱤鱼、飞鱼(燕鳐鱼)、䲜鱼(青䲜鱼)。此后,从马王堆汉墓出土的《五十二病方》(成书于战国早期),已被定为先秦医方集本。《五十二病方》共收载药物 299 种,其中海洋药物有牡蛎、盐两种。此后的中药经典《黄帝内经》,虽仅载有 13 首方剂,但其中就有用海洋药物乌贼骨组成的"四乌鲗骨—蘆茹丸",对其论述包括病名、病症、病因、病理、治则、药物配伍、治法、服法。标志着战国时期以后,我国对海洋药物的使用已纳入用中医学理论为指导思想的科学体系之中。西汉晚期产生了我国现存最早的药物学专著《神农本草经》,收载了 365 种药物(植物药 252 种,动物药 67 种,矿物药 46 种),已将海洋药物正式纳入中医本草学体系,其中海洋动物药有牡蛎、龟甲、乌贼骨、海蛤、文蛤、蟹、贝子、马刀(蛏类)8 种,海藻 1 种。唐代完成的《新修本草》,全书分为玉石、草、木、兽禽、虫鱼、果、菜、米、有名未用等 9 类,收载海洋药物 25 种,比前人增收 6 种,分别为珊瑚、石燕、鲛鱼皮、紫贝、甲香、珂,该书问世不久,很快流传到朝鲜、日本等国(管华诗等,2009)。

在西方,经 17 和 18 世纪对生物的世界性研究,使欧洲的博物学家认识了来自世界各地,包括来自热带的数万个动、植物新种,导致动物学和植物学分离开来,成为各自独立的科学。在这两个科学领域中,最初的关注在于给自然界的多样性确立次序,即进行分类学研究。无论是植物学还是动物学,事实上在当时都离不开分类学。有机(活)体世界的突出特点,就是它有极端的多样性。没有两个绝对相同的个体,没有两个完全同一的物种,它们都有自己独一无二的特征。当我们看一看为人类所利用的生物时,这一点就变得特别明显了。例如,羊提供羊毛,牛提供牛奶,依此类推,棉株提供棉花,猪提供熏肉,霉菌提供青霉素,等等。这是分类学家研究物种之间的差别、发现亲缘种和较远缘种之间的类似和差别的根据。在生理学、生态学、行为学和其他实验生物学领域中,由于实验工作者不能正确地鉴定他们使用的物种,何止一次发生过代价昂贵的错误? 如果成百万物种的有机体世界,不被分类学家分为不同分类单元(物种及其种上类群)的话,任何人也不能在这繁杂、迷茫的有机界中正常地开展研究。由此可知,良好的分类有着双重的重要功能:它既作为科学的理论,又作为获取情报的系统而起作用。

分类具有科学理论的全部特点。首先它有说明的价值,可为划分分类单元或类目等级,提供有利于分开或联合的分类单元特征的论证。同时,将一些具有最接近亲缘关系的物种,即那些具有最大部分的祖先基因型的物种并在一起。第二个特性是高度的预见能力。对自然分类单元成员来说,具有特征的一般遗传性,它以高度概然性保证这一分类单元的所有成员具有若干共同的特征。要是发现一新种或较高等级的分类单元,只要对这一分类单元加以"分类",即确定它在系统中的地位,就可以具体确定其大部分的特征。与任何科学理论相似,分类具有强烈的启发性。以可能有的起源为基础的分类,能辨别同源结构并阐明不同的形态特征的一致性或不一致性。分类的预见能力依赖于类群的遗传同质性。在有争议的分类"群"中,经典分类学预见能力是很低的,必须借助更先进的分类学方法诸如比较解剖学、细胞遗传学或分子分类学等求得解决。这说明寻求"自然"分类,即与可能起源的资料一致的分类是正当的。

作为获得情报的系统分类。分类同样可以完成实践功能。它应该便于记载其后找到的与所研究的分类单元有关的任何资料。给予一个分类单元的名称,就像是打开写字台各个抽屉的钥匙。在海马属(*Hippocampus*)下可以找到涉及海马的各个种的所有资料。这一原理反过来同样起作用,因为现有的检索表使我们得以确定指定标本的种的名称,从而使之和系统相联系。基于这两个理由——理论的和实践的——分类学的部分任务就是建立分类和检索表。这只有专业工作者能够做到。既然分类和检索表成为可资利用的,它们就大大便利了其他搜集情报的生物学家的工作。

以前许多生物学家并不重视分类学家作出的贡献,但是分类学家的成就是极其巨大的,即使采取最狭义的分类学概念也是如此。他们描述包括约 100 万个动物种和 50 万个植物种,同时把它们排列成系统(分类)。任何形态学家、生态学家、生理学家和偏爱系统发育学的分子生物学家的工作，如果没有可资利用的可靠的分类，都将是毫无意义的。

1.3 动物分类学的创始人及常见的专业术语

在论述分类学家功绩时，首先使我们想到的是杰出的博物学家瑞典人林奈（1707—1778），他被称为"分类学之父"。下面在介绍林奈等分类学家的同时，顺便说明有关分类学专用术语名词，以解读者的困惑。在林奈 1758 年出版的《自然系统》一书中，首先创立分类阶元的体系，确认动物界中纲（class）、目（order）、属（genus）、种（species）和变种（varietas）五个阶元，又把动物分为蠕虫、昆虫、鱼、两栖、鸟和哺乳类 6 个纲。他第一次自始至终地用双名制命名动物，使动物分类学走上科学的轨道。林奈的分类系统不仅采纳了亚里士多德的一些观点，也受益于早逝的同窗学友阿斯蒂德（Petrus Arstid）提出的"新种、属的分类方法"。阿斯蒂德在自己的《鱼类学》手稿中提出这一方法，被后人誉为"鱼类学之父"。林奈的方法虽非完全独创，但由于他个人的崇高威望和对学生们的影响，被尊崇为分类学始祖。林奈卓越而实用的分类系统很快就被采用、扩充并得到进一步改善。随着动物学知识的发展以及新发现动物种数的增加，作更精细的区分就显得非常必要。于是首先增加了科（family，介于属与目之间）和门（phylum，介于纲与界之间）两个分类阶元。至于林奈所用的变种则成为一个任意引用的阶元，它包括不同类型的变异（地理和个体的）。后来又在原有阶元的基础上更加细分，构成许多新阶元。这些新阶元是在原有阶元名称之前，加上前缀词"总（super）"或"亚（sub）"而构成的。于是又出现"总纲（superclass）"、"总目（superorder）"、"总科（superfamily）"、"亚纲（subclass）"、"亚目（suborder）"和"亚科（subfamily）"等名称，另外还有"亚属（subgenus）"、"亚种（subspecies）"等。现今"总科"、"科"和"亚科"等名称都有标准的字尾，字尾分别相应为 oidea，idae，inae 等。这些字尾是加在模式属的学名字干之后的。

前面提到物种命名的双名制，即是说物种名称是由"属名＋种名"构成，它以拉丁文表示，通常以斜体字出现或其下面划条横线以示区别。前一个是属名，是主格单数的名词，第一个字母须大写；后一个是种名，常为形容词，须在词性上与属名相符。"种名"即是属中每个种所独有的，"属名"是该属各个种共同占有的名字。为对所定的种名负责，随后需要记有定名人的名字或定名人名字缩写，不用斜体。如鲤鱼，它的学名就被记为 *Cyprinus carpio* Linnaeus，其中 *Cyprinus* 是"属名"、*carpio* 是"种名"、定名人是 Linnaeus（林奈）。如果一个种包括几个亚种，对亚种的指定应是三名的，此时亚种名跟在种名之后，如国产的文昌鱼，1937 年前只知道厦门出产，后来张玺和顾光中在青岛采到。由于两者形态和地理分布的差异，被指定为新亚种，故写做 *Branchiostoma belcheri tsingtauensis* Tchang et Koo，其中 *tsingtauensis* 是亚种名。有时会看到一个物种定名人的名字被打上了圆括号，如文昌鱼 *Branchiostoma belcheri*（Gray）。括号表示原定名人将物种的属名定错了：开始文昌鱼被放在 *Amphioxus* 属中，叫做 *Amphioxus belcheri* Gray，1847。后来发现放错了属，应该是 *Branchiostoma* 属。于是进行了订正，成为现在的 *Branchiostoma belcheri*（Gray），原定名人的名字就用括号括起来。这个名称的转变，显示后来科学认识的进步，而物种没变，仍是原先的物种。这种由一属名转为另一属名的做法，分类学上称为新组合。但是随着认识的进步,属名或种名的改动,常有反复,使分类问题复杂化。最终是证据充分的命名得到确认。

在全部动物命名法规里,最难获得一致见解的问题就是,当一个物种存在着两个或两个以上不同的名称,而必须选用一个名称时不好解决。事实上,名称变更的原因可归为两类:①由于科学的进步而必须作出的名称变更,包括错列一属的种,其后的研究指出应改为另一种以及由于所列属的分割或合并都可能使种的学名改变。②由于命名法规则的约束而发生的变更,包括在对文献或模式标本的搜寻中,发现早期的同物异名、异物同名、不适用的模式标本,或所选择的模式种已被移入其他属内,或被选为别属的模式种等。当时,分类学界普遍认为解决这种问题的最好办法就是恢复名称的客观性,而以发表早、有优先权的学名代替常用而熟知的通用名字。特别是改革开放以来,由于国际学术交流的积极开展,分类文献的大量引进和模式标本的相互核对,很多种动、植物名称得以订正。但是这些新修订名称的出现,却引起已习惯旧名的动物学、医学、农学、兽医学及其他应用者的意见分歧。这个问题的出现,常常给种名混乱的澄清带来阻力。这个矛盾至今没有很好的解决办法。只有分类学与动物学、医学、农学、兽医学及其他应用学科进行广泛交流,才能早日解决上述的矛盾。

1.4 海洋脊椎动物分类鉴定的基本任务和方法

1.4.1 基本任务

海洋脊椎动物分类与其他生物的分类类似,其任务与方法也大同小异。一般来说,要将所搜集的海洋动物命名、描记并梳理成为有次序的系统,首要的工作就是对这些物种分类,这是认识物种的第一步。清楚的分类源于准确的鉴定。物种的鉴定是分类的基本任务,这就是根据物种自身具备的分类性状,包括形态的、生理的、生态的、行为上的以及地理、环境分布等方面的特点进行识别,找出与其他物种的不同。识别海洋动物的种类,并赋予适当的名称,就是物种鉴定。做好物种鉴定,不仅是分类学者的首要任务,也是为医学、农业及其他与生物学有关学科、专业服务的基础,没有良好的物种分类鉴定的实践,其结果的可靠性都是无从谈起的。另外,通过物种鉴定,可以摸清当地海域动植物组成并结合当地生态学和动物地理学资料,探索海域区系形成和演变的规律,为环境演变、控制、保护和改造提出合理建议与决策。通过物种分类鉴定结果,可以推究动物种间关系、进化趋向和步骤,进一步探讨物种起源与形成及系统发育关系和生物地理学等新成果。从而为科学实践上升到指导实践的理论奠定良好的基础。

1.4.2 方法

分类鉴定是一门专门技术,它从专业采集、考察开始,在阅读大量分类文献和掌握物种形态、生态及其与环境相关资料的基础上,对物种进行鉴定分类。野外采集前,首先要掌握采集地区有关动物的种类,并列出检索表或主要特点。根据检索表逐项核对标本,大致归类,记录采集时间、地点及天气和环境情况等。室内整理标本并进行物种鉴定时,一般情况下,先检索到目和科,而后至属和种。除常常使用分类检索外,经常查阅载有该种描述的有关书籍或《动物志》即可解决物种的鉴定问题。《动物志》解决不了的,则需进一步查阅《动物学记录》(Zoological Record)。它是伦敦动物学会和不列颠(自然)博物馆、昆虫学公用局等机构合作刊行的。分成①～⑲部:①综合动物学;②原生动物;③多孔动物;④腔肠动物;⑤棘皮动物;……⑨软体动物;……⑮鱼类;⑯两栖类和爬行类;⑰鸟类;⑱哺乳类;⑲新属和新亚属名表。另外,对新近物种的鉴定参考《生物学文摘》(Biological Abstract)一般也可解决问题。最好是有大量的采集标本和有关物种的原始文献及模式标本,通过三者的核对、比较,问题会很快得到解决。如果标本与模式标本及其描述不同,则不是同种。此时必须重新鉴定,直到最后确定种名。查遍"志书"和"文献"都不能确定的标本,也有可能是新种。如果是新种则要按《国际动物命名规则》定出新的种名。分类鉴定对鉴定技术和经验要求较高,对初学者来说难度较大。只有经常实践,才能抓住这批动物的分类要领;而换上新的一批,又要重新实践才能熟悉。分类本领需要在不断的实践中才能得以提高。

1.5　海洋脊椎动物分类的阶元及其确立的科学依据

前面提到林奈提出纲、目、属、种和变种五个分类阶元。而现代的分类学家在分类上使用了 20 个以上的阶元,各具不同的价值和意义。其提出的分类阶元是否完全遵循林奈的原则? 这是一个问题。

1.5.1　什么是分类阶元

分类阶元是分类体系中的一个单元,并非个体,如亚种、种、属及科、目、纲等。它也是表达动物系统不同层次的基本单位。种是形态相似、互相配育的天然种群,而与其他类似的种群在生殖上彼此隔离。属是由亲缘关系相近的物种集合而成的更高一级单位。科是由亲缘关系相近的属集合而成比属更高一级的单位。依此类推,有目、纲、门、界。这些不同等级的单位被称为不同的分类阶元。复杂庞大的阶元可以增添亚阶元,如亚门、亚纲、亚目、亚科等。关系相近的等级,也可归并为超级,如总纲、总目、总科等,以方便物种的安排。

1.5.2　分类阶元确立的科学依据

上述的分类阶元,其科学依据固然随不同的类别而有不同,但总体来说可概括如下:纲及纲以上的分类阶元确立的依据是动物体的结构基型,一般为动物体内部的基本形态性状,如脊索、脊神经管、咽鳃裂,不仅可以区分脊椎和无脊椎动物,而且可以根据其不同发达程度来区分尾索、头索和脊椎动物三个亚门。根据有无上下颌可以区分圆口纲和鱼总纲;根据骨骼、脑颅发达程度可以区分软骨鱼纲与硬骨鱼纲;根据心脏和呼吸器官及肾脏泌尿器官可区分鱼、两栖、爬行、鸟、兽各纲。

目和亚纲的分类,鱼类和其他脊椎动物稍有不同,主要根据骨骼、鳞片和鳍等。科的确立依据主要是比较明显且具有一定适应性的形态特征。科的分布范围一般相当广泛,有些几乎遍布全世界,如鲤科(Cyprinidae)种类在非洲、美洲、亚洲、欧洲都有分布,鲱科(Clupeidae)种类分布于太平洋、大西洋和印度洋各海域,是世界最重要的渔捞对象。其中的种类所适应的生境类型也较广泛。而淡水的鲇科(Siluridae)种类只分布在欧洲和亚洲。鲀科(Tetraodontidae)鱼类广泛分布于太平洋、印度洋、大西洋的热带、亚热带及温带海洋中,少数属分布到淡水河流中。但是有的科(单种科除外)分布也相对较狭窄,如鮡科(Sisoridae)只分布在亚洲南部和东南部诸国的淡水水域。

属的确立,多以共同形态为依据。这些特征,有的可列为属的依据,有的仅为种间区分的准绳,因此对它们的评价是具体分类工作中的一个关键性问题。目前进行属的区分时,不单根据一个特征,一般以特征的综合为依据。但在具体的分类工作中,不同学者间还是有不少分歧意见的,形成了两个主要趋向:即主分派与主合派(或称主并派)。前者着重相近种间的鉴别,把它们分成较多的属;后者却着重种间的亲缘关系,把它们分成较少的属,其至并为一个属。目前多数人倾向主合派的主张,不过在种数过多的大属中,当进行更细致的分类时,常引用亚属,使隶属这一属中的各种间的亲缘关系更易于表达出来。属的分布范围较狭,一般限于一个大洲或相邻的水系上,其中一些种类也常栖息于同一水域的不同生境中。

种的确立,多是以生物学种的概念为依据的。众所周知,物种概念历来是系统生物学和进化研究中主要的争论焦点之一。林奈时期,分类学家包括林奈本人完全拘泥于物种的模式概念,坚持物种不变论。达尔文则不然,由于他丰富的科学考察活动而积累的知识,使他认识到物种是在漫长的自然历史发展过程中,由简单到复杂、由低级到高级、由少到多不断演变形成的,并在他的《物种起源》中,创立了"共同祖先"和"自然选择"学说。但是达尔文并没有打破模式概念。直到20世纪40年代,进化系统学家通过对生物多样性的进一步认识,逐渐对物种模式概念产生怀疑,才提出种群概念。此后物种概念才有了现代的意义。迈尔(Mayr,1953)定义:"种是相互配育的自然类群,这些类群与其他类群在生殖上互相隔离着。"他又在1969年修改为"物种是由居群(population)所组成的生殖单元,在自然界占有一定的生境地位"。陈世骧(1987)补充为:"物种是由居群组成的生殖单元(和其他单元在生殖上有隔离),在自然界占有一定的生境,在宗谱线上代表一定的分支。"此概念包括四个标准,即居群组成、生殖隔离、生境地位和宗谱分支。这样的概念融合了林奈和达尔文物种概念中的合理成分,标志着系统生物学和进化基本原理认识水平的提高和发展,为分类鉴定指出了方向,为亚种分化和物种形成等研究开辟了新途径。迈尔和陈世骧的物种概念,是生物学种概念。生物学种实质上是根据遗传特征而决定的种,又称遗传学种。物种是客观存在的,是自然构成的,不是生物学家任意指定的。它具有上述的四个标准,又具有两种属性,即表型属性和生殖属性。表型属性主要与适应和自然选择有关,生殖属性主要与遗传和性选择有关。表型属性与生物躯体的分异、生长和维护有关。生殖属性则涉及生物的生殖细胞、组织、器官及全部或者部分与生殖有关的躯体生理和行为方面。物种之间有表型属性和生殖属性的间断,从而使物种彼此分离而不相连续。这在同域地区的物种之间是很容易见到的。但是,生殖属性和表型属性之间存在一些重叠的部分。例如,原核生物在两者之间几乎没有表现出解剖学和生理学上的差异;相反多细胞生物的生殖界线与躯体表型差异很大,表现出明显的区别。此外,经常可注意到生物表型的某些方面涉及多种功能;某些次生性征没有明确的区别,即使是原始的性器官本来也是躯体的部分,而且生殖需要消耗能量;在一个哺乳动物体内循环的性腺激素分泌物很大程度上影响与生理无直接或基本联系的生理学和行为的许多方面,这种现象的存在,说明生物的生殖属性和表型属性之间无法在解剖学上完全对立。这些现象涉及物种的真实性及物种形成问题的讨论,因篇幅所限,此处不再赘述。

1.5.3　种的定义

种是客观存在的实体,是由大小不同的个体组成的。种的定义前面已讲过,种是分类学的基本单位。种的学名用双名法,即属名(第一字)和种名(第二字),且都用斜体来表示。属名第一个字母要大写。种名后要有定名人和年代才算种名的完整表达。例如,普通鲈鱼称谓 *Perica fluviatilis* Linneaus, 1758,而巴尔哈什鲈则为 *Perca schrenki* Kessler, 1874。依照优先律,种应采用 1758 年林奈《自然系统》一书第 10 版问世那年后,最初所取的名字。如果为新种命名的著者误将此种列入另外一属,或者某一属后来又分成两个或几个属,甚至把该种移入另外一属,那么该著者所取的种名仍应保留,但要将著者的姓摆在括号之内。例如,林奈氏命名的红眼高体鰺为 *Cyprinus erythrophthalmus* Linneaus 以后,鲤属(*Cyprinus*)分成许多属,其中红眼高体鰺被划到新建的高体鰺属内,现在所用的名称,命名人就带上了括号,种名就写为 *Scardinius erythrophthalmus* (Linneaus)。

在自然系统中,种合为属、属合为亚科、亚科合为科、科合为总科、总科合为亚目、亚目合为目、目合为亚纲、亚纲合为纲等等。所有的分类范畴(各个分类阶元)都应像种一样,是具有自身的特点,是客观存在的。目前对高级分类阶元的客观性与人为性的看法尚有分歧,但我深信高级分类阶元也是客观存在的。落实这个问题只是迟早的事。种以相对的形态生物学稳定性为其特征,这种特性是适应一定环境的结果,物种在该环境中形成并生活着。物种有一定的分布区域,在该区域范围内,生存条件符合于其生物形态学上的特点。物种在时间上是相对稳定的,一经发生,它在其整个历史中保存着自己的形态生物学上的特征。矛尾鱼(总鳍鱼类之一)是大家熟知的例子。再以鲈 *Perca fluuviatilis* Linneaus 为例,无论在 5 年以前或 5 万年以前,甚至 1 千万年以前,鲈鱼都和现代的一样,从化石鱼类的研究中已经证明。说明存在鲈鱼的地区环境没有变化(地块稳定)。最近,王宁和张弥曼(2010)的柴达木鱼类化石研究是我亲眼目睹的证明。相反地在"山岳形成"时期由于山岳形成的结果,在水域中创造了各种各样的生态学条件。如果这些条件严重不同于历史的环境条件,该地区原有的鱼类和其他生物就会迁徙、灭绝或通过自然选择促使老种发生变异,若变异者对新生活环境条件能够适应,生活条件且继续稳定,则可能有新种出现。

在自然界中的种,常存在有地理变异性及生态变异性的不同群体。对于这些不同的群体的判断,不同学者往往有很大的分歧。有学者常将存在地理差异或生态学差异的不同群体视为种对不同地区或不同生态环境的适应性表现。比如前苏联的尼科里斯基(G. B. Nickolesky, 1954)认为欧洲鮈 *Gobio gobio* linneaus 有许多不同地理群体,存在变异,诸如土耳其斯坦鮈 *Gobio gobio* lepidolaemus Kessler;伊塞克湖鮈 *Gobio gobio latus* Anik;犬首鉤*Gobio gobio cynocephalus* Dybowski；大头鉤*Gobio gobio macrocephalus* Mori；尖鳍鉤*Gobio gobio acutipinuatus* Men'schikow；棒花鉤*Gobio gobio rivuloides* Nichols 等都分布在欧亚大陆分布范围内，它们表现出脊椎数的变异，欧亚大陆北部的较多，南方的较少。生活在沙滩较多的江河中的鉤如土耳其斯坦鉤喉部被鳞，以避免摩擦，而在静水中或沙滩少的水中的伊塞克湖鉤则喉部裸露。这种对环境的适应，似乎能保证其在分布范围内掌握各种不同的栖息地点。具有前种变异性的被称为地理亚种；具有后种变异性的被称为生态亚种。分别称亚种(subspecies)或生态族或变种(infraspecies)。把亚种作为种的一种适应形式，可以认为亚种的形成并不一定是物种形成的起点。麦耶(Mayer,1953,1969)提出"亚种"水平的鉴别标准必须符合两个条件：①有地理隔离；②鉴别性状的变异系数 C.D≥1.5。用此标准衡量上述的亚种，若达不到这个标准，则仅属个体变异。我国内陆水系不同湖泊河流之间、甚至与外流水系间形态相似的鱼类，究竟是种内变异还是种间差异，这需要进一步研究，这可能是对分子分类学提出的更高要求。

第二章　脊索动物门及其尾索动物和头索动物亚门

在动物发展史上,脊索动物出现的时代较晚于无脊椎动物。在动物系统发育位置上较高于无脊椎动物。它们身体结构上出现了无脊椎动物所没有的一些性状特征,如脊索、背神经管和咽鳃裂等,这些被称为脊索动物的三大特征。

2.1　脊索动物门(Chordata)概述

2.1.1　脊索动物门的主要特征

脊索动物门是动物界中最高级、最复杂的一个门,现在种类有 50 000 多种,尽管它们在外部形态、内部结构、生活方式上千差万别,但都有三个最基本的特征,即在其个体发育的全部过程或某一时期都具有脊索、背神经管和咽鳃裂[图(1-3,C 和 D)和(图 1-4)]。

1.脊索(notochord):脊索(图 1-1)是一条支持身体的棒状结构,位于消化道的背面、背神经管的腹面。脊索不分节,是由柔软有弹性的结缔组织构成,脊索细胞内充满半液态的胞质。当这种细胞的胞液充满时,脊索就会变得既结实,又有弹性;脊索外面有较厚的结缔组织鞘——脊索鞘,脊索鞘由两层鞘膜构成,内层为纤维组织鞘,外层为弹力组织鞘。一部分低等脊索动物终生保留脊索,如文昌鱼;绝大多数脊椎动物只在胚胎时期才有脊索,成体退化或消失,被分节的脊椎骨代替。

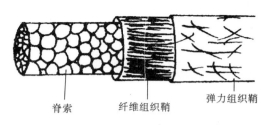

脊索　　　纤维组织鞘　　　弹力组织鞘

图 1-1　脊索和脊索鞘

2.背神经管(dorsal tubular nerve cord):背神经管是脊索动物的中枢神经,它位于脊索背面,为一种管状结构,管的内腔叫神经腔。低等脊索动物如海鞘在变态后,背神经管退化成一个神经节,高等脊椎动物神经管前部扩大形成脑,后部发育成为脊髓,神经腔变成脑室或中央管。

3.咽鳃裂(pharyngeal gill slits):咽鳃裂是低等脊索动物的呼吸和消化器官,为咽部两侧一系列直接或间接与外界相通的裂孔。低等脊索动物和低等脊椎动物鳃裂终生保存，上面长有鳃丝，可作为呼吸器官。高等脊椎动物以肺呼吸，仅在胚胎期存在鳃裂。脊椎动物的中间类型两栖纲动物的某些种类终生有鳃，多数种类幼体存在鳃裂，至成体时消失，改用肺呼吸（图 1-2）。

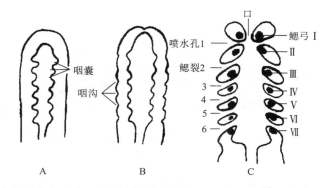

A. 内胚层形成咽裂；B. 相应的外胚层形成咽沟；C. 形成咽鳃裂和咽间隔

图 1-2　咽鳃裂的发生图解（引自 Wake）

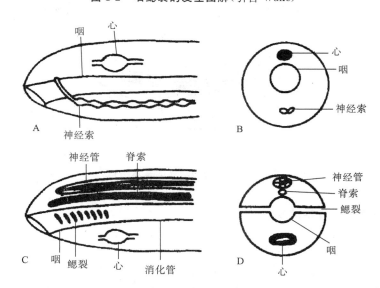

A. 无脊椎动物体纵断面；B. 无脊椎动物体横断面；

C. 脊索动物体纵断面；D. 脊索动物体横断面（自惠利惠）

图 1-3　无脊椎动物与脊索动物主要特征比较

　　除了上面的三大特征外，还有一些次要特征：心脏如存在，总是位于消化道的腹面；尾部如存在，总是在肛门后面，即所谓的肛后尾（post-anal tail）；骨骼如存在，则属于中胚层形成的内骨骼（endoskeleton）等；此外，后口、两侧对称、三胚层、真体腔和分节性等特征与某些高等无脊椎动物相同。

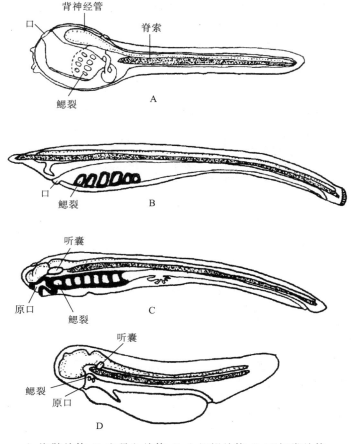

A.海鞘幼体；B.文昌鱼幼体；C.七鳃鳗幼体；D.两栖类幼体

图 1-4　各种动物幼体的基本结构

2.1.2　脊索动物与无脊椎动物

2.1.2.1　脊索动物与无脊椎动物的联系

达尔文的物种起源理论认为，生物是进化的，是由低级到高级、从简单到复杂发展的，因此，脊索动物一定是从无脊椎动物进化而来的。然而，在无脊椎动物和脊索动物之间缺少中间环节，以至于几乎无脊椎动物的每一个门都曾被推测为脊索动物的直系祖先。1866 年，俄国胚胎学家柯瓦列夫斯基发表了文昌鱼和被囊动物胚胎发育早期阶段相似的报告之后，才填补了这个空白。此外，他还研究了"被囊动物的分类地位（1866，Taxonomic position of tunicates）"和"无脊椎动物的胚层（1867，Germ layers of invertebrats）"发现了与脊椎动物相同的三胚层的发生方式，为研究脊索动物的起源作出了重大贡献。

海格尔（Ernst Haeckel）根据柯瓦列夫斯基的研究结果，提出了把海鞘、文昌鱼等动物和脊椎动物合并在一起，成立一个新门——脊索动物门。本门动物的共有特征是其幼时或终生具有脊索。它包括 3 个亚门，即尾索动物亚门、头索动物亚门和脊椎动物亚门。前两个亚门的动物,如海鞘和文昌鱼等,只具有脊索而无脊椎,在形态结构上比较原始,故统称为原索动物。原索动物的种类极少,其形态结构与无脊椎动物更为接近。而脊椎动物亚门是动物界中最高等的一类,它与无脊椎动物各门有着极为明显的差别。最早的脊椎动物出现在距今五亿年前的奥陶纪,经过漫长的进化,脊椎动物种类越来越多,现在的脊椎动物分布于陆地、空中、水中和地下等不同环境,如各种各样的鱼类、蛙类、蛇类、鸟类和兽类等。

2.1.2.2　脊索动物与无脊椎动物的区别

(1)脊索动物的身体一般为左右对称;无脊椎动物为左右对称、辐射对称或不对称。

(2)从身体分节情况看,脊索动物除少数的原索动物外一般可分为头、颈、躯干和尾四部分,有些种类颈部不明显,有些种类无尾;无脊椎动物分节不定数,原生动物、扁形动物、腔肠动物和软体动物不分节,环节动物分节(同律分节),节肢动物分成头、胸、腹三部分。

(3)骨骼方面,脊索动物的内骨骼发达,且为活骨骼,有头骨、脊柱、附肢骨等;无脊椎动物大多数无内骨骼,有的具外骨骼,且为死骨骼。

(4)脊索动物用鳃或肺呼吸;无脊椎动物用鳃、气管或其他器官呼吸。

(5)脊索动物除少数的原索动物外都有心脏,且心脏位于消化道腹侧;无脊椎动物一般没有心脏,高等种类有心脏且位于消化道背侧。

(6)脊索动物神经系统较复杂,位于消化道背侧,可分为脑和脊髓;无脊椎动物的神经系统简单,位于消化道腹侧。

另外,脊索动物多为变温或恒温动物,附肢多为两对,肌肉中含有肌酸而无精氨酸,以两性、卵生、卵胎生或胎生方式繁殖;无脊椎动物为变温动物,附肢数目不定,肌肉中含有精氨酸而无肌酸,以无性或有性方式繁殖,一般为卵生。

2.1.3　脊索动物门的分类

脊索动物门包括尾索动物(Urochordata)、头索动物(Cephalochordata)和脊椎动物(Vertebrata)3个亚门,前两个亚门是脊索动物中最低级的类群,常被称为原索动物(Protochordata),现简述如下:

2.1.3.1　尾索动物亚门

大多数种类脊索和背神经管仅存在于幼体,成体包有被囊,现存约 2 000 种。

(1)尾海鞘纲(Appendiculariae):体小,形似蝌蚪,自由游泳生活鳃裂 1 对。

(2)海鞘纲(Ascidiacea):成体无尾,被囊厚,鳃裂多,固着生活。

(3)樽海鞘纲(Thaliacea):被囊薄而透明,其上有环状肌肉带。

2.1.3.2　头索动物亚门

脊索和背神经管纵贯全身,终生存在,咽鳃裂显著。现存 30 多种。头索纲(Cephalochorda):鱼形,脊索延伸向前,无明显的头部,称为无头类(Acrania),鳃裂多,开口于围鳃腔。

2.1.3.3 脊椎动物亚门

脊椎动物亚门，又称有头动物亚门（Subphylum Craniata），根据 Joseph S. Nelson（2006），本亚门包括无上下颌的脊椎动物盲鳗（Myxinomorphi）——骨甲类（Osteostracomorphi）总纲和有上下颌的脊椎动物被称为有颌类（或腭口类）（Gnathostomata）总纲两大部分。前部分的现生动物除盲鳗外还有七鳃鳗（Petromyzontomorphi），本文通称圆口纲（Cyclostomata）动物。后部分即有颌（腭口）类总纲，包括盾皮鱼纲（化石）（Placoermi）、软骨鱼纲（Chondrichthyes）、棘鱼纲（化石）（Acanthodii）、辐鳍鱼纲（Actinopterygii）和肉鳍纲（Sarcopterygii，包括通常讲的腔棘鱼、肺鱼和四足动物）等 5 个纲的动物。在该书目录中，肉鳍纲包括腔棘鱼亚纲（Coelacanthimorpha）的腔棘鱼目（Coelacanthiformes）；肺鱼亚纲（Dipnotetrapodomorpha）的角鱼目（Ceratodontiformes）和非等级的四肢形动物（Tetrapodomorpha）的亚纲四肢类（Tetrapoda）。

本书仅将有颌类总纲的前 4 纲动物和肉鳍纲的 2 亚纲动物归作鱼类或称鱼总纲（Pisces），即包括软骨鱼纲、辐鳍鱼纲和腔棘鱼亚纲及肺鱼亚纲动物。软骨鱼类一纲包括全头亚纲（Holocephali）和板鳃亚纲（Elasmobrachii）。硬骨鱼类（Osteichthyes）包括辐鳍鱼纲和肉鳍纲的腔棘亚纲和肺鱼亚纲。化石鱼类盾皮鱼纲系统演化关系接近于软骨鱼纲，棘鱼纲则接近于硬骨鱼纲。而肉鳍纲动物的四肢类亚纲动物则分化为两栖纲、爬行纲、鸟纲和哺乳纲动物。本亚门动物脊索只在胚胎中出现，其后被脊柱代替，现存 5 万多种。各纲分列如下：

（1）圆口纲（Cyclostomata）：雏形脊椎骨已出现，无上、下颌，称无颌类（Agnatha），无成对的鳍，皮肤裸露。

（2）鱼总纲（Pisces）：开始出现上、下颌，为有颌类（Gnathostomata），有成对鳍，用鳃呼吸，体表被有鳞片。以前通称为鱼纲。

（3）两栖纲（Amphibia）：皮肤裸露湿润，幼体用鳃呼吸，成体用肺呼吸，具五趾型附肢，为亚纲四肢类（Tetrapoda）。

（4）爬行纲（Reptilia）：皮肤干燥，表面有角质鳞或骨板，出现羊膜卵，为羊膜类（Amniota）。

（5）鸟纲（Ayes）：体表被羽，前肢为翼，卵生，恒温，为恒温动物（Endothermal）。

（6）哺乳纲（Mammalia）：体表被毛，胎生（单孔类除外），哺乳，恒温。

脊椎动物主要类群列于表 1-1。

表 1-1　脊椎动物主要类群

类群＼特征	上下颌	附肢	胚膜	体温
哺乳纲	有颌类	四肢类	羊膜类	恒温动物
鸟纲				
爬行纲				变温动物
两栖纲			无羊膜类	
鱼纲		鱼形类		
圆口纲	无颌类			

2.1.4 脊索动物起源和进化

在距今5.3亿年前的地球上,生命发生了一次大规模的进化事件,在海洋中出现而且迅速地发展出形体多样、构造复杂的类群。地球从此开始出现多姿多态的生物世界。这一事件被称为地球生物史上的"寒武纪大爆发"。我国古生物学家在云南的澄江发现了5.3亿年前的生物化石,由此揭开了"寒武纪大爆发"的澄江生物群的面纱,提供了地球生物史上动物多样性起源的有力佐证。最令人震撼的是这一事件发生在短短的数百万年期间,几乎所有的现生动物的门类和许多已灭绝了的生物突发式地出现在寒武纪地层,而以前的地层却完全没有它们的祖先化石发现。已发掘出的许多化石,为生物的进化尤其是脊索动物的起源提供了珍贵的证据。澄江生物群所展示的演化模式与达尔文所预示的渐进模式完全不同。但是这一爆发式的进化也已被达尔文忧虑。正如达尔文在他的进化论中写的:"我的理论还存在许多难点,其中之一就是为什么会有大量动物在寒武纪突然出现……对此我还没有一个令人满意的解释。"

根据进化理论,脊索动物既然是动物界最高等的类群,它应起源于非脊索动物,并从低等向高等逐步进化,最终进化为像哺乳类这样的高等动物,正如恩格斯所说:"从最初的动物中,主要由于进一步分化而发展出无数的纲、目、科、属、种的动物,最后发展出神经获得最充分的那种形态即脊椎动物的形态,而最后在这些脊椎动物中,又发展出这样一种脊椎动物,在它身上自然界达到了自我意识,这就是人。"因为在很长一段时间内在古代地层中找不到低等脊索动物的化石,因此,只能用比较解剖学和胚胎学进行分析,并提出两个科学假说:一个是环节动物起源学说,现已被摈弃;另一个是棘皮动物起源学说。根据胚胎发育研究结果认为脊索动物起源于棘皮动物,观点是:①棘皮动物属于后口动物;②以体腔囊法形成体腔;③棘皮动物——短腕幼虫(Auricularia)和半索动物柱头虫——柱头幼虫(Tornaria)很相似(图1-5);④棘皮动物与半索动物肌肉中同时含有肌酸和精氨酸,说明棘皮动物和半索动物处于无脊椎动物和脊索动物之间,它们来自共同的祖先,现在赞同这种假说的人较多。如中国学者于1999年在澄江生物群化石中发现了"始祖长江海鞘"标本,经研究认为是距今5.3亿的、已知的最古老的尾索动物。由于这一标本为海洋特定

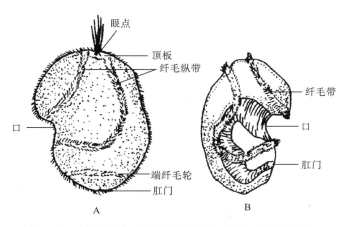

图1-5 柱头幼虫(A)和短腕幼虫(B)的比较(据杨安峰)

环境条件下的"泥爆"快速活埋,使其软体构造得以保存完好。"始祖长江海鞘"的构造同现存的海鞘动物极为相似,由上、下两部分组成。它既保留尾索动物的滤食系统,同时还残留着其祖先的取食触手,这对探寻脊椎动物起源具有十分重要的意义。这个发现,弥补了无脊椎动物向脊椎动物过渡的空白,并且会影响全世界科学家对整个脊索动物门演化的看法。澄江生物群化石中发现的华夏鳗(*Cathaymyrus diadexus*)十分像现代文昌鱼,但却比寒武纪中期在加拿大的不列颠哥伦比亚省的伯尔吉斯页岩中的皮克鱼(*Pikaia gracilens*)早1 000万年,它的最重要的特征是咽鳃裂,据推测是最早的原索动物。

再如,1998年我国学者在云南昆明西山海口地区的约5.3亿年前早寒武纪地层又发现了"海口鱼"化石。海口鱼具有背鳍、腹鳍、"之"字形肌节等重要性状及原始脊椎、头部感觉器官及神经嵴的衍生构造,另一方面又保留着无头类祖先的原始生殖构造等特征。这种"镶嵌"构造表明它可能是最原始的绝灭脊椎动物(早寒武纪),有头类始祖、脊椎动物最古老的祖先。脊索动物祖先为原始无头类,部分特化分支成原索动物,其主干演化出原始有头类,即脊椎动物的祖先。原始有头类之后向两个方面发展:一支为原始无颌类,另一支为有颌类,即鱼类祖先,以后逐渐进化为两栖类、爬行类、鸟类和哺乳类。脊索动物的系统发生,用分支进化的观点可以得出如下系统发育关系(图1-6)。若将具祖征者放在左侧,具离征或新征的放在图右侧,则可得出一个系统发育关系图。

脊椎动物地质史上的关系见表1-2。

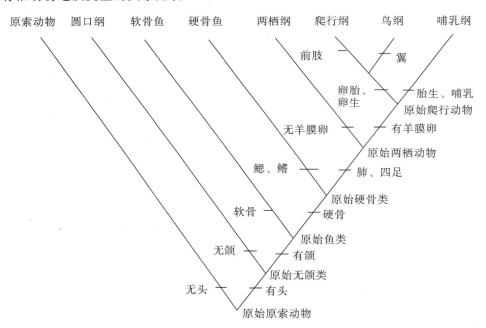

图1-6　脊索动物门系统发育关系图

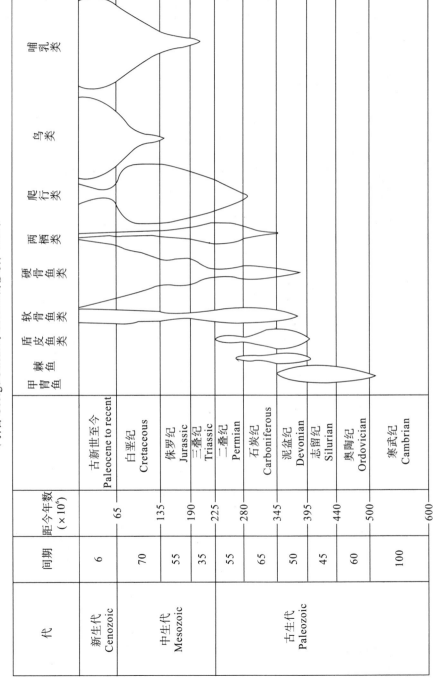

表 1-2　脊椎动物地质史上的关系
（引自 George C kent 对 Colbert 的修改，1980）

2.2 尾索动物亚门(Urochordata)

尾索动物约有 2 000 种,均为海产,是分布在世界各地沿海潮间带至深海大洋的低等脊索动物,因其脊索只局限在尾部而得名。尾索动物体形多样,有的很小,用肉眼刚能看到;有的很大,身体直径可达 30 cm。大多数种类经过短暂的幼体阶段后营附着生活,少数种类终生营自由生活。有单体,也有群体。现以海鞘(*Ascidia*)为例,介绍本亚门的特点。

2.2.1 海鞘成体结构及其幼体的变态过程

海鞘身体似无柄的茶壶状,底部附着在海中的岩礁、砾石、海藻或贝类上,身体顶端为入水孔(incurrent siphon),侧面较低处为出水孔(excurrent siphon)。用手触摸时,可见它猛力收缩,体内水分射出,就像水枪一样,故而海鞘英文名称为"Sea squirts"。海鞘体表包有棕褐色的被囊(tunic)(图 2-1),使身体得到保护,因此尾索动物又被称为被囊动物(tunicate)。被囊由体壁分泌的被囊素形成,其化学成分接近于植物纤维素;被囊中还有少量蛋白质和无机盐。被囊结构在动物界是极少见到的,只见于尾索动物和少数原生动物。

在被囊之内有一层软而薄的外套膜(mantle),游离,仅在入水孔与出水孔边缘处与被囊愈合。剥去外套膜,里面的腔为围鳃腔(atrial cavity or atrium,图 2-2),以出水孔通向体外。入水孔底部为口,口周围有缘膜,可滤去粗大食物。再下面为囊状的咽(pharynx),咽壁开孔形成多排咽鳃裂(pharyngeal slits),其周围有丰富的血管,呼吸就是依靠含氧水流经咽鳃裂完成的。在咽的背侧有一条纵走的纵沟,叫背板(dorsal lamina),又称咽上沟。在咽的腹面(与出水孔相对的一侧)中央处有一条纵沟,沟壁有纤毛细胞和腺细胞,叫内柱(endostyle),也有人称咽下沟。在咽内壁上有一条环状的围咽沟(peripharyngeal groove)与背板、内柱相连。由内柱中纤毛摆动,使食物团前行经围咽沟到达背板,再由背板向后进入食道。食道短,下接膨大的囊状胃,胃下为稍弯的肠,食物残渣由肠末端的肛门排出体外。

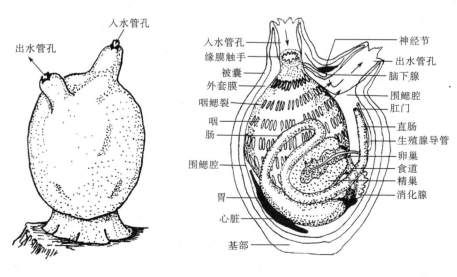

图 2-1　海鞘成体外形(自 George)　图 2-2　海鞘成体结构(引自华中师范学院)

海鞘为开管式循环,心脏在胃附近,由围心腔(体腔的一部分)包围,管状心脏的两端都连接血管。心搏方向的改变,使血流方向周期性地反转。心脏向前发出一条鳃血管,入鳃裂;向后发出一条肠血管,入胃、肠等内脏器官,然后分一支流入血窦。海鞘成体的神经系统及感官都已退化,神经系统退化成一个神经节,位于入、出水孔之间的外套膜上,由此发出神经分支分布到全身各处,在神经节腹面有一个神经腺,称为脑下腺(subneural gland),作用不详,可能与脊椎动物脑垂体有同源关系。感觉细胞分布于外套膜、入水孔和出水孔等处。

海鞘没有成形的排泄器官,只有在肠弯曲处堆积一团有排泄功能的细胞,称为小肾囊(renal vesicles),其中含有尿酸颗粒结晶。海鞘行出芽生殖,也行有性生殖。在行有性生殖时,虽雌雄同体,但其精子和卵子并不同时成熟,所以仍为异体受精。生殖腺紧密结合在一起,位于胃附近,精巢大,呈分枝状;卵巢小,呈圆球形。生殖孔在肛门下方,开口于围鳃腔内。精、卵在围鳃腔中相遇受精,受精卵在海水中发育,幼体外形似蝌蚪,体小,尾部发达,有脊索和神经管,咽部有鳃裂,这样就具备了脊索动物的三个主要特征。幼体经短暂的游泳生活后,就开始用身体前部的附着突吸附在固体上进行变态;尾部逐渐缩短消失,其中的脊索和神经管消失,但仍存在一个神经节;咽部鳃裂数目增加,围鳃腔形成。由于口与附着突之间增长较快,使口移位180°到了顶部,随后由体壁分泌被囊素,构成保护身体的被囊,使它从自由生活转变成固着生活。从海鞘的成体来看,除鳃裂外,看不出脊索动物的其他任何特征。海鞘这种经变态后,从复杂结构的幼体变到结构简单的成体的现象,叫逆行变态(retrogressive metamorphosis,图2-3)。正因如此,长期以来海鞘被误认为软体动物,直到1866年,俄国的胚胎学家柯瓦列夫斯基发现这种海产动物有一个自由生活的幼体时期,其幼体具有脊索动物的三大特征,才把这群动物在动物界的地位搞清楚。

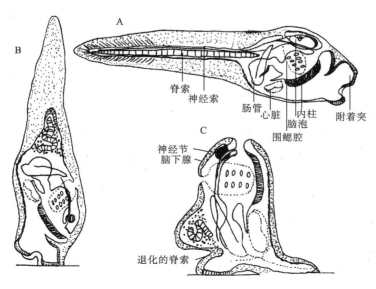

A. 自由游泳的幼体;B. 变态开始;C. 变态后期

图 2-3　海鞘的变态过程(据马克勤等)

2.2.2 尾索动物亚门的分类

本亚门具有脊索动物三大特征,但有的纲动物体的脊索在成体中退化或残留。本亚门的动物均为海产,在世界各地沿海潮间带至深海大洋的底部营附着生活,现存约 1 600种。大多数种类脊索和背神经管仅存在于幼体,而成体包有被囊,故又称为被囊类。黄宗国(2008)报道我国海产尾索动物亚门包括三纲(尾海鞘纲 Appendiculata、海鞘纲 Ascidiacea 和樽海鞘纲 Thaliacea),共有 16 科 44 属 116 种及 8 亚种 1 型。

2.2.2.1 尾海鞘纲(Appendiculariae)

本纲物种终生营自由游泳生活,体小,体长不超过 5 cm,形似蝌蚪,终生保留尾和脊索,直接开口于体外的鳃裂 1 对,无围鳃腔和外套膜,如尾海鞘(*Appendicularia*)、住囊虫(*Oikopleura*)(图 2-4A)等。住囊虫的被囊内室很大,住囊虫在被囊内可自由活动,每隔几小时旧囊筛网堵塞,虫体即迁出,然后另分泌新的被囊居住。本纲包括 2 科 7 属 25 种。住囊虫科(Oikopleuridae)有长尾住囊虫(*Oikopleura longicauda*)(Vogt)、住筒虫科(Fritillaridae)有单尾住筒虫(*Fritillaria haplostoma* Fol)等。

2.2.2.2 海鞘纲(Ascidiacea)

本纲物种形状大小不等,生活史有变态。幼体自由游泳,成体无尾,被囊厚,鳃裂多,固着生活,单体或群体。绝大多数尾索动物属于本纲,如柄海鞘、玻璃海鞘、瘤海鞘和青岛菊海鞘(*Botryllus tsingtaoensis*)(图 2-4)等。海鞘纲有 2 目 11 科 23 属 65 种。

(1)内性目(Enterogona):

三段海鞘科(Polyclinidae),如扁平短腹海鞘(*Aplidium depressum* Sluiter)等,

二段海鞘科(Didemnidae),如汤加二段海鞘(*Didemnus tongo*(Herdman))等,

簇海鞘科(Polycitoridae),如勒氏真双盘海鞘(*Eudistama laysami*(Sluiter)),

横带海鞘科(Diazonidae),如横胸棍海鞘(*Rhopalaea crassa*(Herdman)),

玻璃海鞘科(Cionidae),如玻璃海鞘(*Ciona intestinalis* Linnaeus),

长纹海鞘科(Ascidiidae),如长纹海鞘(*Ascidia longistriata* Hartmeyer)等,

巢海鞘科(Corellidae),如西伯龟甲海鞘(*Chelyoaom siboja* Oka);

玻璃海鞘(*Ciona intestinalis* Linnaeus),分布较广。常见于中国大连、青岛、广东、海南岛和香港等。也分布于日本、朝鲜,欧洲、美洲和大洋州各国沿海。

(2)侧性目(Pieurogona):

菊海鞘科(Botryliidae),如青岛菊海鞘(*Botryllus primigenus* Oka)等;

瘤海鞘科(Styelidae),如柄海鞘(*Styela clava* Herdman)和绉瘤海鞘(*S. plicata*(Lesueur));

脓海鞘科(Pyuridae),如色条脓海鞘(*Pyura vittata*(Stimpson))等;

皮海鞘科(Molgulidae),如乳突皮海鞘(*Molgula manhattensis*(Delay))等。

柄海鞘(*Styela clava* Herdman),常见于中国黄渤海一带,大连、长岛、烟台、荣城、乳山、青岛、日照等地区。日本、俄国的鄂霍次克海也有报道。

瘤海鞘(*Styela canopus* Savigny),常见于中国青岛、连云港、香港、湛江、榆林港、西沙

群岛等。也分布于日本、澳大利亚等地沿海。

2.2.2.3　樽海鞘纲（Thaliacea）

本纲物种单体或群体，身体多为桶形，被囊透明，肌肉环带状。雌雄同体，有世代交替现象，多为远洋浮游动物，如樽海鞘（*Doliolum deuticulatum*）、梭形纽鳃樽（*Salpa fusiformis*）等。樽海鞘纲合计为 3 目 3 科 14 属 25 种 8 亚种 1 型。

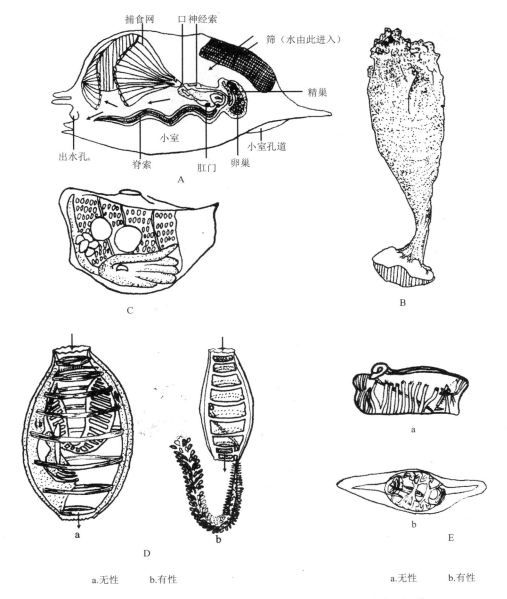

A. 住囊虫；B. 柄海鞘；C. 青岛菊海鞘；D. 樽海鞘；E. 梭形纽鳃樽

图 2-4　几种尾索动物

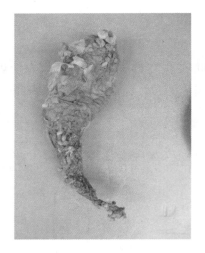

图 2-4-1 柄海鞘 *Styela clava* Herdman

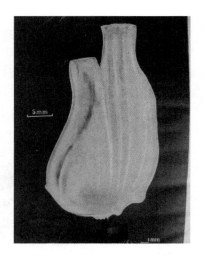

图 2-4-2 玻璃海鞘 *Ciona intestinalis* Linnaeus

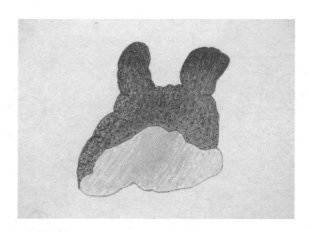

图 2-4-3 瘤海鞘 *Styela canopus* Savigny

（1）全肌目（Cyclomyaria）：如海樽科（Doliolidae）的软拟海樽（*Dolioletta gegenbauri* Uljanin）等，有 6 种 2 亚种；

（2）磷海樽目（Pyrosomida）：如火体虫科（Pyrosomatidae）的大西洋火体虫（*Pyrosoma atlanticum* Peron），唯一种；

（3）半肌目（Hemimyaria）：如纽鳃樽科（Salpidae）的羽环纽鳃樽（*Cyclosalpa pinnata* (Forskål)）等，有 18 种及 6 亚种 1 型。

2.3　头索动物亚门（Cephalochordata）

头索动物亚门包括 30 多种海栖的鱼形动物，英文名"Amphioxus"，意为双尖鱼，虽然种类不多，构造也原始，但脊索动物的三大特征在其身上都以简单形式终身保留着，因此在动物学上占有相当重要的位置，历来为动物学家所重视。这类动物的脊索纵贯全身并延伸到神经管的前面,故称头索动物,分布于全世界的热带、亚热带浅海中,成体长度为 2~8 cm,个体最大的是加州文昌鱼(*Branchiostoma californiense*),可长达 10 cm。现以我国产的文昌鱼(*Branchiostoma belcheri*)为代表动物作以介绍。

2.3.1 文昌鱼躯体结构

文昌鱼是一种半透明的鱼形动物(图 2-5),没有头与躯干之别,身体细长;两端呈尖的枪头状,生活时体色稍红。文昌鱼只有奇鳍,没有偶鳍,沿背中线有一纵行皮肤皱褶,称背鳍(dorsal fin),尾部有尾鳍(caudal fin),尾鳍在腹面向前延伸至体后 1/3 处为臀前鳍(preanal fin)。身体腹面扁平,有由皮肤下垂形成的纵褶,叫腹褶(metapleur fold)。在腹褶和臀前鳍交界处有腹孔(atriopore),腹孔后面、臀前鳍和尾鳍交界处偏左侧为肛门(anus,图 2-5)。

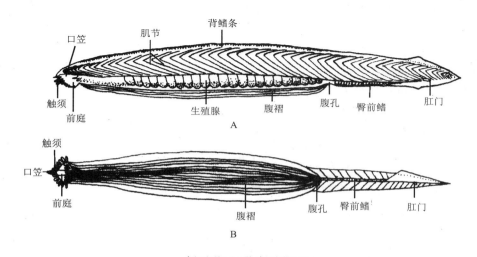

侧面观(A)及腹面观(B)

图 2-5 文昌鱼外形(自杨安峰等)

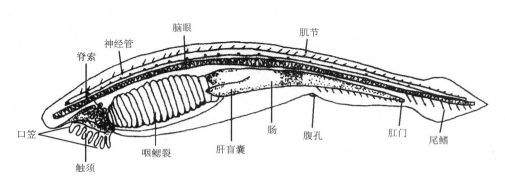

图 2-6 文昌鱼幼体纵剖图(自杨安峰等)

文昌鱼有一条贯穿身体全长的脊索。脊索是富有弹性的棒状物,由成层的扁盘状肌细胞组成,当肌肉收缩时可以增强脊索的强度。除此之外,在鳃棒、口笠和触手等处也有结缔组织形成的类似软骨的支持物。

文昌鱼身体两侧有分节的 V 形的肌肉,肌肉分节,肌节之间被肌隔分开,两侧肌节不对称,一侧的一个肌节位于对侧两个肌节之间,这样有利于身体弯曲。另外,在围鳃腔腹面也有薄的横肌,属于平滑肌,收缩时可将水由围鳃腔压出。口缘膜有括约肌,可控制口的大小。

文昌鱼皮肤很薄,半透明,由表皮和真皮构成(图 2-7),表皮是由单层柱状细胞构成,其间有感觉细胞和单细胞腺体,幼体表皮外有纤毛;真皮位于表皮下面,不很明显,由柔软的胶冻状结缔组织构成。

文昌鱼身体前端腹面为漏斗状的口笠(oral hood),其边缘有约 40 根触须(cirri),口笠(即触须围绕部分)内腔称为前庭(vestibule),前庭深处为口,口周围有一环形缘膜(velum),缘膜边缘有 10 余条缘膜触手(velar tentacles),伸向前方有许多指状轮器(wheel organ),以上这些结构都与文昌鱼被动滤食食性有关(图 2-8)。口后为咽,咽壁上有许多斜行的鳃裂,鳃间隔由鳃棒支持。进入咽中的水流可由鳃裂通出到围鳃腔中,最后经由腹孔排出体外。与海鞘一样,咽内也有内柱、背板和围咽沟等结构,食物经咽进入肠中消化吸收,最后由肛门排出。在肠开始处腹面向前伸出一盲突,称为肝盲囊(intestinal cecum),能分泌消化液,文昌鱼除具细胞外消化外,还可以在后肠和肝盲囊处进行细胞内消化。

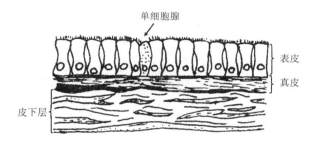

图 2-7　文昌鱼幼体皮肤切片(自 George)

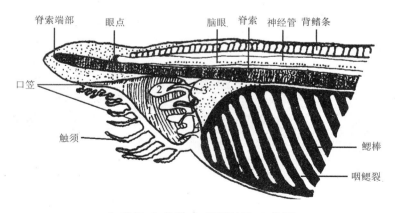

1.前庭;2.轮器;3.缘膜触手;4.缘膜

图 2-8　文昌鱼的前部(自 George)

文昌鱼血液无色,没有血细胞,血液循环为闭管式,就是说,它的血液沿着有真正管壁的血管循环,但是血液流速缓慢,腹大动脉搏动不规则。文昌鱼血液循环路线可用图 2-9 表示:

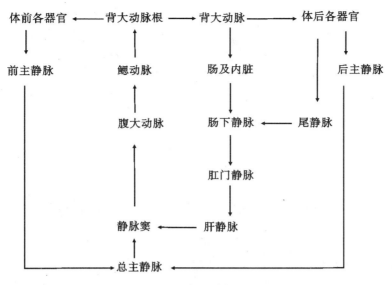

图 2-9　文昌鱼血液循环路线

从图 2-9 可看出,文昌鱼没有心脏,腹大动脉能搏动,相当于心脏的功能;血流的方向在腹面为由后向前,在背面为由前向后,这些都与脊椎动物低级种类很相似。

文昌鱼的咽壁背方两侧有 90～100 对肾管(nephridium),司排泄功能,与无脊椎动物焰细胞相似。每一肾管有 500 个左右的管细胞(图 2-10),管细胞各有 1 根长管,管中有 1 根鞭毛,管细胞的盲端浸在体液中,代谢废物由此渗入管细胞,经鞭毛摆动而排至肾管中,再由肾管上的肾孔排出围鳃腔。

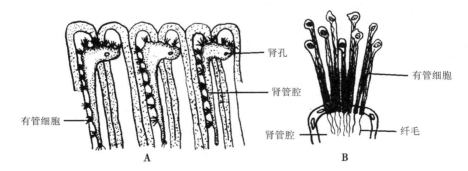

图 2-10　文昌鱼的肾管(A)及有管细胞(B)(自 George)

文昌鱼的中枢神经系统为典型的管状结构,位于脊索背面,稍短于脊索,前端神经管腔膨大形成脑泡(cerebral vesicle)。在神经管前面有一色素点,称眼点(eye spot),可能有遮光作用。其后在神经管两侧有一系列的小色素点,称脑眼(ocelli),由感觉细胞和色素细胞构成,有感光作用(图 2-11)。由神经管发出两对"脑"神经和许多对脊神经。

文昌鱼雌雄异体,生殖腺位于围鳃腔两侧,按体节排列,约 26 对。卵巢淡黄色,横切面显微观察为有核的卵块形;精巢白色,显微观察横切面为放射状(图 2-12)。成熟的生殖细胞从腹孔流出,在海水中受精。

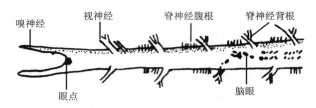

图 2-11　文昌鱼的神经管和周围神经（自杨安峰）

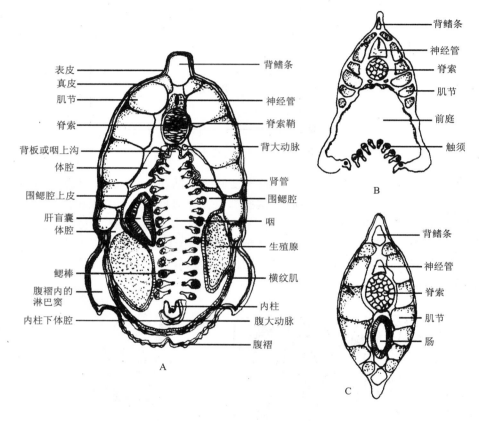

A. 咽部；B. 口笠部；C. 尾部

图 2-12　文昌鱼横切面

　　文昌鱼的卵为球形，直径为 0.1～0.2 mm，卵黄少，为均黄卵。受精卵分裂为全分裂且为等裂，经 2,4,8,16 个分裂球最后分裂成实心圆球，称桑葚胚（morula）。桑葚胚继续分裂，变为空心的球状囊胚（blastula），中间空腔充满胶状液体，称囊胚腔（blastocoel）。囊胚上端为动物极（animal pole），下端为植物极（vegetative pole），植物极内陷形成原肠胚（gastrula）。囊胚腔被原肠腔（archenteron）代替，原肠腔以原口（*blastopore*）与外界相通。以后胚胎延长，有原口的一端为胚体后端，相对一端为胚体的前端，此时已有内胚层和外胚层两个胚层。

　　原肠胚后期，胚胎背面外胚层下陷形成神经板（neural plate），两侧向上弯曲闭合形成背面有一缝隙的神经管(neural tube),此时期称为神经胚(neurula);同时在原肠胚背面中央出现一条纵行的隆起,从原肠分离形成脊索;在形成脊索的同时,在原肠背方两侧出现肠体腔囊(enterocoelic pouch),其后与原肠分离,即出现了中胚层,中胚层中间的腔为体腔(coelom),以后中胚层进一步分化为脊索鞘、肌隔、肌肉、真皮以及腹膜、肠管外围组织等。在原肠前部重新开口为后口,原先的原口变为肛门(图 2-13)。胚胎孵出后,幼体自由游泳,身体逐渐长大,鳃裂增多,口从左侧移到腹侧,围鳃腔也形成了,这样就完成变态,改为底栖生活。

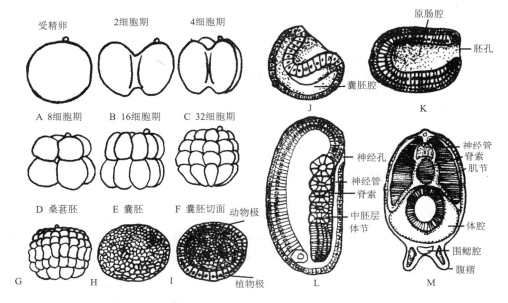

A-I 受精卵裂期至囊胚期;J、K.原肠形成(纵切面);L.神经管、脊索、中胚层、
体节的形成(纵切面);M.围鳃腔形成

图 2-13　文昌鱼的胚胎发育

2.3.2　文昌鱼的分布及生活条件

　　文昌鱼以往分布于厦门浏五店,南海北部湾,山东烟台以及青岛沙子口、黄岛、太平角等地。以前,厦门文昌鱼是有经济价值的种类,年产量 35 t,但福建厦门至集美的拦海大坝建成后,破坏了文昌鱼的生存条件,致使其绝迹了十几年,近几年,在小范围海区又出现了为数不多的文昌鱼;1988 年,在山东日照近海发现了文昌鱼,分布面积达 480 km²,栖息密度最高达 390 尾/平方米。文昌鱼生活在浅海,沙底细而柔软,水深 8~16 m,水深蓝色,透明,流速慢,水温在 12℃~30℃之间,最适合的温度为 17.5℃,水中含氧量饱和,同时要有一定的盐度(20~31)和酸碱度(pH 值为 8.09~8.18),并有大量的硅藻在此生长。

　　文昌鱼平时将身体埋在沙里,白天很少游泳,夜间活跃。受惊扰时钻出沙面,身体左右摆动游泳,每秒可达 60 cm。

2.3.3　文昌鱼的生活史与其系统进化地位

　　青岛产文昌鱼的生活史现已清楚。青岛的文昌鱼为白氏文昌鱼青岛亚种(*Branchios-*

toma belcheri tsingtauenses Tchang et Koo)，在自然海区于 6 月下旬繁殖，7 月初有 80% 性成熟个体排精完毕，在产卵后约 80 天采集到底栖生活的个体，体长平均为 5 mm，1 年后平均体长达 15 mm，Ⅰ、Ⅱ龄文昌鱼生长快，平均年生长 13～15 mm，Ⅱ龄后生长速度下降，平均年生长 9 mm。青岛文昌鱼可生活 4 年以上，可达 6 年，最大体长为 58 mm，老龄文昌鱼一般在繁殖期后死亡。

自 1774 年 Palla 发现文昌鱼以来，其进化地位问题一直受人重视。特别是近年来对文昌鱼的生态分布、栖息环境、解剖学、组织胚胎发育、生殖内分泌和生物化学、分子生物学等方面的研究，都揭示其是无脊椎动物与脊椎动物之间的过渡类型。

从文昌鱼成体的构造来看，它与脊椎动物有许多共同特征：①它们都具有脊索；②都具有背神经管；③都具有咽鳃裂；④都具有分节的肌肉；⑤都具有基本相同的血液循环方向和血管配置；⑥皮肤结构与低等脊椎动物相似。

但是，文昌鱼与脊椎动物又有所不同，例如，①无头部和明显的感觉器官，身体不对称；②肾管分节排列；③无生殖导管；④消化有细胞内消化和细胞外消化等情况，这些又是无脊椎动物的特点。因此，一般认为，文昌鱼是无脊椎动物与脊椎动物之间的过渡类型。

那么，文昌鱼到底更接近于哪类动物呢？

比较内分泌生理学认为，所有脊椎动物都有生殖内分泌调控系统，即下丘脑—脑垂体—性腺称为生殖内分泌调控轴，并分泌相应的生殖激素。文昌鱼哈氏窝（Hatschek's pit）是一个沟状结构，位于轮器前部，当时哈奇克认为它是感觉器官，多数学者认为它是摄食器官。特乔伊和韦尔施（1974）首先用电子显微镜技术观察了哈氏窝。哈氏窝是由三种细胞组成的，一是靠近顶部的上皮细胞，此细胞下是多边形或不规则形细胞，再往下向口腔处为带纤毛的黏液细胞。哈氏窝是否具有分泌功能是由我国学者发现的：他们利用免疫化学方法，发现哈氏窝上皮细胞对哺乳动物促黄体素（LH）抗体发生强的免疫阳性反应；同时他们将文昌鱼哈氏窝匀浆注射到雄性黑眶蟾蜍幼体体内，可激发其精巢重量增加和精子发生及释精。另外，他们还用透射电镜技术和生殖生理学方法，详细研究了文昌鱼性腺发育不同时期哈氏窝上皮细胞的超微结构，发现上皮细胞质中分泌的颗粒的数量与性腺发育有关。因为随着性腺发育，这种上皮细胞的糙面内质网、线粒体和分泌颗粒生成的数量逐渐增加，当性腺成熟时，细胞内分泌颗粒的数量也最多，并在突起部分有大量的微丝。值得注意的是，这种细胞还对促性腺激素释放素类似物（GNRH-A）发生应答，因此哈氏窝上皮细胞是一种原始的特化细胞，它在形态上既有上皮细胞的特点，又有原始内分泌细胞的功能。哈氏窝上皮细胞可能类似于脊椎动物的原始促性腺激素细胞，现已发现并证实文昌鱼轮器上的哈氏窝，在结构上与脊椎动物脑垂体可能同源，功能上也分泌一些促性腺激素样物质；同时，已有学者用免疫细胞化学和高压液相色谱证实文昌鱼脑泡中存在多种神经多肽和神经递质。因此文昌鱼神经系统，特别是脑泡、哈氏窝和性腺分泌的生殖激素，在调控文昌鱼性腺发育和成熟方面可与脊椎动物的下丘脑—脑垂体—性腺相似，即存在脑泡—哈氏窝—性腺轴。因此，文昌鱼存在原始的生殖内分泌调控轴，从这一点来看更接近于脊椎动物。

胚胎发育学者认为，文昌鱼既有与脊椎动物相似的特征，又有与无脊椎动物相似的特征。例如，文昌鱼的原生殖细胞来自中胚层；其早期胚胎发育的卵裂方式（两次经裂一次纬裂)、囊胚及原肠形成等方面都与脊椎动物中的两栖类相似。有学者研究认为,文昌鱼脊索中胚层的形成方式与两栖类不同,所有脊椎动物胚胎发育时中胚层都是由内胚层细胞诱导外胚层细胞形成,而文昌鱼与无脊椎动物海胆内胚层细胞相似;并且神经系统发生方式和无脊椎动物相比有许多相似之处,因此,文昌鱼和无脊椎动物亲缘关系更近些,这又是对传统观点的一种挑战。

2.3.4 头索动物亚门的分类

本亚门仅有狭心纲(Leptocardia)1 纲,双尖文昌鱼目(Amphioxiformes)1 目,包括文昌鱼科(Branchiostomidae Bonaparte,1841)和偏文昌鱼科(Asymmetrontidae)2 科,有 3 属 20 余种。

1.文昌鱼科(Branchiostomidae),下有一属,即文昌鱼属(*Branchiostoma* Costa,1843),常见的有白氏文昌鱼(*Branchiostoma belcheri*(Gray))和日本文昌鱼(*Branchiostoma jiaponicus* Willey,1897;青岛文昌鱼亚种 *B. belcheri tsingtauense* Tchang Tchang et Koo 为其异名)。其中白氏文昌鱼(最初发现于我国厦门),在中国,分布于河北秦皇岛、北戴河,山东烟台、蓬莱、青岛、日照、福建厦门、东山岛,广东汕头、闸坡,广西北部湾一带。国外见于日本、菲律宾、印度尼西亚、印度、斯里兰卡、新加坡等沿海海域。而日本文昌鱼曾被命名为白氏文昌鱼青岛亚种,身体前躯肌节数 39 或 38 为多(厦门多为 36);腹鳍隔最多为 73 个(厦门最少为 76 个)。但生殖腺数两地相似,日本文昌鱼右侧生殖腺数为 25~30 个(厦门为 22~28 个),左侧为 23~27 个(厦门为 23~29 个),皆为右侧多于左侧。分布于胶州湾、沙子口、北戴河等地近海有碎贝壳的细沙海底(图 2-14)。

世界其他地区尚有秘鲁文昌鱼(*B. elongatum*)、巴士文昌鱼(*B. bassanum*)、加州文昌鱼(*B. californience*)、巴哈马文昌鱼(*B. lucayanum*)等。

2.偏文昌鱼科包括两属:①偏文昌鱼属(*Asymmetron* Andrew,1893),常见的有鲁卡偏文昌鱼(*Asymmetron lucayanus* Andrews,1893),分布于我国台湾及日本、菲律宾。偏文昌鱼属个体一般小于文昌鱼属,只有右侧生殖腺,因此身体不对称,分布于印度洋到太平洋热带海区,从非洲东海岸一直向东至澳大利亚等处。②侧殖文昌鱼属(*Epigonichthys* Peter,1877),常见种为短刀侧殖文昌鱼(*Epigonichthys cultellus* Peter,1876),分布于我国北部湾、台湾海峡和汕头外海。

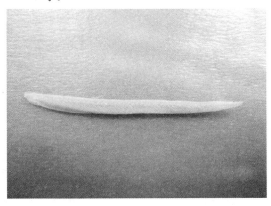

图 2-14 青岛沙子口的文昌鱼

在我国,还曾在海南、青岛、广东汕头、珠江口附近浅海发现过偏文昌鱼,采集的种类为短刀侧殖文昌鱼。

复习题

1.脊椎动物与无脊椎动物的区别及联系。

2.脊索动物的三大特征是什么?

3.脊索动物门分类概要。

4.试将无头类、有头类、四足类、羊膜类、恒温动物包括的纲的名称列举出来。

5.脊索动物的起源。

6.为什么海鞘属于脊索动物而不是软体动物?

7.海鞘成体是如何消化食物的?

8.简述文昌鱼的外形和内部结构。

9.简述文昌鱼在动物学上的重要地位。

第三章　脊椎动物亚门(Vertebrata)概述

脊椎动物亚门具有脊索动物的全部特征,但多在胚胎期出现这些特征。与脊索动物亚门的不同是有了明显的头部,因此被称为有头类。关于咽鳃裂,原生的水栖脊椎动物终生保留,陆栖的成体开始用肺呼吸;关于背神经管,在脊椎动物越来越发达,分为五部脑(大脑或前脑、间脑、中脑、小脑和延脑)和脊髓,同时感觉器官集中而形成头部;但是脊索已被脊柱所代替,脊柱是只属于脊椎动物的特征。脊椎动物也因此而得名。脊椎动物种类繁多,世界陆地、海洋和空中都有它们的踪迹,共5万多种,分圆口纲、鱼总纲(软骨、硬骨鱼纲)、两栖纲、爬行纲、鸟纲和哺乳纲6纲(参见2.1.3.3)。

3.1　脊椎动物亚门的主要特征

如上所述,脊椎动物脊索已被脊柱所代替。虽然脊索和脊柱的位置及功能相同,但两者之间还是有许多不同之处:

1.构成:脊索由脊索细胞和脊索鞘构成;脊柱则是由单个的脊椎连接而成,是由软骨或硬骨组织构成,有细胞间质、纤维和韧带,具灵活性。

2.来源:脊索是由原肠胚自胚孔背唇卷入胚内的细胞演变而来;脊柱是由中胚层间充质细胞形成的,是具有保护神经作用的分节结构。

3.存在种类:脊索只在低等脊索动物中起主要作用,终生保留;脊柱是高等脊椎动物的主要支持结构。若有脊索,也是退化留下的残余,如鲨鱼、低等蜥蜴等(图3-1)。

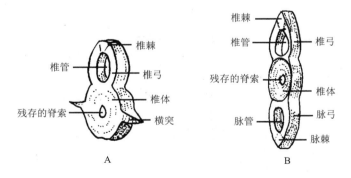

A.躯干椎;B.尾椎

图 3-1　鲨鱼脊柱横切

4.出现上、下颌(除圆口纲外):可加强主动摄食能力,再加上消化道的分化,消化腺的独立,大大加强了消化能力。

5.完善的循环系统,出现心脏:心脏位于消化道腹面,由心肌构成,强有力的收缩可有效地促进血液循环,提高了生理机能,保持旺盛的代谢活动。高等种类使体温恒定,形成特有的恒温动物(鸟类、哺乳类)。

6.出现了集中的肾脏:由肾脏代替分节排列的肾管,大大提高了新陈代谢水平,使代谢废物有效地排出体外。

7.出现成对附肢(除圆口纲外):运动器官的出现,大大扩展了脊椎动物的生活范围,使其摄食、避敌及繁殖力都随之增强。

3.2 脊椎动物躯体基本结构和功能

脊椎动物种类繁多,圆口纲、鱼总纲、两栖纲、爬行纲、鸟纲和哺乳纲,各纲之间特征千差万别,但组成身体的器官系统及其功能是基本一致的(图 3-2)。

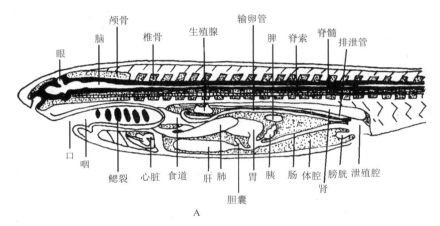

A

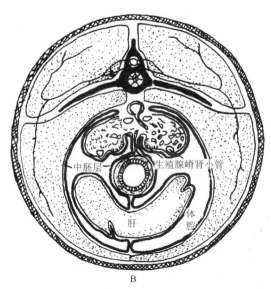

B

A.纵切面;B.横切面

图 3-2 脊椎动物的主要结构模式图

3.2.1 外形(external feature)

脊椎动物一般为两侧对称,身体可分为四个部分,即头部、颈部、躯干部和尾部。

1.头部:头部集中了各个感觉器官以及脑,可通过脑感觉外界环境获取信息和传递消息,用颌获得食物,鱼用鳃进行呼吸。

2.颈部:鱼类没有颈部,颈部是陆生脊椎动物的特征。它由脊柱、肌肉、神经管和消化管等组成,负责与头部的各种联系。

3.躯干部:躯干部占比例较大,内部包被着全部内脏,高等种类又可分为胸部和腹部,两者以肋骨为界。胸部内主要有心脏和肺,腹部内则主要是消化器官、排泄器官等内脏。

4.尾部:肛门后部为尾部,又称肛后尾。水生鱼类、有尾两栖类及无尾两栖类幼体尾部发达,是重要的运动器官,陆生脊椎动物运动器官是四肢,尾部退化。

3.2.2 皮肤系统(integumentary system)

皮肤是被覆动物整个身体外部的构造,延伸到口腔、鼻孔的内皮、眼睑黏膜、角膜以及直肠与泄殖器官凹陷进去的孔道内皮。

脊椎动物皮肤包括表皮和真皮,表皮为复层上皮组织,来自外胚层;真皮为结缔组织,由中胚层演变而来。它们所产生的各种衍生物分别为表皮衍生物和真皮衍生物。表皮衍生物包括表皮外骨骼、毛、羽毛、角质鳞和腺体;真皮衍生物包括骨质鳞片、鳍条、爬行类的骨板以及鹿科的实角等。

皮肤的功能有保护、调节体温、感觉、呼吸、运动、排泄、分泌及生殖等。

3.2.3 骨骼系统(skeletal system)

脊椎动物骨骼为活的内骨骼,分软骨和硬骨两种,从大体解剖上看可分为主轴骨骼和附肢骨骼,主轴骨骼包括头骨、脊柱、肋骨和脉弓;附肢骨骼包括奇鳍骨骼和偶鳍骨骼如肩带和前肢骨、腰带和后肢骨以及鳍脚等。脊柱(vertebral colum)代替了脊索,成为身体的主要支持结构。

骨骼系统的功能:①支持身体,维持一定体形;②保护内脏、脑、脊髓等柔软器官;③供肌肉附着,并作为肌肉运动的支点;④是身体钙和磷的储藏库,维持体内矿物质平衡;⑤高等脊椎动物中红血细胞和某些白血细胞是在骨髓内形成的。

3.2.4 肌肉系统(muscular system)

肌肉系统具有执行动物运动的机能。根据肌肉组织的形态特点,可把肌肉分成骨骼肌、平滑肌和心肌。骨骼肌为体肌,附着在骨骼上,受运动神经支配,具有明暗相间的横纹,因此它又被称为横纹肌、随意肌;平滑肌为脏肌,位于内脏器官腔壁,缺乏明暗相间的横纹,受植物性神经支配,为不随意肌;心肌也为脏肌,它结合了骨骼肌和平滑肌两者的某些特征,像骨骼肌那样收缩得快且具有横纹,又像平滑肌那样肌肉收缩时自动控制的不随意肌。

肌肉系统的功能：①受刺激后收缩，牵动骨骼完成动作；②维持身体一定姿势；③体内物质运输；④维持内脏器官在一定的平衡状态，如孔道的括约肌、血管壁的平滑肌等。

3.2.5　呼吸系统（respiratory system）

有机体进行有氧代谢过程中，要不断供给氧气，同时排出二氧化碳，这些是由呼吸系统完成的。脊椎动物呼吸器官随着环境的变化而有所差别，圆口类、鱼类等水栖脊椎动物用鳃呼吸。鳃是由咽部后端两侧发生的。在胚胎期咽部内、外胚层同时反向突起，逐渐接近，最后打通，形成鳃裂（visceal pouch）。开裂于咽部的叫内鳃裂（internal gill cleft），开裂于体外的称外鳃裂（external gill cleft）。前后鳃裂的组织为鳃间隔（interbranchial septum），它由内、中、外三个胚层共同组成。鳃间隔的基部有鳃弓，两侧有鳃片。陆生脊椎动物用肺呼吸，肺是鳃裂的同源器官。陆生脊椎动物的呼吸器官还有鼻、咽、喉和气管；从两栖类开始有了发音器官，鸟类还有鸣管和气囊。不同类群动物的肺发育程度不同（图3-3）。

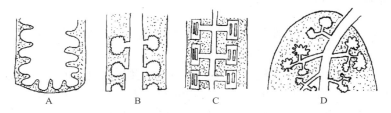

A. 两栖类；B. 爬行类；C. 鸟类；D. 哺乳类

图3-3　不同类群动物的肺

3.2.6　消化系统（digestive system）

消化系统包括消化道和消化腺两部分。消化道为口腔、咽、食道、胃、肠、肛门，有的种类有嗉囊、幽门盲囊、螺旋瓣、盲肠等结构（图3-4）。消化腺有唾液腺、肝、胰、胃腺、肠腺等。口腔开始部分为口，其底为舌，顶部为腭（palatum）。咽（pharynx）总是与呼吸器官发生联系；水栖种类的咽壁洞穿为鳃裂，而陆栖种类的咽则与肺相通。食道为肿胀极大的单管。胃在原始情况下仅为肠上的局部膨大。肠分为前肠、中肠和后肠。前肠又称小肠，是主要的消化器官，前肠的前部称十二指肠，肝和胰脏的管子都汇入十二指肠。中肠或称大肠，内壁有向里吸收汁液的机能，这些汁液是有机体在消化中未吸收尽的；同时在大肠中形成粪便。后肠或称直肠是储藏粪便的场所。直肠开口于泄殖腔——一个公共的腔，除消化道在此腔开口外，还有泌尿器官和生殖器官的管子。或是末端成为单独的肛门。

消化系统的功能：①摄取食物；②消化并吸收营养物质，如食物中的蛋白质、碳水化合物、脂肪、维生素、无机盐和水分等；③不能利用的物质排出体外。

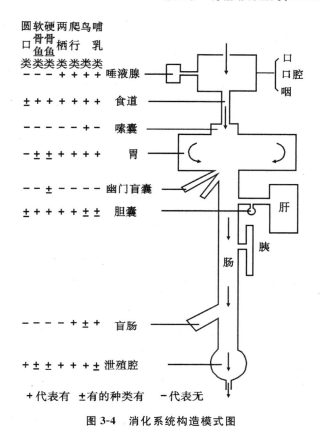

图 3-4 消化系统构造模式图

3.2.7 循环系统(circulatory system)

循环系统由血液、心脏、血管系统(闭管系统)及开管系的淋巴系统组成。血液能流动,由血浆和血细胞构成。血浆含有球蛋白、清蛋白、纤维蛋白、酶、营养物质、代谢物、激素、抗体、无机盐和大量水分等;血细胞分为红细胞、白细胞及血小板,红细胞含大量血红蛋白,是运载氧的工具。心脏有自律性,能作节律性搏动。血管系统包括离心的动脉和向心的静脉,动脉可从心室输送血液到全身各处,静脉收集全身各处的血液回心。淋巴系统是血液循环的辅助部分,包括淋巴、淋巴管、淋巴结、脾脏、扁桃体和胸腺等。水栖动物的心脏仅有一心室和一心房(心耳),心脏内为静脉血,仅有一种血液循环,在该循环中静脉血和动脉血互不混淆。这一循环有两种机能:①将营养物质和氧气供给有机体所有细胞;②更新动脉血,即静脉血从心脏循动脉流向鳃,在鳃内经过氧化成为动脉血。动脉血沿动脉分布全身,从全身回来的静脉血沿静脉回心。高等陆栖动物的心脏包括两心室和两心房(两心耳),血液循环不相混合,这样低等脊椎动物一次循环的双重机能,在高等脊椎动物已由两次循环来分担。

循环系统的功能:①物质运输,将营养物质、氧等运送到各组织,把废物排出。②调节内环境,如保持血液中水、氧、盐含量稳定等。③抵抗疾病,各种血细胞具有运载氧、防御和免疫功能,脾脏可吞噬衰老血细胞和细菌异物。④调节体温。

3.2.8　排泄系统（excretory system）

脊椎动物的排泄系统主要由肾脏及输送管道组成,能将新陈代谢所产生的尿素、尿酸等含氮废物及多余水分、无机盐等以尿的形式排出体外,调节水盐代谢、酸碱平衡,以保持身体内环境的平衡与稳定。

本亚门的动物肾脏可分为三种类型:

1. 前肾(pronephros):脊椎动物在胚胎期间都有前肾出现,但只在鱼类和两栖类的胚胎中前肾才有作用。圆口纲中盲鳗目仍用此种肾作为排泄器官。前肾位于体腔的前端,由许多排泄小管组成(excretory tubule 即肾小管)。排泄小管的一端开口于体腔,在开口处膨大为漏斗状,其上有纤毛构成肾口(nephrostome),可以直接收集体腔内的排泄物。在肾口的附近还有由血管丛形成的血管球(glomerulus),它们用滤过血液的方法,把血中废物排出。排泄小管的另一端与一总管相通。这个总管称前肾导管(pronephric dust),管末通出体外。

2. 中肾(mesonephros):这是鱼类和两栖类胚胎期以后的排泄器官,其位置在前肾的后方。排泄小管的肾口显著退化,一部分肾口甚至完全退化,不能直接与体腔相通。靠近肾口的排泄小管壁膨大内陷,成为一个双层的囊状构造,称肾球囊(bowmaus capsule),把血管球包入其中,共同形成一个肾小体(renal corpuscle)。肾小体和它的排泄小管一起构成泌尿机能的基本结构,称为肾单位(nephron)。到了中肾阶段,原来的前肾导管纵裂为二,其一成为中肾导管(mesnephric duct),即中肾的总导管,在雄性兼有输精功能;另一管在雄体退化,在雌体则演变为输卵管或称牟勒氏管(mullarian duct)。

3. 后肾(metanephros):这是羊膜动物胚胎期以后的器官,其位置在体腔的后部。外形因动物的种类而异。后肾的排泄小管前端只有肾小体,肾口已完全消失。各排泄小管汇集尿液通入一总管,即后肾导管(metanephric duct),也常称为输尿管(ureter)。此管是中肾导管基部生出的突起,向后延伸,各和一个后肾连接而成。后肾发生以后,中肾和中肾导管都失去了泌尿功能。中肾导管完全成为输精管,一部分遗留下来的中肾排泄小管则形成附睾等构造。这三种肾脏类型显示出动物排泄器官由低等向高等进化的过程。

3.2.9　生殖系统（reproductive system）

脊椎动物生殖系统由生殖腺、生殖导管(雄性为输精管、雌性为输卵管)、附属腺体及交配器官等构成,其功能为形成精子或卵子,保证受精,繁衍后代,并成长为新个体。

3.2.10　神经系统（nervous system）

神经系统包括中枢神经系统、周围神经系统及植物性神经系统。中枢神经系统又分为脑和脊髓;周围神经系统包括脑神经(无羊膜类10对,羊膜类12对)和脊神经;植物性神经系统包括交感神经和副交感神经。其功能为:①调整机体内部各器官系统的动态平衡,并使机体能动地适应外界环境。②神经系统的基本活动是反射。动物体与周围环境统一性的保持,完全依赖于整个神经系统的协调活动来完成。神经活动是通过刺激与反应过程而发生的作用,可以说一切动物的行为都是不同复杂程度的反射活动,因此它是一切神经活动的基本形式。

3.2.10.1 脑(cerebrum)

在胚胎发生的早期为神经管前部有3个连续排列的膨大物(泡状)。这些膨大部分的前部很快地横分为二,最前一部分由纵沟分为左右两半,而在后脑前部的顶部则形成一个突起。这样,脑便成为五部分:大脑(telencephalon,由左右两半球组成)、间脑(diencephalon)、中脑(mesencephalon)、延脑(myelencephalon)和位于延脑之下的小脑(metencephalon,cerebellum)。与已分化的各部分相适应,脑神经腔也分化为彼此相通的各部分,这些部分即脑室,各具有专门的名称。低等种类大脑的脑室是一个总腔,无特殊的命名;高等种类大脑右脑的隔膜分为两个侧脑室(人类的脑的前面有两个脑室)。间脑腔是第三脑室,中脑腔称为薛氏导水管(aquaeductus silvii),延脑腔称为第四脑室或菱形窝。

脑的主要部分有下列构造。大脑的前部连着一对突起——嗅叶(lobus olfactorius),由嗅叶分出嗅神经(nervus olfactorius),嗅神经是第一对脑神经。间脑膜状顶部连着两个圆形的细足状突起,这就是视觉器官最初的构造。其前部称为松果体(corpus parietale),后部称为脑上腺(epiphysis)。由间脑的两侧分出视神经(nervus opticus),视神经是第二对脑神经。由间脑底部中央伸出一个中空的突起,称为脑厄(infundibulum),脑厄连着脑下腺(hypophysis)。中脑的后顶被纵沟分为两部分,成为视叶(lobus opticus)。右脑总共分出10～12对脑神经。

3.2.10.2 脊髓(medula spinalis)

脊髓与延脑间没有显著的分界,其内部为脑的灰质,外部为白质。灰质由神经细胞构成无髓神经纤维,白质则完全由髓质神经突起构成。脊髓的狭小神经管称为中心管。由脊髓分出许多脊髓神经,其数目相当于最初的肌肉节数,即每一对肌节中分布一对脊髓神经,脊髓神经有两个根——背根和腹根。

3.2.10.3 感官(sense organ)

感觉器官可感受外界及身体内部环境的变化。它有外感受器,即皮肤的各种感受末梢、听觉、视觉、嗅觉、味觉等感官;内感受器,即分布于内脏、血管、骨骼肌、肌腱、关节中的神经末梢感受器。

1.皮肤感觉器官:脊椎动物的游离末梢为接受机械刺激的最简单的器官。这些器官散布在皮肤的表面、肠黏膜和各种其他器官中。此外还有一些特殊的末梢器官,称为触觉小体,成堆地集中在结缔组织膜的周围。

2.侧线器官:这种器官只有原始水栖脊椎动物才有。它是特化了的皮肤器官。侧线器官都呈纵行分布于身体两侧(鱼类通常每侧有一行),而在头部成为复杂的网状。它们能感受作用于身体各部分水的细微波动。因此动物不仅能够察觉水流的速度、方向和水流冲出所反映的物体位置,同时还能感觉到自己身体的运动。这样,借助于侧线器官动物可以在水内辨别方向。

3.听觉器官:听觉器官同时也有平衡的作用,它是成对的。圆口类和鱼类,听觉器官仅为内耳或称为膜迷路,膜迷路藏在听囊内,并呈薄壁的囊状。听囊因横缢分为两部分:上部称为椭圆囊(utriculus),下部成为球形囊(sacculus)。由椭圆囊分出几个半规管(canalis semilunaris），半规管呈弧形又回入椭圆囊中。所有的脊椎动物除圆口纲外，半规管的数目一律为三。它们分布在三个互相垂直的平面中——横切面、额切面和矢切面。球形囊向上分出细盲管——内淋巴管（ductus endolyumphaticus）。内淋巴管是最初外胚层内陷的痕迹，由此内陷生出膜迷路。膜迷路的内腔中充满了内淋巴液。内淋巴液中有许多悬浮状态的碳酸钙结晶体。身体位置的各种变化和声波使这些结晶体运动时，这些结晶体便刺激着迷路内壁的感觉细胞，通过感觉细胞传递到听神经末梢。从两栖纲起，与内耳联结的还有第二部分——中耳，或鼓室。鼓室中有听小骨——镫骨，而哺乳纲共有三块听骨。此外，哺乳纲还形成第三部分——外耳，或称耳壳。

4. 视觉器官：脊椎动物的视觉器官为成对的眼球。眼球的外壁为视觉器官囊——巩膜（sclera）。巩膜由致密结缔组织形成，是眼的骨骼。巩膜在眼的前面突出部分成为透明的角膜（cornea）。眼球内部为透明的圆形体——晶状体（lens）。巩膜内部有三层膜：脉络膜（membrana chorioidea）、色素膜（tapetum nigrum）和视网膜（retina）。脉络膜贴附于巩膜，含有很多血管为眼供给血液。在脉络膜与角膜接触之处，由巩膜分出环状的褶襞——虹膜（iris）通到眼球腔内，虹膜位于晶状体之前，并或多或少成了瞳孔的界限。贴近脉络膜未能反射光线的暗色色素膜。与色素膜贴近的最里层则为有感光性的视网膜。视网膜中含有两种感觉细胞，分别为感觉光线强度的杆状体和感受颜色的锥形体。视网膜分出视神经穿过巩膜。眼球内腔（后房）充满着胶冻状的玻璃体（corpus vitreum），而在晶状体与角膜之间比较小的腔（前房）则含着液体水状液（humor aqueus）。眼球在发生中是间脑侧壁伸出的中空隆起。以后视囊的外壁向囊中的内陷，与囊接近的部分缩小而形成双层的视杯，视杯以其细柄连接脑。同时在视杯反面由外胚层绽裂而内陷呈小泡状。继之，小泡加厚并变成晶状体；视杯边缘围绕视杯而形成最初的虹膜。视杯的内壁变成视网膜，外层变成色素膜，视杯柄成为视神经，而在眼球周围由中胚层形成脉络膜和巩膜。巩膜的前部与皮肤愈合获得了透明性，并变成角膜。

5. 嗅觉器官：所有的脊椎动物除圆口纲外，嗅觉器官都是偶数的构造。在最原始的情况下，嗅觉器官为两个嗅囊，嗅囊内壁为多皱褶的膜。完全以鳃呼吸的种类，嗅囊的末端封闭，仅以鼻孔与外界相通。有肺的种类其鼻腔不仅以鼻孔与外界环境相通，还以鼻内孔与肠道前端的空腔相通，同时除了有嗅觉机能外，还作为呼吸的孔道。

3.2.11　内分泌系统（endocrine system）

内分泌系统是指分散在身体各部的无导管的腺体，如脑垂体又称脑下腺、甲状腺、胸腺、肾上腺等以及胰腺中的胰岛、睾丸内的间质细胞、卵巢内的卵泡和黄体，它们的分泌物又称激素，经血液循环运输到全身，对动物体的代谢、生长发育、生殖等生理机能起着支配和调节的作用。主要内分泌器官如下：

1. 甲状腺（glandula thyreoidea）：甲状腺多为奇数腺体，位于咽的腹面。它与文昌鱼、尾索亚门和圆口纲幼体的内柱同源，其形状是咽道腹壁的突起，以后便从咽上绽断。甲状腺能制造甲状腺素的分泌物。甲状腺素能对有机体的生长和正常的代谢作用起刺激作用。

2. 胸腺（thymus）：胸腺是成对的构造，鱼纲的胸腺位于鳃的附近，陆栖的脊椎动物通常多位于颈的两侧。这种器官在动物幼年时可以达到最大体积,当进入成熟期又可剧烈地缩小。胸腺是制造分泌物的器官之一,这种分泌物能影响正常的代谢作用、生长和生殖腺的发育。

3.脑下腺(hypophysis):脑下腺是附于间脑脑厄上的腺体。在胚胎发生时为口盖外胚层的突起。陆栖脊椎动物除脑下腺的前叶外,还有脑神经组织所组成的脑下腺的后叶。脑下腺前叶的激素能刺激生殖腺的发育、全身各器官的生长并影响正常的代谢作用。脑下腺后叶的激素主要用于调节血管壁的收缩。

4.肾上腺:肾上腺的位置始终直接靠近肾脏,具有各种极不相同的形状。它所分泌的激素肾上腺素有很大作用,能收缩血管,调节血液循环。

3.3 脊椎动物起源的证据

1999 年 11 月 *Nature* Vol.402(P.42～46)发表了我国舒德干等人的 *Lower Cambrian vertebrutes from south China*(记载我国出土的早寒武纪脊椎动物)的论文:我国从约 5.5 亿年前早寒武纪出土的昆明鱼和海口鱼,经研究是令人信服的早寒武纪脊椎动物,是最古老的鱼形动物,也是人类在脊椎动物范围内已知最古老的祖先。它们一个像七鳃鳗,另一个像较原始的盲鳗。

复习题

1.脊椎动物的主要特征是什么?

2.概述脊椎动物体的结构可分为哪些器官系统? 各系统的基本结构和功能有哪些?

第四章 圆口纲(Cyclostomata)

4.1 圆口纲动物的主要特征

本纲动物是现存脊椎动物中构造最原始又特殊的水生类群。其主要特征可充分显示该类群的原始性:①口呈吸盘状,内有角质齿,尚未分化出上颌和下颌构造,故又称为无颌类(Agnatha)。②骨骼系统由软骨组成,尚无真正的脊椎,只有神经弧片排列在脊索两侧,脊索终生保留。③没有成对的偶鳍(胸鳍和腹鳍),只有奇鳍。④内耳仅有 1～2 个半规管。其特殊性表现在只有一个外鼻孔和鳃,位于鳃囊内,故又称囊鳃类(*Marsipobranchia*)。

圆口纲现存约 50 种(已知盲鳗 26 种,我国有 4 种;七鳃鳗 21 种,我国有 3 种),栖息于海水或淡水中,营寄生或半寄生生活。为便于更具体地了解圆口纲动物,现以我国海产的七鳃鳗为例介绍其一般构造。

身体长约 30 cm,鳗形,有 2 个背鳍和 1 个尾鳍(图 4-1),雌性还有一个臀鳍,头部腹面有 1 个漏斗状的口,头顶有 1 个鼻孔,头两侧有眼,眼后各有 7 个外鳃孔,身体后部有肛门,这是躯干与尾部的分界,肛门后有 1 个泄殖突,上有泄殖孔。表皮为多层细胞,有很多单细胞黏液腺。皮肤裸露,黏液腺发达。

图 4-1　七鳃鳗外形

体内主要支持物为一条脊索。脊索背方神经管两侧是分节排列的软骨片,这是雏形的脊椎椎弓。头部脑、口和鳃囊周围有一些软骨(图 4-2)。图 4-2 显示出:①脑构造原始,仅由侧索、前索软骨构成脑底部和侧部的保护,而脑顶覆盖结缔组织膜。②脑颅背面有嗅软骨囊(嗅泡),这些全靠结缔组织与脑颅连接;口漏斗、舌等皆有一系列软骨支持。③鳃笼:支持保护鳃囊,由 9 对弯曲而横行的软骨和 4 对纵行软骨条相互编结构成笼状。围心软骨为最后一对横行软骨,保护心脏。身体上主要肌肉与文昌鱼一样是分节排列的肌节,但单个肌节呈竖放的"w"型。

七鳃鳗摄食时用口漏斗吸附在寄主身体表面,以舌和口漏斗内的角质齿刺破并吸食寄主的血肉。七鳃鳗眼眶下的口腔后有 1 对"唾液腺",以斜管通至舌下,能分泌一种抗凝血剂,对寄主进行吸血时阻止血液凝固。食物从口、咽经食道而达管状的肠,无胃,肠中有螺旋瓣,可增加肠壁吸收营养物质的面积,肠管末端为肛门。肝分左右两叶,但成体无胆管,无胰脏,只有分散或成群的胰细胞分布在肠壁等处。

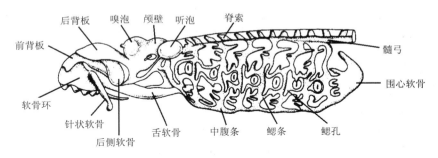

图 4-2　七鳃鳗的颅骨和鳃管(侧面观)

咽部除有消化道通过外,在头背面另有一个呼吸管,经左右两侧各 7 个内鳃孔通入 7 对鳃囊,再由外鳃孔通出体外。鳃孔周围有强大的括约肌和缩肌,控制鳃孔的启闭。为适应吸附的半寄生生活,成体呼吸时水流均由外鳃孔进出鳃囊,在该处的鳃丝上进行气体交换。

七鳃鳗血液循环和文昌鱼相似,但腹大动脉由心脏发出,经鳃动脉至背大动脉根和背大动脉而达身体各处。回心的血液也有两条通路,一条为内脏血,由肝门静脉至肝静脉通入心脏的静脉窦;另一条由一对前主静脉和一对后主静脉分别经总主静脉回心,但成体左边的总主静脉已退化消失。心脏除静脉窦外,尚有 1 个心房,1 个心室。

肾脏 1 对,长条形,尿液经一对输尿管通至体后由尿殖孔排出,属于中肾型。生殖为雌雄异体。生殖腺单个,无生殖导管,卵或精子成熟时直接由裂开的性腺表面落入体腔,经尿殖孔排出体外。

表 4-1　七鳃鳗与文昌鱼的比较

	文昌鱼	七鳃鳗
生活方式	海水,自由游泳	海水或淡水,半寄生
外形	无头,无附肢	有头,有不成对的附肢
皮肤	表皮单层细胞,真皮不明显	表皮和真皮皆为多层细胞
骨骼	脊索终生存在,无骨骼	雏形脊椎骨,头骨不完整
循环系统	无心脏,无血细胞	有心脏和血细胞
神经、感官	无明显的脑和集中的感官	脑和脊髓分化,脑分五部等
泄殖系统	肾管和生殖腺分节排列,无生殖管,排泄、生殖无联系	有集中的肾脏和生殖腺,无生殖管,排泄、生殖无联系

七鳃鳗头部有发育较好的脑,脑分为大脑、间脑、中脑、小脑和延脑 5 部分。各部分排列在一个平面上,脑的各部分不很发达,尤其是小脑很不发达,仅为延脑前端背面的一个小突起。脑部尚无神经物质,但脑神经已有 10 对,脊神经和文昌鱼相同之处是背根和腹

根不愈合成混合神经。眼已具有脊椎动物眼的基本结构,即有角膜、晶体、视网膜等构造,视觉调节由角膜肌控制。七鳃鳗头顶正中鼻孔之后还有松果眼,同样有晶体和视网膜等构造。据研究是一种痕迹器官,现时只有感光作用。松果眼下方有 1 个松果旁体,也称顶器,构造与松果眼相似,也具感光作用。七鳃鳗的内耳有两个半规管,体侧也有侧线。嗅觉器为 1 个嗅囊(胚胎期是 1 对),以单个鼻孔通向外界。咽部有味蕾,司味觉。

4.2 圆口纲的分类

本纲动物分两个目,其一为七鳃鳗目(Petromyzoniformes),约 26 种。分布于淡水或海洋,成体营半寄生生活。有口漏斗和角质齿,鳃囊 7 对,内耳有两个半规管,雌雄异体,发育有变态。如海七鳃鳗(*Petromyzon marinus*)产于大西洋中,有溯河产卵习性。而东北七鳃鳗(*Lampetra mori*)、日本七鳃鳗(*L. japonicus*)、雷氏七鳃鳗(*L. reissneri*)等分布于我国东北松花江、黑龙江等水域,日本七鳃鳗成体在海中生活。东北七鳃鳗两背鳍分开,板齿 9~10 枚;日本七鳃鳗两背鳍分开,板齿 6~7 枚;雷氏七鳃鳗两背鳍相连。

另一目为盲鳗目(*Myxiniformes*),约 21 种。全为海产,幼体以多毛类为食,也袭击鱼类,钻入鱼体或其他动物体内,吸食其血肉和内脏,营全寄生生活。无口漏斗,口缘有 4 对触须。鳃囊 6~15 对。但有些属的出鳃水管愈合成一个管,在每侧有一向外开口的孔。内耳 1 个半规管(实际上,内耳两个半规管互相连接,看起来如同一个)。雌雄同体,发育无变态。如大西洋盲鳗(*Myxine glutinosa*),蒲氏黏盲鳗(*Eptatretus burger*i),紫黏盲鳗(*E. okinoseumus*)等,后两者在我国有分布。

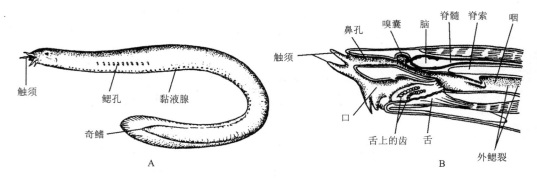

A. 外形;B. 头部矢状切

图 4-3 大西洋盲鳗(*Myxine glutinosa*)

4.3 圆口纲动物的生态

七鳃鳗生活在江河(如东北七鳃鳗、雷氏七鳃鳗)或海洋中(如日本七鳃鳗),每年 5~6 月间,成鳗常聚集成群,溯河而上或由海入江进行繁殖。它们选好具有粗砂砾石的河床及水质清澈的环境后,先用口吸盘移去砾石造成浅窝,雌鳗吸住窝底的石块,雄体又吸在雌鳗的头背上,两者相互卷绕,肛门彼此靠拢,急速摆动鳗尾,排出精子和卵子,在水中受精。

因此七鳃鳗又叫石吸鳗。雌鳗每次交尾后只产出一部分卵，但在为期 2～3 天的产卵期内可多次交尾和产卵，因而每尾雌鳗的产卵总量可达 14 000～20 000 枚。亲鳗在生殖季节里，消化道极其萎缩，绝食时间长达数月，经过生殖后，疲惫衰竭，终至死亡，无一生还。鳗卵圆而小，直径约 0.7 mm，含卵黄少，受精卵进行不均等分裂。胚胎先发育成体长 10 mm～15 mm 的幼鳗，其形态和构造均与成鳗相差甚远：眼被皮肤遮蔽而不发达；整个背鳍和尾鳍为一条连续的膜质结构；口前有马蹄形的上唇和横裂的下唇，合围成口笠，不具口吸盘，也无角质齿；呼吸道尚未分化，故其咽部两侧的内鳃孔都经由鳃囊通过外鳃孔到达体外；咽底有内柱。

幼鳗曾被误认为是一种原索动物而命名为沙隐虫（Ammocoete），具有脊索动物的基本特征，与尾索动物和头索动物的幼体相似。它的摄食和独立的生活方式与文昌鱼大致相似（表 4-1）。幼鳗在淡水或返回海中生活 3～7 年后，才在秋冬之际经过变态成为成体，再经数月的半寄生生活便达到性成熟时期，并开始了集群和繁殖活动。从沙隐虫所呈现的原始构造及其生活习性，显示了它们与原索动物之间存在着一定的亲缘关系，因此研究七鳃鳗的生活史，从脊椎动物演化来说，有重要意义。

4.4　圆口纲动物的起源和演化

圆口纲动物化石种类出现于古生代上寒武纪、奥陶纪、志留纪和泥盆纪。这些化石动物和现存圆口纲动物有许多共同之处，如没有上下颌和成对的附肢，有鳃笼和内鼻孔，内耳只有两个半规管等，都说明它们之间有一定联系。但它们除了具有圆口纲的一般特征之外，身体上一般具有大块骨甲，故有甲胄鱼类（Ostracodermi）之名。甲胄鱼类在 19 世纪发现时被人们认为是一种硬鳞鱼类或真骨鱼类。美国古生物学家柯柏（Cope D. E. 1840～1897）指出了它们与圆口纲有共同特点，并提出将圆口纲与甲胄鱼类合在一起，建立无颌超纲（Agnatha）。后来史旦修（Stensio. E）在 20 世纪作了进一步的研究，肯定了柯柏论点的正确性。他在 1940 年以前发表了有关这个类群的分类报告，但是没有发现甲胄纲与圆口纲有直接的亲缘关系，不能说明现代的圆口纲是由甲胄纲演化而来，因为没有发现圆口纲的任何化石材料，人们推测这两纲动物都是由原始有头类分别演化而成。甲胄纲化石是目前发现最早的脊椎动物，而且早期化石在淡水沉积的地层中发现，故人们相信脊椎动物起源于淡水环境。

早在约 5.1 亿年前的寒武纪晚期或早奥陶纪、志留纪和泥盆纪的地层中发现的最早脊椎动物化石甲胄纲（Ostracoderms）种类很多，可分 4 目，如属于异甲目（Heterostraci）中的鳍甲鱼（鳞甲鱼）*Pteraspis*，是最早的甲胄纲动物，身体流线型，头部有多块骨甲，躯干有较小的鳞，背面有长的棘，眼位于体侧（图 4-4，A）。又如属于甲骨目（Osteostraci）的早期种类（*Cephalaspis*）无成对的附肢，但在头甲后两侧出现一对扁平状突起，可能对运动的方向起着一定的控制作用（图 4-4，B）。属于无甲目（Anaspida）中的翼甲鱼（鳍鳞鱼）（*Pterolepis*），没有厚的甲胄，但有鳞片状的薄骨板，尾是一种上歪尾，与鲨鱼的下歪尾正好相反，身体侧扁，善于游泳（图 4-4，C）。甲骨目（Osteostraci）中的半头甲鱼（半环鱼 *Hemicycyclaspis*），头部被有一平扁厚甲，厚甲两侧各有一长条形的发电器，眼位于背面，两眼之间为单个鼻孔,有胸鳍1对扁平状的突起,但与鱼类的胸鳍不是同源结构(图4-4,D)。基于它们的特征,可推测甲胄鱼类是具有一定游泳能力的底栖动物,与现生圆口类可能有共同的祖先。甲胄鱼类经历了奥陶纪、志留纪、泥盆纪时期,繁盛了约1.5亿年,最终在泥盆纪绝灭。

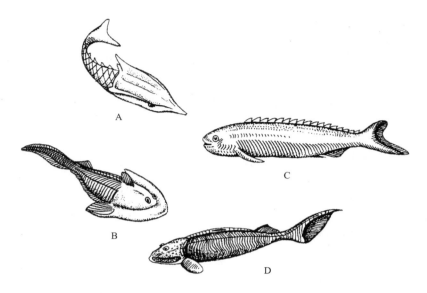

A.鳍甲鱼;B.头甲鱼;C.翼甲鱼;D.半环鱼

图4-4 几种甲胄鱼

复习题

1.为什么说圆口纲是脊椎动物亚门中最低等的一个纲?试述其主要特征。

2.七鳃鳗的消化、呼吸系统有什么特点?这些结构和七鳃鳗的生活习性有何关系?

3.七鳃鳗目和盲鳗目有些什么重要区别?

第五章 鱼总纲(Pisces)

　　鱼类在地球上出现已有 5 亿年,根据分类资料,不考虑化石及被淘汰或灭绝的,被确认的现生鱼类是 27 977 种(Nelson,2006)。在整个为数 5 万多种的脊椎动物大家族中,鱼类占了总数的 1/2 强,可见鱼类是各纲脊椎动物中种类最多的一个类群。鱼总纲和圆口纲一样,是完全水栖的脊椎动物,终生有鳃,颅骨与脊椎愈合而不能转动;心脏仅有 1 心耳与 1 心室;血液循环是一种非混合血液的循环(除肺鱼和多鳍鱼亚纲外);听觉器官仅有内耳。但是它又与圆口纲不同,大多数鱼类都是有极发达的肌肉尾,有成对的附肢(胸鳍和腹鳍)的善游者。它们以彼此相对的上颌和下颌捕食。与圆口纲比较起来,鱼类的一切感觉器官都更为完善,头骨更为发达,无论是对感觉器官还是脑都有较好的保护。骨骼为软骨或硬骨。除去极少数例外,体表均有鳞片并且有真正的齿。外胚层起源的鳃及其鳃叶均向外着生于鳃弧上。鱼是圆口纲后最古老的一类动物,志留纪末期已有存在,它们分为若干远离的支派已有很长时间,所以这一切都是鱼类谱系极为复杂的原因所在。至今学者们对鱼类分类系统的见解分歧很大,但是多数学者同意 2006 年 J S Nelson 在《*Fishes of the world*》第 4 版中提出的分类系统,将脊椎动物亚门分为无颌和有颌脊椎动物两部分及对辐鳍纲和肉鳍纲的限定。一般说来,动物有如下特征:①有颌;②终生水栖,用鳃呼吸;③一般有成对的偶鳍,而不具五趾型附肢(也有偶鳍退化消失的种类);④一般具有真皮鱼鳞(也有完全无鳞的种类)的都被称为真正的鱼,都属鱼总纲。但有的动物学家有时把无颌类和头索动物也视为鱼类,为了区别,把头索动物文昌鱼叫做鱼形动物,而把甲胄鱼圆口类等无颌脊椎动物叫做无颌鱼类。刘瑞玉等(2008)统计我国海鱼已达 3 213 种;管华诗等(2009)认为我国拥有鱼类总数 4 600 多种,年产量高于 30 万吨的鱼类有 9 种,其中带鱼、鳀鱼、蓝圆鲹和鲐产量最高。

　　鱼类的生活环境是水,水的理化性质差别很大,但鱼类对各种不同性质的水域有广泛的适应能力。不同种鱼类对水温的适应范围从-3 ℃~52 ℃(前者如阿拉斯加或北极黑鱼,后者为花鲡);对水中溶解氧的忍受范围为 0.7~15.4 mg/L;适应盐度范围是 0.01~70;耐受外周水压和气压的幅度从海拔 6 000 m 高的溪流到 10 000 m 深的海底;鱼对水流冲击力也能很好地适应,从静水到每秒 3~4 m 流速的急流中都有鱼类生活。鱼的种类多,个体数量也十分丰富,全世界年产量 7 000 多万吨,我国就有 600 多万吨,如此大的产量说明鱼类能成功地在各种水体中生息繁殖。

　　鱼总纲可以分为两个显然不同而彼此独立的类群,即软骨鱼类(Chondrichthyes)和硬骨鱼类(Osteichthyes),或独立的两纲。对这一点,所有研究者都无异议。下面将分别论述:

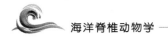
5.1 软骨鱼类的代表——前鳍星鲨[*Mustelus kanekonis*（Tanaka）]

一般说软骨鱼类的形态特征为歪尾、体内具软骨、体表被盾鳞或光滑无鳞、鳃裂外无盖或仅有皮膜覆盖，雄性有鳍脚。而前鳍星鲨[*Mustelus kanekonis*（Tanaka）]和大多数的鲨鱼一样，是迅速游泳的能手，在海内营肉食性生活，主要以甲壳动物、软体动物和小鱼为食。体长 1 m 以内，分布于我国南海和东海南部，也见于日本。本代表的主要描述及插图，系引自"孟庆闻、李文亮，1991 年《中国鱼类专著集（三）》"并稍加修改而成，在此谨对原作者表示深深的谢意。

5.1.1 外部形态（external features，图 5-1）

体延长，呈纺锤形，头平扁。头前有中等长的吻突（rostrum），躯干向后逐渐狭小而成为尾，为该动物的主要运动器官。尾鳍的两叶不等，有中轴骨通过的上叶较大，下叶较小。这种类型的尾鳍称为歪形尾。水平方向伸出的一对胸鳍着生于躯干前部两侧，躯干后部的腹面则有一对水平方向的腹鳍。腹鳍之间有泄殖腔孔。雄鲨腹鳍的内侧变成一对交接器官，为呈长形的硬附属器，内侧各有一条深沟。身体背面前后相间有两个前大后小的背鳍，下面在腹鳍后有单个的臀鳍。臀鳍小，相对于第二背鳍后半部。口大、横裂，位于吻下的头部腹面。口上有一对鼻孔。眼椭圆形，具瞬褶（nictitating fold）。眼径比鼻孔长，约大 1.5 倍。头部两侧各有 5 个裂缝状的鳃孔。眼之后各有一孔，即喷水孔（spiraculum），与咽相通。背侧面灰褐色，腹面白色，各鳍紫褐色，后缘较浅淡。

5.1.2 皮肤及其衍生物

鲨的皮肤由有大量单细胞腺的复层表皮及有大量盾鳞（placoid scale）的紧密真皮所构成（图 5-2）。每一盾鳞均呈圆板状，其上有尖端向后倒的小齿。盾鳞由一种近似硬骨的物质——齿质所构成，小齿尖端则有一种特殊的坚硬物质——类珐琅质（enameloid）形成的小冠。两颌的牙齿实际上仅仅是盾鳞增大了体积而变成的。盾鳞与牙齿实系同源结构，故又称皮齿（dermal teeth），由外面的类珐琅质和里面的齿质（dentine）所构成。头部与躯干的两侧各有一条侧线（linea lateralis）。侧线由许多小孔排列而成，小孔通有皮肤感觉器官的管道。

5.1.3 骨骼系统（skeleton system）

鲨鱼的骨骼（图 5-3）不含硬骨而单由软骨构成，但是软骨可能含有钙质而获得相当大的硬度。骨骼主要有主轴骨骼（axial skeleton）和附肢骨骼（appendiculae skeleton）两部分。前者包括头骨、脊柱和肋骨；后者包括肩带、腰带和鳍骨。研究鱼类的演化、分类及肌肉系统等必须有骨骼的基础知识。

5.1.3.1 主轴骨骼

1.头骨（skull，图 5-4）：和所有其他高等脊椎动物一样，和圆口纲不同，鲨鱼的头骨由脑颅（neurocranium）和咽颅（splachnocranium）两部分构成。

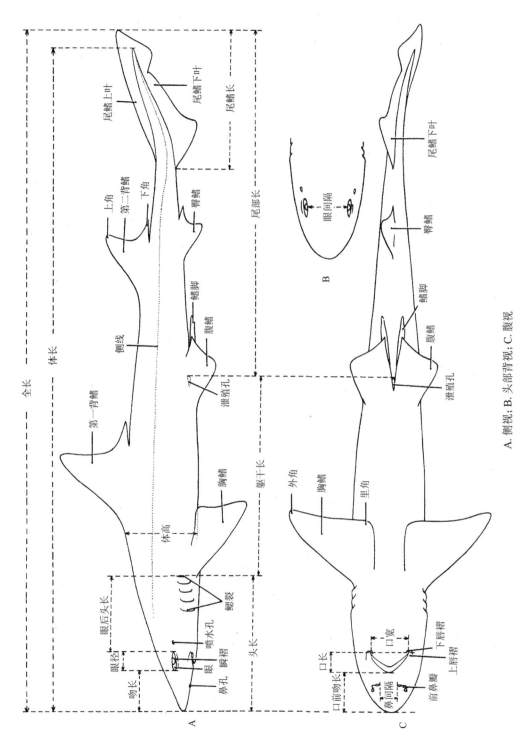

图 5-1　前鳍星鲨（♂）外形测量（全长502毫米）

A. 侧视；B. 头部背视；C. 腹视

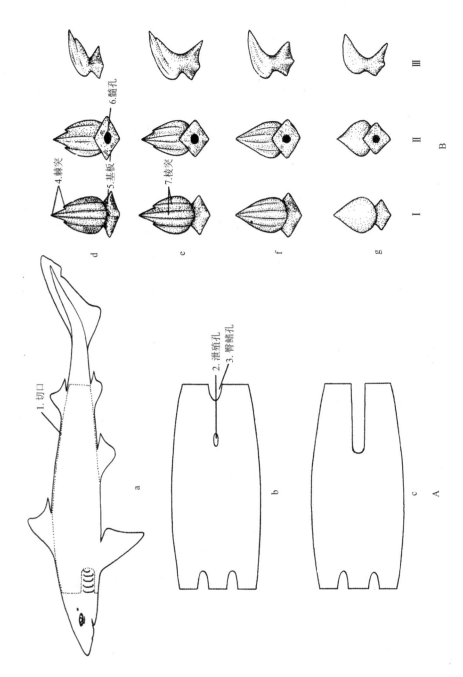

A. a. 切口部位；b. 剥下皮肤；c. 准备制革

B. I. 表视；II. 里视；III. 侧视；d. 第一背鳍与侧线间鳞；e. 臀鳍前腹面鳞；f. 两眼间前方鳞；g. 口咽腔内壁鳞

图5-2 前鳍星鲨的制革（A）及盾鳞（B）

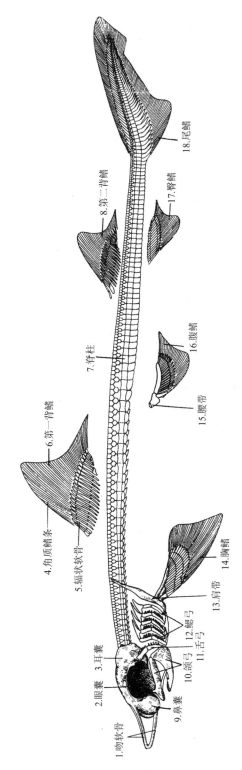

图 5-3　前鳍星鲨的骨骼（侧视）

1.吻软骨　2.眼囊　3.耳囊　4.角质鳍条　5.辐状软骨　6.第一背鳍　7.脊柱　8.第二背鳍　9.鼻囊　10.颌弓　11.舌弓　12.鳃弓　13.肩带　14.胸鳍　15.腰带　16.腹鳍　17.臀鳍　18.尾鳍

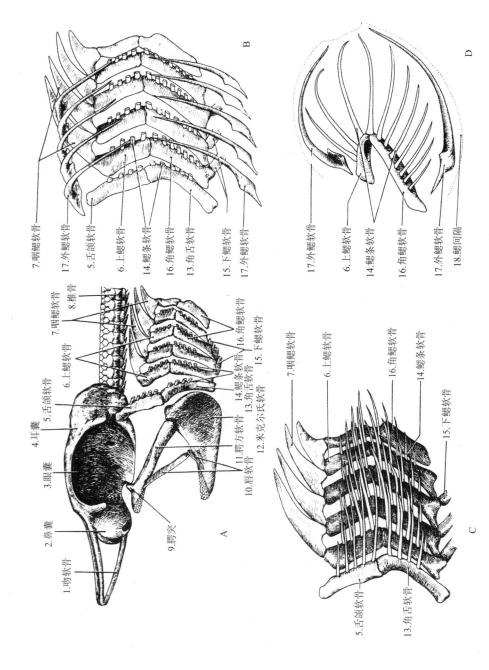

图5-4 前鳍星鲨的头骨

A.头骨侧视;B.C.舌弓和鳃弓侧视;D.第三鳃弓

1.吻软骨 2.鼻囊 3.眼囊 4.耳囊 5.舌颌软骨 6.上鳃软骨 7.咽鳃软骨 8.椎骨 9.腭突 10.唇软骨 11.腭方软骨 12.米克尔氏软骨 13.角舌软骨 14.鳃条软骨 13.角舌软骨 14.鳃条软骨 15.下鳃软骨 16.角鳃软骨 7.咽鳃软骨 6.上鳃软骨 16.角鳃软骨 14.鳃条软骨 15.下鳃软骨

5.舌颌软骨 6.上鳃软骨 7.咽鳃软骨 13.角舌软骨 14.鳃条软骨 15.下鳃软骨 16.角鳃软骨 17.外鳃软骨 18.鳃间隔

（1）脑颅包括颅骨、感觉器官囊（听软骨囊与嗅软骨囊）以及吻骨。颅骨与圆口纲的不同，它已比较完全地包围了脑和成对的感觉器官：听觉、视觉、嗅觉等器官。整个头盖都是软骨的，仅在其前部有一孔，称为囟门。还有枕骨部在后面保护着脑，枕骨部上有枕骨孔（foramen occipitale），脑即通过该孔与脊髓相连。由于枕骨部的发达，第九、第十对脑神经就包括在头骨内了。听软骨囊完全包在头骨的侧壁内，眼球在脑颅侧壁的深凹——眼窝内，因此眼球的上方和两侧都是有保护的；一对嗅软骨囊与颅骨前半部牢牢地愈合在一起。吻由三根棒状软骨构成，这些软骨由颅骨向前伸出，彼此以尖端相连。

（2）咽颅由包围着消化管前端的许多对软骨弓构成，从侧面看，这些软骨弓呈弓形（也有人称弧形），这也是其得名的原因。其可分为颌弓、舌弓及鳃弓三部分（图5-5）。

①颌弓（mandibular arch）：它分上、下颌骨两部分，两者表面都附有铺石状的牙齿。其中上面一对称腭方软骨（palatoquadrate c.，c.是 cartilage 的缩写，下同），下面一对称米克尔氏软骨（Meckel's cartilage）。颌弓的特点是这两对软骨无论是左右还是上下间都是彼此有韧带或关节突相连的，此外在长下颌骨的前外侧各附有一对细条状的唇软骨（labial cartilage）是支持上下唇褶的软骨，上唇褶的一对稍大，两者由结缔组织相连呈 L 形。

②舌弓（hyoid arch）：舌弓通常由两对软骨和一块软骨（共 5 块）构成。舌弓后缘也有软骨条伸出。舌颌软骨（hyomandibular c.）位于背侧面，背端与眶后突和耳囊外缘凹窝相关节，腹面由韧带与米克尔氏软骨相接，形成了典型的舌接型头骨。其后缘附有 4～5 条鳃条软骨（branchial rays）。角舌软骨（ceratobranchial c.）介于舌颌软骨和其舌软骨之间的一对弓形，其后也有棒状软骨即 4～5 条鳃条软骨。基舌软骨（basihyal c.）是位于腹面正中央的一块三角形扁平骨，两侧与角舌软骨相关节，这是支持舌的软骨。

③鳃弓（branchial arch）：鳃弓共 5 对，前三对均由左右两侧成对的 8 块软骨所组成；后 2 对稍有变异，由背至腹为：咽鳃软骨（pharyngobranchial c.）、上鳃软骨（epibranchial c.）、角鳃软骨（ceratobranchial c.）、下鳃软骨（hypobranchial c.）和基鳃软骨（basibranchial c.）。第 4、5 对角鳃软骨直接和它相关节。在第一到第五对鳃弓所附鳃间隔都有外鳃软骨（extrabranchial）支持。

（3）脑颅与咽颅的悬系方式：头骨的这两大组成部分，脑颅是用来包藏脑和嗅、视、听等感觉器官的，咽颅是组成摄食、呼吸器官及通道的载体，两者发生紧密而牢固的连接才能在捕食、呼吸和各种生命活动中发挥最大的效能。由于鱼类种类繁多，生活方式复杂，所以两者的悬系方式也变化多端，但主要有以下几种：

①自接式（autostyly）或全接式（holostyly）：咽颅开始分化，第一对变为颌弓，上、下颌由此产生。所谓自接式就是上颌部分在几个点上连接到脑颅，如眶突、耳突上发生联系，常见于板鳃类；或上颌的腭方骨部分与脑颅发生紧密接触，甚至全面愈合成全接式，见全头类。

②舌接式（hyostyly）：除了颌弓的上颌部分在一些点上与脑颅连接以外，还通过舌颌骨的桥梁作用，把颌弓与脑颅连接起来。绝大多数现生的软、硬骨鱼类属于本型。其中又可分三亚型。①双接亚型（Amphistyly）：舌颌骨很不发达，仅与脑颅疏松相接，而主要靠上颌各点与脑颅的连接，如七鳃鲨。②舌接亚型（Hyostyly）：舌颌骨很发达，而咽颅主要

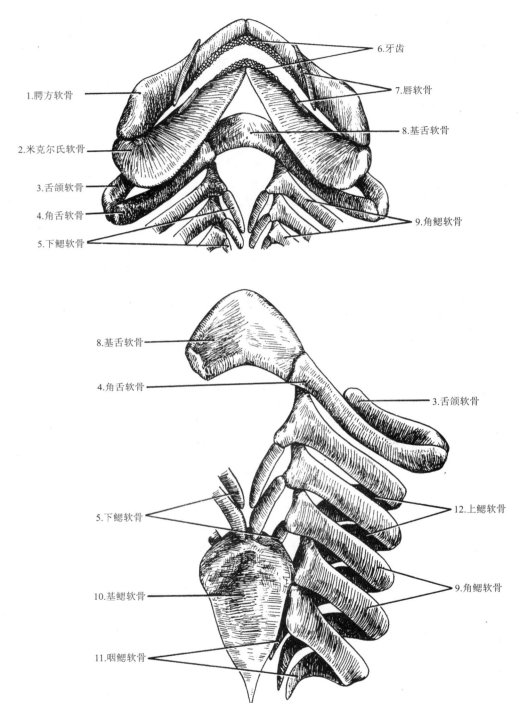

1.腭方软骨
2.米克尔氏软骨
3.舌颌软骨
4.角舌软骨
5.下鳃软骨
6.牙齿
7.唇软骨
8.基舌软骨
9.角鳃软骨

8.基舌软骨
4.角舌软骨
3.舌颌软骨
5.下鳃软骨
12.上鳃软骨
10.基鳃软骨
9.角鳃软骨
11.咽鳃软骨

图 5-5　前鳍星鲨咽颅(腹视)(上为颌弓与部分舌弓及鳃弓,下为舌弓与鳃弓)

靠舌颌骨与脑颅连接。板鳃类多属此亚型。这种形式又称为真舌接式。③后舌接亚型 (Metahyostyly):颌弓与脑颅的前方关节由眼区向前移至筛区。与上型相比舌弓后移并获得较大的独立活动能力。舌颌骨位于头侧静脉(vena capitis lateralis)的背侧方,颜面神经的舌颌支穿过它或行于其后方。绝大多数硬骨鱼类属于本型。

2.脊柱和肋骨(图5-3)。

(1)脊柱(vertebral column):脊柱是从脑颅后端到尾鳍背叶的中轴骨骼,由约130节脊椎(vertebra)所组成。脊椎的主要部分是椎体(centrum)。椎体前后均向内深凹。这种脊椎称为两凹椎骨。对于鱼类而言,这种椎骨是非常典型的。每一椎体的中心均有小孔,脊索即在其中通过。脊索贯通了整个脊柱,在两椎骨之间膨大而在通过每一椎骨时变细,因而脊索呈鱼纲所特有的念珠状。按其形态的不同可分为躯部椎骨和尾部椎骨。脊椎椎体有成对的突起向上伸出,称为髓弧,髓弧之间又有间插片。髓弧和间插片从两侧包围着脊髓管,而在其上方又有单行的小软骨片——棘上板。椎体向下伸出成对的脉弧。躯干部的脉弧为短的横突,肋骨(costa)即着生于该处。尾部脉弧的短横突由于有棘下板而互相愈合,并将脉管包围在整个脊柱内。

(2)肋骨:肋骨与椎体横突相关节,末端呈游离状态,仅在上方包围着体腔,共33对。

5.1.3.2 附肢骨骼

1.奇鳍骨骼:奇鳍骨骼包括背鳍、臀鳍及尾鳍的骨骼。背鳍基部有20余枚辐状软骨(radial cartilage),每条辐状软骨分为2～3节,背端的一节嵌合在左右角质鳍条(ceratorichia)之间。臀鳍有辐状软骨16条,除第一条分2节外,其余均为3节。尾鳍椎骨末端上翘延伸至尾鳍背叶,只一列辐状软骨41～44枚;尾鳍腹叶由延长的脉弓和脉棘所支持,约40余枚。

2.偶鳍骨骼:偶鳍骨骼包括支持胸鳍的肩带骨(pectoral girdle)和支持腹鳍的腰带(pelvic girdle)及支持鳍的鳍骨。

(1)肩带和鳍骨:肩带位于咽颅的后方,由U形软骨所构成。腹面为乌喙部(coracoid bar),两侧突向背方的是肩胛部(scapular process)。两部之间的腹面有一椭圆小孔,是锁下动脉和神经的通孔。该孔内侧突起呈一凹窝与中鳍基骨相关节,外侧突起与后鳍基软骨的凹面相关节。在两突起外侧的凹窝与前鳍基软骨相关节。

胸鳍骨骼可分三部分:基部与肩带相关节的是三块鳍基软骨,分别是前鳍基软骨(propterygium)、中鳍基软骨(mesopterygium)和后鳍基软骨(metapterygium)。中部有三列辐状排列的小骨,名辐状软骨(radial cartilage),背腹面中央表层的是钙化软骨,有加固作用。最外一列辐状软骨嵌合在背腹各2～3列的角质鳍条内。最末部分是角质鳍条(ceratotrichia),其外包有具盾鳞的皮肤,需除去外包皮肤始见全貌。

(2)腰带和鳍骨:腰带位于泄殖腔前方,是"一"字形软骨,它的两端与左右腹鳍的基鳍骨相关节。后外侧与前鳍基软骨关节,后端突起与后鳍基软骨关节,前外侧突起为髂突(iliac process)。腹鳍骨骼和胸鳍骨骼相似,但基部与腰带仅有两块鳍基骨相关节,外侧为前鳍基软骨,内侧为后鳍基软骨,缺少中鳍基软骨。辐状软骨2列,末端附角质鳍条。

(3)鳍脚骨骼(skeleton of clasper):板鳃类和全头类的雄鱼有鳍脚,它是腹鳍中部的背侧褶延长发展而成,有一背纵沟,在交配时鳍脚的游离端插入雌体生殖管孔内,鳍脚末端数小骨扩张,支撑输卵管壁,精液通过精沟流入雌体生殖管中。前鳍星鲨的鳍脚共由8块骨骼组成,其中六块位于末端,复杂肌肉在不同方向收缩时,可使它们伸展成扇状,便于钩附支撑于雌体子宫内。最大一块为主轴软骨,从腹面包向背方,在背面留有一纵沟即精沟;在基部末端一小骨呈三角形,名辅轴骨(accessory axial)。

5.1.4　肌肉系统(muscular system)

鱼类肌肉的活动是在与骨骼、筋腱、韧带和神经组织的配合下进行的。肌肉可分为三部分,即头部肌肉、躯部肌肉和附肢肌肉。

5.1.4.1　头部肌肉

头部肌肉分三部分:①侧面深浅肌包括眶前肌、下颌收肌、瞬膜提肌、上眼睑缩肌、喷水孔括约肌、缩咽浅肌、斜方肌、颅颌提肌、舌颌提肌、眼肌六条(上、下斜肌,上、下直肌,前(内)、后(外)直肌)等;②腹面深浅肌包括颌间肌、喙颌肌、喙舌肌、舌间肌和喙鳃肌;③鳃弓肌肉,从背面至腹面为:背弧间肌、侧弧间肌、鳃弓连肌、鳃弓收肌、颅咽鳃收肌和鳃间隔肌(图5-6和图5-7)。

5.1.4.2　躯干肌肉

躯干肌肉又名躯肌,指头部之后除各鳍基部肌肉外的所有肌肉。大而重要的是大侧肌(lateralis)。躯部肌肉外观均呈“S”形,按节排列,近侧线处的结缔组织形成水平隔膜,即水平骨质隔膜,彼此把肌肉分成背腹两部,背部的称轴上肌,腹部的称轴下肌。若横剖躯干部,肌肉可分左右两部分,背部的隔膜称背中隔,轴上肌同心圆状,轴下肌呈片状。横剖尾部,尾部腹面中央的纵隔称腹中隔,轴上肌和轴下肌都呈同心圆状(图5-6和图5-7)。

5.1.4.3　鳍部肌肉

鳍部肌肉可分三部分:①奇鳍肌肉包括背鳍、臀鳍及尾鳍倾肌。②偶鳍肌肉包括胸鳍内提肌、内收肌、外提肌和胸鳍降肌及腹鳍内提肌、腹鳍外提肌和腹鳍降肌。③鳍脚肌肉包括鳍脚张肌、鳍脚收肌、鳍脚内收肌、鳍脚内屈肌、鳍脚外屈肌、鳍脚下掣肌和唧囊(图5-8和图5-9)。

唧囊是一对扁平长条形的薄壁肌肉囊,后端以短管开口于鳍脚的精沟基部(图5-9)。

5.1.5　消化系统(digestive system)

5.1.5.1　消化管(digestive tract)

消化管是一条肌肉管,在此吸收消化食物。包括口咽腔、食管、胃、肠等部分(图5-10)。

1.口咽腔(oropharyngeal cavity):鱼类口腔及咽无明显界限,故称口咽腔,内有齿、舌、鳃裂等构造。软骨鱼类的牙和硬骨鱼类的不同在于不直接附于颌骨上,齿包在结缔组织中,附在上、下颌骨上,是特化了的盾鳞。舌不能活动,仅为基舌软骨的突出,外覆黏膜构成。软骨鱼类的味蕾只存在于口咽腔背腹壁和口须上,体表无味觉功能。喷水孔(spiracle)位于口腔后方背壁的两侧,第一内鳃裂的前方,呈半月形开孔。口腔左右壁有5对内鳃裂(internal gill cleft)。

2.食管(oesophagus):食管为咽部后方短而窄的管道,内壁黏膜多呈纵褶状,后方以括约肌为界与胃相隔。

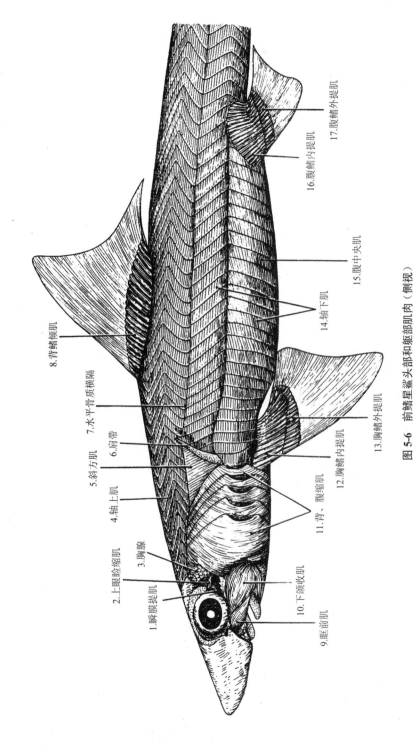

图5-6 前鳍星鲨头部和躯部肌肉（侧视）

1.瞬膜提肌　2.上眼睑缩肌　3.胸腺　4.轴上肌　5.斜方肌　6.肩带　7.水平骨质横隔　8.背鳍倾肌　9.眶前肌　10.下颌收肌　11.背、腹缩肌　12.胸鳍内提肌　13.胸鳍外提肌　14.轴下肌　15.腹中央肌　16.腹鳍内提肌　17.腹鳍外提肌

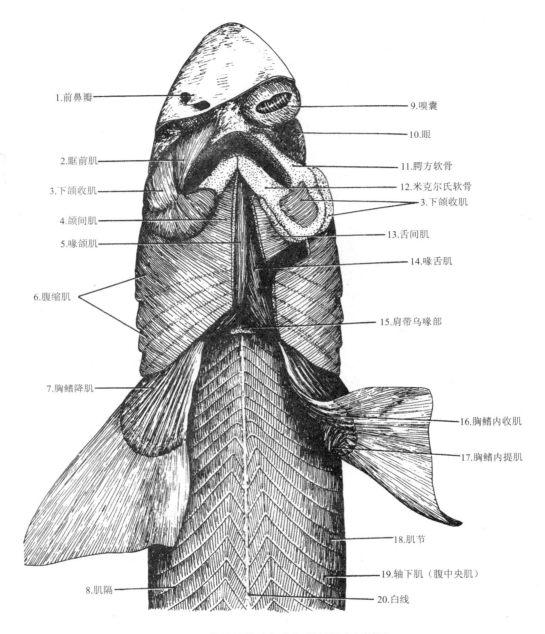

1.前鼻瓣
9.嗅囊
10.眼
2.眶前肌
11.腭方软骨
3.下颌收肌
12.米克尔氏软骨
4.颌间肌
3.下颌收肌
5.喙颌肌
13.舌间肌
14.喙舌肌
6.腹缩肌
15.肩带乌喙部
7.胸鳍降肌
16.胸鳍内收肌
17.胸鳍内提肌
18.肌节
19.轴下肌（腹中央肌）
8.肌隔
20.白线

图 5-7　前鳍星鲨头部和躯干部肌肉（腹视）

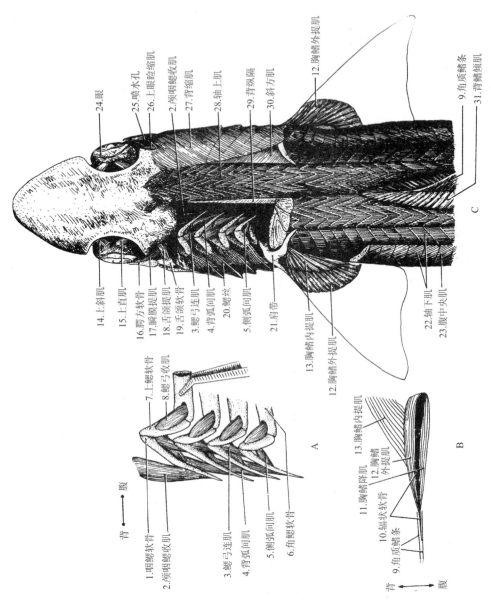

A. 左侧鳃弓肌肉；B. 左侧胸鳍横剖面；C. 头和躯干部肌肉

图5-8 前鳍星鲨鳃弓、胸鳍及头和躯干部肌肉

24.眼
25.喷水孔
26.上眼睑缩肌
2.颌咽鳃收肌
27.背缩肌
28.轴上肌
29.背纵隔
30.斜方肌
12.胸鳍外提肌
9.角质鳍条
31.背鳍倾肌

14.上斜肌
15.上直肌
16.腭方软骨
17.瞬膜提肌
18.舌颌提肌
19.舌颌软骨
3.鳃弓连肌
4.鳃弓间肌
20.鳃丝
5.侧弧间肌
21.肩带
13.胸鳍内提肌
12.胸鳍外提肌
22.轴下肌
23.腹中央肌

1.咽鳃软骨
2.颌咽鳃收肌
3.鳃弓连肌
4.背弧间肌
5.侧弧间肌
6.角鳃软骨
7.上鳃软骨
8.鳃弓收肌
13.胸鳍内提肌
12.胸鳍外提肌
A

11.胸鳍降肌
12.胸鳍外提肌
10.辐状软骨
9.角质鳍条
B

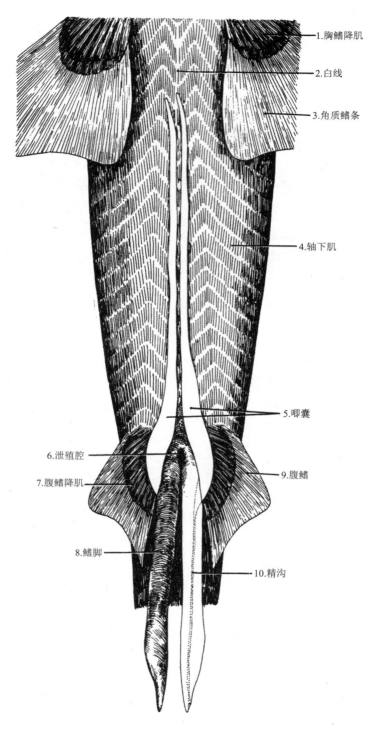

1.胸鳍降肌

2.白线

3.角质鳍条

4.轴下肌

5.唧囊

6.泄殖腔

9.腹鳍

7.腹鳍降肌

8.鳍脚

10.精沟

图 5-9　前鳍星鲨的唧囊(腹视)

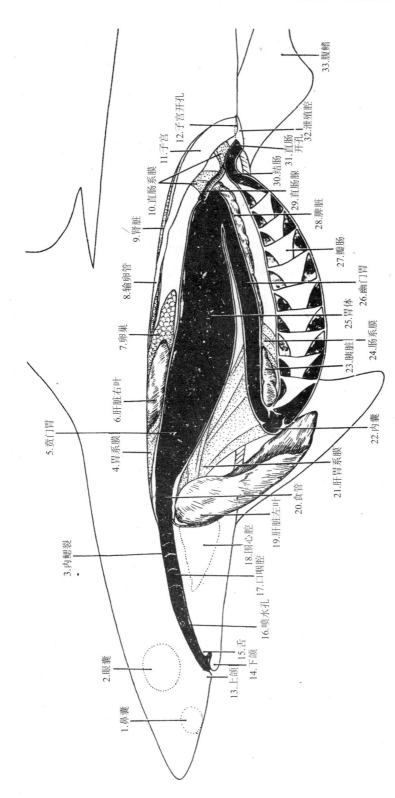

图 5-10 前鳍星鲨的消化系统（纵剖面）

1.鼻囊　2.眼囊　3.内鳃裂　4.胃系膜　5.贲门胃　6.肝脏右叶　7.卵巢　8.输卵管　9.肾脏　10.直肠系膜　11.子宫　12.子宫开孔　13.上颌　14.下颌　15.舌　16.喷水孔　17.口咽腔　18.围心腔　19.肝脏左叶　20.食管　21.肝胃系膜　22.肉囊　23.胰脏　24.肠系膜　25.胃体　26.幽门胃　27.瓣肠　28.脾脏　29.直肠腺　30.结肠　31.直肠开孔　32.泄殖腔　33.腹鳍

3. 胃（stomach）：胃位于食管后方，V 形，前以贲门胃（cardiac region of stomach）与食管相接，胃体后方弯曲向上称为幽门胃（pyloric region of stomach）。胃各部有胃腺，可分泌胃液，胃液含有胃酸和酶、胃蛋白酶等。幽门末端有中央开孔的幽门瓣（pyloric valve）通向十二指肠（duodenum）。

4. 肠（intestine）：肠从幽门瓣开始的后方为肠管。开始处细小弧形管段为十二指肠，被胰脏所覆盖。输胆管开口于十二指肠背壁。十二指肠后部较粗部分为瓣肠（valvular intestine）也称回肠（ileum），其外观有许多横行环，数目与肠内螺旋瓣（spiral valve）一致，共有 9 个。其具有许多线状皱折的绒毛状突起，以增加肠的吸收面积。螺旋瓣相互套叠，顺时针方向延续向后，后端忽而变窄的部分为结肠（colon），结肠内壁无绒毛状突起。结肠后方接直肠（rectum），末端开口于泄殖腔前腹面。

5. 直肠腺（rectal gland）：直肠腺位于结肠和直肠之间背方突出的一个长圆柱形体，有一短管开口于结肠末端。直肠腺能分泌出高浓度的氯化钠，与渗透压调节有关。海产软骨鱼类血液中含 2%～2.5%尿素；其他脊椎动物只有 0.01%～0.03%。当血液中的尿素浓度高时，对海水是高渗液，则海水从口咽腔黏膜和鳃进入较多，海水中过多的盐分由鳃和直肠腺排出。鲨鳐死后不能久放，因组织中含有一种酶，能把尿素分解为氨，使肉有一种特别的味道。

6. 泄殖腔（cloaca）：泄殖腔是通体外的腔，消化管直肠末端的开口位于腔的前腹壁。两性泌尿系统的输尿管和雄性输精管开孔于泄殖腔泌尿乳头的背壁，精液和尿液经乳头末端的孔排出，经泄殖腔孔排出体外。

5.1.5.2 消化腺（digestive glands）

1. 肝脏（liver）：肝脏是最大的消化腺，位于横隔后方，借肝冠韧带与横隔相连，前腹面借镰状韧带与腹壁相连；呈红褐色或灰黄色。分左右两叶。肝脏制造胆汁储藏在胆囊（gall bladder）中，胆汁能促进脂肪的分解。胆囊埋在左叶近中央边缘的肝脏中。肝脏有抗毒作用并能储存酶原，以调节血糖平衡，切除肝脏鱼类便很快死亡。

2. 胰脏（pancreas）：胰脏位于胃幽门部和十二指肠之间，呈淡黄色的近三角形的器官，分背腹两叶。腹叶的右方伸出一个细管，即胰管（pancreas duct）。胰腺分泌胰蛋白酶，能消化蛋白质，胰脂肪酶能分解脂肪而释出甘油和脂肪酸，此外还有胰淀粉酶及麦芽糖酶以分解糖类。胰液的酶只在碱性环境中才起作用，肠的内含物常呈碱性反应。

5.1.6 呼吸系统（respiratory system）

鱼类呼吸器官的任务就是执行血液与外界的气体交换，从外界吸取足够的氧供给物质氧化，同时将氧化过程中产生的二氧化碳排出体外。鱼类的呼吸器官是鳃，所需要的氧气是从水中获得的。鲨鱼也是如此。鳃由咽部后方两侧的内胚层发生一些成对的鳃囊，冲开中胚层后，鳃囊的外胚层凹入形成鳃沟，其相对面接近、并合、穿透而形成鳃裂（gill cleft）与外界相通。前后鳃裂以鳃间隔分开，鳃间隔由三个胚层构成，鳃间隔基部长有鳃弓。鳃片由鳃间隔的外胚层发生。

1. 鳃囊（gill pouch）：口咽腔有 5 个鳃囊，各以鳃间隔为界。鳃囊是内、外鳃裂的通道，宽端开口于咽，即内鳃裂（internal gill cleft），其外为外鳃裂。

2. 喷水孔(spiracle)：古生代鱼类在舌弓和颌弓之间有完整的鳃裂，故称这类鱼为离舌类，在演化过程中口裂向后扩展，腹面鳃裂消失，仅剩下背面的残存鳃裂，即喷水孔。孔前壁有退化的鳃丝，称伪鳃(pseudobranchia)或喷水孔鳃(spiracular gill)。呼吸水流通过喷水孔入口腔。喷水孔与咽腔通孔之间的管道名喷水孔囊(spiracle pouch)。其内侧背腹面各有一个盲囊(diverticulum)，腹面盲囊借第一缩肌收缩可关闭以阻止水的逆流。

　　3. 鳃间隔(interbranchial septum)：两个鳃囊间的隔壁就是鳃间隔(图 5-11)。间隔内有舌弓和鳃弓支持，第一对鳃间隔由舌弓支持，第 2～5 对鳃间隔由鳃弓支持，其后原有许多细长的鳃条软骨支持着鳃间隔。凡具有发达的板状鳃间隔构造的鱼类通称为板鳃类(Elasmobranchii)，如鲨、鳐类。

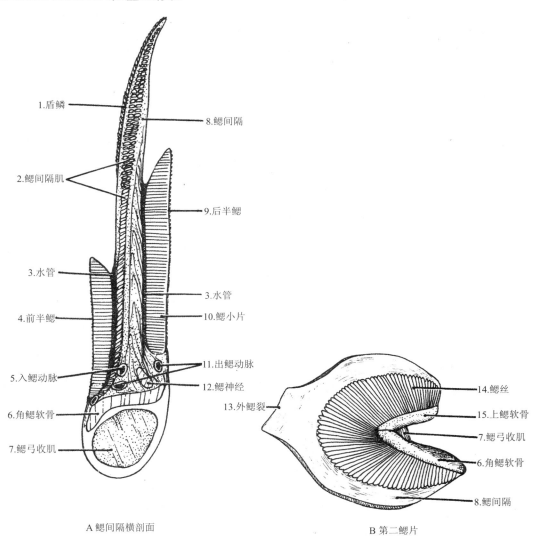

1.盾鳞　8.鳃间隔　2.鳃间隔肌　9.后半鳃　3.水管　3.水管　4.前半鳃　10.鳃小片　5.入鳃动脉　11.出鳃动脉　12.鳃神经　6.角鳃软骨　7.鳃弓收肌　13.外鳃裂　14.鳃丝　15.上鳃软骨　7.鳃弓收肌　6.角鳃软骨　8.鳃间隔

A 鳃间隔横剖面　　　　　　　　　B 第二鳃片

图 5-11　前鳍星鲨的鳃

4.鳃丝(gill filaments＋primary gill lamellae):鳃间隔的前后附有丝状突起的鳃丝,在前后壁上排列呈梳状,前壁的鳃丝短于后壁的,总称成列的鳃丝为鳃。鳃间隔的每一前后面的鳃片称半鳃(demibranch),和前后两半鳃为全鳃(holobranch),舌弓后有一半鳃,第5鳃弓没有鳃,其他四对鳃弓上都有一全鳃。鳃起源于外胚层,每一鳃丝的两侧又生出许多突起,为鳃小片(secondary gill lamellae),是气体交换的场所,每小片内含微血管网,鳃小片的血液存于窦状隙内,其上皮细胞是单层。由于鳃丝和鳃小片等的突起,鳃的面积很大,这对摄取水中溶氧进行气体交换很重要。

5.1.7 循环系统(circulatory system)

循环系统是把从外界吸收来的养料和氧气输送到体内各个组织和器官内,并把机体生命活动所形成的代谢产物排出,同时也由它把内分泌器官所分泌的激素转移到相应的器官中,借以调节有机体的机能活动。循环系统包括液体和管道两部分,液体分为血液和淋巴两种;管道分为血管系统和淋巴系统。鲨鳐和鲈的循环系统为闭锁型,液体在管道里循一定方向流动,周而复始。

5.1.7.1 心脏(heart)

心脏所在的腔是围心腔(pericardial cavity)。围心腔的背壁由基鳃软骨和第5对喉鳃肌所支持。腹侧壁由喉弧肌构成,后壁由横隔(transverse septum)与腹腔分开。围心腔的内壁为一薄膜,称心包壁层(visceral pericardium)。包围在心脏外面光滑的薄膜叫心包脏层(epicardium),它与心脏愈合不能分离。这两层薄膜在心脏前后端彼此连接。围心腔内有液体,其组成不同于血浆,偏酸性。心脏可分4部分:

1.静脉窦(sinus venosus):静脉窦为三角形薄壁暗红色的窦,位于心室的钝端,心耳的背后方,其顶壁与围心腔背面相接。它内有两个窦耳瓣(sinu-auricular valve,图5-12),后壁有一对肝静脉的开孔。两侧与居维尔氏管相连。全身所有静脉血经居维尔氏管进入静脉窦。

2.心耳(atrium):心耳位于心室前方,壁薄,在动脉圆锥的背方。心耳与心室交界处的孔有两个小瓣,称为耳室瓣(auricula-ventricular valve)。

3.心室(ventricle):心室位于动脉圆锥后方,是肌肉最厚的部分。内有许多隆起的肌肉束,称乳头肌(papillary muscle)。可借心室壁强有力的收缩使来自心耳的血液压缩到动脉圆锥。

4.动脉圆锥(conus arteriosus):动脉圆锥是一具有肌肉壁的管子,位于心室的前方。表面两侧有一对冠动脉(coronary artery),分布到心室。管的内壁有6个瓣膜,分三纵列,每列两瓣,前一列瓣较大,是半月瓣(semilunar valve),基部与心室交界处有一对瓣膜,以腱索附于管壁或肌束上。这些瓣膜对防止血液倒流起了很大作用。动脉圆锥是心脏的一部分转化来的,随心脏收缩,能防止心舒张期血压剧烈下降,使血流动更均匀。

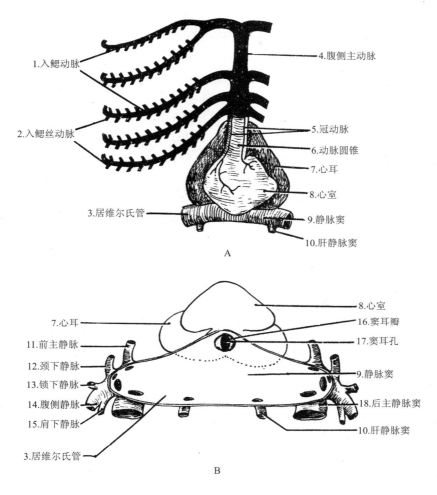

1.入鳃动脉
2.入鳃丝动脉
3.居维尔氏管
4.腹侧主动脉
5.冠动脉
6.动脉圆锥
7.心耳
8.心室
9.静脉窦
10.肝静脉窦

A

7.心耳
11.前主静脉
12.颈下静脉
13.锁下静脉
14.腹侧静脉
15.肩下静脉
3.居维尔氏管
8.心室
16.窦耳瓣
17.窦耳孔
9.静脉窦
18.后主静脉窦
10.肝静脉窦

B

A.心脏和血管(腹视);B.静脉窦(剖视)

图5-12　前鳍星鲨的心脏和血管

5.1.7.2　动脉系统

1.心脏前方的动脉(图5-13,图5-14,图5-15,图5-17)有:①腹侧主动脉(ventral aorta abdominalis):位于心脏前方连于动脉圆锥的血管即腹侧主动脉,由此向两侧分出四对入鳃动脉。是鲨唯一含静脉血的动脉。②冠动脉(coronary artery):在动脉圆锥腹面两侧的血管即是冠动脉,供给心脏本身的血液,在围心腔前方两侧分出两条联合动脉(commissural artery),收集来自出鳃动脉的血液至冠动脉。联合动脉后端背方左右相会合分出一对血管为围心腔动脉(pericardial a.,a.为artery缩写)。③入鳃动脉(afferent branchial a.):腹侧主动脉离开围心腔后分出4对入鳃动脉,携带含二氧化碳的静脉血入鳃。④鳃毛细血管(branchial capillary vessel):各入鳃动脉又分出许多并行细支至鳃丝,为入鳃小动脉或入鳃丝动脉,每一小动脉至鳃小片后又分支成网状的毛细血管网,为鳃毛细血管行气体交换。⑤出鳃动脉(efferent branchial a.):离开鳃丝的血管共4对,均称出鳃血管,血液富含氧而呈鲜红色。它们在口咽腔背方中央处合成一条背主动脉。每一鳃裂周缘围一圈状血管,位于每一鳃裂前壁较细的一条血管称孔前支动脉(pretrematic branch a.),位于后壁较粗的血管为孔后支动脉(post-trematic branch a.)。它们各自连成4个全圈,第5鳃裂后壁无鳃,此圈不完整,只具孔前支动脉,这是鲨鳐所特有的结构;圈的背端连出鳃动脉。每圈中央有3～5支纵行短血管联系前后圈,是孔间支动脉(intertrematic branch a.)。⑥前背主动脉(anterior dorsal aorta)是背主动脉前端的第一对出鳃动脉左右支汇合后又向前中央分出一条较细的血管。⑦椎动脉(vertebral a.)又称偶背主动脉(paired dorsal a.),是前背主动脉前行不远分成左右两支。向前分别与颈内动脉和舌动脉相连。⑧伪鳃动脉(pseudobranchial a.)是从第一对孔前支动脉近中央处分出的一条细血管,向背中央斜行至喷水孔伪鳃,中途连下颌动脉。⑨颈外动脉(external carotid a.)是一小血管,从第一对孔前支动脉分出,至舌弓腹侧,供给下颌肌肉血液。⑩舌动脉(hyoidean a.)从孔前支动脉的背端分出,至喷水孔前方分为两支,一是至眼眶的眶动脉,另一支为颈内动脉。⑪颈内动脉(internal carotid a.)从舌动脉和椎动脉联合处分出,并与对侧的颈内动脉连合,至不远处即消失进入脑颅中,再至间脑腹面的血管囊。⑫下颌动脉(mandibular a.)是伪鳃动脉分支,弯向腹面至下颌肌肉的血管囊。⑬眶动脉(orbital a.)是椎动脉向前延伸,穿过伪鳃动脉背方至眼眶内的动脉,供眼肌血液。⑭脑动脉(cerebral a.)。颈内动脉在脑颅腹面近后方中央的一对小孔穿入脑腔,在延脑腹面会合后又分左右支,向外侧各分一眼动脉(optic a.)入眼并与视神经伴行,每一颈内动脉支又分为前脑动脉(anterior cerebral a.)和中脑动脉(median cerebral a.)及许多微动脉网至脑各部。⑮锁下动脉(subclavian a.)又称胸鳍动脉(pectoral a.),是在第四对出鳃动脉和背主动脉相连合的前方,从背主动脉左右分出的一对稍细血管,供胸鳍血液。

2. 心脏后方的动脉(图5-14,图5-15,图5-16,图5-17):①背主动脉(dorsal aorta),即第一对出鳃动脉后方的单一血管。向后至腹腔的背中线并入尾椎脉弓中,其前方分出几支:腹腔动脉(coeliac a.)下又分食管动脉(oesophagus a.)、肝动脉(hepatic a.)和胃动脉(gastric a.)以及胃胰肠动脉(gastro-pancreatic intestinal a.)。其中胃动脉又分出前胃动脉(anterior gastric a.)和腹胃动脉(ventral gastric a.);胃胰肠动脉向后又分出至胰脏背叶、贲门胃、脾脏和瓣肠的血管,再分别分出胃脾动脉(gastro-splenic a.)和贲胃动脉(cardic a.)入脾脏为脾动脉(splenic a.)及前肠动脉(anterior intestinal a.)位于瓣肠腹面,它又分出9对小分支,与螺旋瓣数一致,即瓣肠动脉(valvular intestinal a.)。②前肠系膜动脉(anterior mesenteric a.):从腹腔动脉起点后方的背主动脉分出,包括胰动脉(pancreatic a.)、后肠动脉(posterior intestinal a.)及结肠动脉(colon a.)并与瓣肠动脉联系。③生殖腺动脉(genital a.)。从背主动脉分出又分左右支至卵巢或精巢,为卵巢动脉或精巢动脉。④后肠系膜动脉(posterior mesenteric a.)。从背主动脉分出的一条短小血管沿着直肠系膜向后分两支到直肠腺,为直肠腺动脉(rectal gland a.)。⑤髂动脉(iliac a.)是在直肠腺动脉起点后方从背主动脉分出到腹鳍的一对血管。⑥节间动脉(segmental a.)。从背主动脉分出成对的细小动脉,到身体的左右两侧肌肉。⑦肾动脉(renal a.)。从背主动脉后部分出细而成对的小血管,分布到肾脏。⑧尾动脉(caudal a.)。背主动脉在腹腔后方进入脉弓中的部分称为尾动脉,分支供给尾部的脊髓和肌肉血液。

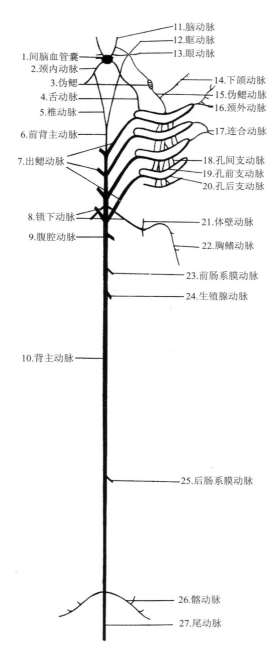

图 5-13 前鳍星鲨的动脉简图

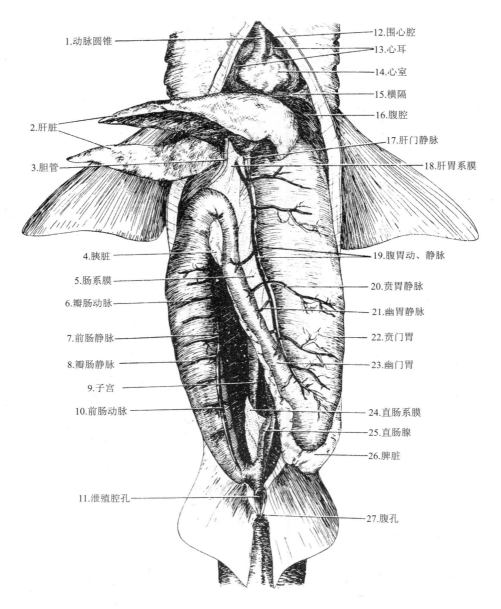

1.动脉圆锥
2.肝脏
3.胆管
4.胰脏
5.肠系膜
6.瓣肠动脉
7.前肠静脉
8.瓣肠静脉
9.子宫
10.前肠动脉
11.泄殖腔孔

12.围心腔
13.心耳
14.心室
15.横隔
16.腹腔
17.肝门静脉
18.肝胃系膜
19.腹胃动、静脉
20.贲胃静脉
21.幽胃静脉
22.贲门胃
23.幽门胃
24.直肠系膜
25.直肠腺
26.脾脏
27.腹孔

图 5-14　前鳍星鲨内脏血管（腹视）

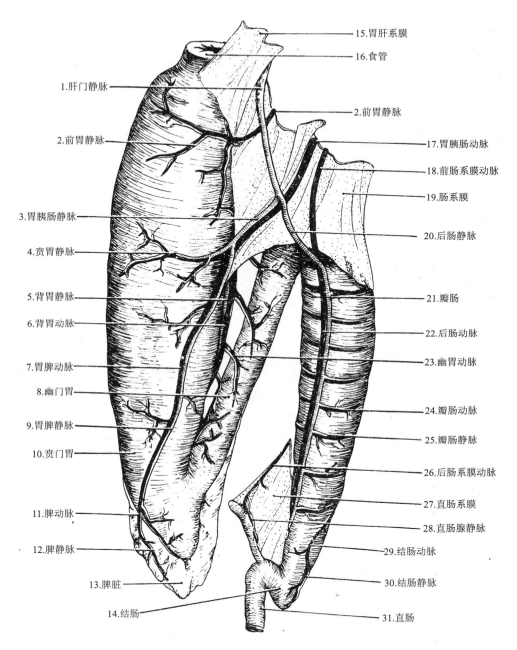

15.胃肝系膜

16.食管

1.肝门静脉

2.前胃静脉

2.前胃静脉

17.胃胰肠动脉

18.前肠系膜动脉

19.肠系膜

3.胃胰肠静脉

20.后肠静脉

4.贲胃静脉

5.背胃静脉

21.瓣肠

6.背胃动脉

22.后肠动脉

23.幽胃动脉

7.胃脾动脉

8.幽门胃

24.瓣肠动脉

9.胃脾静脉

25.瓣肠静脉

10.贲门胃

26.后肠系膜动脉

27.直肠系膜

11.脾动脉

28.直肠腺静脉

12.脾静脉

29.结肠动脉

13.脾脏

30.结肠静脉

14.结肠

31.直肠

图 5-15　前鳍星鲨消化管血管(背视)

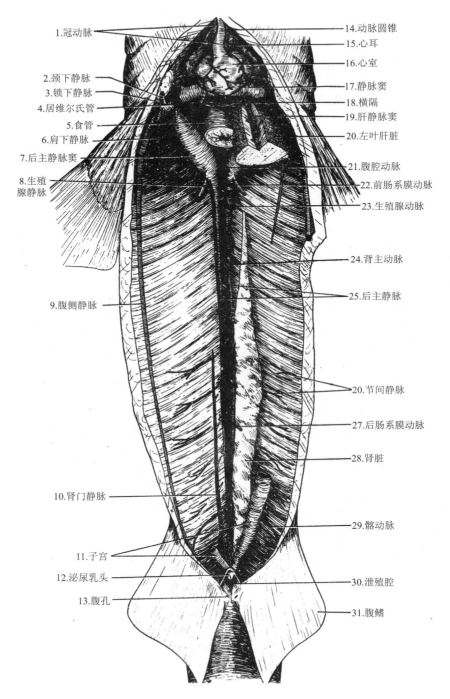

图 5-16　前鳍星鲨背侧血管

5.1.7.3 静脉系统

1. **心脏前方的静脉**(图 5-14,图 5-15,图 5-16,图 5-18):①颈下静脉(inferior shoulder v.)为心耳背面两侧的一对血管,各开口于居维尔氏管两角,接受来自下颌、喉和鳃的血液,前端扩大成一对舌窦(hyoidean sinus)。②前主静脉窦(anterior cardinal sinus)由口腔背壁掩盖的一对较粗血管,接受来自鳃的 4 对静脉和第一对鳃基部的舌静脉(haoidean v.,v. 为 vein 的缩写,下同),在眼球内侧扩大而成眶窦(orbital sinus),向后开口于居维尔氏管的两侧角。

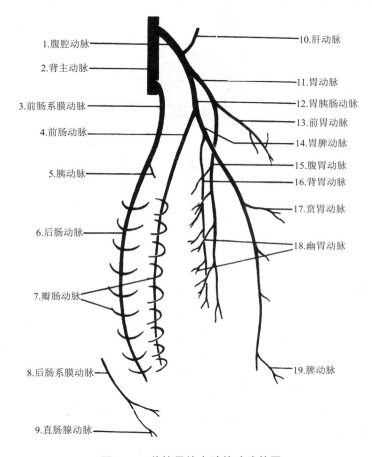

1.腹腔动脉　　10.肝动脉
2.背主动脉　　11.胃动脉
3.前肠系膜动脉　　12.胃胰肠动脉
4.前肠动脉　　13.前胃动脉
5.胰动脉　　14.胃脾动脉
　　15.腹胃动脉
　　16.背胃动脉
6.后肠动脉　　17.贲胃动脉
　　18.幽胃动脉
7.瓣肠动脉
8.后肠系膜动脉　　19.脾动脉
9.直肠腺动脉

图 5-17　前鳍星鲨内脏的动脉简图

2. **心脏后方的静脉**:①居维尔氏管(ductus cuvieri)。在静脉窦末端左右两侧各有一个开口,在此延伸为粗短的居维尔氏管,全身静脉血均流入此管而到心脏。②后主静脉(posterior cardinal v.)。在居维尔氏管后壁两侧各有一较大的开口即后主静脉的入口,除去横隔膜后方两侧的腹膜,见有一对膨大的囊,即后主静脉窦(posterior cardinal sinus),位于食管背方,向后变细成后主静脉,是躯干部的主要静脉。其前方接受来自生殖腺的静脉、输卵管及节间静脉,后方接受来自肾脏的肾静脉(renal v.)。③腹侧静脉(v. abdominalis)。在腹腔两侧壁除去腹膜可见一对纵行血管即是腹侧静脉。接受来自腹鳍和体壁肌节的小血管,又接受胸鳍静脉(pectoral v.)的血液。④肩下静脉(inferior shoulder v.)位

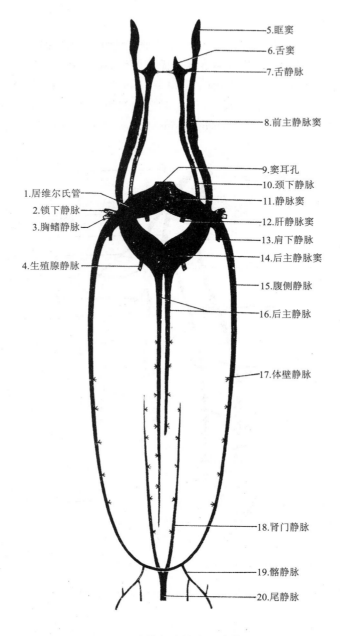

图 5-18　前鳍星鲨静脉系统简图

5.眶窦
6.舌窦
7.舌静脉
8.前主静脉窦
9.窦耳孔
10.颈下静脉
11.静脉窦
12.肝静脉窦
13.肩下静脉
14.后主静脉窦
15.腹侧静脉
16.后主静脉
17.体壁静脉
18.肾门静脉
19.髂静脉
20.尾静脉

1.居维尔氏管
2.锁下静脉
3.胸鳍静脉
4.生殖腺静脉

于背部两侧,左支为右支长的 2 倍,连于腹侧静脉的前端。⑤肝门脉系(hepatic portal system)。由后部消化器官流来的血液在进心脏前,先经过肝内的毛细血管网,即门脉,包括来自胃肠胰脾等的血液至肝脏的血管,经肝毛细血管网再度集中成较粗的静脉血管,经肝静脉(hepatic v.)运血液到心脏的一个系统,又称肝门静脉(hepatic portal v.)。它收集下列血液送到肝脏去:A. 后肠静脉(posterior intestinal v.)。沿瓣肠背侧的血管,接受瓣肠的血液,分 9 对左右侧支是瓣肠静脉(valvular interstinal v.),后端弯向前分布至直肠腺为直肠腺静脉(rectal gland v.)。瓣肠静脉数目与螺旋瓣数目相同。B.胃胰肠静脉(gastro-pancreatic intestinal v.)。与后肠静脉相对,收集来自胰、贲门胃、幽门胃、脾脏和瓣肠的血液。包括前肠静脉和胃脾静脉:前肠静脉(anterior intestinal v.)即与后肠静脉相对的纵行血管,在瓣肠前端有胰静脉(pancreatic v.);胃脾静脉(cardiac v.)即包括贲门胃前方的前胃静脉(anterior gastric v.),至贲门胃中部背面的贲胃静脉(cardiac v.)、至脾脏的脾静脉(splenic v.)、分布至幽门胃背面的背胃静脉(dorsal gastric v.)和幽门静脉(pyloric v.)以及至贲门胃和幽门胃背面的腹胃静脉(ventral gastric v.)。⑥肝静脉窦(hepatic sinus)。肝脏微小血管集中于近中央纵行的肝静脉,向前延伸为肝静脉窦。左右肝静脉窦向前开口于心脏的静脉窦(sinus venosus)。⑦肾门静脉(renal portal v.)包括三条主要的血管,即尾静脉和一对肾门静脉。收集来自尾部和肾脏微血管的静脉血,经肾静脉至后主静脉入心脏。A.尾静脉(caudal v.)是位于尾椎脉弓内的一条血管,收集来自尾部的血液。B.肾门静脉(renal portal v.)。尾静脉向前行,到肾脏后端,分成两条血管而入肾脏的背侧缘,即肾门静脉。它收集尾部血液,在肾脏分成许多毛细血管网,在肾脏内又渐集中,经肾静脉(renal v.)回到后主静脉而返回心脏。

5.1.7.4　淋巴系统

淋巴系统由淋巴、淋巴管所组成。淋巴(lymph)为充满于淋巴管内的无色而透明的液体,从身体各部组织之间汇流到淋巴管;而后借助淋巴管流入静脉系统中参加血液循环。淋巴的组成一般与血液相似,也由血浆和各种白细胞所组成,但无红细胞。淋巴的主要功用是供给细胞营养和清除废物。淋巴管是体内组织间组织液和淋巴液流通的管道,分布在组织间的淋巴管很小,但汇合后即形成较粗的淋巴管,最后注入静脉中。

板鳃类淋巴系统的构造稍异于其他鱼类,只有淋巴管而无淋巴心和淋巴窦。躯干部最重要的淋巴干管为成对的椎下淋巴干管,它从尾部脉弓内开始发出,而后沿尾动脉和尾静脉向前延伸,沿途接受体腔和肾脏的小淋巴管,然后直达鳃腔。体节淋巴管和肠淋巴管都通向椎下淋巴干管,而后者在锁下动脉和背主动脉分支之处注入。在前肾边缘有外淋巴管和椎下淋巴干管并行。

脾脏(spleen)是制造红细胞、血小板和白细胞的地方,也具有毁灭陈旧红细胞的机能。前鳍星鲨的脾脏呈暗红色,是位于贲门部后端至幽门部的长条形器官。

5.1.8　神经系统(nervous system)

神经系统由三部分组成:中枢神经系统包括脑与脊髓;外周神经系统包括脑神经与脊神经;此外还有植物神经系统。植物神经系统是一类专门管理内脏平滑肌、心脏肌、内分泌腺、血管扩张肌收缩等活动的神经,与内脏的生理活动、新陈代谢有密切关系。它也由中枢神经系统发出,发出后不直接到达所支配的器官,而中途必须通过神经节的神经元到达各器官。

5.1.8.1　中枢神经系统(Central nervous system;图5-19,5-20)

1.脑(brain)外包有脑膜(meninges),脑膜分内、外两层,外为硬脑膜(duramater encephali),内为透明的软脑膜(piamater encephali)附有血管。硬脑膜紧贴软骨颅的内壁,软脑膜紧贴脑表面,两膜间充满淋巴液。脑分端脑、间脑、中脑、后脑和末脑。①端脑(telencephalon)最前,分三部分嗅球、嗅束和大脑半球。a. 嗅球(olfactory bulb):前方紧接藏于比囊中的嗅囊(olfactory sac)其间有许多白色细丝状的嗅神经。b. 嗅束(olfactory tract):在嗅球后方较短而窄的部分为嗅束,与后方的大脑半球相连接。嗅束的长短因种而异。c. 大脑(cerebrum):在嗅束后方为大脑,中央有纵沟分大脑为左右两半球(cerebral hemisphere)。每半球内有侧脑室(lateral ventricle),各向前与嗅球和嗅束内的狭腔相通,两室之间中央有纹状体(corpora sriata),由神经细胞集中而成,也称基神经节,认为是鱼类高级神经活动中枢。左右侧脑室以室间孔(foramen of Monro)相通。两室与后方间脑的第三脑室相通。鲨的嗅觉很发达,其嗅觉中枢的大脑皮层具有神经细胞,这与硬骨鱼类的嗅觉中枢仅由上皮组织构成不同。大脑还有协调作用,并能感受味觉。②间脑(diencephalon)包括三部分,即上丘脑(epithalamus),在第三脑室背方;丘脑(thalamus),位于第三脑室侧壁的灰质;下丘脑(hypothalamus),在第三脑室腹壁。丘脑不太发达,但下丘脑发达且较大,由传入和传出神经纤维与脑的许多部分相联络,成了嗅觉、味觉以及其他区类型的感觉兴奋的调节中枢。下丘脑包括了腹面的血管囊(vascular sac 或 saccus vasculosus),乳头体(mammillary body)、脑下垂体(hypophysis)、下叶(inferior lobe)和视交叉(optic chiasma)。第三脑室背壁内陷形成一横膜,将端脑和间脑分界,其后方为突出于脑室的缰神经节,后方有后连合,缰神经节和后连合之间向背方突出一细线状体,向前延伸越过大脑达两嗅囊中央,末端膨大为松果体(pineal body),有感光作用,位于脑上腺(epiphysis)孔中,属内分泌器官。脑腹面视神经后方中央为垂叶前体,其后突向腹面部分是垂体腹叶,后面有垂体后叶,是重要的内分泌器官,新鲜时为鲜红色。在漏斗两侧一对椭圆形的下叶,下叶后方垂体的两侧为血管囊。下叶和血管囊是鱼类特有的构造。间脑除了与脑垂体(hypophysis)的外形有连接外,本身还有分泌激素的区域。③中脑(mesencephalon),可分为背面的视顶盖(optictectum)和腹面底壁的被盖(tegmentum)两部分。顶盖由纵沟分成两个球形的视叶(optic lobe),视叶内腔为视叶室(optic ventricle)。视叶是鱼的视觉中枢,且与调整感觉印象及调整身体位置和运动有关。④后脑(metencephalon)又称小脑(cerebellum),小脑包括两部分,一为不成对的小脑体;二为两侧的耳状突起——耳状体(auricle),也称索状体(restiform body)。小脑体由脊髓小脑束及小脑橄榄束与脊髓相连,接受刺激而传达到身体肌肉,因此小脑是身体活动的主要协调中枢,维持身体平衡和姿态正常,掌握运动的协调等。耳状体与前庭和侧线感觉有密切关系,起于听侧区前端,因此兼有听觉,前庭和侧线的会同中枢。小脑内腔为小脑室(cerebellar ventricle),室的腹面与中脑水管(aqueduct)和后方第四室相通。⑤末脑(mylencephalon)包括延脑,或称延髓;位于小脑后方,三角形,除去背面的脉络丛(choroid piexus)即见三角形凹陷,这是第四脑室的菱形窝(fossa rhomboidea),前与中脑水管相连,后与脊椎中心管腔相通。第四脑室两侧和底部各有一对隆起柱,前者为体感觉柱(somatic sensory column),后者为体运动柱(somatic motor column)。体运动柱两侧有被遮盖的脏运动柱(visceral motor column)和脏感觉柱(visceral sensory column)。它有背根和腹根、形成第V到第X对的脑神经,发出的神经纤维广泛支配着身体的不同部分,如心脏、食管、胃、肠、内耳及皮肤感觉器官等的感觉和运动,为听侧感觉中枢和呼吸中枢及色素调节中枢。延脑后部渐延伸入椎骨的椎管,成为脊髓,两者之间缺乏明晰的分界。

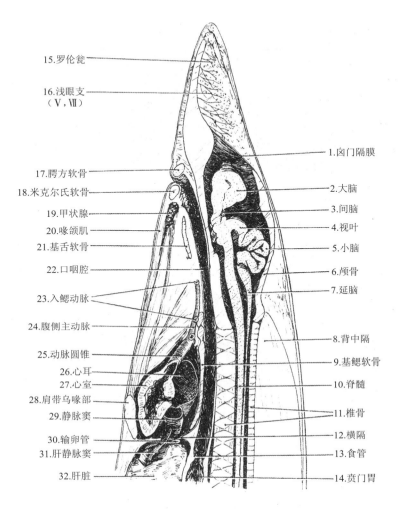

15.罗伦瓮
16.浅眼支（Ⅴ，Ⅶ）
17.腭方软骨
18.米克尔氏软骨
19.甲状腺
20.喙颌肌
21.基舌软骨
22.口咽腔
23.入鳃动脉
24.腹侧主动脉
25.动脉圆锥
26.心耳
27.心室
28.肩带乌喙部
29.静脉窦
30.输卵管
31.肝静脉窦
32.肝脏

1.囟门隔膜
2.大脑
3.间脑
4.视叶
5.小脑
6.颅骨
7.延脑
8.背中隔
9.基鳃软骨
10.脊髓
11.椎骨
12.横隔
13.食管
14.贲门胃

图 5-19　前鳍星鲨头部纵剖面

2.脊髓(spinal cord),脊髓为传导和简单反射中枢,是条椭圆形长管,从延脑后方延伸至尾端。背正中的纵行沟叫背中沟(fissura mediana dorsalis),相对的腹面有较浅的腹中沟(fissura mediana ventralis)。这两沟将脊髓分成左右两部分。脊髓里面有细管称中心管(central canal),此管前端与第四脑室相通。横切可见中央蝶形的灰质(gray matter)及外围的白质(white matter)。

5.1.8.2　外周神经系统(peripheral nervous system)

1.脑神经(图 5-21)。

(1)0 端神经(terminal nerve)也称 0 对神经,位于嗅束内侧一条颇细的神经分布在嗅黏膜上。具体功用不明。

(2)Ⅰ嗅神经(olfactory nerve)细胞体在嗅黏膜上,细胞发出许多轴状突的神经纤维,在嗅球前愈合成许多较粗的束。嗅神经专司感觉,为感觉性神经。

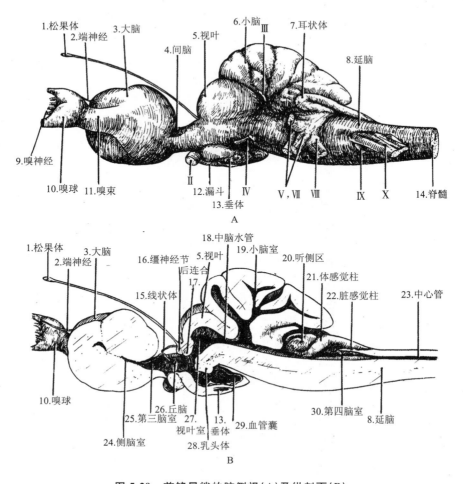

图 5-20　前鳍星鲨的脑侧视（A）及纵剖面（B）

（3）Ⅱ视神经（optic n.）为第二对感觉神经，是由视网膜最后一层神经细胞的纤维集合而成的。它穿过眼球的数层外衣经过眼窝而连到间脑，在脑底形成视交叉（optic chiasma），所以左眼的神经纤维连在间脑的右侧，右眼的连在间脑的左侧。视神经纤维末端达到中脑部分。

（4）Ⅲ动眼神经（oculomotor n.）、Ⅳ滑车神经（trochlear n.）和Ⅵ外展神经（abducens n.）它们都是支配眼肌运动的。动眼神经自中脑腹面发出，分布到眼球上直肌、下直肌、前（内）直肌和下斜肌。滑车神经自中脑后背缘发出分布到上斜肌。外展神经由延脑腹面发出分布到后（外）直肌。

（5）Ⅴ三叉神经（trigeminal n.）起源于延脑的前侧面（除上述神经外，所有脑神经都自延脑发出），是一条相当粗大的神经，它通出脑颅前略膨大，称为半月神经节（g. semilunare，g. 为 ganglion 的缩写，下同）或哥氏神经节（g. Gasseri）。三叉神经的功用是主持颌部动作，分支分布头颅各处，并司头部皮肤、唇部、嗅囊和颌部的感觉，是一种混合性神经。三叉神经在神经节后又分为深眼支（ramus ophthalmicus profundus）：穿过眼眶腹壁分布到嗅囊黏膜及吻部皮肤中,司感觉;浅眼支(ramus ophthalmicus superficialis):与面神经的浅眼支在基部合并一起分布到头背面罗伦瓮及吻端皮肤上,司感觉;上颌支(ramus in-fraorbitalis)或眶下支(ramus maxillaris):在下直肌和下斜肌腹面,穿过眼眶沿口角分布到上颌,司感觉,另有分支到吻部腹面皮肤;下颌支(ramus mandibularis):由眼和耳囊间穿出沿口角分布到下颌肌肉和皮肤,司感觉,运动神经纤维分布至上颌提肌、颅颌肌和眶前肌,司运动。

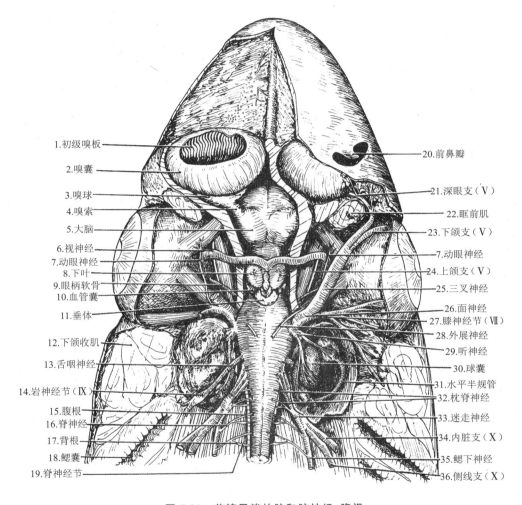

1.初级嗅板
2.嗅囊
3.嗅球
4.嗅索
5.大脑
6.视神经
7.动眼神经
8.下叶
9.眼柄软骨
10.血管囊
11.垂体
12.下颌收肌
13.舌咽神经
14.岩神经节(Ⅸ)
15.腹根
16.脊神经
17.背根
18.鳃囊
19.脊神经节

20.前鼻瓣
21.深眼支(Ⅴ)
22.眶前肌
23.下颌支(Ⅴ)
7.动眼神经
24.上颌支(Ⅴ)
25.三叉神经
26.面神经
27.膝神经节(Ⅶ)
28.外展神经
29.听神经
30.球囊
31.水平半规管
32.枕脊神经
33.迷走神经
34.内脏支(Ⅹ)
35.鳃下神经
36.侧线支(Ⅹ)

图 5-21　前鳍星鲨的脑和脑神经,腹视

　　(6)Ⅶ面神经(facial n.)。由延脑侧面发出,基部靠近三叉神经和听神经,为一混合性神经,分四支:①浅眼支,与三叉神经的浅眼支并行,向前分布到吻部罗伦瓮;②口部支(r. buccalis,r. 为 ramus 的缩写,下同),分布到上颌及头部侧线管、皮肤及脂肪组织中;③舌颌支(r. hymandibularis),是面神经居中的一支混合性神经,位于腹面后方,较粗;④口盖支(r. palatinus),较舌颌神经细,供口腔顶壁的上皮细胞和味蕾,司感觉。

　　(7)Ⅷ听神经(auditory n.),起于延脑侧面,位于面神经之后。分布到内耳的椭圆囊、球囊及各壶腹上,司感觉作用。

(8) Ⅸ舌咽神经(glossopharyngeal n.)是一条混合性神经。起于延脑侧面,主干上有一神经节位于耳囊底部名岩神经节(perosal ganglion),由此再分出两支:①孔前支,位于第一鳃裂之前,又分出数支,向前伸到口盖和咽部;②孔后支,位于第一鳃裂之后,其感觉神经纤维分布到鳃裂后壁上皮;运动神经纤维则控制第三鳃弓周围肌肉。

(9) Ⅹ迷走神经(vagus n.)起于延脑侧后部,是十对神经中最粗大的一对,向两侧延伸经过耳囊后部,达前主静脉窦处又分成两支:①侧线神经支(r. lateralis),为本神经内侧粗大的一支,后沿体两侧水平骨质横隔延伸,呈许多细神经支分布到侧线上。②内脏支(r. visceralis)为迷走神经外侧的一支,可分为两部分:第一部分分出四对外侧的神经,分到第一至第四鳃弓,它又分出许多小支到各鳃裂上,再分孔前支和孔后支,分别将其感觉纤维分布到鳃裂和咽壁上,运动神经纤维分布到四对鳃弓周围的一些肌肉上,是为鳃支。另一为内脏支,位于鳃支后方,分布到心脏、食管、肠、肝等内脏器官,内脏支与植物性神经系统有紧密关系。迷走神经兼有运动和感觉的作用。口咽腔和内脏的动作,口咽腔的味蕾、躯部皮肤的各种感觉都与它有关。

2. 脊神经(spinal nerve)呈分节排列,是由背腹两根合并而成的混合神经。它通过椎间孔而分布到身体周围各部。①背根(dorsal root)从脊髓背侧发出延伸到脊索背面两侧,膨大而成脊神经节(spinal ganglion)。背根主要为感觉神经纤维。②腹根(ventral root)是由脊髓腹侧发出,从髓板下方的小孔通出的白色细束,为运动神经纤维。每一脊神经由背腹两根合并后又分背支和腹支。前者分布到背部的皮肤和肌肉,在腹腔背壁按节排列埋于肌隔中。腹支较粗,主要分支于轴下肌。第一对脊神经是枕脊神经,其后为鳃下神经,越过迷走神经后面的内脏支,到最后鳃裂,分布到口腔底部肌肉。③第8~10对脊神经合成一胸鳍神经丛(pectoral nerve plexus),分布到胸鳍肌肉。近腹鳍处的脊神经合成一腹鳍神经丛(pelvic nerve plexus)进入腹鳍和鳍脚肌肉。尾部后方的脊神经排列较原始,每一脊神经的背根和腹根没有愈合。

5.1.8.3　植物性神经系统(the vegetative and autonomic nervous system)

植物性神经系统分为两组,一为交感神经系统(sympathetic nervous system),另一为副交感神经系统(parasympathetic nervous system)。在躯干部有几个交感神经节,分节排列,位于腹腔前背方,均与脊神经以交通支联系。交感神经分布到血管及内脏上。副交感神经是中脑发出的动眼神经组成的节前纤维与睫状神经组成的节后纤维,支配眼眶区的血管及眼的肌肉。面神经、舌咽神经和迷走神经所组成的节前纤维,分布到血管及咽部的平滑肌。迷走神经内脏支分布到心脏及消化管,它的心脏支在静脉窦的壁上形成一神经丛,内脏支支配食管并向后延伸到瓣肠。

5.1.9　感觉器官(The sense organs)

鲨鳐的感觉器官包括皮肤感觉器官、听觉器官、视觉器官、嗅觉器官和味觉器官等。

5.1.9.1　皮肤感觉器官(cutaneous sense organs)

1. 侧线管系统(lateral line canal system)。管状感觉器官为鱼类和两栖类所特有(图5-22)。管内充满透明的黏液,当水流冲击鱼体影响管内黏液,引起感觉毛的倾斜把刺激传给感觉细胞,再通过感觉纤维把刺激传到中枢神经系统。躯干部侧线管由第十对迷走神经的侧线支支配,头部侧线管由第七对面神经诸分支所支配。侧线系统末梢器官是神经丘(neuromast)的一群次级感觉细胞所组成,这些细胞散布在外层上皮之间,感觉细胞的感觉毛被透明黏液所包围。感觉毛分两种,一为较粗长的动纤毛(kinocilium),一为数多而细短的静纤毛(stereocilia)。刺激方向是从静纤毛向动纤毛传递。侧线和内耳末梢器官的构造与起源基本相似,因此又把这两种器官合称为听觉侧线系统。侧线机能主要是水流感受器,趋流性定向辅助器,可辅助视觉确定远距离物体位置,也可通过水波及物体反射感受物体存在的位置,甚至有感知水温和接收声音的能力。

前鳍星鲨侧线管具短的外侧分支。头部背面内淋巴管后方的横行管道为横枕管(commissural canal),后方有 21 条短的分支。两侧后端与来自躯部的侧线管相接,两端向前延伸为眶后管(postorbital canal),前与眶上管和眶下管相接。眶上管(supraorbital canal)在两眼间左右支相距较窄,在吻背面的管道有 5 对斜短的内侧分支。在腹面向外侧后方斜行至鼻孔后方与眶下管相连,是为腹眶上管(ventral supraorbital canal)。眶下管(infraorbital canal)向眼腹面分出 12 外侧短分支,在眼腹前方向后背方分出 6 分支;至腹面分 2 支,前支为鼻管(nasal canal),至口前中央成一短的正中管(median canal),向前再分 2 支,是为鼻前管(prenasal canal),再分支共 11 对,分支间均有一小孔通向外界,近吻端处与眶上管相接。眶下方在腹侧向后方分出舌颌管(hyomandibular canal)。下颌后方两侧有斜行游离的下颌管(mandibular canal)。

2.罗伦瓮群和管群为软骨鱼类所特有(图 5-22)(个别硬骨鱼类除外)。罗伦瓮的机能基本上与侧线管相同,只是反应较慢。据实验认为是水压和温度感受器,近年又证明是电感受器。它们可分为以下几部分:

(1)罗伦瓮(Lorenzini's ampulla)是基部膨大的囊,有神经末梢分布,呈乳白色。为单列多囊型,具 7～9 个小囊。在眼前背方分为眶上瓮前群(anterior supraorbital ampullae)和眶上瓮后群(posterior supraorbital ampullae);在眼的前腹侧有较大的眶下瓮群(infraorbital ampullae)由此分出向内侧延伸的眼前管群(anterior orbital tubules)和在口前两侧的口内管群(inner buccal tubules)及向后延伸的口外管群(outer buccal tubules)等。

(2)罗伦管(tubule)是由罗伦瓮通出的管道,管内充满透明的黏液,故又称黏液管。

(3)管孔(pore)为罗伦管开口于皮肤外表面的通孔。

罗伦瓮和侧线系统的不同之处是每一单元各不相通,瓮常集成瓮群(ampullae),管常集成管群(tubules)。

3.陷器(pit organ)是一种分散的感觉器,它的感觉细胞聚成球形从皮肤表面下陷为穴状。鲨类一般分布在体背面两侧线管之间及下颌后方,在此取下皮肤镜检,可见到有横行排列的小凹陷。由第十对脑神经支配,具有感觉水流、水压及感受盐度变化的机能。

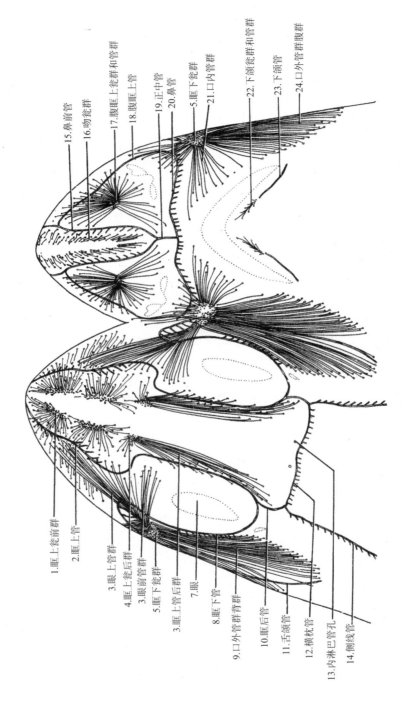

图 5-22　前鳍星鲨头部的侧线管、罗伦瓮群和管群

1.眶上瓮前群
2.眶上管
3.眼上瓮后群
4.眶上管后群
5.眼前瓮群
6.眶上管后群
7.眼
8.眶下管
9.口外管群背群
10.眶后管
11.舌颌管
12.横枕管
13.内淋巴管孔
14.侧线管

15.鼻前管
16.吻瓮群
17.腹眶上瓮群和管群
18.腹眶上管
19.正中管
20.鼻管
21.口内管群
5.眶下瓮群
22.下颌瓮群和管群
23.下颌管
24.口外管腹群

5.1.9.2　听觉器官(auditory organ)(图 5-23)

鱼类只有内耳,即膜迷路部分,主要是平衡器官,听觉作用不大,由第Ⅲ、Ⅴ对神经分布。鱼类内耳与脊椎动物其他各纲的区别在于没有耳蜗构造及任何耳蜗的痕迹。由于内耳有椭圆囊(utriculus)、球囊(sacculus)和三个相互垂直的半规管(semicircular canal,分为前、后和水平三个半规管)以及每一半规管一端膨大而成的壶腹(ampulla)、听嵴(crista acoustica)和听斑(macula acoustica)等构成的复杂构造,故又称内耳为膜迷路(membranous labyrinth)。膜迷路外面包的软骨称为骨迷路(cartilaginous labyrinth);在膜迷路与骨迷路之间的壁上有结缔组织纤维,内充满着内淋巴液。软骨鱼类内耳构造与所有其他脊椎动物的不同点为内淋巴管与外界相通。鲨鱼不但有听觉,还能感受低于 375 Hz 的振动频率,听觉适宜距离达 250 m,适应频率为 25～100 Hz。此外,鲨鱼内耳的耳石有碳酸钙,但不如硬骨鱼类的坚硬,不能鉴定年龄用。可分以下部分:

1. 内淋巴窦(endolymphatic sac)。在头喷水孔后中央有一对小孔即内淋巴孔(pore of endolymphatic duct),除去皮肤后即见脑颅的内淋巴窝,内有一囊,即内淋巴囊。共有三孔与囊相通:后外侧一对通孔连内淋巴管至椭圆囊;后端中央一孔通出一对较短的内淋巴管开口于皮肤。

2. 前庭窗(fenestra vestibula),也称外淋巴管孔,开口于内淋巴窝,开口处的膜即鼓膜(tympanic membrane),相当于陆栖脊椎动物中耳的鼓膜。鼓膜下方的较粗管道为后连管。

3. 后连管(posterior communicating duct)腹面通向球囊,管内有 1～2 个小听斑(macula neglecta),能感声,有听觉作用。

4. 椭圆囊(utriculus)为长柱形较粗的囊,位稍斜横,后背侧与前半规管和后半规管相连;后腹侧与水平半规管相连。主要起平衡作用。

5. 椭圆囊隐窝(recessus utriculi)也可视为椭圆囊之一部,呈膨大球状,有前后两孔,分别与前半规管和后半规管的壶腹相连。后腹侧与球囊相连。

6. 球囊(sacculus),是内耳最膨大的囊,三角形,内有最大的耳石。耳石埋于黏多糖(mucopolysaccaride)的基质中,搁在球囊底壁大群听斑上,听斑的动纤毛与耳石相接触。

7. 瓶状囊(lagena)是一小囊,前与球囊相连,内有一椭圆形小耳石。

8. 半规管(semicircular canal)有前半规管(anterior semicircular canal)、后半规管(posterior semicircular canal)和水平半规管(horizontal semicircular canal)。主要起平衡作用。

5.1.9.3　视觉器官(visual organ)

一对眼球。眼下缘游弋横平的皮肤褶,叫瞬褶(nictitating fold),也称第三眼睑,能借瞬膜肌牵引向上活动遮盖眼睛。鳐无此结构。基本结构与一般脊椎动物同图(5-24)。

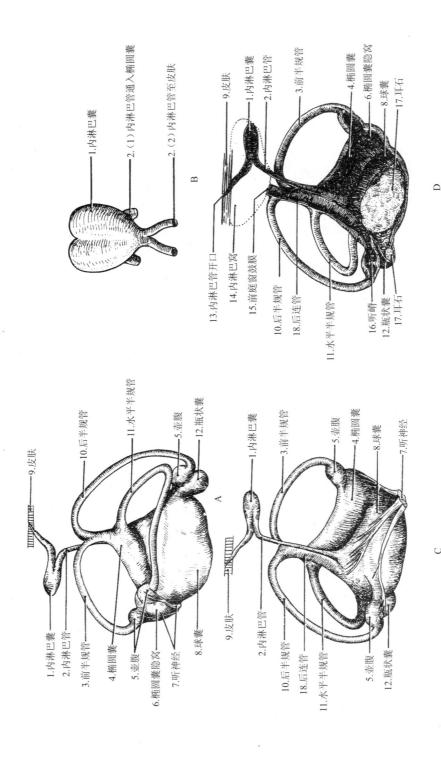

A. 外侧面；B. 内淋巴囊背视；C. 内侧面；D. 内侧面剖视

图 5-23　前鳍星鲨的左侧内耳

1. 内淋巴囊
2.（1）内淋巴管通入椭圆囊
2.（2）内淋巴管至皮肤

B

13. 内淋巴管开口
14. 内淋巴窝
15. 前庭窗荧膜
10. 后半规管
18. 后连管
11. 水平半规管

9. 皮肤
1. 内淋巴囊
2. 内淋巴管
3. 前半规管
4. 椭圆囊
6. 椭圆囊隐窝
8. 球囊
17. 耳石

16. 听嵴
12. 瓶状囊
17. 耳石

D

9. 皮肤
10. 后半规管
11. 水平半规管
5. 壶腹
12. 瓶状囊

A

1. 内淋巴囊
2. 内淋巴管
3. 前半规管
4. 椭圆囊
5. 壶腹
6. 椭圆囊隐窝
7. 听神经
8. 球囊

9. 皮肤
1. 内淋巴囊
2. 内淋巴管
3. 前半规管
10. 后半规管
18. 后连管
11. 水平半规管
5. 壶腹
4. 椭圆囊
8. 球囊
7. 听神经
5. 壶腹
12. 瓶状囊

C

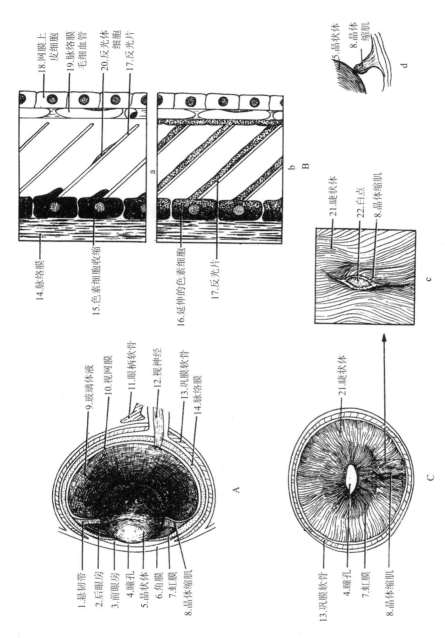

图 5-24　前鳍星鲨鲎左眼剖视

A. 垂直剖面; B. 脉络膜反光片层模式图; a. 强光下适应; b. 弱光下适应(从 Walls) C. 内面观; c. 部分放大; d. 晶体缩肌垂直剖面

18. 网膜上皮细胞
19. 脉络膜毛细血管
20. 反光体细胞
17. 反光片

14. 脉络膜
15. 色素细胞收缩
16. 延伸的色素细胞
17. 反光片

5. 晶状体
8. 晶体缩肌
d

21. 睫状体
22. 白点
8. 晶体缩肌
c

1. 悬韧带
2. 后眼房
3. 前眼房
4. 晶状体
5. 晶状体
6. 角膜
7. 虹膜
8. 晶体缩肌

9. 玻璃体液
10. 视网膜
11. 眼柄软骨
12. 视神经
13. 巩膜软骨
14. 脉络膜

A

21. 睫状体

13. 巩膜软骨
4. 瞳孔
7. 虹膜
8. 晶体缩肌

C

1. 角膜(cornea)。鲨眼角膜由 5 层组织构成：①上皮层；②包氏膜(Bowman's membrane)；③本质层(lamellated stroma)；④后弹性层(Descement's membrane)；⑤内皮层(endothelium)。角膜密度似水,内无血管而从眼内液体获得营养。

2. 巩膜(sclera)是与角膜相连既厚而坚且不透明的膜,由致密纤维和透明软骨构成。

3. 脉络膜(choroid)由三层组成,外层为血管和结缔组织层,中间层外面为色素细胞层并与内面反光体细胞紧接,为反光色素层(tapetum lucidum)。内层薄,为脉络微血管层(choriocapillaris)。脉络膜外层与巩膜疏松地相连,血管结缔组织层相当厚,供给眼球营养。反光色素层为板鳃鱼类特有,它包含一系列斜列并行的反光片(guanine plate),其外为一层能活动的黑色素细胞,色素细胞可借外界光线的强弱而移动,强光时则遮蔽反光片,弱光时则收缩露出反光片。由于斜列位置,恰如一面镜子把光线再度反射至网膜。

4. 虹膜(iris)。从解剖学上看,虹膜是脉络膜的一部分,它在晶状体前面从睫状体(ciliary body)突出,是一个富有血管的有色素的圆盘,中间有一开孔为瞳孔(pupilla),内有两种不同的肌纤维,一为辐射状排列,收缩时使瞳孔放大;一为环形纤维,收缩使瞳孔变小,以控制光线的弱与强。

5. 视网膜(retina)是感光的场所。呈杯形,是眼球最内层被膜,活体时透明无色。它由相互结合的四层细胞群所构成。主要包含有两种视觉细胞,即圆柱细胞和圆锥细胞,前者司光觉,后者司色觉。星鲨圆柱细胞与圆锥细胞数量之比为 100：1。视网膜向前至虹膜的后缘。视神经通出的地方视网膜不产生视觉,故称盲点(blind spot)。视网膜上无血管分布,其营养来自色素上皮细胞。

6. 水状液(humor aqueous)是一种充满前眼房(anterior chamber)的淋巴液,使角膜紧张而平滑,光线可正常通过。

7. 晶状体(lens crystallina)是由同心层形成的球形晶状体,是无神经和血管的透明体,不变形不溶性的晶体蛋白,位于薄而具有弹性的晶体囊(lens capsule)中,以此为界将眼球内腔分为较小的前眼房和较大的后眼房,背面有悬韧带维系,腹面附有晶体缩肌。

8. 玻璃体液(vitreous humor)位于后眼房(posterior chamber)种,为半液性胶状蛋白组织,由视网膜分泌而围于透明膜中,用来固定视网膜的位置。

9. 睫状体(ciliary body)是脉络膜前端加厚的部分并结合网膜的前部无感觉部分,有辐射状嵴突,名睫状褶(ciliary folds)。它位于瞳孔内面的周缘,对角膜和晶状体的营养起积极作用。

10. 晶体缩肌(protractor lentis)位于虹膜内腹侧与睫状体交界处,周围形成一隆起嵴,即晶体缩肌。因它在有些鲨鱼内无肌纤维,因此又称为伪铃状体(pseudo-campanule),它富含黑色素、血管、结缔组织和胶原纤维,被有两层薄的网膜上皮细胞,借此附于晶状体。

11. 悬韧带(suspensory membrane of lens)是在晶体背缘的薄膜状结缔组织,借此维系着晶状体,其另一端与网膜相连。

5.1.9.4 嗅觉器官(olfactory organ)

嗅觉器官是一种化学感受器,它在摄食、御敌、生殖等行为上起着主要作用(图 5-25)。

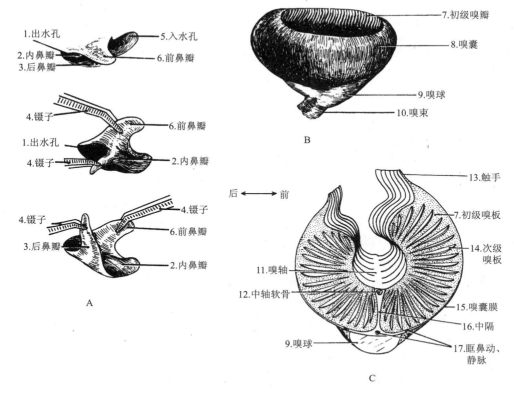

A. 左侧鼻孔；B. 嗅囊；C. 嗅囊横剖面

图 5-25　前鳍星鲨的嗅觉器官

1. 头部腹面口前方有一对鼻孔。鼻孔周缘由皮肤伸展形成的鼻瓣内有软骨支持,在前缘的为前鼻瓣,后缘突起为后鼻瓣,里面还有内鼻瓣。前后鼻瓣重叠相交将每一鼻孔不完全地分隔为两个孔,前外侧为入水孔,后内侧为出水孔。鼻孔内的凹窝为鼻窝(nasal pit),容纳嗅觉器官的嗅囊(olfactory sac),其外有软骨质的鼻囊(nasal capsule)保护。嗅囊和鼻瓣以结缔组织的嗅囊膜(olfactory sac membrane)相连,借此固定其位置。嗅囊的开孔称嗅囊孔(olfactory sac aperture),与鼻孔基本吻合。

2. 嗅囊的嗅觉上皮在腔内突出,形成羽状平行排列的初级嗅板(primary lamellae),每侧 32 片,前侧嗅板稍大于后侧的,有发达的触手突出。每一初级嗅板两侧有许多突出的次级嗅板(secondary lamellae),每侧约 25 片,以增加嗅黏膜面积。相邻初级嗅板上的次级嗅板的排列呈互相嵌合状。每一初级嗅板内侧缘连于嗅轴(rachis)和中隔(median septum)上,外缘连于嗅囊内壁,嗅轴内有一软骨棒,并有弧状分支伸向每对嗅板的内侧缘。嗅囊由颈内动脉的侧支眶鼻动脉(a. orbito-nasalis)供血。静脉血由眶鼻静脉导入前主静脉。嗅黏膜的嗅细胞接受刺激通过传入神经入嗅球。嗅球紧贴鼻囊底壁,嗅神经较短。在嗅球交换神经元,其轴突组成嗅束至大脑的嗅叶。

5.1.10　尿殖系统（The urogenital system）

尿殖系统在生理上实际包括了泌尿和生殖两大系统，两者在发生上都由中胚层演变成的，故一并叙述。

5.1.10.1　泌尿器官（urinary organ）

泌尿器官包括一对肾脏及输导管，功能为排除代谢废物，如二氧化碳、过多的水分、矿物盐类及含氮化合物等。后两者由泌尿器官排出，前者由呼吸表面排出。尿液是经过泌尿器过滤而得，这就使得该器官还将担当渗透调节的任务。

1. 肾脏（kidney）为一对狭长、扁平、暗红色器官，位于脊柱两侧，即体腔背壁，是体腔外器官，属中肾（mesonephros），包括许多中肾小管，彼此以结缔组织与血管分开。小管一端盲囊状，向内凹入形成具有两层细胞的杯状深凹，称为肾小球囊（glomerular capsule）或鲍氏囊（Bowman's capsule）；背主动脉分支伸至每一肾小球囊中，毛细血管盘曲成球状的血管小球称脉球，并与肾小球囊的内壁相密接，合称肾小体（malpighian body）。肾小体一端与体腔相连，另一端与肾脏相接。脉球对泌尿和渗透调节有重大作用。

2. 输尿管（ureter）和膀胱（urinary bladder）。肾脏腹内侧的细管即输尿管，接受来自肾脏的横行并列收集小管。输尿管由黏膜层、肌肉层和纤维层所构成。肌肉层里层为纵肌，外层为环肌，均属平滑肌。左右输尿管后部膨大呈长囊状，即膀胱。膀胱后端开口于精囊后背壁，左右精囊后端会合为尿殖窦（urogenital sinus），内腔稍呈三角形。尿液经尿殖乳头开口至泄殖腔排出体外。雄性输尿管也称副输尿管（accessory urinary duct）。因为中肾管，即吴夫氏管（Wolffian duct）成为输精管了。雌体中肾管行使输送尿液的原始功能，故无副输尿管，其后端也膨大为膀胱，直接开口于泌尿乳头。

3. 渗透压调节。有关直肠腺对渗透压调节中盐的平衡作用已在消化系统中述及。鲨、鳐血液中含有 2%～2.5% 尿素，血液浓度比周围海水略高，它们能通过鳃和口腔表面依渗透压而取得水。它们很少饮海水，而是从食物中获得游离的水。70%～99.5% 通过肾小球滤过的尿素，重新被肾小管吸收，鳃是不渗透尿素的。

5.1.10.2　生殖器官

生殖腺起源于中胚层，最初在背系膜两侧，近生节内侧的体腔上皮细胞向外突出，形成一对前后纵长的突起，称为生殖嵴。内中有些上皮细胞扩大成为原始生殖细胞，将来发育成为精子或卵子。此后生殖嵴突入体腔，与体壁分开，而中部膨大发育成为明显的生殖腺——卵巢或精巢，其前后两部分退化。生殖腺由系膜悬系于腹腔背壁，通过系膜与血管和神经连接。

1. 雄性生殖器官包括精巢（testis）、输精小管（vtasa efferentia）、输精管（ductus deferens）、储精囊（seminal vesicle）、精囊（seminal sac）、尿殖乳头（urogenital papilla）、鳍脚（clasper）和唧囊（siphon sac）。

（1）精巢（testis）为一对乳白色的长条形器官，在肝脏背方。由腹腔背壁的精巢系膜（mesorchium）维系。

（2）输精小管（vtasa efferentia）是精巢系膜内数条横向斜行排列的小细管，通向输精管。

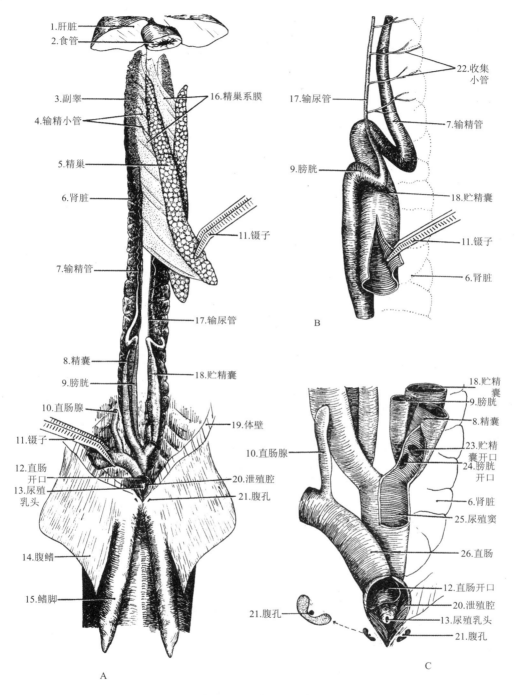

A. 尿殖系统腹视；B. 膀胱背视；C. 精囊剖视

图 5-26　前鳍星鲨雄性尿殖系统

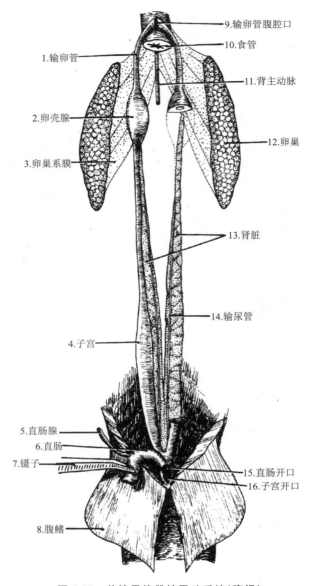

图 5-27　前鳍星鲨雌性尿殖系统（腹视）

9.输卵管腹腔口
10.食管
11.背主动脉
12.卵巢
13.肾脏
14.输尿管
15.直肠开口
16.子宫开口

1.输卵管
2.卵壳腺
3.卵巢系膜
4.子宫
5.直肠腺
6.直肠
7.镊子
8.腹鳍

（3）输精管（ductus deferens）或称中肾管或吴夫氏管。性成熟个体,输精管变粗呈乳白色,前部的管道迂回盘曲为副睾（epididymis）,副睾分泌一种黏液包围精子即是精液（semen）,供给精子营养,其后方管道较粗而直,为输精管。

（4）储精囊（seminal vesicle）即输精管后端膨大的部分。此囊和膀胱均开口于较大的精囊后端。

（5）精囊（seminal sac）位于储精囊的腹壁,呈薄壁盲囊状管,后端开口于尿殖窦。

（6）尿殖乳头（urogenital papilla）位于泄殖腔内的背壁中央,呈乳头状突起,其末端有一孔,雄性精子和尿液经尿殖乳头至泄殖腔。

（7）鳍脚（clasper）是次生性征,为一对长而扁的棒状物,位于腹鳍的内侧。末端尖,背面有一纵行的精沟,其基部的孔称基孔,末端的孔称下孔。当交配时仅一只鳍脚插入雌体输卵管,然后含有精子的精液从尿殖乳突孔经泄殖腔入精沟并借鳍脚末端小软骨扩张而达到雌体输卵管内壁。

(8)唧囊(siphon sac)位于鳍脚基部腹中央的皮肤和肌肉间的一对长条形扁管,其后端开口于鳍脚基部的精沟内。唧囊的内壁衬以一分泌的上皮细胞,其分泌物刺激输卵管平滑肌收缩蠕动,把精液冲送至输卵管受精处。

2.雌性生殖器官如下:

(1)卵巢(ovary)是位于脊柱腹面左右的一对长条形器官,借卵巢系膜(mesovarium)悬系于腹腔背壁,是不为腹膜形成的卵囊所包的游离卵巢(free ovary)或裸卵巢(gymnovarin)。

(2)输卵管(oviduct)或称米勒氏管(Mullerian duct);位于肾脏腹面的一对细小而直的管道,卵壳腺较小,后方为膨大的子宫,输卵管借输卵管系膜(mesotubarium)与肾脏相接。左右输卵管在体腔前端中央合成一漏斗形开口,即输卵管腹腔开口(ostium abdominale tubae uterinae),从此口后一侧的输卵管即膨大为扁圆形的卵壳腺(shell gland),其后方稍细即膨大成子宫(uterus);左右子宫后端合为一公共管腔,腔中央有一纵膈,后端开口于泄殖腔。每侧子宫有结缔组织膜,分隔5室。每室有一胎儿。胎儿腹面左右鳃裂间有一脐带(umbilical cord)与外卵黄囊相连,其腹腔内有内卵黄囊(internal yolk sac),前与脐带相连,稍后有一短管与十二指肠相连,此即卵黄管(yolk duct)。前鳍星鲨是卵胎生,卵黄囊较大。雌性泄殖腔背中央有一泌尿乳头(urinary papilla),输尿管的一对开孔即在泌尿窦的背前方。左右输卵管会合,只有一个开孔位于泄殖腔泌尿乳头的背前方。

5.1.11　内分泌器官(The endocrine organs)

内分泌腺是无导管的特殊腺体,它制造并分泌具有生理活性的物质进入血液,这些物质被称为激素(hormone),它对机体器官组织的活动作化学性的调节。鱼类的内分泌腺及组织包括脑垂体、甲状腺、肾上腺、胸腺、性腺、胰岛和松果体。

1.脑垂体(hypophysis):发生上有两个不同胚层形成,一由原口的上皮向背面内陷成拉克氏(Rachke)囊,另一部分由间脑腹面下垂成漏斗,这两部分相遇而发育成脑垂体。起源于脑的部分称神经垂体(neurohypophysis),来自口腔的部分称腺垂体(adenohypophysis),最后腺垂体与口腔失去联系,进一步分化为三个区(即前腺垂体、中腺垂体和后腺垂体)。前鳍星鲨脑的腹面视神经后方中央长椭圆形突出部分为垂体前叶(pro-hypophysis),另一为垂体腹叶(ventral lobe of hypophysis),这是板鳃鱼类垂体的一个特殊构造,位于前叶后方,机能不详。腹叶后方呈圆盘状,表面有辐射纹的为垂体间叶或垂体后叶(meta-hypophysis),并与漏斗底部紧密相接,其与哺乳动物的间叶同源。垂体前叶含有促甲状腺素、促肾上腺皮质激素、促卵泡成熟激素、生长激素等。垂体后叶在板鳃鱼类中是否会分泌加压素和催产素,则尚无定论。

2.甲状腺(thyroid):胚胎时先由咽底前方形成突起,然后这群细胞深沉入咽壁,遂与咽完全脱离成为一个无管腺体。甲状腺为扁平圆形体,位于下颌喉颌肌和喉舌肌之间。其外周包裹着结缔组织,血管、淋巴管和神经穿过囊壁进入甲状腺实质。甲状腺实质由甲状腺泡和腺泡间细胞组成。分泌物对机体的代谢以及身体发育过程起促进作用,但对板鳃鱼类甲状腺机能所知不多,略知在生殖发育季节,甲状腺是活跃的。胎生或卵胎生种类妊娠期间最为活跃;卵生种类,当卵达到卵壳腺时,甲状腺出现第二次活动高潮。

3.肾上腺(adrenals):鱼类没有具体的肾上腺,但有与高等脊椎动物肾上腺细胞相应的细胞群。它们常和血管相接近,板鳃类保持原始性状,由于胚胎起源不同,这些细胞群皮质和髓质是分开的。鲨和鳐的皮质称肾间组织(interrenal tissue),位于两肾之间,呈橘黄色;髓质部分在肾脏背面分节排列,与交感神经结合血管紧密相邻。已经证明其肾间组织细胞内的颗粒和哺乳类的肾上腺皮质细胞的内含物相同,对碳水化合物的代谢起着一定的作用。与哺乳动物肾上腺髓质同源的嗜铬细胞(chromaffin)亦称髓质组织产生肾上腺素,有加速心跳、提高血压等生理效应,是一系列按节分布的小体。

4.胸腺(thymus):胸腺为扁平圆形粉红色腺体,外被透明薄膜,位于眼睑缩肌的背上方和背缩肌的前背方之间。起源于胚胎鳃囊背侧上皮,板鳃类有4～6对胸腺原基,外被明显的被膜。胸腺对鱼类生长影响很大。

5.胰岛组织(islets of langerhans):胰岛组织埋藏在致密的胰组织内,与胰小管密切相关。胰岛细胞包围在胰小管的外面,这些小管由2～3层细胞组成,最里面的一层是管壁的上皮细胞,外面就是胰岛细胞。胰岛产生胰岛素(insulin)具有调节碳水化合物、脂肪和蛋白质的机能,能增强对葡萄糖的利用,缓和肝的血糖新生成,维持正常的血糖含量。组织内动物淀粉的形成与储藏都由胰岛素调节。

6.性腺(gonads):性腺是产生精子和卵子的器官,也是内分泌器官。精巢内的间质细胞(interstitial cell)分泌的激素称雄性激素(androgen);卵巢产生的激素称雌激素(estrone),在胎生种类排卵前黄体高度分化。

7.松果体(pineal body):松果体是光感受器(photoreceptor),它的分泌是通过脑垂体和甲状腺来发生作用的,是一个从间脑背中央突出的细长线状,末端稍膨大的结构,向前延伸到大脑前方。

5.2 硬骨鱼类代表——鲈鱼[*Lateolabrax maculates*(McClelland,1844)]

以往动物学教材使用的硬骨鱼类代表通常是鲤鱼,因其形态构造研究透彻,早已成为普及硬骨鱼类知识的经典,但它不是海洋鱼类,不便用在《海洋脊椎动物学》中。因此,我们将研究比较清楚的鲈鱼(又叫中国花鲈,曾用名 *Lateolabrax japonicus*(Cuvier & Valenciennes,1828))作为海洋硬骨鱼类代表。它是太平洋西北部浅海水域的特有种,在我国、日本和朝鲜均有分布,属内湾浅海常见鱼类。喜栖息于河口咸淡水交汇水域,属广温、广盐性鱼类。但是鲈鱼的系统解剖学不如鲤鱼完备,为此又需加补其他海洋硬骨鱼的材料。在不同形态构造、组织器官或系统中因缺少鲈鱼资料,或因鱼类的多种变化而必需引用其他硬骨鱼类的资料,以作补充。这些资料对于多样性极为丰富的硬骨鱼类来说虽有缺欠,但如能用其充实《海洋脊椎动物学》的鱼类学基础使学生有所得,就达到作者编著的目的。应该指出书中硬骨鱼类的许多绘图都引自孟庆闻、苏锦祥和李婉端的《鱼类比较解剖》,在此特表示对大师姐孟庆闻先生的深切怀念和衷心谢意。

5.2.1 外部形态（The external features）

外部形态以鲈鱼为代表分述如下（图 5-28）。

5.2.1.1 形态描述

鲈鱼形态为侧扁的纺锤形,背部灰绿或青绿色,腹侧银白色,两侧与背鳍膜上具若干黑色斑点。身体分头、躯干和尾三部分,分别以鳃盖后缘和肛门为分界点。头部有口,位于最前端。眼小,吻尖,口大、斜裂,下颌长于上颌;鼻孔每侧两个,位于眼前缘(鲨鱼鼻孔位于吻的腹面)。两颌、犁骨和腭骨具绒毛状牙带;前鳃盖骨后下缘除有细锯齿外,尚有一强棘,腹缘有棘 3 根;鳃盖骨有棘 1 枚、扁平;鳃耙稀疏,5～8＋13～16。头部和鳃盖密布细小鳞片,体被栉鳞。侧线鳞 70～78(侧线上鳞 17～18/侧线下鳞 15～20)枚。背鳍、腹鳍及臀鳍皆有发达的鳍棘;背鳍起点在鳃盖骨棘后上方,背鳍两个,鳍式 XII,I—13,鳍棘底间有鳍膜相连,前后背鳍稍分离,仅基部相连,第一背鳍第 4～6 鳍棘最长;胸鳍亚圆形、下侧位,鳍式 16～18 无棘;腹鳍胸位,I—5;臀鳍III—7～8,其起点与后背鳍第六分支鳍条相对,在肛门稍后,第 2 鳍棘最强;臀鳍之后为尾柄,尾柄后为尾鳍。尾鳍叉形,分上下两叶,其外形对称,仅尾杆骨伸入上叶,称正型尾。肛门之后有一尿殖孔。而鲨鱼体外只有一个泄殖腔孔,排泄、排遗及生殖产物均由此孔排出。

5.2.1.2 鱼类外形鉴定常用名词

全长:自吻端至尾鳍末端的直线长度。

体长或标准长:自吻端至尾鳍基部的长度。

叉长:尾鳍分叉者,吻端至尾鳍分叉处长度。

体高:身体背腹最大垂直高度。

头长:吻端至鳃盖骨后缘之长度。

头高:头部最大高度的垂直距离。

吻长:吻端至眼前缘的长度。

眼径:眼眶前缘至后缘的水平距离。

眼间距:两眼眶之间的最短距离。

眼后头长:眼后缘至鳃盖后缘的水平距离。

尾柄长:臀鳍基部后缘至尾鳍基部直线距离。

尾柄高:尾柄最低处的垂直高度。

背鳍基长:背鳍基部起点至其末端的直线长度。

背鳍高:背鳍最高棘或鳍条的高度。

臀鳍基长:臀鳍基部起点至其末端的直线长度。

臀鳍高:臀鳍最高鳍条或棘的高度。

侧线鳞:自主鳃盖骨后上角鳞片起至尾鳍基部最末一个鳞片。

侧线上鳞:侧线上面的横行鳞片数,从背鳍起点至侧线间的斜行鳞片数目。

侧线下鳞:侧线下面的横行鳞片数,从臀鳍(或腹鳍)起点至侧线间的斜行鳞片数目,并在数目后分别加上"A"或"V"符号,以示从臀鳍(A)或腹鳍(V)的两种不同数计方法的区别。

此外尚有"鳍式"、"齿式"、"鳃耙"和"腹棱"等名词留待有关章节介绍。

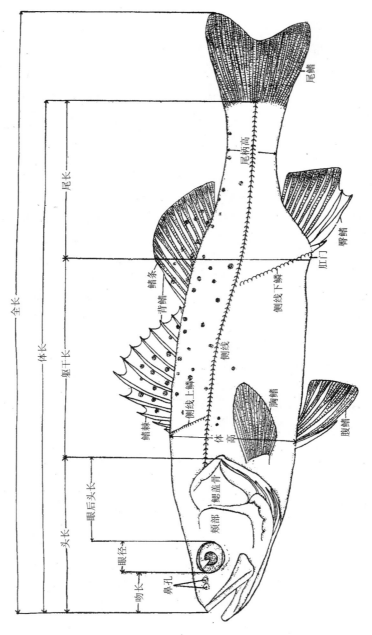

图 5-28　鲈鱼外形鉴定常用图

5.2.2　皮肤、鳞和鳍条

皮肤由表皮和真皮组成,表皮是多层上皮细胞,其间杂有许多黏液腺,腺体有单细胞和多细胞两种。真皮是结缔组织,其中有血管、神经、感觉器官和色素细胞等,有些鱼的皮肤中还有毒腺(毒鮋等),发光器(灯笼鱼科)等。鱼类皮肤中最显著的构造是鱼鳞,鳞是真皮中衍生的。这是一种皮肤骨,称为骨质鳞。骨质鳞的表面有一层硬骨一样的物质,但没有骨细胞,这种物质随着鱼体长大,从鳞片的中心向外周呈同心圆形状环片生长,环片有宽有窄,反映了生长的快慢。春夏温暖季节新陈代谢旺盛,形成环片较宽,秋冬生长停滞,形成环片较窄,就像树干横剖面上的年轮。宽窄相间之交界处,表示年份的界限,也称为年轮,根据鳞片上的年轮,可以确定鱼的年龄,得知它的出生年份。此外,年轮的宽度也反映了生长的快慢,所以从测定年轮的轮距也可返算一年的生长,推算各年份中鱼体的长度,这些资料在渔业科学上为了解鱼类群体的年龄组成、生长情况、群体大小及死亡率,从而估计鱼类资源变动都是必不可少的。鱼鳞的下层是由纤维结缔组织形成,故使鳞片变得柔软而富有弹性。所有真骨鱼类的鳞片,都是骨质鳞,依鳞片后缘是光滑还是有栉齿而分为圆鳞和栉鳞两类。鲤鱼是圆鳞,圆鳞较原始,代表分类地位较低等。鲈鱼是栉鳞,在系统发生上栉鳞代表分类地位较高级(鲈形目鱼类多数被栉鳞,也有不少种类栉鳞和圆鳞皆有)。除了以上两类骨鳞之外,还有像鲟鱼体外骨状的硬鳞,也是真皮内形成的。鱼类体侧常有一列鳞片,上有小孔,是侧线器官通向外界的开口,这种鳞称为侧线鳞。其数目在不同种类是不同的,为表示各种鱼类的鳞数,常以鳞式来表示,鲈鱼已如前节所示。如野生鲤鱼的鳞式是:34~38 6/6—V,此式意为鲤鱼侧线鳞34~38 个,侧线上鳞的横列数6 个,侧线下鳞为6—V,表示由腹鳍开始处往上数至侧线为6 个横列。附带指出,鲤鱼经人工培养后已出现许多不同的品种,如镜鲤只有1~2 行大鳞片分布于体侧,革鲤则完全无鳞片。

鲈鱼各个鱼鳍内部由鳍条和鳍棘支持着,这些鳍条和鳍棘都是鳞片变化而来的,称为鳞质鳍条。鳍条是一些柔软有弹性而分支分节的构造;棘是坚硬的,不分支也不分节,是一根完整的构造,为系统发生上地位较高等的鱼类所具有的,常见于鲈形目鱼类。这种棘称真棘,在鳍式表达中通常用大写罗马数字表示鳍条数。鲤鱼的鳍棘虽然也很坚硬,但不是一根,而是由左右两根鳍条骨化而成,经过水煮可以分成左右两半,所以称作假棘,以与高等棘鳍鱼类的真棘相区别。假棘和鳍条通常用阿拉伯数字表示其数目,但也有用小写罗马数字表示假棘者。各种鱼的鳍条与鳍棘数不同,分类学常用鳍式来表示,鲈鱼鳍式分别为:背鳍 D. XII,I—13;臀鳍 A. III—7~8;胸鳍 P. 16~18;腹鳍 V. I—5;C.17。鲤鱼鳍式分别为:背鳍 D. 2~4,17~22;臀鳍 A. 3,5~6;胸鳍 P. 1,15~16;腹鳍 V. 2,8~9。以上各式中,D 代表背鳍;A 代表臀鳍;P 代表胸鳍;V 代表腹鳍;C 代表尾鳍。

鲨鱼等软骨鱼的鳍条是表皮衍生的角质鳍条,与上述鳞质鳍条是不同的。

5.2.3　骨骼系统

鲈鱼的内骨骼已很完全,而且差不多全为硬骨。头骨和脊柱称为中轴骨,支持偶鳍的为附肢骨(图 5-29)。

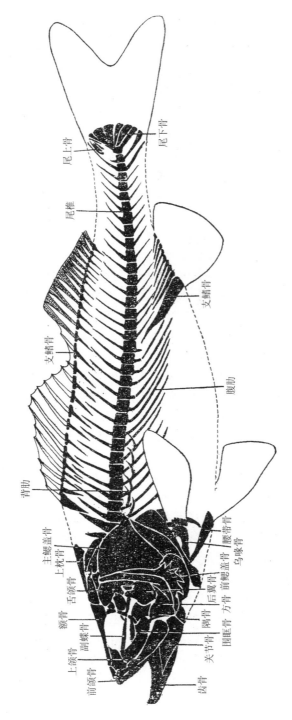

图 5-29　鲈鱼的骨骼

5.2.3.1 主轴骨骼

1.头骨:头骨骨片众多。各骨块在个体发育中形成方式不同,有的是从结缔组织先形成软骨再骨化成硬骨,称为软骨化骨。另一种是在结缔组织的基础上,不经过软骨阶段而由造骨细胞直接形成的,称为膜化骨。软骨化骨在外形上粗糙,构造多腔隙;膜化骨外表光滑而薄,甚至透明,结构结实无中空。鲈鱼头骨的上部,围绕着脑和耳、鼻、眼等感觉器官的骨骼,总起来构成头骨的脑颅。头骨下部的各骨片构成咽颅,组成摄食和呼吸器官等,鳃盖骨和鳃皮条以保护这些器官。鲈鱼头骨分区及各骨片如下:

筛区—1 中筛骨、2 侧筛骨、2 **鼻骨**(背)、1 **犁骨**(腹)。

(1)脑颅。

蝶区:2 翼蝶骨、2 **额骨**(背)、1 **副蝶骨**(腹)、1 基蝶骨(腹)、5 **围眶骨**(每侧)。

耳区:1 蝶耳骨、2 翼耳骨、2 前耳骨、2 **顶骨**(背)、2 上耳骨、2 后耳骨(腹)。

枕区:1 上枕骨(背)、2 侧枕骨、1 基枕骨(腹)、2 **鳞骨**(背)、2 **颞骨**(背)。

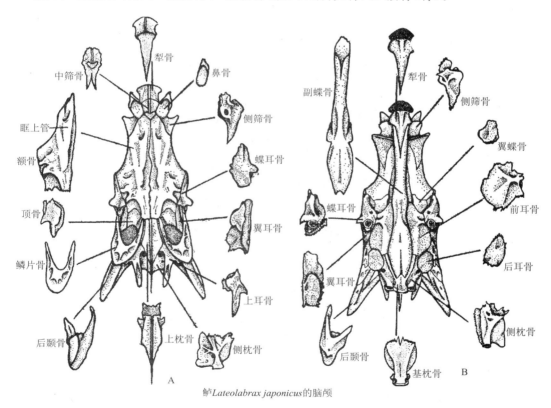

鲈Lateolabrax japonicus的脑颅

A.背视;B.腹视

图 5-30-1 鲈鱼的脑颅

(2)咽颅。

颌弓(mandibular arch)一对,可分支持上颌和下颌的骨骼。

上颌弓:2 **前颌骨**、2 **上颌骨**、2 **辅上颌骨**、2 **腭骨**、2(前或外)**翼骨**、2 中(内)翼骨、2 后翼骨、2 方骨。

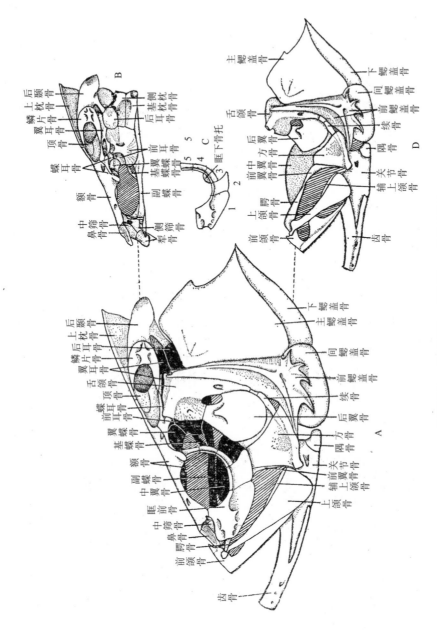

A. 头骨侧视；B. 脑颅侧视；C. 围眶骨；D. 咽颅（部分）

图 5-30-2　鲈（*Lateolabrax japonicus*）的头骨

下颌：2 关节骨、2 **齿骨**、2 **隅骨**、2 米克尔氏软骨、2 前关节骨。

舌弓：2 舌颌骨、2 续骨、1 间(茎)舌骨、2 上舌骨、2 角舌骨、2 下舌骨、2 基舌骨、1 **尾舌骨**。

鳃弓：8 咽鳃骨、8 上鳃骨、8 角鳃骨、8 下鳃骨、2～3 基鳃骨、2 下咽骨。

鳃盖：2 **主鳃盖骨**、2 **间鳃盖骨**、2 **前鳃盖骨**、2 **下鳃盖骨**、6 鳃条骨。

注：阿拉伯数字示骨片数目，括号内的背、腹、侧示该骨片在头部骨骼的位置。黑体字示膜骨，普通字示软骨化骨。

(3)注意事项：

①头骨的具体位置，在硬骨鱼类是基本相似的，各个区的具体骨块数目和组成在不同种类中有一些变化，在软骨鱼类(鲨鱼等)中头骨全由软骨形成，也分成脑颅和咽颅，脑颅是一个盒状构造，不分出具体的骨块，额区和顶区没有完全封闭，咽颅的骨块，但无膜化骨。

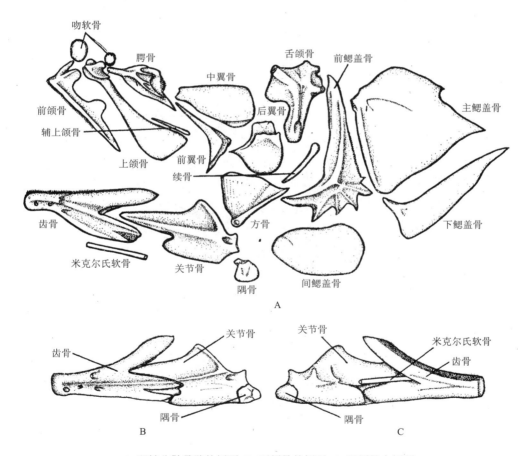

A.咽鲈分散骨骼外侧面；B.下颌骨外侧面；C.下颌骨内侧面

图 5-31　鲈(*Lateolabrax japonicus*)的颌弓、部分舌弓及鳃盖骨系

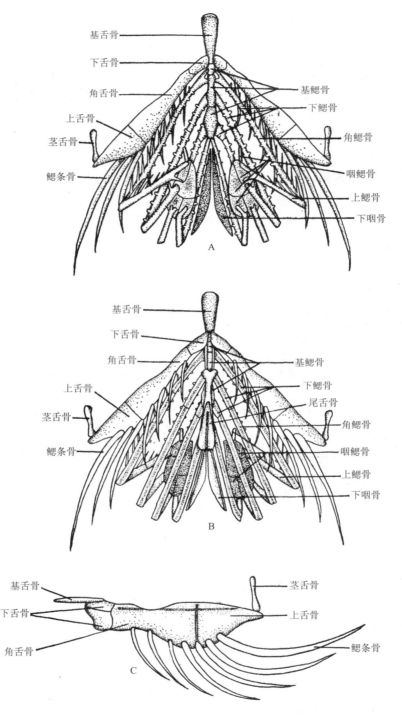

A. 背视；B. 腹视；C. 舌弓侧视

图 5-32　鲈（*Lateolabrax japonicus*）的舌弓和鳃弓

②鲤鱼头骨与鲈鱼的差别是吻骨发达，前筛骨能突出；有眶蝶骨，两眼窝间不通；颅顶骨合并，膜骨下沉浅；前后二耳骨合并，内陷形成广大耳窝，上耳骨不延长；基枕骨发达，上有角质垫、有椭圆大孔，有眼肌沟；口边缘无齿，后翼骨与舌腭骨密接，外翼骨大；口缘由前上二颌骨构成，下颌不突出，有冠突；前 4 对鳃弧骨的咽鳃骨缺失，上咽骨不发达，齿仅见于下咽骨；鳃盖后缘平滑，鳃皮条每侧 3 条；没有基蝶骨和辅上颌骨等。而鲈鱼这些方面基本相反：无吻骨，前筛骨不能突出；无眶蝶骨，眼间隔存在两眼窝相通，眶下骨特化为眶下棚或眶下索；颅顶骨分开，膜骨下沉深；前后耳骨分开，上耳骨后端延长，无耳窝；上枕骨嵴发达，基枕骨延长无角质垫、无椭圆大孔，无眼肌沟；腭骨和犁骨前部有齿，后翼骨和舌颌骨间有一大孔，外翼骨小；口缘由前颌骨构成，上有齿，下颌突出无冠突，齿骨有齿；前 4 对鳃弧骨的咽鳃骨完整（咽、上、角、下、基），上咽骨发达，下咽骨延长，两骨都有齿；前鳃盖后缘有棘突，鳃皮条每侧 6 条；有基蝶骨和辅上颌骨等。

③硬骨鱼类头骨上那些穿过膜骨的感觉管组成的头部侧线管系统，其形状大小和所经过的骨骼在鱼类中很有特色，不仅是鱼类与外界相互联系的通道，而且可借此探讨其亲缘关系，区分种属。

④硬骨鱼类头骨颞窝已见有下颞窝、后颞窝和下后颞窝三种。一般鱼类都有下颞窝，内附肌肉，其发达程度和下咽骨活动强弱、骨片大小有关，由翼耳骨、前耳骨和外枕骨在耳囊外侧共同围成。后颞窝是由翼耳骨、上耳骨和外枕骨于脑颅后侧面形成的凹窝，所附肌肉能增强头部力量。下后颞窝发现于鲤科扁咽齿鱼中，下后颞窝由上耳骨、翼耳骨、后耳骨、后颞骨和外枕骨共同围成，起固着牵引咽弧肌肉的作用，以加大对食物的研磨功效。

⑤眶下骨托与眶下骨架：前者是鲈鱼第三眶下骨向眼窝内方突出的半圆形突起，恰恰承托着眼球，故名之。后者为鲉形目鱼类第二眶下骨后延为一骨突与前鳃盖骨相连，形成的骨质构造。

2. 脊柱与肋骨：

（1）脊柱（vertebral column）是由许多椎骨（vertebrae）自头后一直到尾基相互连接而成，用以支持身体，保护脊髓和主要血管，为一切脊椎动物最基本的特征。脊椎骨按其形态构造又可分为两类，即躯椎和尾椎。躯椎的基本组成有：椎体（centrum）、髓弓（nerral arch）、髓棘（或棘突 neural spine）、脊椎横突（parapophysis）和肋骨相关节。尾椎由椎体、髓弓、髓棘、脉弓（haemal arch）和脉棘（haemal spine）所组成；椎体横突向腹面左右相连形成脉弓和脉棘，内藏尾动脉和尾静脉。椎体前后面凹入成漏斗形，内容内透明的脊索（notochord），多数硬骨鱼类脊椎为双凹椎体（amphicoelous）[硬骨鱼类全骨类的雀鳝例外，为后凹型（opisthocoelous），鳗鲡椎体前面平直或稍突出]。

鲈鱼的脊椎为双凹椎体，双凹椎体每个脊椎骨主体是一个短圆柱的椎体，椎体前后两个面向内明显凹入（鲤鱼凹入比较浅），两个椎体之间的凹处残存有退化的脊索，椎体的背面有髓弓（也称椎弓或神经弧）和髓棘（椎棘或神经棘），尾部的脊椎骨在椎体的腹面有脉弓和脉棘，而躯干部椎体的腹侧面有横突，与发达的肋骨相关节，关节突较发达（鲤鱼不发达）。鲈鱼脊柱由 35～36 个脊椎骨组成（鲤鱼 34～36 个），其中躯椎 16，尾椎 19～20 枚。第一椎骨椎体较窄，其前上方有 2 个椭圆形前关节突与脑颅枕髁相关节，椎体与基枕骨相

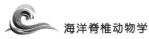

关节;椎体后上方有一对后关节突与第二椎骨的前关节突相关节;髓弓较粗短,水煮可分离;髓弓基部两侧各有一凹窝,背肋即附此处。第二椎骨的髓弓较粗大,背肋附于基部两侧;前关节较小。第3～13椎骨附有背肋和腹肋,第14～16椎骨只具腹肋。第17椎骨是第一尾椎骨,椎体横突向腹面突出左右两支合成脉弓,中间的空腔为脉管,内容纳尾动脉及尾静脉;脉棘宽扁后斜。第18～32尾椎较典型,由髓棘、髓弓、椎体、脉弓、脉棘及前后关节突组成。髓棘及脉棘均较细长;最后3节椎骨以第34和35变异较大,第34椎骨的髓弓较短,第35椎骨的髓棘粗短。脉棘粗长,与椎体有缝,经水煮均可分离;椎体后端尖突上翘(图5-33)。尾端的椎骨也变异较多,末端一个或数个延长成一根向上翘的棒状骨称为尾杆骨(urostyle)。

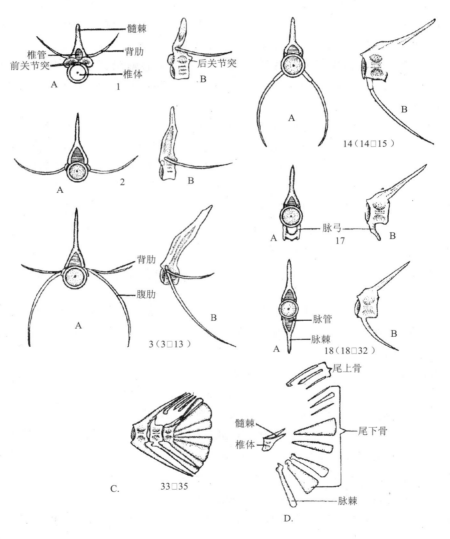

A,B.躯椎;C,D.尾椎

图5-33 鲈的脊椎骨

鲈鱼脊椎无愈合骨，而鲤鱼第 1～3 脊椎愈合特化为韦氏器官。韦氏器官为鲤形目和鲶形目所共有的构造，它由 4 块小骨构成，自前而后称闩骨、舟状骨、插入骨和三角骨。前两小骨起源于第 1 脊椎骨的神经弧，插入骨起源于第 2 脊椎骨的神经弧，三角骨起源于第 3 脊椎骨的肋骨。韦氏器官和内耳发生密切关系，三角骨的后端和鳔的前部相接，其主要功能有两方面：即听觉感知和传导至神经中枢。有感压作用（图 5-34）。

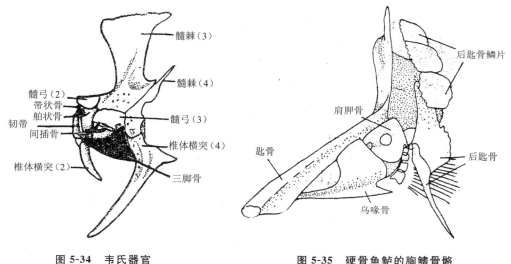

图 5-34　韦氏器官　　　　　　图 5-35　硬骨鱼鲈的胸鳍骨骼

（2）肋骨（rib）和肌间骨（sesamoid rib）：

肋骨可分为两类，一为背肋，发生在肌隔与水平隔膜相切的地方，位于轴上肌和轴下肌之间，又称为肌间肋（intermuscular rib）；另一类为腹肋（ventral rib），发生于肌隔与腹膜相切的地方，恰于腹膜的外面，肌肉层的内面，因此也称下肋。鲈形目的少数鱼类具有背肋和腹肋，如乌鳢 *Ophiocephalus* 和鲈等。鲈背肋 13～14 对，腹肋 14 对自第 1 椎骨至13 或 14 椎骨均附有背肋，背肋借助韧带连于椎骨两侧或附于腹肋前背方。第 3～16 椎骨均有腹肋。鲤鱼无背肋。沿左右腹壁向下包围体腔，保护内脏。

肌间骨习见于低等硬骨鱼类，如鲥、鳊、鲦、鲤等肉中多细刺，这些小骨位于两侧的肌隔中，起源于肌隔结缔组织骨化而成，严格讲不属于骨骼系统。它位于躯部的轴上肌及尾部轴上肌和轴下肌的肌隔中。高等的鲈形目鱼类的肌间骨减少或部分消失。

5.2.3.2　附肢骨骼

附肢骨骼是支持胸鳍和腹鳍的骨骼。胸鳍和腹鳍都是成对的偶鳍，与陆生四足动物附肢有相似的结构。附肢骨骼一般由带骨和肢骨组成。鲈鱼胸鳍的带骨（又名肩带）有 1 肩胛骨、1 乌喙骨、无中乌喙骨（此三骨为软骨化骨）、1 匙骨（锁骨）、1 上匙（锁）骨、2 后匙（锁）骨（此三骨为膜化骨）。作为胸鳍附肢骨的有 4 个支鳍骨（鳍担骨）及 16～18 个鳍条。腹鳍的带骨（腰带）是 1 对软骨化骨的无名骨，前延达肩带匙骨腹支前内侧，腹鳍位于胸鳍下方或稍前，属腹鳍胸位；支鳍骨为一对颗粒状的鳍条基骨，嵌在无名骨与鳍条间；其外侧由 1 鳍棘和 5 分支鳍条构成腹鳍。在背鳍、臀鳍鳍条基部也各有 1 根支鳍骨（鳍担骨）支持着，鳍条数目与支鳍骨数目一致。尾鳍支鳍骨组成比较复杂，这与尾鳍是鱼的重要推进器有关,因此最后几个脊椎骨常常作出很大的形态变异以适应尾鳍的附着(图5-35)。

5.2.4 肌肉系统

5.2.4.1 肌肉类型和鱼体肌肉的分布

1.鱼类肌肉的类型:可以分为骨骼肌(又称横纹肌)、平滑肌和心肌三类,其基本形态特点和一般脊椎动物相同。平滑肌细胞呈细长纺锤形,一般在内脏器官的管道周围分布,不受意志支配。心肌则是心脏特有的肌肉。细胞比较宽短彼此以分支形式相互连接,有如网状。故一旦某处受到刺激,其他各处乃至整个心脏皆被兴奋起来,这是其生理特点。骨骼肌是动物肌肉的主要部分,因其着生起至部位常与骨片有直接联系,故多称其为骨骼肌。其细胞长柱形,肌丝在显微镜下显出明暗相间的横纹,故横纹肌名也由此产生。

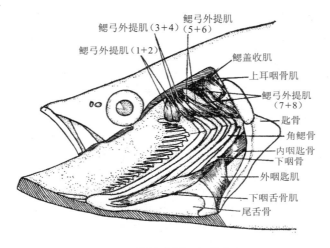

图5-36 鲈的头侧面鳃弓肌肉

2.鱼体肌肉的分布:研究肌肉主要在于了解运动的过程,这里主要介绍在鱼体头部、躯干和附肢肌肉的情况。硬骨鱼类与软骨鱼类身体结构有些不同,肌肉也有很大差异。

5.2.4.2 头部肌肉

1.鲈鱼头背侧面肌肉:①下颌收肌,肌体可分为背上部和背下部两块肌肉,收缩时使口关闭。②舌颌提肌,位于眼球后上方的肌肉,收缩时牵动舌颌骨而与其关节的主鳃盖骨随之张开。③鳃盖开肌,位于眼球后方的长形扁平肌肉,收缩时可使鳃盖张开。④鳃盖提肌。位于鳃盖开肌后方,收缩时可提起鳃盖。⑤眼肌,6条与软骨鱼类相同,即上斜肌、下斜肌、上直肌、下直肌、内(前)直肌和外(后)直肌,通过神经系统分别操纵瞳孔不同方向转动(图5-37、图5-38)。

2.鲈鱼头腹面肌肉:①颏舌骨肌:位于左右齿骨之间的一对肌肉,收缩时使口张开。②鳃条骨舌肌,由分别附于尾舌骨后腹面和各鳃条骨内侧面的两束肌纤维构成,收缩时使鳃条骨靠近身体,鳃孔关闭。③胸舌骨肌:在后匙骨下前部和尾舌骨背中央隆起嵴的内侧的肌肉,收缩时协助口张开。

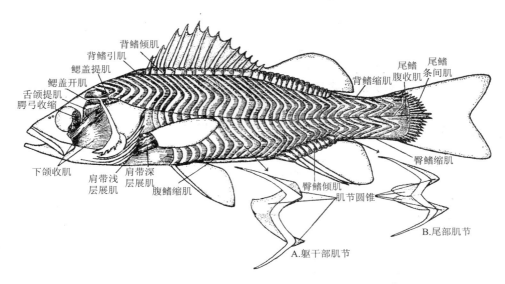

A. 躯干部肌节；B. 尾部肌节

图 5-37　鲈的头部和体侧肌肉

3. 深肌侧面：①颌（腭）弓收肌，除去眼球和所附 4 条直肌及舌颌提肌，可见眼眶内面，附于中翼骨外侧面的肾形肌肉即是。它的收缩可使口角提起。②除去鳃盖其背方内侧面的一块扇形肌肉即是鳃盖收肌。它的收缩可使鳃盖关闭。③鳃弓外提肌，位于鳃弓背面的 8 对小肌肉，收缩时使鳃弓上提，扩大口咽腔。④下咽舌骨肌，在尾舌骨前侧下咽骨腹面，收缩使下咽骨向前腹面移动。⑤上耳咽骨肌，在外枕骨后方匙骨前内侧，收缩使下咽骨和匙骨上提。⑥外咽匙肌，在匙骨和下咽骨中下部腹面，收缩使下咽骨下压。⑦内咽匙肌，起于匙骨中部至下咽骨前腹面，收缩使下咽骨向食道移动。

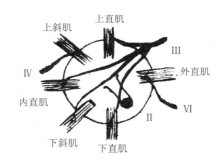

眼球各肌肉及其支配的神经，罗马数字表示脑神经第几对。

图 5-38　鲤鱼眼球背面观

⑧鳃弓连肌，位于前后鳃弓下鳃骨间的 4 对纺锤形小肌，收缩使前后鳃弓稍弯向背方。⑨鳃间背斜肌，2 对纺锤形束肌，收缩使鳃弓上提。⑩鳃弓内提肌，前后共 2 对，分别在副蝶骨腹侧和口咽腔背面正中腱膜上，收缩时上提鳃弓。⑪咽鳃间收肌，位于左右二、三鳃弓的咽鳃骨间的扁平菱形肌肉，收缩时使扩大而带齿的第二、三对左右咽鳃骨相互靠拢。⑫上鳃间收肌，位于第三和第四上鳃骨背面肌肉，收缩使第三和第四鳃弓上部左右靠拢；压缩口咽腔。⑬椎骨咽鳃肌，第三椎骨起至第三、四咽鳃骨上；收缩使鳃弓拉向背后，口咽腔扩大。

4. 鳃弓腹面肌肉：①鳃间腹斜肌，4 对纺锤形束状肌肉，收缩使鳃弓前弯向腹面，口咽腔扩大。②角鳃间收肌，鳃弓腹面正中的椭圆形肌肉，收缩使口腔底稍隆起。③腹面后横肌，位于第五对左右角鳃骨和下咽骨间的扁平骨、肌肉，收缩使口底隆起，口咽腔缩小。

软骨鱼类与硬骨鱼类头部脑颅与咽颅结构不同，其主持运动的肌肉组织必然会有所

差别。例如软骨鱼类无鳃盖,显然就不会有鳃盖开肌和提肌;硬骨鱼类鳃间隔退化,鳃间隔肌就消失不再出现。鲈形目的鲈鱼和鲤形目的鲤、鲢等头部肌肉显著不同处,在于后者第5对鳃弓特别扩大为发达的下咽骨,上生咽齿,因此附在下咽骨上的肌肉比鲈鱼发达,在有关肌肉协调配合下使强大的咽齿更充分地发挥其研磨、撕裂、粉碎等作用,使食物得到进一步有效的消化与吸收。上耳咽匙肌和内外咽匙肌交替收缩,使咽骨作上下来回运动,同时与基枕骨下的角质垫研磨,破碎坚硬的食物,以便于吞咽。

5.2.4.3　躯干部肌肉

以鲈鱼为例,躯部肌肉可分为大侧肌和上、下棱肌。

1.大侧肌:鲈的体侧肌肉基本构造与鲨类同。但是各种硬骨鱼类的大侧肌横剖面所显示的不同类群形式不同(图5-39)。

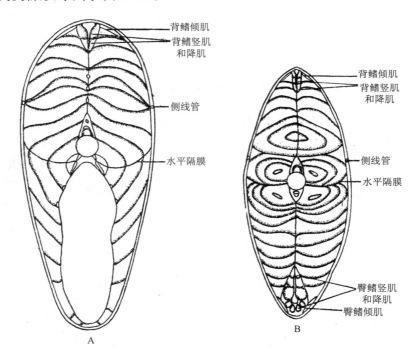

A.躯干部(腹鳍后方);B.尾部(肛门后方)

图 5-39　鲈体侧肌肉横剖面

2.棱肌:分上下棱肌两部分,分别位于背部和腹部中线上,呈细长纵条形,肌纤维纵行,软骨鱼类缺少。

(1)上棱肌,包括背鳍引肌和背鳍缩肌。前者收缩使背鳍竖立,也能使背部弯曲;后者收缩时使尾鳍上部向前倾。

(2)下棱肌,包括腹鳍缩肌和臀鳍缩肌。前者收缩使臀鳍往前伸展,后者收缩时使臀鳍往后缩。

5.2.4.4　附肢肌肉

1.奇鳍肌:有背鳍、臀鳍和尾鳍。

（1）背鳍肌，背鳍的每一枚棘或鳍条（软条）的基部有 6 条小肌束，其中 2 束为浅肌，4 束为深肌；收缩时使鳍条向前后左右移动。

①浅肌有背鳍倾肌和背鳍条间肌。前者收缩使鳍条或棘向一边倾斜，后者收缩使鳍条或棘彼此靠拢。

②深肌有背鳍竖肌和背鳍降级。前者收缩使鳍条或棘竖立，后者收缩使鳍条或棘往后下方倾倒。

（2）臀鳍肌：

①浅肌有臀鳍倾肌和臀鳍条间肌。前者收缩使臀鳍向一边倾斜，后者收缩使臀鳍各鳍条或棘彼此靠拢。

②深肌有臀鳍竖肌和臀鳍降肌。前者收缩使臀鳍往前伸，呈竖直状态，后者收缩使臀鳍往后与尾鳍接近。

（3）尾鳍肌：

①浅肌有尾鳍间辐肌，收缩使各鳍条彼此向中央靠拢。

②深肌有：A.尾鳍上背屈肌，收缩使各鳍条向一侧弯曲；B.尾鳍下背屈肌，收缩使尾鳍背叶向该侧面屈曲；C.尾鳍腹收肌，收缩时使背叶曲卷，倾向腹面；D.尾鳍上腹屈肌，收缩时使尾鳍下半部向一侧卷曲；E.尾鳍中腹屈肌，收缩时使尾鳍腹叶有关鳍条向一侧卷曲；F.尾鳍下腹屈肌，收缩时使尾鳍腹缘向一侧卷曲（图 5-40 鲈的尾鳍肌肉）。

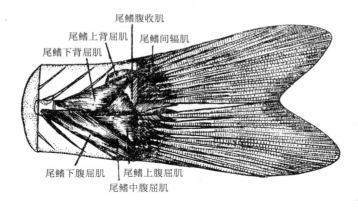

图 5-40　鲈的尾鳍肌肉

2.偶鳍肌：分肩带肌和腰带肌。

（1）肩带肌：

①外侧面浅肌：A.肩带浅层展肌，收缩使胸鳍往前往下，并使鳍条彼此靠拢；B.肩带伸肌，收缩使胸鳍往下转动；C.肩带深层展肌，收缩使胸鳍往下。

②深肌有：A.肩带提肌，收缩使胸鳍上提；B.肩带内收肌，收缩使有关各鳍条弯向内侧与体靠拢；C.肩带收肌，分上下两部分，两肌收缩时使胸鳍内收向身体靠拢（图 5-41 鲈的肩带和胸鳍肌肉）。

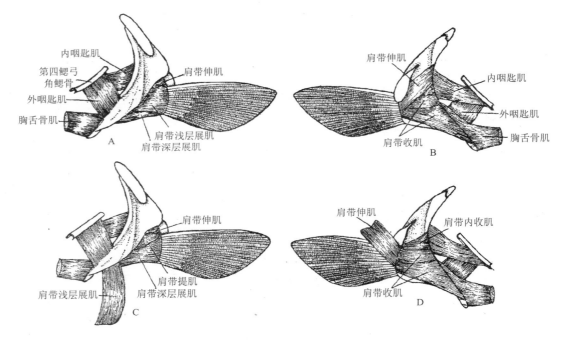

A.外侧面（左）；B.内侧面；C.外侧面除去肩带浅层展肌；D.内侧面除去肩带伸肌

图 5-41　鲈的肩带和胸鳍肌肉

（2）腰带肌：

①腹面浅肌：A.腰带浅层展肌，收缩时使腹鳍向外转动离开体腹面；B.腰带降肌，收缩使鳍条下降；C.腰带浅层收肌，收缩使两腹鳍左右向中靠拢。

②背面深肌：A.腰带深层展肌，收缩使腹鳍往外转动；B.腰带提肌，收缩使腹鳍上提；C.腰带深层收肌，收缩时使左右腹鳍向上互相靠拢。

5.2.4.5　肌肉的变异——发电器官

软骨鱼类和硬骨鱼类的一些种类中，具有十分特殊的发电器官。其中发电能力较强的有电鳗（*Electophorus*）、电鳐（*Torpedo*）、电鲇（*Malapterurus*）及电瞻星鱼（*Murmyrus*）等。鱼类的发电器官除电鲇之外，其余都是有肌肉衍生的。电鳗的是来自尾部肌肉；电鳐的是来自鳃部肌肉；电瞻星鱼的是来自眼肌变异；电鲇的是由真皮腺体组织特化形成。

发电器官一般都是由许多称为电细胞或电板的盘形细胞所构成，细胞排列整齐，方向一致叠成柱状的构造。

5.2.5　消化系统

鲈鱼的消化系统与软骨鱼类十分相似，同样包括消化道和消化腺两部分，前者又分为口咽腔、食道、胃和肠等部分（图 5-42 鲈的消化系统）。

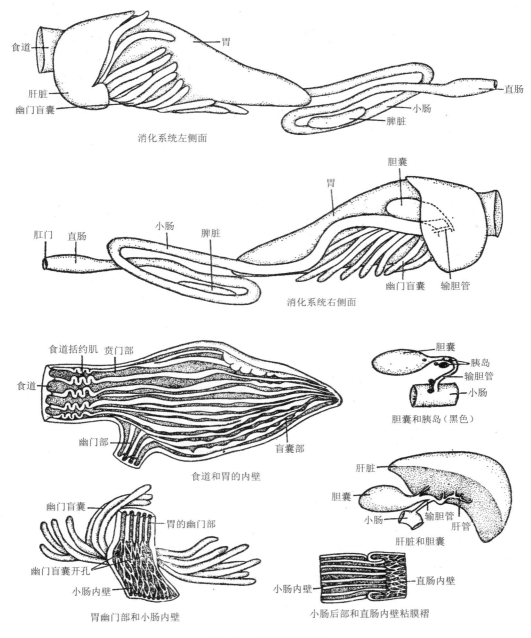

图 5-42 鲈的消化系统

5.2.5.1 消化道

1.口咽腔:鲈鱼为肉食性鱼类,口咽腔较大,内有齿、舌、鳃耙等构造。

(1)硬骨鱼类齿的分布变化较大,因类群而异。大多数硬骨鱼类咽喉齿与颌齿的发达程度反相关。鲈鱼上颌骨和齿骨附生绒毛状齿带,齿带由细长而尖小,密集在一起的齿组成。犁骨和腭骨腹侧下半部有棱形绒毛状齿带。第2、3和4对咽鳃骨腹面密具绒毛状细齿，与第 5 对鳃弓下咽骨背面细齿成对应面。第 5 对鳃弓角鳃骨演变而成的下咽骨背面密具绒毛状细齿带。真骨鱼类口腔齿变化多样，硬骨鱼类齿的形态与食性和习性密切相关，主要有海鳗、油魣的犬齿，鲈鱼的绒毛齿，大麻哈鱼、鳕鱼的锥状齿，真鲷、黄鲷的臼状齿及平鲷、东方鲀和鳞鲀的门齿等类型（图 5-43）。

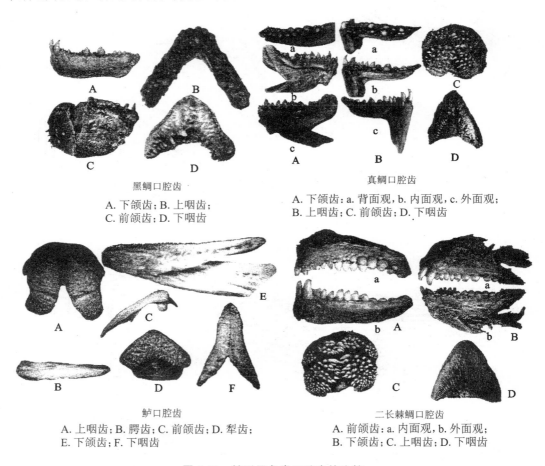

黑鲷口腔齿
A. 下颌齿；B. 上咽齿；
C. 前颌齿；D. 下咽齿

真鲷口腔齿
A. 下颌齿：a. 背面观，b. 内面观，c. 外面观；
B. 上咽齿；C. 前颌齿；D. 下咽齿

鲈口腔齿
A. 上咽齿；B. 腭齿；C. 前颌齿；D. 犁齿；
E. 下颌齿；F. 下咽齿

二长棘鲷口腔齿
A. 前颌齿：a. 内面观，b. 外面观；
B. 下颌齿；C. 上咽齿；D. 下咽齿

图 5-43 鲈形目鱼类口腔齿的比较

而鲤形目鱼类无颌齿、犁骨齿和腭骨齿等，但其第 5 对鳃弓的角鳃骨特别扩大，上长牙齿，称为下咽齿，尤以鲤科的咽齿最发达，排成 1～3 行，与基枕骨下的角质垫共同构成食物研磨咀嚼器。不同种类的咽喉齿行数与每行的数目和形状常有不同，因此常被作为亚科以下的分类依据。其行数和齿数常以齿式表达，如鲤的齿式为 1,1,3/3,1,1，"/"前面和后面的数字分别表示鲤左右咽骨上咽齿行数和每行的齿数。上式表示鲤左右咽骨上各有 3 行齿，由外侧向中央计数，第 1 行 1 颗，第 2 行 1 颗，第 3 行 3 颗（图 5-44）。

（2）舌和鳃耙：硬骨鱼类的舌形状多样，有的呈三角形（宝刀鱼、鲈鱼、鲤鱼），半椭圆形（鳗科、鲅科、鲉科等）、有的长矛形（鳞烟管鱼）。舌多数前端游离，可上下活动而不能卷曲。舌由基舌骨突出口腔底壁，外覆黏膜而构成，虽不能卷动，但其上具细齿至少能帮助向食道推动食物。有的舌前端不游离，如鲻鱼、鲤鱼等。

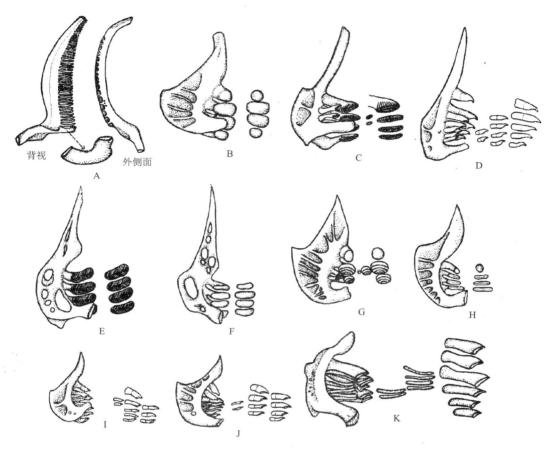

A.胭脂鱼；B.青鱼；C.草鱼；D.鳡；E.鲢；F.鳙；G.鲤；H.鲫；I.长春鳊；J.三角鲂；K.银鲴

图 5-44　鲤形目鱼类的咽齿

鳃耙是消化管的一部分，同时也是呼吸管的一部分，又是保护鳃丝的构造。鲈鱼第一鳃弓的外鳃耙最长，被称为单列不对称鳃耙（长于内鳃耙及其他鳃弓的所有鳃耙）。鳃耙数目因种而异，是重要分类性状之一。海水鱼类常用如下公式表达：鱼类鳃耙数＝上鳃骨鳃耙数＋角鳃骨鳃耙数，如鲈鳃耙数（5～8＋13～16）（图 5-45 鲈的鳃耙）；鲻（53～75＋67～90）。

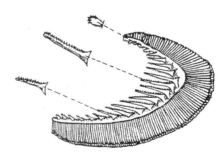

图 5-45　鲈的鳃耙

淡水鱼类鲢和鳙的鳃耙构造十分特殊，以摄取浮游生物为食，其咽鳃骨和上鳃骨卷成蜗管状，称为咽上器官。此处相邻两鳃弓间的鳃耙连成四个分隔的鳃耙管，鳃耙管在咽上器官中卷成螺旋状。咽上器官外附肌肉，收缩时可压缩起唧筒作用，将耙间隙食物团冲出，经口咽腔进入食道（图 5-46 鲢鳙鱼和鲥鱼的鳃耙及咽上器官）。

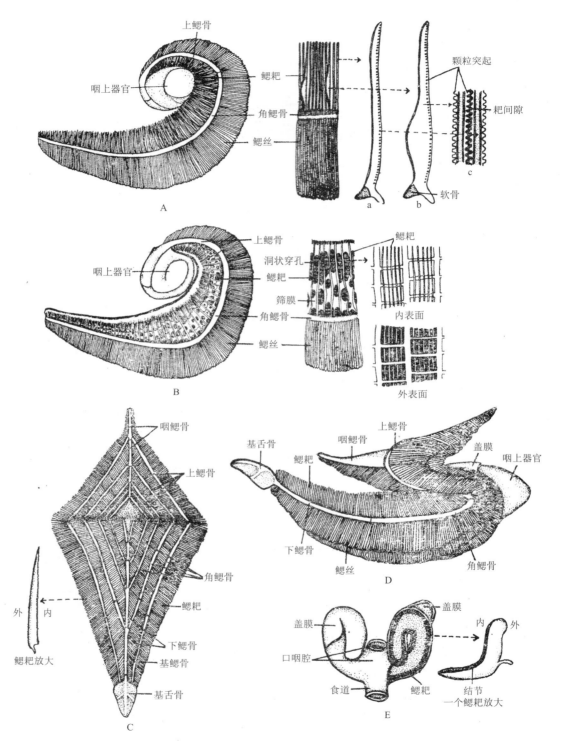

A鳙;B.鲢;a.窄;b.窄鳃耙侧视;c.鳃耙局部放大;C.鲥咽腔内面观;D.鲥鳃弓侧视;E.鲥咽上器官(右侧已纵剖)

图 5-46 鲢鳙鱼和鲥鱼的鳃耙及咽上器官

2.食道与胃:硬骨鱼类食道宽而短,管壁厚,其前段有味蕾分布。当味蕾感觉有异时,可借食道前部环肌的有力收缩将异物抛出口外。食道前部肌肉由平滑肌特化为横纹肌,向后横纹肌中常夹杂平滑肌,至食道后部渐变为平滑肌。因此借助食道肌肉纤维的走向准确地划分食道与胃肠间的界限。

胃是食道后紧接的部分,胃与食道相接处称为贲门部,接近肠道的部分为幽门部。胃的形状多样,大致可归纳为三类:

(1)直管形,胃体稍膨大,无弯曲,贲门部与幽门部不明显,胃壁较薄。如雀鳝、肺鱼、鲤鱼及银鱼科、条纹东方鲀等硬骨鱼类。

(2)"U"或"V"形,胃体明显弯曲,但底部不向后突出,胃壁较厚。软骨鱼类与硬骨鱼类皆有,如前鳍星鲨、鲱科或鲷科等鱼类。

(3)"Y"形胃,胃底部显著后突,其胃的幽门部有特别发达的肌肉。如宝刀鱼、鲲、鲈鱼、鲻等。鲈鱼的胃,胃体延长,胃壁厚大致呈"Y"字形,底部显著后突为盲囊状,而与肠交接处有圆索状,尖端钝圆的幽门垂13～15枚。

3.肠,紧接在胃的后方,是进行消化吸收作用的重要场所。软骨鱼类和软骨硬鳞鱼类有明显的大肠与小肠之分,而真骨鱼类的大小肠区分不明显。一般真骨鱼类通常以胆管的开口作为肠道的起点,其肠道黏膜层形成许多黏膜褶,形态变化十分复杂,常可见纵褶、横褶、网状褶、"Z"形褶和分支状褶等5种类型。鲈鱼的肠长约为体长的2.0～2.2倍。低等真骨鱼类仍见有肠螺旋瓣,鲤形目和鲈形目鱼类则不见。

4.肛门,它是消化道末端与外界的通孔。硬骨鱼类肛门的位置一般在臀鳍前方的凹窝内,如鲈鱼和鲤鱼等。也有前移至腹鳍间,如鲤科鲌亚科鱼类。鲽形目的种类有的肛门在胸鳍下方等多种。硬骨鱼类无泄殖腔。

5.2.5.2　消化腺

1.胃腺与肠腺:胃腺是单盲囊状的小型腺体,一般在光镜下方能见到。无胃的鱼类无胃腺。一般鱼类无肠腺。鳕科鱼类有原始的腺体。直肠腺在脊椎动物中仅见于软骨鱼类,有泌盐机能,与鱼体渗透压调节有关。

2.肝脏和胰脏:一般软骨鱼类肝脏长而大,分叶明显,一般2～3叶,硬骨鱼类形态变化大,鲈鱼的肝脏宽短,鲤鱼的呈弥散型,散布在肠系膜上,与胰脏混杂在一起。其功能详见前鳍星鲨。胆囊是胆汁的存储器,以胆管开口于肠道前端。

5.2.6　呼吸系统

5.2.6.1　鳃的一般构造与功能

1.鳃是鱼类最主要的呼吸器官,由咽部两侧发生,对称地排列在其两侧;鳃除具有气体交换功能外,还有物质代谢和协助调节渗透压的生理功能;一般真骨鱼类具有5对鳃裂,5对鳃弓,舌弓半鳃退化,第1～4鳃弓具全鳃,第5鳃弓无鳃,每侧共具8个半鳃。鳃间隔退化,高等鱼类仅见痕迹。而鲤科鱼类第5对鳃弓有发达的咽喉齿。鱼类除真正的鳃之外,还有伪鳃。伪鳃是一退化的鳃(图5-47鱼纲的几种鳃弓的横切)。不生长在鳃弓上,无呼吸机能,但可见鳃丝状构造。伪鳃内具有嗜酸性细胞,具有调节离子代谢作用,能促使鳃排除二氧化碳。

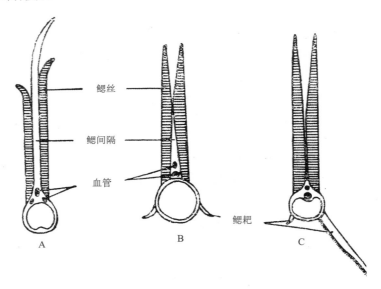

A.尖头斜齿鲨;B.中华鲟;C.鲈

图 5-47　鱼纲的几种鳃弓的横切(示鳃弓结构)

2.鱼类通过口、口咽腔以及鳃盖协调一致的运动而完成整个呼吸过程;半鳃由许多鳃丝组成,鳃丝中有入鳃血管和出鳃血管,鳃丝表面还生出许多次级鳃瓣,鳃丝本身称为初级鳃瓣,次级鳃瓣中有许多毛细血管,气体交换就在次级鳃瓣上进行。水流流经鳃丝是由呼吸作用造成的,呼吸动作包括鳃盖和口的开闭,引起口腔、鳃腔内的水压差,促使水流从压力高处向压力低处流动完成呼吸作用。由于进化地位不同,不同种类鱼的鳃组织具有不同的结构特色;鱼类在水中呼吸使流经鳃的水流方向和鳃中血管的血流方向相反,形成逆流倍增系统,这种组织结构大大提高了鱼鳃在水中的呼吸效率(图 5-48)。

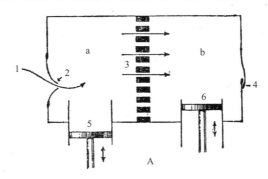

a.口咽腔;b.鳃盖腔;1.水流;2.口腔瓣;3.鳃;4.鳃盖膜;5.口腔泵;6.鳃腔泵

图 5-48　呼吸过程中的两种"泵"(A)和水流经鳃区的路线

3.外鳃。根据鳃是否露出体外,可将鳃分为内鳃和外鳃;鳃小片是鳃的基本结构单位和基本功能单位;多数硬骨鱼类无外鳃,外鳃是胚胎期或幼鱼期的临时呼吸器官,从鳃部伸出露在体外故得名。见于美洲肺鱼,也见于某些**鰕**虎鱼类。

5.2.6.2　辅助呼吸器官

　　鱼类在长期适应特殊生活环境的进程中演化形成了某些特殊构造的辅助呼吸器官,可在鳃呼吸量不能满足生命活动需要时辅助呼吸,如皮肤、鳃上呼吸器官、气囊等;鳔由鳔体、气道及气腺组成,具有密度调节、呼吸、感觉和发声的作用。

　　1.皮肤:皮肤是最常见的辅助呼吸器官。不少鱼类的皮肤表面布满血管,能行使气体交换的机能,如鳗鲡、鲇和弹涂鱼等。据研究,皮肤呼吸机能发达的鱼类有17%~30%的呼吸量来自皮肤呼吸。个别的甚至可高达80%以上。

　　2.口咽腔黏膜:某些鱼类的口咽腔黏膜表面布满了丰富的微血管网,能在空气中行使气体交换机能。如黄鳝和肺鱼。电鳗除口咽腔黏膜具有呼吸功能外,鳃耙也具有呼吸功能。**鰕**虎鱼和鳚科鱼类的鳃腔也能进行呼吸。

　　3.鳃上器官:鳃上器官又叫鳃上呼吸器官,由鳃弓的咽鳃骨、上鳃骨及其周围的组织特化而来,是一种水陆两栖的呼吸辅助器官,其形态因种而异。如攀鲈的呈花朵状,鲈形目的梭头鱼亚目也具有类似的鳃上器官(图5-49)。

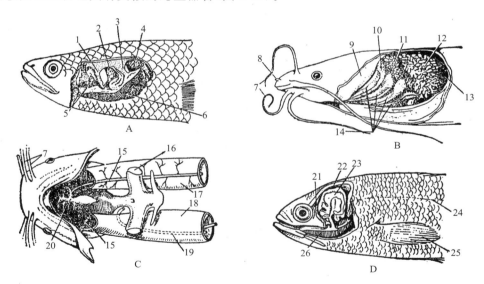

A.乌鳢;B.胡子鲇;C.囊鳃鱼;D.攀鲈;1.舌颌骨突;2.前腔;3.上鳃骨突;4.后腔;5.咽部;
6.鳃丝;7.须;8.前鼻孔;9.鳃盖基部;10.变异鳃丝;11.前副呼吸器官;12.后副呼吸器官;13.鳃腔;
14.鳃弓(1~4);15.鳃动脉;16.包在骨囊中的鳔;17.左气囊;18.右气囊;19.出气囊血管;
20.腹主动脉;21.鳃盖切缘;22.鳃上腔;23.迷路器官;24.侧线;25.胸鳍;26.第一鳃弓

图 5-49　真骨鱼类几种主要的鳃上器官

　　4.气囊:合鳃目的双囊鳝(*Amphipnous*)气囊的上皮有许多微血管区或呼吸小岛,每一呼吸小岛有许多花朵状微血管嵌在结缔组织内,无支持细胞。花朵状微血管构造被认为是一种极端缩短的鳃小片,而呼吸小岛则认为是退化了的鳃丝。鲇形目的囊鳃鱼(*Sac-*

cobranchus)具有更发达的气囊。丰富的血管网沿着梳状纵褶分布。气囊内充满空气时，可在陆上生活一段时间。

5.2.6.3 鳔

1. 鳔的形态:学者根据鳔管的有无,可将硬骨鱼类分为两大类,一为具有鳔管的管鳔类(或称喉鳔类),如鲱形目、鲤形目等;另一为无鳔管的闭鳔类,如鲈形目等。而鳔的形态虽都呈囊状,但其大小、长短、位置等因种而异,有管状、梭形、卵圆形、心形,甚至"T"形,有1室、2室或3室、左右分叶或不分叶的多种。多数为膜质鳔,但也有骨质鳔,也有骨膜质兼具的鳔。一般闭鳔类以单室膜质为多。管鳔类1、2、3室鳔都见,而且有骨质鳔出现。

2. 鳔的气体调控:管鳔内储存气体主要成分是氧、氮和二氧化碳。喉鳔内的气体可由鳔管经食道和口排出或吞入,一部分气体也可由鳔的内壁上分布的微血管吸收或分泌。闭鳔类鳔的前腹面内壁有红腺,又称气腺,其下有大量微血管分布,鳔内的气体由红腺分泌。红腺的形状各种鱼不同,鲈鱼的呈树枝状,大黄鱼的红腺为7～8个花朵状构造。鳔内壁背后方有卵圆窗,为气体吸收区(图5-50、图5-51)。通过鳔内气体的增减可以调节鱼体的相对密度,使鱼容易维持在一定深度的水层内活动,而不需消耗太多的能量以维持在水下的体位。所以严格地讲,鳔在大多数硬骨鱼类中不是呼吸器官,但像肺鱼等鱼类,鳔是起呼吸作用的(图5-52)。

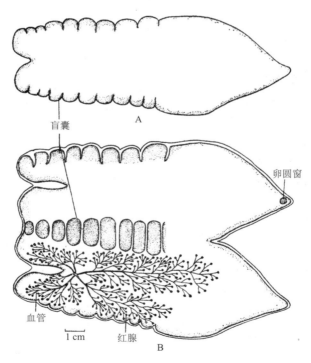

A. 腹视;B. 水平剖面,上半为背面,下半为腹面

图 5-50 鲈鱼鳔

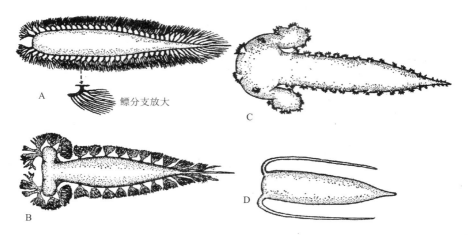

A.银牙鰔;B.皮氏叫姑鱼;C.褐毛鲿;D.黄唇鱼

图 5-51　几种石首鱼类的鳔

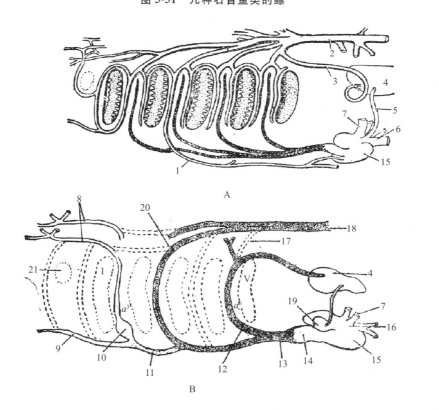

A.肺鱼类;B.无尾两栖类;1.鳃下动脉;2.背主动脉;3.肺动脉;4.肺(鳔);5.肺静脉;6.后主静脉;
7.左侧古维氏导管;8.内颈动脉;9.外颈动脉;10.颈动脉腺;11.总颈动脉;12.肺皮动脉;13.腹大动脉;
14.动脉锥;15.心室;16.静脉窦;17.柏氏管;18.背大动脉;19.左心房;20.体动脉弓;21.封闭喷水孔;
a^3、a^6。第三,第六动脉弓;Ⅰ、Ⅴ.第一,第五原始鳃裂

图 5-52　肺鱼和两栖类的肺循环

3.鳔的功能：一般认为鱼鳔具有四大功能：①通常游泳的鱼类要维持一定的水层，则是借鳔的气体调节，以调节身体相对密度，帮助升降而维持在一定的水层中；高速游泳鱼类在经常改变所在水层时，鳔无疑成为负担，因此逐渐退化消失，这是高速游泳鱼类长期适应其生活方式的结果。②呼吸作用：硬骨鱼类的肺鱼、多鳍鱼、弓鳍鱼和雀鳝的鳔在结构上已特化为气体呼吸器，具呼吸

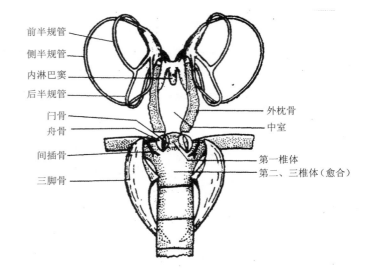

前半规管
侧半规管
内淋巴窦
后半规管
闩骨
舟骨
间插骨
三脚骨
外枕骨
中室
第一椎体
第二、三椎体（愈合）

图 5-53　鲤形目鳔与内耳的联系

机能。少数管鳔类如骨舌鱼（*Arapaima gigas*）鳔能行使气体交换机能。③感觉作用：不少鱼类的鳔与内耳发生联系，由鳔把细微压力变化的感受传给内耳，再传至听细胞，从而感觉水流、水压等并由神经系统及时作出反应；鲤鱼的韦氏器是鱼类鳔与内耳的典型传感器（图 5-53 鲤形目鳔与内耳的联系）；深海鳕科、海鲢科、弓背鱼科、金眼鲷科及鲷科等海鱼的鳔在前方形成盲囊状突起，直接与听囊外壁的结缔组织接触，达成鳔与内耳的联系。④发声作用：鱼类的发声多与鳔有关，鳔起共鸣箱的作用将原发声处的声音扩大，使之远播。石首鱼类鼓肌与鳔以韧带相连，鼓肌收缩，使鳔发出咕咕声。

5.2.7　循环系统

循环系统包括血液、血管系统和淋巴系统三部分。

5.2.7.1　血液

血液、淋巴液和组织液统称为细胞外液，是细胞的生存环境，即机体的内环境。血液是一种不透明的黏稠性的红色液体，由血浆和多种血细胞组成，属结缔组织。

1.血浆：是血液的细胞间液，含有大量水分、无机盐、蛋白质以及各种营养物质和代谢产物。主要参与机体的渗透压调节、新陈代谢和维持细胞正常生理功能。

2.细胞：鱼类的血液中有形细胞有三类，即①红细胞，是有核的椭圆形细胞。软骨鱼类的红细胞比硬骨鱼类的大。其具有运输氧和二氧化碳的功能。②白细胞，血液和淋巴中有少量的白细胞。能做变形运动，可游至血管外行吞噬作用，在血管内司免疫作用，能产生抗体。③血栓细胞，多呈纺锤形，又称纺锤细胞，中央有一核，比红细胞小。参与凝血，有哺乳动物的血小板。

3.造血器官：①血细胞的发生，血细胞是由造血器官中的网状内皮干细胞产生的，首先产生淋巴成血细胞，而后进一步分化为淋巴细胞、血栓细胞、红细胞和颗粒白细胞。②脾脏：鱼的脾脏是最大的淋巴器官，是血液循环系统的重要造血组织。脾脏是一个网状组织，外被结缔组织，内为红色的红髓，内层是白髓，两者之间无明显界限。红髓产生红细胞

和血栓细胞,白髓产生淋巴细胞和白细胞。

5.2.7.2　血管系统

鱼类的循环系统与其他脊椎动物一样属于闭锁式系统。血管离开心脏后进入动脉,然后分成微血管再汇入静脉,最后又回到心脏。除脾脏外,所有血液并不与周围的组织和细胞直接接触。血管系统由心脏、动脉和静脉组成。

1.心脏:硬骨鱼类的心脏与软骨鱼类相似,都是位于头后腹面,左右两鳃弓之间,包于围鳃腔内,并且都由四部分构成。但是多数硬骨鱼类,如鲈鱼无动脉圆锥而有动脉球;其他三部分一样,分别是心室、心房和静脉窦(图 5-54)。动脉圆锥为软骨鱼类、软骨硬鳞鱼类、全骨类、总鳍类和肺鱼类所具有,位于心室前方,能自动地随心室收缩而有节奏地搏动,为心脏的一部分,动脉圆锥内有半月瓣,其数目因类别而异,板鳃类有 3 纵列,2～7 横列,鲟科 4 行。真骨鱼类动脉圆锥退化,仅残留一行 2 个半月瓣,并为腹主动脉基部扩大而成的动脉球所取代,但它不能搏动,因此不属于心脏的一部分。因此说它在发生上与血管同源。

2.动脉和静脉:根据其血液流动方向的不同,鱼类的血管可分为动脉、静脉和毛细血管或称微血管。动脉是从心脏输送血液到身体各部的血管;静脉是回收血液回心脏的向心血管;毛细血管是联系两者中间的细血管。动脉管壁较厚有弹性,静脉管壁薄弹性较差。真骨鱼类血液由心脏压入动脉球,再进入腹大动脉向前,通过 4 对入鳃动脉(含 CO_2)进入鳃中,分散成微血管在次级鳃瓣中行气体交换后,由 4 对出鳃动脉(含 O_2)导出,向背后部集成背大动脉,向前部则有鳃上动脉、外颈动脉、内颈动脉,后二者构成头动脉环,供应头部血液。背大动脉通往身体后部,一直延续至尾部成为尾动脉。背大动脉沿途发出许多动脉分枝,其中锁骨下动脉分布到胸鳍,体腔肠系膜动脉分布到内脏(肠系膜、消化腺、鳔、生殖腺等),腹鳍动脉(髂动脉)分布至腹鳍,肾动脉分布至肾,并有许多体节动脉分布至体壁肌肉(图 5-55 鲈鱼的动脉和静脉)。

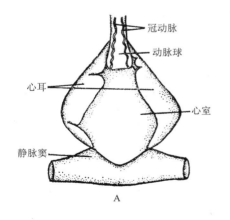

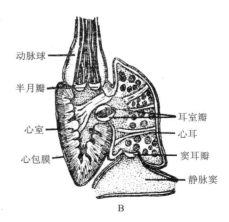

A.腹视;B.纵剖面

图 5-54　鲈鱼心脏

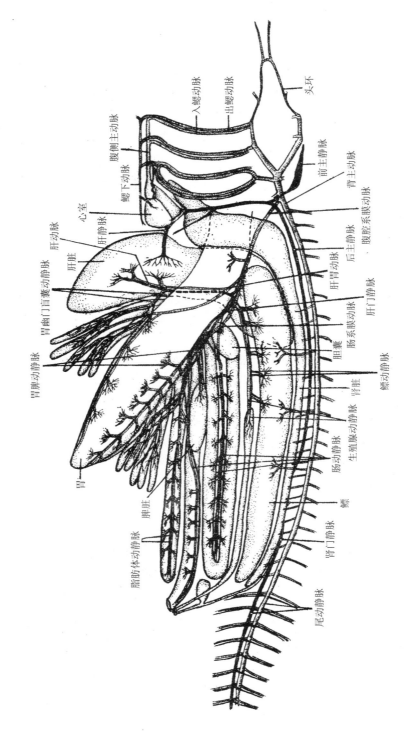

图 5-55　鲈鱼的动脉和静脉

（1）动脉弓的演变：进入鳃区的血管整个绕成环状，侧视弧状，称这些动脉为动脉弓（aortic arch）。板鳃类原始的动脉弓在背部中断，大部分变成入鳃动脉，而出鳃动脉是由背部动脉弓向鳃区形成两条出鳃动脉。真骨鱼类情况相反，原始的动脉弓大部分变成出鳃动脉，而入鳃动脉是以后形成的，每一鳃弓内有入鳃动脉、出鳃动脉各一条。

（2）动脉：硬骨鱼类的动脉与软骨鱼类相似，但有如下差别：多数硬骨鱼类入鳃动脉4对，比软骨鱼类少1对；软骨鱼类背主动脉是第一对出鳃动脉后方的单一血管，而硬骨鱼类的左右背主动脉和颈动脉联合成环状结构，称为头环（circulus cephalus）。

（3）静脉：尾部和躯干部回心的静脉，软骨鱼类和真骨鱼类有所不同，真骨鱼类尾部的尾静脉进入体腔后分成左右两支进入肾脏，左侧一支称肾门静脉，它在肾脏后部分散成毛细血管，然后又汇集到左后主静脉；尾静脉进入右侧肾脏的一支不形成肾门静脉，直接连到右后主静脉，除收集肾脏血外，还汇集体壁各体节、背鳍、臀鳍等处的静脉血。而板鳃类尾静脉进入左右肾脏都形成肾门静脉。

3.皮肤血管系统（Skin blood-vessels）：金枪鱼和几种鲨类包括鼠鲨、鲭鲨和噬人鲨的体温总要比其周围的水温至少高出5℃～10℃，所以又称这类鱼为暖体鱼类（warm bodied fishes）。暖体鱼之所以能获得并保持这样高的体温是由于它们的红肌非常发达，并具有其他鱼类所没有的特异的血管配置形式。这主要表现在红肌中以及红肌和体壁之间有极为致密的微血管网。其微血管网由于排列形式和发达程度不同于一般鱼类，故又称为迷网。迷网的血液来自总行于皮肤中的皮肤动脉。皮肤动脉前接第一对体节动脉。迷网的各种类型大小静脉和相应的动脉紧密平行，但两者的血流方向正好相反。这种构造使热得到效率很高的交换并有效地把热量保留在体内。于是也称这类迷网为热对流交换器（counter current heat exchanger）。皮肤静脉与皮肤动脉对应，在金枪鱼每侧有2条，鲨鱼2条。金枪鱼和这几种鲨游泳速度快，持续活动力很强，因此提供主要能量的红肌也就特别发达。此外白肌在冲刺型的运动中也会产生一部分热能。迷网就是保温的最好设施，所以金枪鱼和几种鲨类包括鼠鲨、鲭鲨和噬人鲨的体温总要比其周围的水温高得多。

5.2.7.3　淋巴系统

鱼类的淋巴系统由淋巴和淋巴管组成。此节可参见前鳍星鲨。真骨鱼类的躯干部和尾部有许多成对或不成对的淋巴干管，最主要的是椎下淋巴干管（subverteral lamph trunk），由尾部沿主动脉两侧走向头部。鱼体表层从尾部到头部沿侧线纵行，于皮下面有侧淋巴干管（lateral lamph trunk），它越向前延伸越粗大，沿肌隔往上下分出许多小淋巴管，另外还有两条背淋巴管（dorsal lamph duct）及腹淋巴管（ventral lamph duct）。椎下淋巴干管和头部淋巴干管一起开口于后主静脉，侧淋巴干管或注入头淋巴窦或注入古维尔氏管。在最后脊椎骨的下面有一淋巴心（lamph heart），圆形，由尾静脉的一部分发育而成，它能不断地搏动，左右淋巴心有管相互贯通。淋巴心有瓣膜可调节本身的搏动和淋巴的流向。板鳃类无淋巴心和淋巴窦。主要淋巴管为椎下淋巴干管和腹淋巴管。

5.2.8　神经系统

前面已详细介绍过软骨鱼类代表前鳍星鲨鱼的神经系统，为避免重复，以下简要比较硬骨鱼类各部的特点与区别：

5.2.8.1 中枢神经系统

1.脑的构造与机能:①端脑由嗅脑和大脑两部分组成。嗅脑在前,大脑在后。星鲨嗅脑的嗅束很短,而鲈、大黄鱼和带鱼等硬骨鱼类嗅脑仅为一圆球状的嗅叶(olfactory lobe),仅连在大脑的前方,嗅叶前方有细长的嗅神经与嗅囊发生联系。板鳃鱼类的嗅脑体积很大,嗅觉十分发达,显然鲨鱼的鼻是重要的感受器。硬骨鱼类的嗅脑也是大的,但不如鲨鱼的发达。鲨鱼大脑皮层具有神经细胞,而硬骨鱼类只有上皮细胞。②间脑:位于大脑后方的凹陷部分,常被中脑所遮盖。间脑中间有腔,称为第三脑室,包括上丘脑、丘脑和下丘脑三部分。间脑背面有一细线状的脑上腺,又称松果腺。间脑腹面前方有视神经,它形成交叉状,称视交叉。视神经后方圆形或椭圆形的隆起部分,即为漏斗,漏斗后下方连一圆形构造,即为脑垂体,是重要的内分泌腺。鱼类的这些构造基本一致,但是脑上腺的发生在板鳃类与硬骨鱼不同,前者保存了两个退化的视觉器官,顶眼和松果体;而硬骨鱼类顶眼完全退化消失而只保留松果体,构成脑上腺。此外板鳃类的脑上腺连于颅骨前囟的下方。③中脑是真骨鱼类脑部最发达的一部分,其背壁特别厚,隆起成左右两个半球,称为视叶,是鱼类的视觉中枢。视神经末端位于视叶内,第Ⅲ、Ⅳ对脑神经也位于视叶内。④小脑又称后脑,前连中脑后接延脑。硬骨鱼类的小脑背面前端有发达的小脑瓣(cerebellar velvule),并伸向中脑。侧线发达的种类小脑瓣发达。硬骨鱼类小脑表面光滑,软骨鱼类小脑表面有纵沟和横沟。小脑的功能主要是协调肌张力、维持鱼体平衡,快速游泳的鱼类小脑发达。⑤延脑:延脑与小脑间以小脑褶为界,是脑的最后部分,它后部通出头骨枕孔后即为脊髓,两者无明晰界限。延脑非常重要,它的神经通达呼吸器官、心脏、肠、胃、食道、内耳及皮肤感觉器官等,因此又称为活命中枢。

2.脊髓的构造与机能:①脊髓(spinal cord)是一条扁椭圆柱状的长管,前连延脑,向后伸达尾椎末端,包藏在脊椎骨的髓弓内。脊髓由前向后逐渐变细,但在肩带、胸鳍、腹鳍及臀鳍所在部位略膨大。②脊髓横切观察:横切形状是背腹略扁平的椭圆形,两侧对称,已分化出灰质及白质,灰质位于中央部分。灰质中央为中心管。灰质向腹面突出的两只角称为腹角(ventral horn),脊神经腹根即由此发出;灰质向背面突出的两只角称为背角(dorsal horn),脊神经背根即经背角通入脊髓的灰质中。脊髓外面包有脊膜(mater spinalis)。板鳃类灰、白质明显分化,有背腹中沟。硬骨鱼类脊髓只有背中沟,腹中沟不明显,灰质向中心管集中。脊髓为神经传导路径和简单的反射中枢。

5.2.8.2 外周神经系统

外周神经系统是由中枢神经系统发出的神经和神经节所组成,它包括脊神经和脑神经。中枢神经即由外周神经而与皮肤、肌肉、内脏器官相连接,其作用是传导感觉冲动到中枢神经或由中枢向外周传导运动冲动。

1.脑神经(cranial nerve):脑神经由脑部发出,通过头骨孔而达身体外围,它包括有体部感觉神经纤维和运动神经纤维,也有内脏感觉与运动神经纤维。只包括感觉神经纤维的称为感觉神经,如嗅神经(Ⅰ)、视神经(Ⅱ)和听神经(Ⅷ);只有运动神经纤维的称为运动神经,如动眼神经(Ⅲ)、滑车神经(Ⅳ)及外展神经(Ⅵ);还有些既有感觉又有运动两种纤维的神经称为混合神经,如三叉神经(Ⅴ)、面神经(Ⅶ)、舌咽神经(Ⅸ)和迷走神经(Ⅹ)。

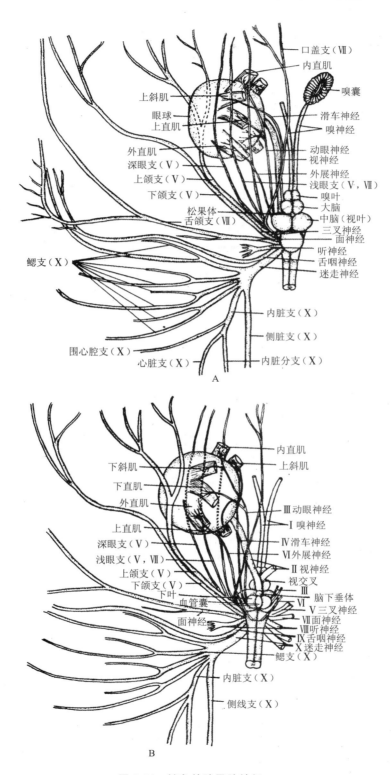

图 5-56 鲈鱼的脑及脑神经

迷走神经是第十对脑神经,起源于延脑的侧面,是脑神经中最粗大、最复杂的一对。它从外枕骨前叶腹缘的椭圆小孔中穿出,然后分成四大主支:①鳃支:多数为 4 对,不同种类随鳃裂多少而有变化。②内脏支(图 5-57 鲈鱼迷走神经的心脏支和心脏),位于鳃支后方后行达上匙骨位置时分为 2 支,一支到围心腔、静脉窦及心脏的其他部分;另一支沿肩带内缘穿腹腔分布到食道、胃、肠、肝、鳔等。③侧线支,沿体两侧水平肌隔向后延伸,它有细分支分布到侧线上。④鳃盖支,它沿主鳃盖骨向下延伸,分布到鳃盖内缘的鳃盖收肌及鳃盖膜上;此外还有许多小分支分布到口咽腔黏膜及肩带等。

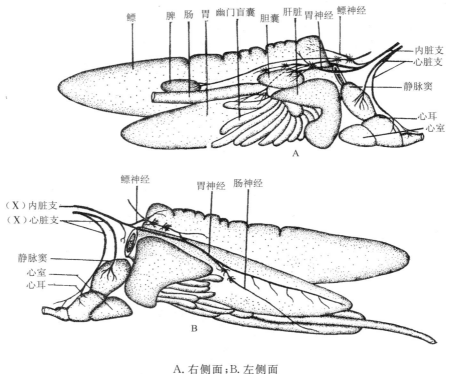

A. 右侧面;B. 左侧面

图 5-57　鲈鱼迷走神经的心脏支

　　2.脊神经:硬骨鱼类脊神经的构造基本与软骨鱼类相同,如大黄鱼的脊神经有 26～28 对,脊神经的背根和腹根在穿出脊椎之前合并。第一至第三对脊神经分布到肩带和胸鳍上。

5.2.8.3　植物性神经系统

　　1.交感神经系统:真骨鱼类交感神经系统大多有从第一脊神经伸延到尾端按节排列的链状交感神经干,在躯干前部是两条,而在两肾之间愈合成一条简单的股索,进入脉弓后又分为两条(但鲤和鲢情况不同,交感神经干自始至终是两条)。神经干上有按节分布的交感神经节,并有交通支与之联系。交感神经节后纤维经过脊神经分布到血管及色素细胞上。内脏神经是由右侧前两交感神经节所发出,与左侧的神经纤维形成一联合,内脏神经支配肠及消化腺。躯干前部从交感神经节发出许多小的神经沿主静脉前方分布到肾上组织部分,体后部交感神经节发出生殖腺神经分布到生殖腺上,交感神经与内脏神经一起分布到膀胱及中肾管。交感神经干向前可伸达第三对脑神经,头部的交感神经干有四个交感神经节,它与第Ⅴ、Ⅶ、Ⅸ、Ⅹ对脑神经的神经节紧密相接。

2.副交感神经系统:副交感神经系统是由动眼神经及迷走神经所分支,前者节前纤维达到睫状神经节,并与其联合而形成睫状神经,分布到眼球,另外或有短小的睫状神经分布到邻近的动脉上。迷走神经的内脏支分布到食道、胃肠及附近的一些器官,并沿着腹腔动脉及肠系膜动脉与交感神经内脏神经形成一神经丛,在肠壁中有肠神经丛,分布到两层肌肉间,也有黏膜下层神经丛。迷走神经心脏支沿古维尔氏导管分布到静脉窦。有鳔的鱼类其迷走神经的分支与交感神经一起在鳔上形成一神经丛。

5.2.9　感觉器官

感觉器官是动物体将外界环境和内部环境变化(刺激)转变为神经冲动的器官。由感受器和辅助结构组成。感受器是一类特化的感觉细胞多聚体,能将适宜刺激的能量转变为神经冲动。鱼类感觉器官包括皮肤感觉器官、听觉、视觉、嗅觉和味觉器官等。

5.2.9.1　皮肤感觉器官

鱼类具有多种皮肤感觉器官,最简单的感觉芽(sensory bud),仅是分散在表皮细胞间的一些感觉细胞。比较复杂一些的是丘状感觉器(hillock),它的感觉细胞低于四周的支持细胞,形成中凹的小丘状构造,所以又称为陷器(图5-58 硬骨鱼类的感觉芽 A 和陷器 B)。皮肤感觉器官中高度特化的是侧线器官,它是水生两栖动物及鱼类所特有的感觉器官。上述皮肤感觉器官是硬骨鱼类常见的,此外还有一种是罗伦瓮或罗伦瓮壶腹,这是软骨鱼类特有的皮肤感觉器官,已在前章讲过,此不赘述,这里主要补充硬骨鱼类的侧线器官。

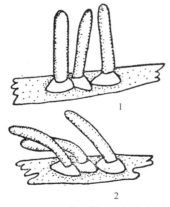

1.正常软件;2.倾斜状态
A.鲹鱼侧线感觉芽群

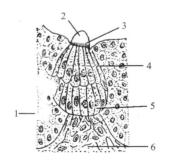

1.表皮;2.顶;3.感觉毛;4.感觉细胞;
5.支持细胞;6.真皮
B.泥鳅的陷器

图 5-58　硬骨鱼类的感觉芽 A 和陷器 B

硬骨鱼类侧线器官基本结构类似,但随种类不同而有很多变化。一般体侧各有侧线一条,少数有两条,或不完整的,但也有三条或多条者。如中华舌鳎(*Cynoglossus sinensis*)有眼侧一方有侧线两条;六线鱼(*Hexagrammos otakii*)体两侧各有侧线 3 至 5 条不等;若干鰕虎鱼类无侧线如乌塘鳢（*Bostrychus sinensis*）、矛尾鰕虎鱼（*Chaeturichthys stigmatias*）等。侧线不完整的如小体高原鳅（*Triplophysa minuta*）、圆腹高原鳅（*Triplophysa rotundiventris*）等。侧线在头部分成若干分支，如眶上管（supraorbital canal）位于眼眶上方；眶下管（infraobital canal）位于眼眶下方；鳃盖舌颌管（operculamandibular canal）位于舌部外侧，向前达下颌前端；横枕管（transvers occipital canal）是位于头顶的侧线管，有时左右连接（图5-59）。

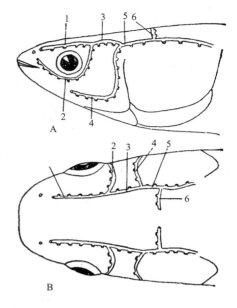

A.侧面观；B.背面观；1.眶上管；2.眶下管；3.眶后管；4.鳃盖舌颌管；5.颞管；6.横枕管

图5-59　鲛的头部侧线管

鱼类侧线器官主要的作用是测定方位和感觉水流。在水环境里视觉不能正确得到物体的方位，而侧线能协同视觉测定远处物体的位置。由于鱼本身游动所造成的水波，传及物体后又反射回来，这样侧线可感受并准确知道物体的存在和它的位置。侧线对鱼类的摄食、避敌、生殖集群和洄游等活动都有一定的关系。侧线的发达程度与鱼类的生活方式和栖息场所有密切关系。以自由游泳为主的种类，侧线器官往往比较发达，栖息于水底的鱼类则陷器相对发达而侧线呈次生性退缩。

5.2.9.2　听觉器官

1.内耳构造：软骨鱼类内耳构造与其他所有脊椎动物的不同点为内淋巴管与外界相通。硬骨鱼类的内淋巴管退化、封闭而不与外界相通。硬骨鱼类由颅骨构成的听囊将内耳包藏在里面，囊内有外淋巴，对膜迷路起着周密的保护作用。内耳各腔的内面有感觉细胞，和第Ⅷ对脑神经的末梢相联系。内耳腔内充满内淋巴，并有固体的耳石（otolith），它是由各囊的内壁分泌而成，在椭圆囊内的耳石称为小耳石（lapillus），球囊内的称为矢耳石（sagitta），瓶状囊的称为星耳石（asteriscus）。硬骨鱼类的内耳中，矢耳石最大，小耳石最小。各耳石的成分是石灰质，表面有珐琅质。各种鱼类的耳石形状大小很不相同，其外表一般有同心环纹，和鳞片上的年轮相似，根据其切面的环纹可以测定鱼类的年龄（图5-60鲈和大黄鱼的内耳）。

2.内耳的平衡和听觉作用：鱼类内耳的重要机能之一是平衡作用。平衡的中心在内耳的上部，即椭圆囊及半规管。椭圆囊和半规管内的感受器接受外界刺激，调节肌肉，改变方位，进行活动。内耳的另一重要作用就是听觉。对声音的感觉主要与内耳下部球囊—瓶状囊综合体有联系。鱼类听觉的生物学意义不仅是预告危险和食物存在的信号，某些鱼还能发声，它们能从同种个体那里得到信号，这在生殖季节中，对选择异性具有一定意义，如大、小黄鱼。鱼虽能听到声音，但它辨方向的能力是靠皮肤感觉器官来协助完成。

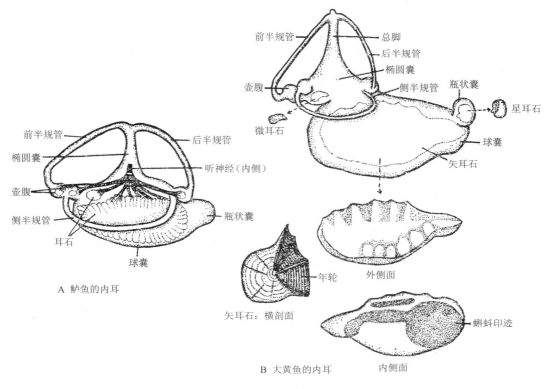

图 5-60　鲈和大黄鱼的内耳

5.2.9.3　视觉器官

1. 鱼眼的构造:鱼类眼球是由巩膜、脉络膜及视网膜等三层被膜组成。巩膜是在眼球的最外层,它是软骨质(软骨鱼)或纤维质(硬骨鱼类),起保护眼球的作用,巩膜在眼球的前方部分是透明的角膜,光线可透过角膜落到晶状体上。紧接在巩膜内面的一层为脉络膜,富于血管和色素,它由银膜、血管膜及色素膜三层组成。脉络膜向前延伸到眼球的前方部分为虹膜,其中央的孔为瞳孔。许多鱼类在脉络膜的银膜与血管膜之间有一围绕视神经的脉络膜,是由许多微血管聚集而成,可对心脏来的血液压力起缓冲作用,减少对视网膜的机械损伤。脉络膜在软骨鱼类和硬鳞鱼类中常不存在。眼球最内层为视网膜,是产生视觉作用的部位。它有两种视觉细胞,即杆状细胞(rod cell)和圆锥细胞(cone cell),前者收纳光线强弱的刺激,行光觉作用;后者收纳光波长短的刺激,司色觉作用。有神经分布到视网膜上,视神经通出的地方无视觉作用,称为盲点。眼内有晶状体(lens),是由无色透明成群的细胞组成,无血管和神经,通常为球状。晶状体与角膜之间的空腔充满水状液(aquaeus humor),是一种透明而流动性大的液体,有反光能力;晶状体与视网膜之间的空腔充满玻璃液(vitreous humor),是一种黏性很强的胶状物质,能固定视网膜的位置。硬骨鱼类的眼球中还有镰状突(falciformes process)、铃状体(campanula halleri 或称晶状体收缩肌 retractor muscle of lens)及悬韧带(suspernsor ligment)等调节构造。鲈形目带鱼的这些构造比较显著。镰状突位于后眼房中腹部的视网膜上,起自盲点,沿腹面向前伸到晶体后下方,为一透明薄膜的垂直隆起,是由脉络膜突出穿入视网膜而形成,其前端与铃状体相连,这是一块平滑肌,它的另一端以韧带连在晶状体上,此肌收缩可使晶状体向后移动以调节视觉。悬韧带一端连于虹膜上,另一端与晶状体背面相连,借此系着晶状体(图5-61,图5-61-1)。

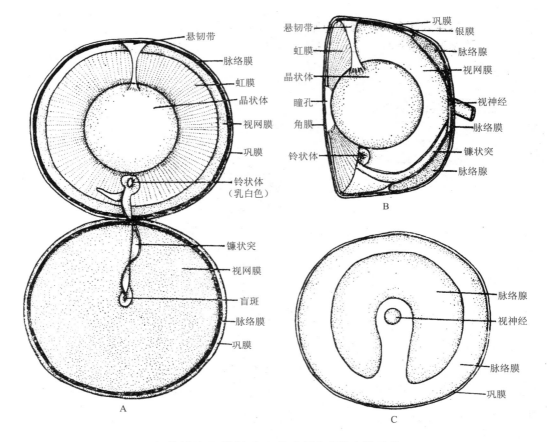

A.横剖面;B.纵剖面;C.除去部分巩膜内侧面观

图5-61　鲈鱼的眼球构造

2.鱼的视觉作用:鱼类的眼球结构如照相机构造,虹膜如光圈,但鱼类虹膜的收缩性较小,晶状体如透镜,视网膜则相当于照相的软片,物体的形象透过角膜和晶状体落到视网膜上,就产生了视觉。

3.鱼类眼睛的比较:一般软骨鱼类具瞬膜或瞬褶;巩膜具软骨层,视柄具软骨棒;有晶体牵引肌,收缩使晶体前移,调节晶状体到角膜之间的距离,平时眼睛适于远视;具虹膜肌,瞳孔圆形或缝隙状;软骨鱼一般无视锥细胞。

一般硬骨鱼无瞬膜或瞬褶;巩膜纤维质,无软骨棒。视觉调节由镰状体和铃状体完成,铃状体收缩使晶状体移近视网膜,此时适于远视。平时眼睛的晶状体近角膜,适于近视。无虹膜肌,瞳孔大且不能收缩。视网膜具有视锥细胞和视杆细胞。

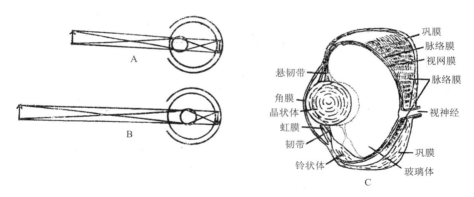

A.晶状体近角膜适于近视;软骨鱼类晶体缩肌收缩;硬骨鱼类铃状体肌宽息;B.晶状近视网膜适于远视;软骨鱼类晶体缩肌宽息;硬骨鱼类铃状体肌收缩;C.白斑狗鱼眼纵剖面示远视时铃状体位置的移动

图 5-61-1 视觉调节示晶状体不同位置

5.2.9.4 嗅觉器官

鱼类的嗅觉器官是感知水溶性化学物质性质的器官,它在鱼类摄食、防御、繁殖、洄游等活动中起着重要的作用。硬骨鱼类的嗅觉器官成对分布在头背部前方两侧,软骨鱼类的分布在吻部腹面,由嗅囊和外鼻孔构成。一般鱼类的嗅囊无内鼻孔通入口腔。外鼻孔被隔膜分为前、后两孔,水由前孔流入,经后孔流出,经过嗅囊后产生感觉。一般说软骨鱼类属嗅觉灵敏型,嗅觉器官比视觉器官发达,属嗅觉鱼类。相比之下,营底栖生活、游泳缓慢、性温和的软骨鱼类如六鳃鲨科、角鲨、扁鲨、锯鲨科等嗅囊不太发达,稍大于或小于眼球径;而高速游泳的凶猛肉食鲨类如鲭鲨、真鲨和双髻鲨等嗅囊均大于眼球径,嗅觉很敏锐。一般说硬骨鱼类嗅觉不如鲨类,但是各类相差很大(图 5-62 鲈及松江鲈的嗅觉器官)。其中以鳗形目具最发达的嗅觉器官,前鼻孔呈管状,位于上唇,后鼻孔位于眼前方,嗅囊长椭圆形,鳗鲡初级嗅板 60~90 枚。鲀形目嗅觉器官不发达并逐渐退化或特化为迟钝型,嗅囊小于眼径,觅食活动主要依靠视觉器官,属视觉鱼类。

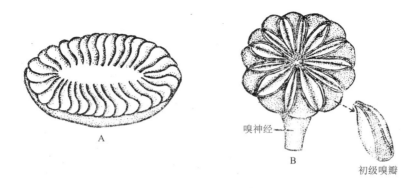

A.鲈;B.松江鲈

图 5-62 鲈及松江鲈的嗅觉器官

5.2.9.5　味觉器官

味觉器官是由一群细胞集合而成的卵圆形体的味蕾,由上皮分化,由味细胞和支持细胞组成。味细胞呈梭形,细胞长轴与上皮表面相垂直,细胞核椭圆形,细胞顶端有味毛,基部有味觉神经末梢分布。味蕾起源于内胚层,这点与其他感觉器官不同,支持细胞成梭形,细胞较大,顶端无纤毛,细胞数较多,与味细胞并列(图 5-63 白斑角鲨和鲟的味蕾)。味蕾在鱼类中的分布范围极广泛,不仅限于舌上,还分布到自头至尾的皮肤上,在消化器官的咽、舌、食管及唇、触须、鳃和鳍上都有分布。口腔的味蕾是由第Ⅴ、Ⅶ对脑神经支配,躯部味蕾接受第Ⅷ或第Ⅹ对脑神经的支配。味觉中枢在延脑内,口部味觉发达则迷叶发达,而体表味觉发达则面叶扩大。

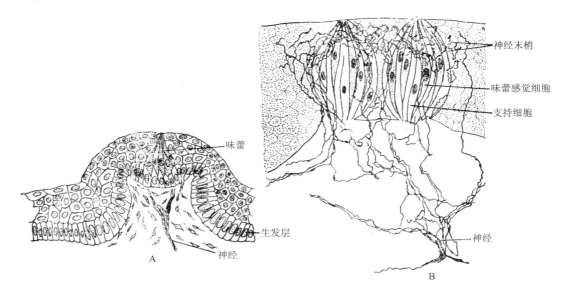

A. 白斑角鲨;B. 鲟口须上的味蕾

图 5-63　白斑角鲨和鲟的味蕾

5.2.10　尿殖系统

5.2.10.1　泌尿器官

1. 泌尿器官的结构:硬骨鱼类的泌尿器官肾脏、输尿管和膀胱等的结构与软骨鱼类基本相同。肾脏一对,位于胸腹腔背面,深红色,分三部分,前部称头肾,是拟淋巴腺,无排泄作用,中间是 1 肾脏本体,有大量的肾小球,后部细小,称为余肾。肾脏由许多肾小体(renal corpuscle)或马氏体(Malpighian body)构成,肾小体包括肾小球(glomerulus)和肾小管(renal tuble)两部分。肾小球是背大动脉分支在肾小管的肾口旁形成的一个毛细血管团;肾小管的前端凹入,有两层扁平上皮细胞构成杯状的肾小球囊(renalcapusule)或称鲍曼氏囊(Bowmen's capsule),将肾小球包入其内。肾小球囊的囊壁分内、外两层,其间有一狭小腔隙,称为肾囊腔,与肾小管的管腔相通。半透性的肾小球从毛细血管的血液内滤泌的尿液,经肾小管后端的吸水作用,曲折盘行汇集到总的输尿管。肾小管前端凹入形成双层半渗透性的肾小囊,将其附近的毛细血管团形成的血管球包入其中而构成肾小体,这种肾小体与其后的肾小管组合成的泌尿结构,称为肾单位。肾单位在鱼和蛙类很少见,而在高等脊椎动物出现,它是组成爬行类至哺乳类泌尿系统的主要结构。尿液由 1 对输尿管排出(图5-64 大黄鱼的尿殖系统)。两根输尿管在末端会合形成膀胱,再通入尿殖窦,最后经肛门后的尿殖孔通到体外。

应该指出的是硬骨鱼类前肾已经退化,以中肾行使泌尿机能。雌雄鱼的肾脏一般与生殖器官没有什么联系。根据硬骨鱼类肾脏的形态,大致可分为 5 种类型:①左右两肾脏连接一起,头肾稍肥大,如鲱形目;②自肾中央部分开始,左右连接一起,中间稍肥大,头肾明显,如鲤科;③左右两肾脏的后部连接,头肾稍明显,如鲻、鲈等;④左右两肾全部连接,呈细带状,如海龙鱼目;⑤左右两肾完全独立分离,头肾不明显,如鲀形目、**鲼鲼**目、鳉形目中的食蚊鱼。此外在鱼类腹腔后面,板鳃类、全头类、肺鱼等都有一对腹孔,位于肛门附近,而真骨鱼类很少见有腹孔者。目前腹孔的功能尚不很清楚。

2.泌尿机能和渗透压的调节:

(1)尿液成分:硬骨鱼类的尿液中含有大量的肌酸和氨,而软骨鱼类含有大量尿素。海产硬骨鱼类还含有大量的氧化三甲胺(trimethylamine oxide)。各种鱼类尿液中所含有的无机盐主要是钙、镁、钠、钾、磷酸盐、氯化物、硫酸盐及碳酸盐等。软骨鱼类利用尿素调节渗透压,海水硬骨鱼类的尿液中所含的肌酸(creatine)和肌酸酐(creatinine)比淡水鱼多,它们的存在可能与渗透压调节有关。

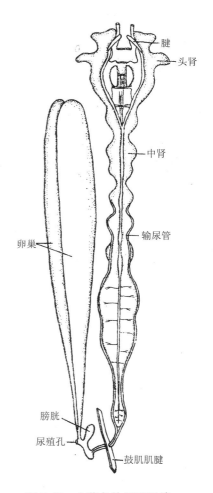

图 5-64　大黄鱼的尿殖系统

(2)肾脏和鳃的泌尿机能:肾脏是鱼类的主要泌尿器官。有肾小体的鱼类(指淡水硬骨鱼类),其肾脏的泌尿作用是借助肾小体的过滤作用和肾小管的吸收来完成的。血管小球内的毛细血管管壁与肾小球囊所构成的一层薄膜均富有半渗透性。无肾小体的鱼类(指海水硬骨鱼类),其泌尿作用均通过肾小管来完成。板鳃鱼类的尿素在肾小管处大部分被吸收回去。

(3)渗透压的调节:由于各种鱼类生活的环境不同,渗透压的调节机制也极为不同。海水所含盐分一般比淡水高得多,而两者体内所含盐分却相差不大,能分别适应于不同水环境,是因为两处鱼类具有不同的渗透压调节机能。

淡水鱼类的体液盐分浓度比外界水环境要高些,系一高渗溶液。以冰点下降(Δ℃)表示渗透压,如海水板鳃类为-1.0℃左右,淡水硬骨鱼类为0.57℃左右,而淡水则接近0℃。按渗透压原理,此时若淡水鱼没有生理调节机制将会因进水过多而胀死。淡水鱼是通过两方面来调节的,一方面是由肾脏将过多的水分排出体外,所以淡水鱼类肾小体发达,排尿量也较多;另一方面是肾小管有一段吸盐细胞,能通过肾小管的过滤液中的大部分盐分被重新吸收回来,同时淡水鱼的鳃上有特化的吸盐细胞,可从水中吸收氯离子,还能从食物中补充一些盐分。海水硬骨鱼类,体内的渗透压比海水低,为低渗性溶液。体内水分不断从皮肤渗出,为弥补失水,需要不断地喝水,摄入过量的盐分则由鳃上的泌盐细胞排出,而把水留下,使体液维持正常,因无需大量排水,故肾小体不发达。鲨鱼等软骨鱼类与海产硬骨鱼类的处境相同,但它血液中含有大量尿素,致使渗透压比海水的还要高些,不但体内水分不会渗透出来,而且体外水分反要渗透进去。因此鲨鱼虽在海水中也要从肾排出多余水分。洄游鱼类,如鳗鲡在淡水时主要依靠肾脏调节体内水分含量,降河入海生殖时,则能在鳃上长出泌盐细胞用来调节渗透压。渗透压调节实质为水与盐的平衡。

5.2.10.2 生殖器官

大多数鱼类的生殖器官由生殖腺和生殖导管组成。生殖腺是生殖细胞发生、成熟和储存的地方;生殖导管是向外输送精子和卵子的导管。那些行体内受精的鱼类,其雄体有特殊的交配器,借此可将成熟的精子输入雌鱼的生殖导管中。

1. 生殖腺:

(1)卵巢和卵子:大部分真骨鱼类的卵巢为封闭卵巢,成熟的卵直接落入与体腔隔开的卵巢中的卵巢腔(ovary cavity)内,卵巢膜后端变狭,形成输卵管。真骨鱼类大多具有成对的生殖腺,但也有少数种类,如绵鳚的2个卵巢时常愈合一起形成不成对的器官;有时一个卵巢尚未完全发育,比另一个小得多或者完全消失只留一个发挥职能,如银汉鱼。板鳃类卵巢多呈长串形,以卵巢系膜连于体腔背壁,大多成对。卵巢里面有许多滤泡,各有一粒卵子,成熟的排入腹腔,借体壁肌肉收缩,经输卵管腹腔口进入输卵管。全头类、肺鱼类与板鳃类卵巢类似。

卵子:鱼类的卵子是端黄卵,卵黄丰富。鱼卵大小变化很大,多数卵子很小,平均卵径只有1~3 mm,小的仅有0.3~0.5 mm。现知鼠鲨的卵子最大,连卵壳在内有220 mm。板鳃鱼类卵子呈球形或卵圆形,卵生种类卵在输卵管下降时,被特有的卵壳腺分泌的卵壳所包围。壳为角质,坚韧而不易破碎。鲨鱼卵的卵壳表面光滑,四角多有延长的卷须,以卷持海藻、碎石等使卵子可以有个安定环境孵化。硬骨鱼类卵子有浮性卵(如鲱鱼、翻车鱼等)、沉性卵(如鲑鳟鱼类)和黏性卵(鲤科鱼类鲤亚科、裂腹鱼亚科鱼类等)之分,或产于贝类外套腔中的卵子(鲤科鳑鲏鱼亚科)及育儿袋中孵化的卵子(海龙科鱼类)等(图5-65几种真骨鱼类的卵)。

(2)精巢:真骨鱼类的精巢根据显微镜镜检结构可分为两种类型,即壶腹型和辐射型。壶腹型为鲤科鱼类所特有,然而鲱科、鲑科、狗鱼科、鳕科和鳉科也属该型。辐射型精巢见于鲈形目鱼类,其腺体呈辐射排列的叶片状,叶片状腺体是精细胞成熟的地方。精巢呈圆锥形,有纵裂状凹穴,底部有输出管精液由此排除。板鳃类的精巢,多数成对,借精巢系膜连于体腔背壁,系膜上有许多细小的输出管(efferent ductules)与肾脏前部发生联系,这部分的肾脏几乎没有任何肾单位,仅作为精子通过的通道,可将这部分肾脏称为副睾(epididymis)。全头类的精巢也成对,卵圆形。鱼类精子在外形上可分为头、颈和尾三部。前面膨大部分为头部,具核,被稀薄的原生质所包围,前方原生质密集形成顶体(acrosome),用来穿过卵膜钻进卵细胞;颈部为头部和尾部的连续区;尾部乃推进器官,促使精子接近卵子。鱼类精子头部按其形态结构可分为三大类:螺旋形、栓塞形和圆形。真骨鱼类精子头部多为圆形,有些板鳃类为螺旋形(图5-66 几种真骨鱼类的精子)。

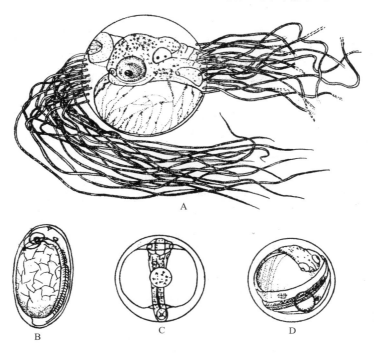

A. 燕鳐;B. 鳀;C. 真鲷;D. 带鱼

图 5-65　几种真骨鱼类的卵

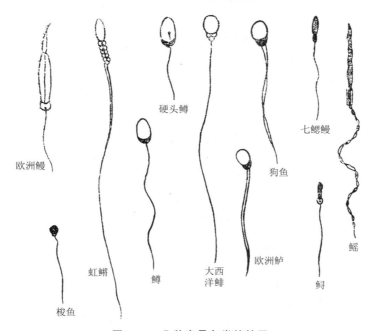

图 5-66　几种真骨鱼类的精子

2.生殖导管:鱼类的生殖导管是输卵管与输精管。某些真骨鱼类完全没有生殖导管。软骨鱼类一般是利用肾管作为输送成熟生殖细胞的输导管,这在雄鱼就是中肾管(吴夫氏管),而在雌鱼就是米勒氏管。输精管(sperm duct 即中肾管)的前方多迂曲,向后方则变直,并扩大成储精囊,称为精囊,系退化了的米勒氏管的远端部分。储精囊通入尿殖窦,再经尿殖窦的乳突头开口于泄殖腔。软骨鱼类的输卵管(即米勒氏管)前端较细,受精在此进行,左右输卵管在肝脏前方延伸成合一的输卵管腹腔口。输卵管后方有一膨大的卵壳腺,受精卵经过此腺被包上卵壳;输卵管后端称为子宫,左右输卵管最后分别开口于泄殖腔,个别鲨鱼(如猫鲨等)左右输卵管汇合后在直肠后方以一总孔开口泄殖腔。真骨鱼类的生殖导管不如软骨鱼类,与肾管的关系不密切,许多鱼类是利用腹膜褶连接成的管道作为生殖导管,输卵管与卵巢直接联合,它们有与泌尿完全无关的生殖管。真骨鱼类生殖孔并不一样,有的种类生殖管与泌尿管汇合后组成尿殖窦,以尿殖孔开口于外;有的种类则生殖管与泌尿管独立开口于体外,这样在外方可见到三个开孔,由前至后为肛门、生殖孔与泌尿孔。鲑、鲱、狗鱼、电鳗及鲂鮄等所有雌、雄鱼在肛门与泌尿孔之间都有生殖孔。有些鱼的生殖管或尿殖乳突延长成管状突起,在雄鱼作为交配器,而在鳒鲏雄鱼则作为产卵管。

5.2.10.3 性征与性逆转

许多鱼类的两性区别在外形上是难以识别的,但某些鱼类可以利用一系列的外部特征来辨别和认清它们的属性。

1.雌、雄区别:鱼类的雌、雄通常以观察它们的第一性征来决定,所谓第一性征系指那些直接与本身繁殖活动有关的特征,如雌鱼具卵巢,雄鱼具精巢,又如板鳃类的鳍脚、鳉鱼类的雄鱼交配器、鳒鲏类的产卵管等也是识别雌、雄的特征。有些种类又可观察它们的第二性征(或称副性征)来区别雌雄。所谓第二性征,是指那些与鱼本身繁殖无直接关系的一些特征,如珠星、婚姻色等。有些鱼类可依据下列一些特征来区别雌、雄(图 5-67)。

(1)雌、雄异形:如鮟鱇鱼的雌性身体正常而雄性个体变形特化寄养在雌鱼背部;异鲆(Bothus assimilis)雄体两眼间距比雌鱼大,吻部有刺。美尾鮨雄鱼第一至第二鳍棘特别延长。雄性因与臀鳍上方有一排鳞片,而雌鱼无。大麻哈鱼溯河产卵洄游期间,雄鱼两颌弯曲呈钩状,并长出巨齿。细鳞大麻哈鱼的雄鱼北部明显隆起,故又叫驼背大麻哈鱼。

(2)色泽的差异:海洋中的隆头鱼雄体橙黄色,自眼部向后有五六条蓝色条纹,而雌鱼体红色,没有条纹。海猪鱼雌雄个体的条纹和斑点也不相同。许多鱼在繁殖季节出现鲜艳的色彩,特别是雄鱼更加突出,季节一过,色彩消失,这种色彩称婚姻色。在鳉科、鲫鱼科、雀鲷科、隆头鱼科、鲷科、鲭科石斑鱼都是如此。

(3)珠星的出现:有些鱼在生殖季节雄鱼身上个别部位,如鳃盖、鳍条、吻部、头背部等处有白色坚硬的锥状突起,这就是珠星或称追星。它是表皮细胞特化或角质化的结果。鲤科鱼类多见。繁殖季节鱼类发生产卵行为时,雌雄身体接触的部位,多是追星密集的地方。

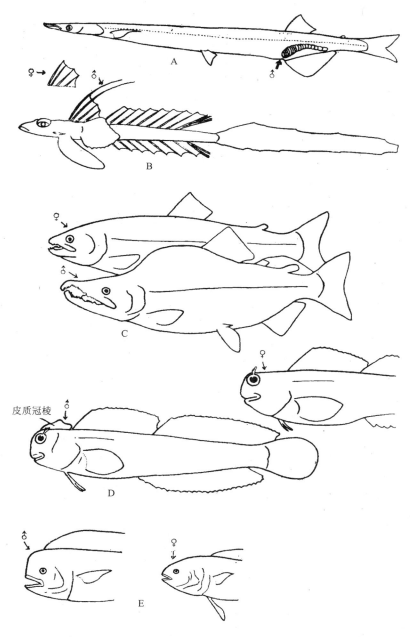

A.银鱼;B.美尾鳉;C.驼背大马哈鱼;D.动齿鳚;E.鲯鳅

图 5-67 鱼类的雌、雄区别

2. 雌雄同体和性转移：硬骨鱼类的个别种类发现有雌、雄同体现象，即在同一鱼体的性腺中同时存在卵巢和精巢组织，最典型的是鮨科中的一些鱼类如九带鮨(*Serranus cabrilla*)，斑鳍鮨(*S. hepatus*)，(我国不产)等是永久性雌、雄同体，而且能自行受精。这是鱼类中极少见的例子。其他如鲱、鳕、黄鲷、鲽等鱼类也有类似现象，它们的生殖腺，可能一边是卵巢，另一边是精巢，或者是一边或两边同时存在雌雄性腺组织，如狭鳕(*Theragra*

chalcogramma 即明太鱼)的生殖腺上半部是卵巢,下半部为精巢,或一侧为卵巢,另一侧为精巢。

3．生殖方式:鱼类生殖方式归纳起来有三种类型:

(1)卵生:绝大多数鱼类属于此种,鱼类把卵直接排入水中,在体外进行受精和全部发育过程。也有少数鱼类,如一些鲨鱼,它们是体内受精,受精卵在输卵管内下降时,被卵壳腺分泌的角质卵壳所包围,卵产出体外后卷持于海藻等物体上发育。这属体内受精体外发育情况。有些海产杜父鱼也有这种情况。

(2)卵胎生:这种繁殖方式的特点是卵子在体内受精,受精卵在雌体生殖道内发育,但胚体的营养是靠自身的卵黄,与母体没有关系,或主要依靠卵黄营养,母体的输卵管只提供水和矿物质。这种鱼的雄鱼往往有特殊的交接器。软骨鱼类许多种类是卵胎生,如白班星鲨等。硬骨鱼类鳉形目的一些鱼和海鲫、黑鲷、褐菖鲉等也是卵胎生,鳉形目卵胎生雄鱼的臀鳍条变成极为复杂的交配器。

(3)胎生:若干板鳃类胚体与母体发生血液循环上的联系,其营养不仅靠本身的卵黄,也依靠母体来供给。这类鱼的卵在母体的生殖道内受精发育,子宫壁上有一些突起与胚体连接,形成类似胎盘的构造,母体的营养就通过这种胎盘输送给胚体。由于这种胎盘的构造与哺乳动物的胎盘不同,特称为卵黄胎盘。灰星鲨就是胎生的,胎儿有卵黄胎盘。这种类似于哺乳动物胎生的繁殖方式,称之为假胎生。

5.2.11　内分泌器官

在软骨鱼类的内分泌器官一节中对有关的基本知识和概念已做过介绍,本节不再重复,现仅补充有关硬骨鱼类内分泌器官的特点。鱼类的内分泌腺有许多种,但它们之间有密切的联系,彼此相互配合,在鱼类的生命活动中才能发挥着全面的调节作用。

5.2.11.1　脑垂体

鱼类垂体位于间脑腹面,嵌藏在副蝶骨背面、前耳骨内侧缘的小凹窝内,垂体凭借脑组织构成的柄部与下丘脑相接。其构造与其他脊椎动物的基本相同,包括腺垂体(adeno-hypophysis)和神经垂体(neurohypophysis)两大部分。真骨鱼类的腺垂体有许多构造变异,一般腺垂体由前、中、后腺垂体组成(图 5-68 几种鱼类的脑垂体)。真骨鱼类垂体无垂体腔,但大西洋鲱自幼鱼至变态时以及遮目鱼的幼鱼在前腺垂体有一垂体管与咽相通。真骨鱼类前腺垂体的变化很多,通常容易辨认,如鲑和鳗鲡;也有十分退化的,如鲤鱼,它只留一单层组织;底鳉(Fundulus)则完全无前腺垂体。前腺垂体有黑色素集中激素(mel-anophore concentrating hormone,MCH),这是其他脊椎动物没有的,前腺垂体遭到破坏,便丧失保持黑色素集中的能力。中腺垂体有的区分为两个侧部,如鳗鲡,被移向腹位,或能覆盖前腺垂体和后腺垂体的一部分。它产生的激素种类最多,有生长激素,促性腺激素、促甲状腺激素、促肾上腺皮质激素等。中腺垂体相当于高等脊椎动物的前叶。鱼类后腺垂体主要是嗜碱性细胞,也有嗜酸性细胞。两种细胞的数量比例有周期变化。后腺垂体产生一种能作用于皮肤的黑色素细胞的激素(melanophore-stimulating hormone,MSH),使皮肤颜色变深,这在鱼类适应周围环境迅速改变体色有重要意义。

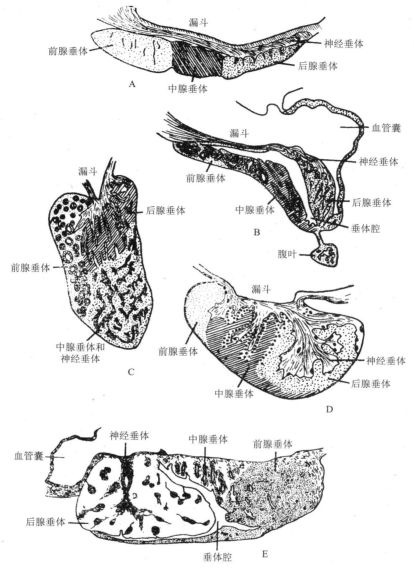

A.海七鳃鳗;B.角鲨;C.鲑;D.赤鲈;E.鲟
图 5-68 几种鱼类的脑垂体

神经垂体的分支呈树枝状,穿入腺垂体,主要由神经胶质细胞组成。它有丰富的神经纤维,轴突来自下丘脑或前方的神经元,神经元的树突伸入第三脑室的壁内。有结缔组织将神经垂体和腺垂体分开,此处血管丰富,神经垂体与腺垂体接触区与高等脊椎动物的正中隆起相当。神经垂体产生血管加压—抗利尿激素(vasopressor and antidiuretic)和催产激素(oxytocin)。它们由下丘脑的神经分泌细胞所产生,并沿着神经束移行至神经垂体储藏,在机体需要时释放入血。板鳃类神经垂体不发达,这两种激素很少,硬骨鱼类则两种激素都存在。

5.2.11.2 甲状腺

硬骨鱼类很多种类的甲状腺是弥散性的,散布于腹侧主动脉及鳃区动脉的间隙组织、基鳃骨肌及胸舌骨肌的附近,有时随鳃动脉入鳃,甚至弥散至眼、肾脏和脾脏等处。鲈的甲状腺沿着腹侧主动脉分布,腹侧主动脉最前端具1个甲状腺,第三及第四入鳃动脉基部各有1对甲状腺,动脉球前方有1对甲状腺。对硬骨鱼类甲状腺激素的机能的研究主要围绕生长、生殖、代谢及渗透压等问题进行。硬骨鱼类甲状腺对生长及器官形成方面有明显作用,当鳗鲡从柳叶鳗转变为线鳗时以及鲽形目鱼变态时,甲状腺活动增强。

5.2.11.3 肾上腺

鱼类没有高等脊椎动物那样单独的肾上腺,鱼类的肾上腺两种不同的组织不规则地分布在肾脏及大血管区域。这两种组织即为肾间组织(interrenal tissue)和肾上组织(suprarenal tissue)。

1.肾间组织:硬骨鱼类的肾间组织比较复杂,分布位置因种而异。鲈科唯一的肾间组织分布在主静脉的腹侧壁内,呈薄薄的一层;其他种类如康吉鳗等一部分鱼类肾间组织紧靠古维尔氏管和静脉窦附近、头颈脉的基部,其余部分在后主静脉前方壁内。肾间组织分泌的激素为皮质类固醇激素,其对渗透压调节有一定作用,它通过肾脏、鳃及消化道等器官进行调节。

2.肾上组织:真骨鱼类的肾上组织位于头肾区或稍后于头肾,有时与肾间组织的细胞混杂在一起。分泌的激素为肾上腺素和去甲肾上腺素,它们对鱼类的心跳速率、血压、瞳孔扩张以及黑色素细胞中黑色素的集中等方面都有较强的影响。

5.2.11.4 胸腺

许多真骨鱼类在胸鳍背侧有一对胸腺(图5-69鲈的胸腺),鲈的胸腺位于第四和第五鳃弓的背方、翼耳骨之下。胸腺由皮质部及髓质部组成,通常难以区分。有些学者认为胸腺对鱼类生长影响很大。其作用是正在研究和讨论的问题。

5.2.11.5 胰岛组织

许多鱼类的胰脏是分散的,不呈结实的块状组织。真

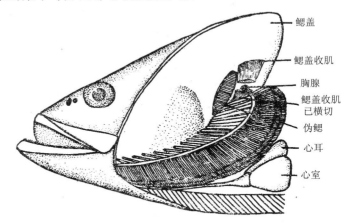

图 5-69 鲈的胸腺

骨鱼类的胰岛组织存在于胆囊、脾脏、幽门盲囊及小肠的周围。这种组织通常与胰脏分开。一般胰岛组织有一个或几个肉眼可见的、较大的主岛,不同鱼类它的位置各异,刺鱼及鮟鱇位于靠近脾脏的肠系膜上;狼鱼(Anarhichas)和绵鳚则靠近肝门静脉;梭鲻和海龙在胆囊附近。鲱有2个主岛,位于脾脏及胆管上;有些鲽类有8个主岛,紧位于肝区。矛尾鱼的胰脏呈结实块状,其内分泌细胞沿着胰管壁分布。

5.2.11.6　性腺

Delvio（1965）用组织化学方法研究了 11 种鱼的性腺，在其中 5 种鱼中找到了赖迪氏细胞，但用组织学方法仅搞清其中 2 种。目前已发现七鳃鳗、矛尾鱼、猫鲨、银鲛、颌针鱼、虹鳟、刺鱼、条鳎、硬头鳟、鲱、鲥科、罗非鱼等鱼中都存在赖迪氏细胞。组织化学研究证明，真骨鱼类中的赖迪氏细胞是性激素的有效物质，是性腺的分泌激素。性激素对鱼类的求偶活动、第二性征的出现、营巢、生殖期体色变化等方面都有重要的作用。

5.2.11.7　松果器

是光感受器（photoreceptor），它的分泌是通过脑垂体和甲状腺来发生作用的。它是一个从间脑背中央突出的细长线状，末端稍膨大的松果体向前延伸到大脑前方。不同类群的鱼类松果器发达程度不一。真骨鱼类单一的松果器也是管状的，顶端加厚，有时基部稍宽。它分泌一种黑色素紧张素（或称褪黑激素），它使黑色素细胞收缩，结果肤色变浅。鱼切除松果器后，对光变化条件下引起皮肤色素沉着的能力消失，同时发现鱼的生长受影响，对垂体及甲状腺的活动也有一定的作用。

5.2.11.8　后鳃腺（utimobranchial body）

咽部的衍生物，呈囊状的构造、硬骨鱼类后鳃腺组织内有颗粒状物质及退化的细胞核混杂一起。后鳃腺分泌的激素为降钙素，作用是抑制骨盐溶解，使血清钙含量降低，维持血钙的动态平衡。

5.2.11.9　尾垂体（urohypophysis）

尾部脊髓末端背侧膨大的一种内分泌腺体，根据实验推测，尾垂体可能与渗透压调节有关，因为切除尾部的鲟鱼对钠的调节发生混乱现象。又认为与鱼体浮力有关，切除尾部的金鱼即失去浮力，沉入水底。用尾垂体制剂注射鳗鲡的腹腔后，发现浮力显著增长，因此认为可能与鳔的气体代谢中某种生化反应有关（图 5-70）。

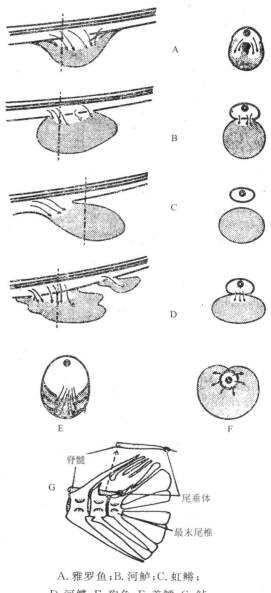

A．雅罗鱼；B．河鲈；C．虹鳟；
D．河鲽；E．狗鱼；F．美鳕；G．鲈

图 5-70　鱼类尾垂体

5.3 鱼总纲(Pisces)分类

如前所述,鱼类是脊椎动物中种类最多的动物,鱼的分类系统,由于各鱼类学家的分类学术观点不同,各种著作很不一致。为便于初学者学习,已按 J. S. Nelson(2006)的意见(参见 2.1.3.3),将鱼总纲现生鱼类归纳为包括在软骨鱼纲(Chondrichthyes)和辐鳍纲(Actinopterugii)及肉鳍纲(腔棘鱼亚纲和肺鱼亚纲)三纲内。但以往国内鱼类学常使用软骨鱼和硬骨鱼(包括现今的辐鳍鱼纲和肉鳍纲的腔棘鱼亚纲和肺鱼亚纲)两词,其鉴别如下:

Ⅰ 体内具软骨,体表被盾鳞或光滑无鳞,鳃间隔板状,鳃孔多直接开口于体外,或虽有鳃盖但全系膜质,雄性有鳍脚,歪尾 ………………………………… 软骨鱼纲(类)Chondrichthyes

Ⅱ 体内具有硬骨或虽有软骨但体表有硬鳞或骨鳞,鳃孔不外露,均有骨质鳃盖,雄性无鳍脚,歪尾个别,多数为正尾 ………………………… 硬骨鱼纲(类)Osteichthyes

5.3.1 软骨鱼纲

内骨骼为软骨的海生鱼类,体被盾鳞;鳃孔 4～7 对,多直接开口于体表。尾常为歪形尾。无鳔,肠内具有螺旋瓣。雄性具有鳍脚,营体内受精。全世界约 800 种,我国约 230 种。软骨鱼纲分为全头亚纲 Holocephali 和板鳃亚纲 Elasmobranchii。本文软骨鱼类按照朱元鼎和孟庆闻(2001)系统,其与 Joseph S. Nelson (2006)的不同,在于后者根据 2 个背鳍或仅第二背鳍前方无棘,而把角鲨目中的棘鲨科鱼类提出另立一棘鲨目(Echinorhinniformes),其他基本相同。本纲可分为全头和板鳃两亚纲。

5.3.1.1 全头亚纲

全头亚纲种类较少,头骨全接式。头大而侧扁,尾细,鳃腔外被有膜质鳃盖,每侧鳃孔一个。背鳍 2 个,第 1 背鳍有一强大硬棘。雄性鳍脚多对,除腹鳍鳍脚外,还有腹前鳍脚和额鳍脚。无盾鳞和泄殖腔。只含 1 目——银鲛目(Chimaeriformes),包括两个科即银鲛科(Chimaeridae)和长吻银鲛科(Rinochimaeridae)。银鲛科如银鲛属的黑线银鲛 *Chimaera phantasma* Jordan *et* Snyder 及兔银鲛属的奥氏兔银鲛 *Hydrolagus ogilbyi* (Waite) 等。长吻银鲛科如长吻银鲛属的长吻银鲛 *Rhinochimaera pacifica* (Mitsukuri)和尖吻银鲛属的扁吻银鲛 *Harriotta raleighana* Goode *et* Bean。

5.3.1.2 板鳃亚纲

板鳃亚纲头骨舌接式。体呈纺锤形或扁平形,口位于腹面,横裂。鳃孔 5～7 对,直接开口于外,无膜质鳃盖。具有盾鳞,泄殖腔。雄性鳍脚位于腹鳍内侧。种类较多,如各种鲨鱼和体扁平的鳐、魟、鲼等鱼类。分为两总目(总目或称为超目或上目):①鲨形总目 Selachomorpha[=侧孔总目(Pleurotremata)]包括虎鲨目(Heterodontiformes)、须鲨目(Orectolobiformes)、鼠鲨目(Lamniformes)、真鲨目(Carcharhiniformes)、六鳃鲨目(Hexanchiformes)、棘鲨目(Echinorhinniformes)、角鲨目(squaliformes)、扁鲨目(Squatiophoriformes)、锯鲨目(Pristiophoriformes);②鳐形总目 Batomorpha[=下总孔目(Hypotremata)]包括电鳐目(Torpediniformes)、锯鳐目(Pristiformes)、鳐形目(Rajiformes)、鲼形目(Myliobatiformes)等。

　　1.鲨形总目 Selachomorpha[＝侧孔总目(Pleurotremata)](图 5-71)：

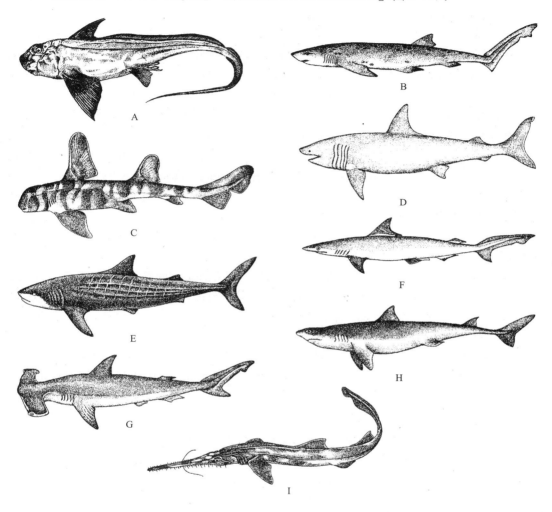

　　A.银鲛;B.六鳃鲨;C.宽纹虎鲨;D.姥鲨;E.鲸鲨;F 斜齿鲨;G.双髻鲨;H.角鲨;I.锯鲨
　　图 5-71　银鲛目和鲨总目的代表鱼类(仿刘凌云,郑光美,2009 有修改)

　　(1)虎鲨目(Heterodontiformes):体粗大而短,头高近方形,眶上嵴突显著。背鳍 2 个,各具 1 棘;具臀鳍。每侧鳃孔 5 个。只虎鲨科(Heterodontidae)虎鲨属 2 种,分别称宽纹虎鲨(*Heterodontus jiaponicus* Maclay et Macleay)和狭纹虎鲨[*Heterodontus zebra* (Gray)]。

　　(2)须鲨目(Orectolobiformes):鼻口沟有或无;前鼻瓣具 1 鼻须,或喉部具 1 对皮须。眼小,无瞬膜。齿细长。背鳍 2 个,有臀鳍。鲸鲨 *Rhiniodon typus* 长 15 m 以上,重 10 余吨,为最大的鱼类。但性情温和,食小鱼、虾和浮游生物,口端位,体侧有皮褶,分布于热带海区。

　　(3)鼠鲨目(Lamniformes),背鳍 2 个,臀鳍 1 个,皆无硬棘,如噬人鲨 *Carcharodon*

carcharias,牙锐利,呈扁平三角形。常达 12 m,7 m 长个体即达 3 200 kg,游泳迅捷,经常出现于暖海。我国也有分布,有多次吃人和袭击小渔船记录,英美俗称白鲨 white shark。姥鲨 *Cetorhinus maximus* 长约 15 m,鳃孔宽大,鳃耙多,体形大,但性格温和,以小鱼虾为食,分布于温带及寒带(见《中国鱼类检索》)。

(4)真鲨目(Carcharhiniformes):眼具瞬膜或瞬褶。齿细小。椎体具辐射状钙化区,四个不钙化区有钙化辐条侵入。肠螺旋瓣呈螺旋形或画卷形。有 8 科 49 属 224 种以上。如阴影绒毛鲨 *Cephalloscyllium umbratile* Jordan et Fowler。我国常见种,路氏双髻鲨 *Sphyrna lewini* (Griffith et Smith),头型奇特,呈"T"字形,大者可达 4.2 m。

(5)六鳃鲨目(Hexanchiformes),鳃弓 6～7 对,1 个背鳍,无硬棘;1 个臀鳍。我国各海均有分布。可分为皱鳃鲨科(Chlamydoselachidae)和六鳃鲨科(Hexanchidae)两科。前者我国只皱鳃鲨 *Chlamydoselachus anguineus* Garman 一种。后者我国有 3 属 4 种:灰六鳃鲨 *Hexanchus griseus* (Bonnaterre)、尖吻七鳃鲨 *Hepttranchias perlo* (Bonnaterre)、扁头哈那鲨 *Notorhychus cepedianus* [or *N. platycephlus* (Teron)]等。扁头哈那鲨,鳃孔 7 对,吻平,体表有分散的黑斑,大者体长 4 m 以上,重 250 kg。

(6)棘鲨目(Echinorhiniformes):体粗壮圆柱形,鳃孔 5 对,2 个背鳍前通常无硬棘,无臀鳍。如棘鲨 *Echinorhinus brucus* (Bonnaterre)。

(7)角鲨目(Squaliformes):鳃孔 5 对,2 个背鳍前常有 1 个硬棘,通常无臀鳍。如白斑角鲨 *Squalus acanthias*,有喷水孔,口大,弧形,有唇褶与深沟,最后鳃孔位于胸鳍前方,体长 2 m 以下,数量多,分布于太平洋,大西洋温、寒带区。常用作实验材料,英文名 Spiny-dogfish。英文名常指两种鲨,一为本种;一为 *S. fernandims* 种。

(8)扁鲨目(Squatiniformes),体扁平,吻短宽。胸鳍扩大,前缘游离,向头侧延伸。鳃孔 5,宽大。背鳍 2 个,无棘。无臀鳍。仅扁鲨科(Squatiophoridae)1 科 1 属,有日本扁鲨(*Squatina japonica* Bleeker)、星云扁鲨(*S. nebulosa* Regan)、台湾扁鲨(*S. formosa* Shen et Chen)和拟背斑扁鲨(*S. tergocellatoides* Chen)4 种。

(9)锯鲨目(Pristiophoriformes):鳃孔 5～6 对,腹位。背鳍 2 个,无棘。无臀鳍。吻长而扁平,侧缘有大小不等的锯齿。日本锯鲨 *Pristiophorus japonicus* 在黄海和东海有分布。

2.鳐形总目 Batomorpha[＝下孔总目(Hypotremata)]:

(1)锯鳐目(Pristiformes),吻平扁狭长,剑状突出,边缘具坚大吻齿,17～35 对;无鼻口沟。背鳍 2 个,无硬棘。尾柄粗大,尾鳍发达。包括锯鳐科(Pristidae)1 属 2 种,即尖齿锯鳐(*Pristis cuspidatus* Latham)和小齿锯鳐(*P. microdon* Latham)。

(2)鳐形目(Rajiformes):体多呈菱形,吻正常,头侧与胸鳍间无发电器,尾部有尾鳍无刺。如孔鳐 *Raja porosa*,有 2 个背鳍,为食用鱼类。

(3)鲼形目(Myliobatiformes):体盘宽大,圆形,斜方形或菱形。具鼻口沟。胸鳍前延伸达吻端,分化为吻鳍或头鳍;背鳍 1 个或无。尾一般细长成鞭状,上下叶退化,或尾较粗而具尾鳍;尾刺或有或无。如赤魟 *Dasyatis akajei* 尾鞭状,有一根长的尾刺,基部有毒腺。

(4)电鳐目(Torpediniformes):此目中的鱼类有发电器,位于体盘两侧,系肌肉变形,如日本单鳍电鳐 *Narke japonica* (Tem. & Schl.,1850),体长达 200 mm,底栖小型鱼类。可释放 200 V 电压的电流,分布于热带、温带。

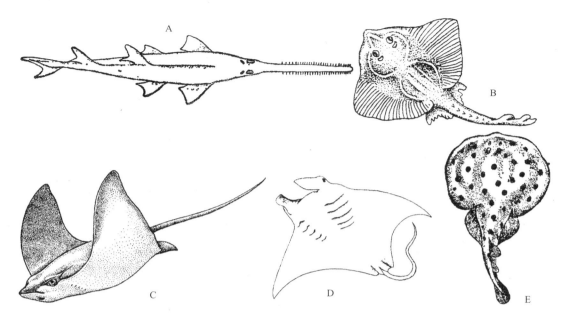

A. 尖齿锯鳐；B. 孔鳐；C. 鸢鲼；D. 日本蝠鲼；E. 电鳐

图 5-72　鳐形总目的代表鱼类（仿刘凌云，郑光美，2009，稍有修改）

5.3.2　辐鳍纲（Actinopterygii）

如前所述，真正硬骨鱼类只是辐鳍纲及肉鳍纲的腔棘亚纲（Coelacanthimorpha）和肺鱼亚纲（Dipnoi）组成（Nelson，2006）。

辐鳍鱼纲是硬骨鱼类的主要类群，是主要脊椎动物单元之一，偶鳍无肉质鳍柄，鳍骨退缩于体内，鳍内只有辐射排列的鳍条，为现代鱼类中最大的类群，具有 3 个亚纲和一组[1]，44 目，453 科，4289 属和 26891 种。大约有 44% 的种类只来自于或几乎来自于淡水。各亚纲和组简介如下：

5.3.2.1　多鳍亚纲（Cladistia）

这个单元过去曾被一些作者（Nelson，1994）认为是肉鳍纲的一个成员，或至少比对辐鳍纲更接近肉鳍纲。在此被认为是所有其他辐鳍纲成员的姐妹群。现今的观点具有一些来自 Britz & Bartsch（2003）和 Venkatesh et al.（2001）的一些最新的支持，好像比在（Nelson，1994）所接受的假定具有更好的支持，即是说它们代表着具有存活成员的最古老软骨硬鳞类的谱系。

多鳍亚纲特征为具有特殊构造的胸鳍和背鳍，其胸鳍基部有肉叶但不同于肉鳍纲的，其无中轴骨，两者可能有亲缘关系。胸鳍基部有二辐状鳍条。背鳍由许多小鳍组成，每小鳍有一鳍轴骨支持。尾鳍外表对称或叫原尾。下有多鳍鱼目（Polypteriformes 或 Bra-

---

① 注：通常在鱼类学中，亚纲与组分类等级相似，但 Nelson（2006）分类系统中的亚纲下直接分目，而组下分亚组再分总目，然后到目。其中三亚纲仅包括 4 个目，而一个真骨鱼组类群庞大，包括其余 40 个目的鱼类。

chiopterygii)，1科（Polypteridae）2属，至少16个现存种。皆产于非洲咸淡水交界处。前者仅限于至几内亚海湾邻近的沿海区（图5-73A）。

5.3.2.2 软骨硬鳞亚纲（Chondrostei）

Nelson（2006）未曾对1994年版本的本亚纲分类做多少改变，仅排除了多鳍鱼目，故依附这些阶元的亲缘关系给出的本亚纲系统发育靠不住。它是一个大结构的多样化类群，缺乏单系的证据，不仅对这个亚纲，而且亚纲的各类群也是这样。因此分类也是不牢靠的。这个类群的主要特征是缺间鳃骨，前上颌骨和上颌骨坚硬地贴到外翼骨和皮腭骨上，喷水孔通常存在，多数原始阶元缺少动眼肌。体被硬鳞，硬鳞是在骨质板上覆盖一层似釉质的硬鳞质层的鳞。内骨骼大部分是软骨，心脏有动脉圆锥，肠内有螺旋瓣，尾为歪尾。

本亚纲包括11目，其中10个目全是化石鱼类，只有鲟形目（Acipenseriformes）的两个科兼具化石和现生鱼类，其中鲟科（Acipenseridae）现生鱼类4属25种，白鲟科（Polyodontidae）（或称匙吻鲟科）2属2种。在我国，种类不多，代表有中华鲟 *Acfpenser sinensis*（图5-73之B），为长江有名洄游鱼类。白鲟 *Psephurus gladius* 产于长江、黄河，为我国特产。现我国已开始人工养殖鲟类。

5.3.2.3 新鳍亚纲（Neopterygii）

本亚纲鳍条等于它们在背鳍和臀鳍中的支持数；前颌骨与内部的突起共同垫衬着鼻凹的前部；续骨发达好像舌颌骨软骨的一个瘤疣一样。另外，新鳍亚纲鱼类的精子已经失去了脊椎动物祖征特点——顶体（然而，几个种有顶体样的构造）。总体上同意本亚纲是一个单系群。然而，有许多有关基本阶元的亲缘关系需要确定，一个合理的系统发育假设需要及早建立。本亚纲包括7个目的化石鱼类和较少数的残存鱼类，其中两个目有残存的现生鱼类，分别为雀鳝目（Lepisosteiformes）和弓鳍鱼目（Amiiformes）鱼类。前者身体和双颌延长；口具有针样的牙齿；缩短的歪形尾；笨重的硬鳞，沿侧线50～65枚；背鳍远位后部，少有鳍条；鳃盖条3根；无间鳃盖骨；每侧有2块或更多的上颚骨；上颌骨小而不动；

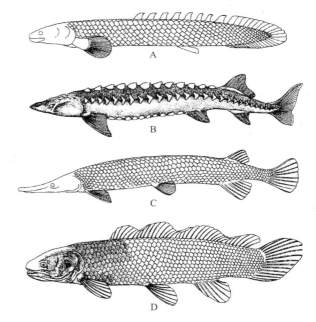

A. 多鳍鱼；B. 中华鲟；C. 雀鳝；D. 弓鳍鱼

图5-73 软骨硬鳞鱼总目和全骨总目的代表鱼类
（仿刘凌云，郑光美，2009）

脊椎后凹型。有1科2属7种，如雀鳝 *Lepidosteus osseus*，生活于美洲。弓鳍鱼目（Amiiformes）尾鳍缩短歪尾；背鳍基部长。具有48根鳍条；大的中喉板和10～13鳃盖条；最大长度90 cm。1科1属1种，如弓鳍鱼 *Amia calva*，生活于北美洲淡水（图5-73之C和D）。

5.3.2.4　真骨组(Teleostei)

人们期望有一个较高级的分类阶元,来包含所有被形态证据支持的现生鱼类的单系群,但是需要一个令人信服的分子证据,同意它是单系的这个结论。然而,当考虑到化石,诸如坚齿鱼目 Pycnodontiformes,针吻鱼目 Aspidorhynchiformes, Pachycormiformes, Pholidophoriformes,和 Leptolepidiformes 及其他目时,就有些不同意真骨鱼类划界的想法(因此真骨鱼类单系的论证一定要小心构建)。Nelson(1994)和 de Pinna(1996)给出有关真骨鱼类单系和界限的某些早期工作的摘要以及在 Arratia(1997,1999,2004)中发现的真骨鱼类新近著作的摘要。de Pinna(1996)发现:当限定辐鳍纲不包括弓鳍鱼及其亲属(Halecomorphi)和雀鳝及其亲属(Ginylymodi 鳞骨目)作为最大包容类群时,至少有 27 个解剖学的共同离征。G. Arratia(1997,1999,2004)对我们理解的基本成员及其系统发育已经大大地增加了,但是正如她澄清的一样,我们在能建立一个正确分类之前,需要更好地理解征状和征状的同源。Patterson 和 Rosen(1977)限定真口鱼类作为鲱口类(halecostomes)的一个类群,具有尾神经弓,延长的像尾神经一样,基鳃骨齿板单一,前上颌骨能活动的特点。此外,尾舌骨特殊,形成一个单一的胸舌骨肌腱的骨化。以上就是 Nelson(2006)真骨鱼组分类的主要依据,对这一个大类群,目前各家分类尚不一致。本文同意 Nelson(2006)将真骨组下分 4 亚组的做法即:

1.骨舌亚组(Osteoglossomorpha):包括月目鱼目 Hiodontiformes 和骨舌目 Osteoglossiformes 两目。

(1)月目鱼目:臀鳍适当长(23～33 鳍条),并且不与发育很好的叉形尾鳍相连接;腹鳍独特,有 7 根鳍条;7～10 根鳃皮条;下鳃骨存在;侧线鳞 54～61 枚,长达 51 cm,分布于北美淡水。

(2)骨舌目:消化道向后在食道和胃的左侧通过。副蝶骨和舌骨常有发达牙齿,并构成剪切的咬合(中翼骨和外翼骨通常也有齿);前上颌骨小,并固着到头骨上;无辅上颌骨;尾鳍骨骼具有大的第一尾椎,而且无尾皮骨;一块或多块尾上骨与尾神经骨愈合;尾鳍具有 16 根或更少的分支鳍条;鼻囊僵硬;无眶前—眶上系统,为在嗅觉上皮上面泵水;无上肋间肌骨,幽门盲囊和盲肠 1 个或 2 个。分布北美、南美、非洲和东南亚淡水中,如常见的观赏鱼类骨舌鱼(金龙鱼)(*Osteoglossum bicirrhosum*)。

2.海鲢亚组(Elopomorpha):主要特征狭首型幼体(带型,完全不像成体);游泳鳔不与内耳连接(然而,在 *Megalops* 属中它横躺在头骨附近);无外侧隐凹(第 4 脑室);当尾下骨存在时,在 3 个或更多椎体上;鳃盖条通常多于 15 根;副蝶骨有齿(除某些背棘鱼科鱼类外);从狭首型到幼体形成的变态时期,鱼在长度上收缩变小。幼体通常达到 10 cm,或许像 2 m 一样长。包括海鲢目(Elopiformes)、北梭鱼目(Albuliformes)、鳗鲡目(Anguiformes)和囊咽鱼目(Saccopharyngiformes)四目。本文北梭鱼目和囊咽鱼目略。

(1)海鲢目(Elopiformes):腹鳍腹位;体细长,通常侧扁;鳃孔宽;尾鳍深叉形,具 7 块尾下骨;圆鳞。有中乌喙骨和后匙骨;喉板发达(中央);鳃条骨 23～35。口边缘被前上颌骨和具齿的上颌骨所包;上颌延伸到眼之后;口端位或上位;无感觉管延伸到小的前上颌骨上。狭首型幼体小,最大长度约 5 cm,具有一个发达叉状的尾鳍,一个后置的背鳍(较大幼鱼有腹鳍),和 53～86 个肌节。2 科 2 属约 8 种。我国有 2 科 2 属 2 种。海鲢科 Elopi-

dae 有假鳃,背鳍最后鳍条不延长,如海鲢
Elops saurus Linnaeus,主食浮游生物(图
5-74)。大海鲢科 Megalopidae 无假鳃,背鳍最
后鳍条延长,如大海鲢 *Megalops cyprinodes*
(Broussonet)。

图 5-74　海鲢

　　(2)鳗鲡目 Anguiformes,无腹鳍和鳍骨;
有些种类无胸鳍和带骨;当胸鳍存在时,至少位于中侧部或较高的位置时,常缺少连接头
骨的骨片(后颞骨缺少);背鳍和臀鳍与尾鳍愈合(有些无尾鳍条或缺少);通常无鳞或者,
如果存在,则为圆鳞并被包埋;体极延长(鳗形);鳃孔狭窄;鳃区长且鳃向后移动;无鳃耙;
无幽门盲囊;上颌骨有齿,在口边缘;2 个前上颌骨(罕见缺少),犁骨(通常)和筛骨联合成
单一骨片;鳃盖条 6～49;鳔存在通常有管;无输卵管;无后耳骨、眶蝶骨、中乌喙骨、喉板、
后颞骨、后匙骨(后锁骨)、辅上颌骨和外肩胛骨;无骨化续骨(囊喉鱼科存在软骨化的一
个);舌颌骨与方骨联合一起;肋骨有或无。在某些类群中(如异鳗科和合鳃鳗科)整个生
殖腺或大部在尾部(后肢)。鳗鲡是为挤过小孔洞原初特化的鱼。另外有些种为适应于软
泥质的洞穴或者深海生存的鱼类。鳗的狭首型幼体不同于海鲢目和背棘鱼目的幼体(但
不是囊咽鱼目的)具有小而圆的尾鳍与背鳍和臀鳍连续着[①](正如背棘鱼和囊咽鱼一样,通
常有 100 多个肌节)。大量的形态多样性存在于深海叶状幼体之中,而远多于成体之中。
大多数尖头鳗在变态之前小于 20 cm 长,但也知有几种超过 50 cm。关于鳗尖头体的进一
步信息和检索对它们的识别可以在 Böhlke(1989,Vol.2)中查到。本目下分 3 亚目,15 科
141 属 791 种。7 个科的种类发现于淡水,而仅知来自淡水的 6 种。在我国有 13 科百余
种。如日本鳗鲡 *Anguilla japonica* Temminck et Schlegel 分布在沿海及沿海江河中,为
降河性洄游鱼类,5～8 年性成熟。为重要经济鱼类和养殖鱼类。星康吉鳗 *Conger myria-
ster* (Brevoort)在我国沿海各水域都有分布,为习见的中型食用鱼类(图 5-75)。

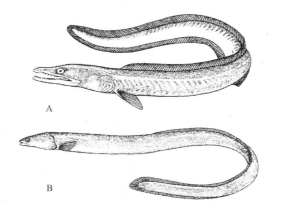

A. 海鳗;B. 鳗鲡

图 5-75　鳗鲡目代表

---

　　① 多鳍条的背鳍和臀鳍通常是很不引人注意的。

3. 骨鳔鲱亚组(Ostarioclupeomorpha＝Otocephala):对于鲱形目和骨鳔类之间的姐妹群关系,存在着有力的系统发育的证据是基于分子和形态学两方面的证明(如 Lê et al.,1993;Lecointre and Nelson,1996;Arratia,1997,1999,2004;Zaragueta-Bagils et al.,2002)。然而,一些分子工作的结果与这种亲缘关系和所承认的连续研究有冲突。一些较久的著作中被认为有几个特点可以表明,鼠鱚目和鲱形目之间是一个亲祖,而且在分支分析之前,鼠鱚目的某些特点被认为是鲱形目和其他骨鳔鱼类演化链的代表。下两总目:鲱总目和骨鳔总目具有 6 个目,均被认为在这个分支内,它们是正真骨鱼组(Enteleostei)的姐妹。

(1)鲱总目(Clupeomorpha):耳骨体(耳状游泳鳔)连接组成一对向前延伸的游泳鳔,进到颅骨穿过外枕骨并延伸到前耳骨,也常进入翼耳骨在脑箱侧壁与内耳椭圆囊相接(不像发生在任何其他类群中那样);第 2 尾下骨在整个发育阶段中都是愈合在第一尾椎体的基部上,但是第一尾下骨游离,在它的基部脱离开尾椎体(自生的);单一的腹棱鳞存在于腹鳍嵌插处(在 *Chirocentrus* 的成体不显著);大多数种类沿着下腹部腹鳍前后有几个中等的鳞甲;鳃皮条通常少于 7 枚,达 20 根的罕见。多数体侧扁;鳔管存在从游泳鳔到接近胃或在胃的西颈部;颌不伸出,通常 2 块上上颌骨。本总目只有鲱形目一目。

鲱形目(Clupeiformes):漏斗侧窝存在(耳骨体部分连接着各种感觉管合并在脑颅听区的小室中,在任何其他类群中未见);副蝶骨无齿,前角舌骨无大孔;顶骨被上枕骨分开;无狭首幼鱼。多数吃浮游生物,这个类群在世界渔业经济中地位非常重要。本目现生鱼类 5 科,84 属,约 364 种。大约一半种类是印度洋—西太平洋的;几乎 1/4 在大西洋西部,约 79 种主要在淡水发生。为我国常见种,如鳓鱼 *Il-isha elongate*(Richardson),凤鲚 *Coilia mys-tus*,鲥鱼 *Macrura reevesi*,日本鳀 *Engraulis japonicus*(图 5-76-1)。

(2)骨鳔总目(Ostariophysi):无基蝶骨;眶蝶骨存在;除鼠鱚目外,中乌喙骨通常存在;无膜腭骨;鼠鱚目和鲇形目中无后齿骨;在大

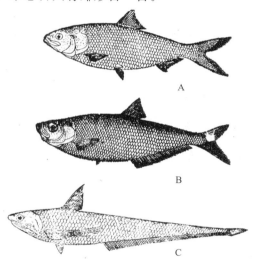

A. 鲥鱼;B. 鳓鱼;C. 凤鲚

图 5-76-1　鲱形目代表

多数鲤形目中有 1 块,在某些脂鲤目和电鳗目中有 3 块;鳔存在(除鼠鱚属 *Gonorynchus* 外)并常分成 1 小前室和 1 大后室(在某些类群中缩短或缺少);微小的,有单细胞的、角状的突出部,称为"小钩",共同地存在于多变的体部(即口区或偶鳍的腹部表面),只把喉鳔类(鲤等)区别开来;多细胞角质突起(＝产卵、婚配突起或追星器官)与角质帽一起很好地发育;许多种上颌突出,腹鳍若存在则腹位。本书承认的五大谱系和它们的序列是仿效 Fink and Fink(1981),即使他们把鲇形目和鼠鱚目看做鲇形目的两个亚目,他们的主张好像一直被接受,鼠鱚目是鲇形目衍生的,而且脂鲤目是两者的原始姐妹群,与鲤形目一起构成比这个集合更原始的姐妹群。骨鳔总目(Ostariphysi)有 5 目 68 科,1 075 属,大约 7 931种。分别为鼠鱚目(Gonorynchiformes)、鲤形目(Cypriniformes)、脂鲤目(Characiformes)、鲇形目(Siluriformes)、裸背鱼目或称电鳗目(Gymnotiformes)。4 个最大的科有鲤科(Cyprinidae)、脂鲤科(Characidae)、甲鲇科(Loricariidae)和爬鳅科(Balitoridae),总数是 4 656(约 59%)种。本总目包括约 29%的世界鱼种,而其中 68%是淡水种。它们存在于所有大陆和主要陆群,除了南极、格陵兰、新泽兰(澳大利亚有几种鲇类为主要类群次级分化)。约 123 种是海水种(虱目鱼和鼠鱚属,鳗鲇科的一半和多数海鲇)。

1)鼠鱚目(Gonorychiformes),英文名 Milkfishes(虱目鱼)。无眶蝶骨,顶骨小,方骨髁远向前方;第 5 角鳃骨上无齿。前 3 脊椎特化并与一个或几个头肋相连,这代表原始的韦伯氏器。鳃上器官存在(构成第 4 上鳃骨后的鳃室后部中的侧囊);口小,两颌无齿,无后匙骨,尾下骨板 5～7 条。

单系已被 T. Grande and Poyato-Ariza(1995,1999)所证实。这个目的分类是建立在化石和 Grande and Poyato-Ariza(1999)所提供的现生材料上,现生材料的研究也被用作为 Grande(1999)生物地理研究的基础。许多白垩纪鼠鱚目阶元已被意大利的 Louis Taverne 描述如下:*Apulichthys* 认为是对其他所有鼠鱚类的原始姐妹群,*Lecceichthys* 在 1998 年认为是对 *Notogoneus* 和 *Gonorynclus* 的姐妹群,而且 *Sorbininardus* 在 1999 年放在它的自科 Sorbininarclidae 和 Sorbininardiformes 自目中,也认为是原始的并是鼠鱚目的姐妹。4 科,7 属,约 37 种(其中淡水产 31 种)。在我国有 2 科 2 属 2 种。遮目鱼科(Chanidae)遮目鱼 *Chanos chanos*(Forssk ål)和鼠鱚科(Gonorynchidae)鼠鱚 *Gonorynchus abbreviatus* Temminck et Schlegel。

2)鲤形目(Cypriniformes):制动的筛骨存在;腭骨关节于内翼骨的关节槽中;第 5 角鳃骨(咽骨)延长,有齿连粘于骨片上,构成咽喉齿(双孔鱼缺少咽喉齿);咽喉齿相对于基枕骨的延长后突起上,基枕骨相应地压着咽齿,通常有一个垫;嘴(颌与腭骨)经常无齿;无脂鳍(除某些鳅类外);头几乎总是无鳞的;不分支硬鳍条 3 根;某些种类的背鳍有棘状的鳍条。包括 6 科,321 属,约 3 268 种。最大多样性是在东南亚,澳大利亚和南美洲缺少。主要分布于淡水,在我国有 1 000 余种,如鲤鱼 *Cyprinus carpio*,鲫鱼 *Carassius auratus*,青鱼 *Mylopharyngodon piceus*,草鱼 *Ctenopharyngodon idetlus*,鲢鱼 *Hypophthalmickthys molitrix*,鳙鱼 *Aristichthys nobilis* 等。

3)鲇形目(Siluriformes):续骨、下鳃盖骨、基舌骨和基间骨缺少,顶骨可能存在,但与上枕骨愈合;中翼骨缩小;前鳃盖和间鳃盖骨相对地小;后颞骨与上匙骨愈合或作为一种间隔成分存在。犁骨通常有齿(像翼骨和腭骨一样);背鳍和臀鳍鳍基骨缺少中央放射状骨化(以及电鳗目也是);脂鳍常存在;棘状鳍条在背鳍和胸鳍的前面通常存在;体裸露或覆有骨板;头有须 4 对(鼻须、上颌须各 1 对,颐须或下颌须 2 对),鼻须和颐须可变少;上颌骨无齿且是退化的(二须鲇科 Diplomystidae 和绝灭的 Hypsidoridae 除外),仅支持着一对须;主要的尾鳍条 18 根或较少(多数 17 根);尾骨变异于 6 块间隔的尾下骨板到完全愈合;眼通常小(须在索食时是重要的);空气呼吸器存在于胡子鲇和囊鳃鲇科。不包括韦氏器的脊椎骨数在某些鲼鲇科中少至 15 枚,某些胡鲇科中超过 100 枚;与其他硬骨鱼类相比,其尾古骨好像由胸舌肌腱的一种不成对地骨化构成,在鲇形目中有被叫做"副尾骨"的是由肌腱成对地骨化造成,然后在早期个体发育中愈合。本目有些洞穴种类;有 7 种有刺毒种类,甚至可致人死亡;也有可供观赏和娱乐的种类。最大的鲇鱼如 *Silurus glanis* 体长可达 3 m。

鲇形目在分类上一直有许多问题,某些科的相互关系还存在着争论。有关鲇鱼整个面貌的全面信息可以参考 Arratia et al.(2003)。鲇形目有 35 科,446 属和大约 2 867 种,其中约 1 727 种发生在美洲。2 科海鲇和鳗鲇科大部分由海水种类组成,约 117 种;其他科的鲇鱼是淡水的。在我国有 10 科 110 余种,除海鲇科外皆为淡水产,如鲇科、鲿科、鮡科、钝头鮠科和鳠科及海鲇科等。

4. 全真骨亚组(Euteleostei),包括 9 个总目共 28 目,为简明起见本文省略 Nelson(2006)在棘鳍鱼总目和目之间所列的"系(series)"阶元。其中原棘鳍总目包括水珍鱼、胡瓜鱼、鲑鱼和狗鱼等 4 目;狭鳍总目巨口鱼目;软腕鱼总目软腕鱼目(辫鱼目);圆鳞总目姬鱼目;灯笼鱼总目灯笼鱼目;月鱼总目月鱼目;须鳂总目须鳂目;副棘鳍鱼总目包括鲑鲈、鳕形、鼬鳚、蟾鱼和鮟鱇等五目;棘鳍鱼总目包括鲻、银汉鱼、颌针鱼、鳉形、奇鲷鱼、金眼鲷、海鲂、刺鱼、合鳃、鲉形、鲈形、鲽形和鲀形等 13 目。现将重要全真骨亚组各目鱼类分类特征及其习性与分布说明如下:

(1)原棘鳍总目(Protacanthopterygii)。

鲑鱼目(Salmoniformes):这个类群的分类像 Nelson(1994)所提供的一样,是根据大量著作的基础提出的。这些研究赞同鲑形目限定鲑鱼一科(Salmonidae),其分支分类关系是将白鲑亚科(Coregoninae)、茴鱼亚科(Thymallinae)和鲑亚科(Salmoninae)归属于一个单元群才符合自然。再不像 1994 年以前的鲑形目包括十几科,诸如鲑科、茴鱼科、胡瓜鱼科、香鱼科、银鱼科、狗鱼科等那样庞杂,而是将原有的胡瓜鱼类群和狗鱼类群与鲑类群分离,分别提升为各自独立的目。本目的生物多样性大大地超过我们对现代分类学和它的命名法限制的认识。许多生物学种存在而没被命名(如白鱼和红点鲑的名字)。然而有一系列的问题是许多有名无实的种如何去承认其为有效(按照不同种的定义)?尚待进一步研究。目前鲑形目包括 1 科 3 个亚科 11 属约 66 种。其特点如下:

淡水鱼类和为产卵而溯河的鱼类,分布于北半球。脂鳍存在;中喙骨存在;鳃膜远向前延伸,游离于峡部之外;腰带腋部的突起存在;后 3 个脊椎骨向上翻起;幽门盲囊 11～210 个;鳃盖条 7～20 枚;脊椎 50～75 枚;四倍体核型;大多数种类的幼鱼有幼鲑标志,最大长度达 1.5 m。在娱乐和商业渔业中价值高。目前我国常见种类有乌苏里白鲑(*Coregonus ussuriensis* Berg),北极茴鱼[*Thymallus a. arcticus* (Pallas)][1],哲罗鲑[*Hucho taimen*(Pallas)]和大麻哈鱼[*Oncorhynchus keta* (Walbaum)] 等(图 5-76-2)。

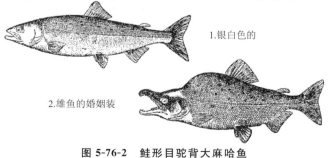

1.银白色的

2.雄鱼的婚姻装

图 5-76-2 鲑形目驼背大麻哈鱼

---

① a.是 arcticus 种名的缩写,说明此种包括两个以上的亚种,而此地只列出其中指名亚种。

（2）月鱼总目（Lampriomorpha）。

月鱼目（Lampridiformes）：各鳍无真棘；前颌骨排除上颌骨入口裂；能前伸上颚的唯一类型；腹鳍有 0~17 根鳍条，鳔存在时为闭鳔；某些种类存在眶蝶骨。Olney et al.,（1973）为这个群建立了单系。具有均匀尾鳍的高身体和很发达骨骼的成员是月鱼科（Lampridae）和旗月鱼科（Veliferidae）的鱼类，被称作"深水体"，另外 5 个科具有长丝带状的身体，背起从头部延伸到尾部及不对称的尾鳍和弱的骨架，被叫做"条形体"。Wiley et al.（1998）研究，根据形态学的和分子学证据进一步证实这个目是单系的，并且根据月鱼目的 5 个种的研究同意 Olney et al.（1993）的系统发育结论。包括月鱼科、旗月鱼科、皇带鱼科（Regalecidae）、鞭尾鱼科（Stylephoridae）、冠带鱼科（Lophotidae）、粗鳍鱼科（Trachipteridae）和细尾粗鳍鱼科（Radiicephalidae）等 7 科。在我国有灰月鱼 *Lampris guttatus*（Brünnich）、粗鳍鱼 *Trachipterus iris*（Walbaum）和皇带鱼 *Regalecus glesne* Ascanius。

（3）副棘鳍鱼总目（Paracanthopterygii）。

1）鲑鲈目（Percopsiformes）：口裂上缘仅由前颌骨组成，不能伸缩。外翼骨和腭骨有齿。腹鳍如存在，位于胸鳍之后具 3~8 软鳍条。背鳍棘常为弱鳍棘。许多种具有栉鳞；6 根鳃盖条；16 根分枝尾鳍条；眶蝶骨、基蝶骨和下眶棚缺少；脊椎骨 28~35 枚。有 3 科 7 属 9 种，我国不产。

2）鳕形目（Gadiformes）：腹鳍存在时嵌插在下位或者在胸鳍前面，具有向上的 11 根鳍条，前面无真棘；多数具长背鳍和臀鳍；体通常为圆鳞，少有栉鳞；前颌骨构成上颚的完整边缘，有些种类下颚可向外伸出；外翼骨无齿；眶蝶骨和崎蝶骨缺少；鳃条骨 6~8 根；后部的椎骨减少，在后背和臀鳍产生的鳍条骨超过尾椎骨的数目；游泳鳔无气管，个别属无鳔。有 9 科 75 属约 555 种，淡水仅 1 种。我国常见的有太平洋鳕或大头鳕（*Gadus macrocephalus*）。

3）蟾鱼目（Batrachoidiformes）：体通常无鳞（有些种被小栉鳞）；头大，眼位于头背面多于头侧面；口大并由前颌骨和上颌骨围绕着；某些种类肛孔位于胸鳍腋部；腹鳍喉位，具有 1 棘和 2 或 3 根软鳍条；鳃 3 对，鳃盖膜与峡部相连；鳃皮条 6 根；胸鳍条 4 或 5 根；游泳鳔存在；上尾下骨具有特殊的间椎骨状与其余尾骨基本相关节；无肋骨、上耳骨，或间插骨；无幽门盲囊。有几种鳔可作出响声并且可出水活几小时。有 1 科 3 亚科 22 属 78 种，海产（主要沿海底层，罕见进入咸水，有几种限于淡水）。在演化上与鮟鱇目接近。

4）鮟鱇目（Lophiiformes）：棘背鳍的第一鳍条如存在，就在头上面并转化成诱惑线和饵，一个为捕食猎物到嘴的设计；腹鳍如果存在，就在胸鳍前面；具有 1 棘和 4 或 5 根软鳍条；鳃开孔小，管状，位于或在胸鳍基部之后（部分在前的罕见）；5 或 6 根鳃皮条；无肋骨；胸辐鳍条 2~5 根，狭窄而延长；第一椎骨融合到头颅；当存在游泳鳔时，闭鳔型。包括三个亚目蝙蝠鱼亚目（Ogcocephaloidei）、躄鱼亚目（Antennrioidei）和鮟鱇亚目（Lophioidei），18 科 66 属 313 种，都是海产。鮟鱇目被认为是一个单系，其中躄鱼亚目是蝙蝠鱼亚目的姐妹群，而鮟鱇亚目是以上亚目的原始姐妹群。在我国有 3 亚目 11 科 21 属 37 种。如鮟鱇科（Lophiidae）黑鮟鱇 *Lophiomus setigerus*（Vahl），躄鱼科（Antennriidae）的三齿躄鱼 *Antannarins striatus*（Shaw et Nodder），蝙蝠鱼科（Ogcocephalidae）的棘茄鱼 *Halieutaea stellata*（Vahl）（图 5-77）。

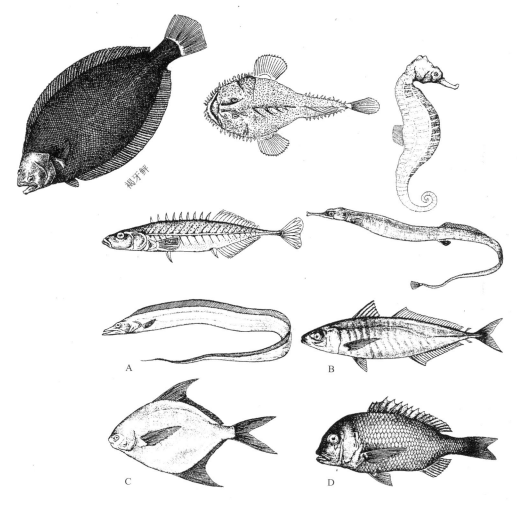

A. 黄鲅鳒；B. 中华多刺鱼；C. 日本海马；D. 尖海龙

图 5-77　鲽形目、鲅鳒目、刺鱼目代表

　　(4)棘鳍鱼总目(Canthopterygii)：Nelson(2006)在本总目下还分别列有3个系：鲻鱼系(Series Mugilomorpha)包括一鲻鱼目；银汉鱼系(Series Atherinomorpha)包括3目，分别是银汉鱼目、颌针鱼目和鳉形目；鲈形系(Series Percomorpha)包括9目分别是奇鲷鱼目、金眼鲷目、海鲂目、刺鱼目、合鳃目、鲉形目、鲈形目、鲽形目和鲀形目。本文仅简介以下10目。

　　1)鲻鱼目(Mugiliformes)：有关在本目中放一个科的亲戚关系有许多不同意见。Berg(1940)放3个科：银汉鱼科(Atheinidae)、鲻科(Mugilidae)和魣科(Sphyraenidae)在似鲈形目水平的鲻形目中。Gosline(1970)将其作为鲈形目的一个鲻亚目并且包括马鲅科(Polynemidae)、魣科、鲻科、银汉鱼科、虹银汉鱼科(Melanotaeniidae)、浪花银汉鱼科(Isonidae)、栉精器鱼科(Neostethidae)和精器鱼科(Phallostethidae)。他认为鲻亚目是鲈形目中最原始的类群，并且把它列在鲈形目分类的第一位。他做这个的大部分基础是所有鲻形鱼类在腰骨与匙骨(又叫锁骨)缺少任何直接关节(然而在多数其他鲈形目鱼类是相连的)。背鳍具有4个棘的棘鳍条和软鳍条(8～10条)间隔宽;臀鳍具有2～3个棘和7～11软鳍条;胸鳍高位;腹鳍亚腹部具有1棘和5分枝软鳍条;侧线不发达或无;成体除Myxus属外具有栉鳞,Myxus终生圆鳞;口大小适中,齿细小或无;鳃耙长;胃常是肌肉质的,肠管极长;脊椎24～26枚。口腔和鳃滤食膜包含着鳃耙和一个咽器。1科17属约72种,所有热带和温带海,沿海,咸水(有些是淡水)皆有。我国有7属3种,如鲻Mugil cephalus Linnaeus,鲅 *Liza haematocheila* (Temminck et Schlegel)等。

2)银汉鱼目(Atheriniformes):通常有2个分离的背鳍,第1背鳍如存在则具多个柔韧的棘,而在多数种内第2背鳍由1柔韧棘条居先;臀鳍通常由1个棘居先;侧线缺或很弱;鳃盖条4～7根;鼻孔成对;胸鳍嵌插高体位的在多数;腹鳍腹位(多数种类);银汉鱼亚目顶骨缺少,而其他各亚目有;2个源出幼鱼的特点是在孵化期和弯曲期之间前臀长度小于体长的40%(更长的在多数其他的宽鳍鱼类 eurypterygians 中);幼鱼在背鳍上具有黑色素细胞的单一中背排(大多数其他的银汉鱼有2或更多的中背排);另外,在孵化期各鳍条是不明显的,像它们在颌针鱼目和鲻形目中一样。多数种类是银色的(和有一条银色的侧带),除雄虹银汉鱼外可能是色彩很鲜艳的。银汉鱼科的牙汉鱼(*Odontesthes bonariensis*)最大长度约52 cm。6科48属约312种。大约210种是原始淡水种类,许多也出现在咸水中,在北美大陆有58种。本目鱼类大多是热带或暖温带鱼类,生活在沿海浅水或淡水中。我国有银汉鱼科(Atherinidae)等3属5种,如白氏银汉鱼 *Allanetta bleekeri* (Günther)。

3)金眼鲷目(Beryciformes):眶蝶骨存在,金眼鲷科和鳂科有2块辅上颌骨;眼下棚存在;腹鳍通常多于5根软鳍条;16或17根尾鳍分支鳍条(或18或9主要鳍条);有些种类上颌骨成对地包括在口裂中;像 Johnson 和 Patterson(1993)所注意的一样:所有共有一个上眶骨和衍变的下眶骨感觉管,此管被称为"哈库伯夫斯基器官"。有7科29属和144种。所有种是海水的。如松球鱼科(Monocentridae)松球鱼 *Monocentris japonicus* (Houttuyn),鳂科(Holocentridae)银东洋鳂 *Neoniphon argenteus* (Cuvier et Valenciennes),金眼鲷科(Berycidae)红金眼鲷 *Beryx splendans* Lonawe。

4)海鲂目(Zeiforrnes):背鳍、臀鳍和胸鳍鳍条不分支;3个鳃和一个半鳃(7个半鳃);在第4和第5鳃弓之间没有开放的鳃裂;无颚骨齿;有犁骨齿;尾鳍通常具有11根分支鳍条(线菱鲷科鱼类13根);背鳍有5～10根棘和22～36根软鳍条;体通常薄而高;双颌通常可大大地膨胀;无眶蝶骨;简单的后颞骨贴合到头颅上;游泳鳔存在;脊椎骨通常30～44枚。6科16属32种。我国有5科8属10种。如海鲂科(Zeidae)海鲂 *Zeus faber* Linnaeus。

5)刺鱼目(Gasterosteiformes):腹鳍腰带(Pelvic girdle)绝不直接贴到匙骨(cleithra)上;缺少上颌骨、眶蝶骨和基蝶骨。后匙骨缺少或为单一的骨片;鳃盖皮条1～5根。体常布有皮质板的盔甲;口通常小。下有2亚目(刺鱼亚目 Gasterosteoidei 和海龙亚目 Syngnathoidei)11科71属278种。大约21种局限于淡水,另有42种发现于稍咸水中。刺鱼亚目包括裸玉筋鱼科(Hypoptychidae)、管吻刺鱼科(Aulorhynchidae)、刺鱼科(Gasterosteidae)和甲刺鱼科(Indostomidae);海龙鱼亚目包括海蛾鱼科(Pegasidae)、剃刀鱼科(Solenostomidae)、海龙鱼科(Syngnathidae)、管口鱼科(Aulostomidae)、烟管鱼科(Fistulariidae)、长吻鱼科（Macroramphosidae）和玻甲鱼科（Centriscidae）等。其中海龙鱼科有重要药用价值,它有海龙亚科（Syngnathinae）51 属约 169 种和海马亚科（Hippocampinae）1属约 36 种,大海马 *Hippocampus kelloggi* Jordan *et* Snyder（图 5-77）。

6)合鳃目（Synbranchiformes）:体延长;无腹鳍;鳃孔局限于体下半部;外翼骨扩大;内翼骨缩小或无;前上颌骨不向前伸出,无向上的突起。本目科的组成和它的位置是按Johson 和 Patterson(1993),Britz et al.(2003)和 W. A. Goslin（1983）和 R. A. Travers(1984)的著作安排的。合鳃目被 Johson 和 Patterson(1993)认为是与鲻系、银汉鱼系、刺鱼目和小日鲈科鱼类构成一个单系群。下有 2 亚目(合鳃亚目 Synbranchoideihe 和刺鳅亚目（Mastacembeloidei)共 3 科 15 属约 99 种。除 3 种外都出现在淡水。

合鳃亚目只有合鳃科（Synbranchidae）,下有 4 属 17 种。如我国常见的黄鳝*Monopterus albus*（Zuiew）。主要分布在热带和亚热带淡水,有些种类偶然在咸水出现,很少有海水种类。

刺鳅亚目包括鳗鳅科（Chaudhuriidae）和刺鳅科（Mastacembelidae）,皆淡水产。前者6 属 9 种;后者 5 属 73 种,如大刺鳅 *Mastacembelus armatus*（Lacépède）。

7)鲉形目（Scorpaeniformes）:这个目包含通连面颊的鱼类,由下眶骨索辨认,第 3 下眶骨（泪骨计算在内）后面的延伸跨过颊部到前鳃盖骨并常常牢固地贴到那块骨上（它是多变地发育,而在膜须鲉科 Pataecidae 中缺少）。头和身体趋向被棘或者有骨板;胸鳍通常圆,下部鳍条间膜经常割裂;尾鳍通常圆形（偶尔截形,很少叉形）。

下分 7 个亚目:豹鲂鮄亚目（Dactylopteroidei）、鲉亚目（Scorpaenoidei）、鲬亚目（Platycephaloidei）、裸盖鱼亚目（Anoplopomatoidei）、六线鱼亚目（Hexagrammoidei）、诺曼氏鱼亚目（Normanichthyoidei）和杜父鱼亚目（Cottoidei）,共包括 26 科 279 属约 1 477种。大约 60 种杜父鱼科鱼类都局限于淡水。这个目的位置和分类是非常暂时的。鲉形目的分类是复杂而有争论的。许多详细的研究显示鲉形目可能不是单系的,现在的分类也不能反映出系统发育（至少这里提出的）。然而,没有全面的和有说服力的分类代替它。

8)鲈形目（Perciformes）:这是所有鱼类中最多样化的,也是脊椎动物中最大的目。鲈形目在海洋生活的脊椎动物中占优势,是许多热带和亚热带淡水中的优势鱼群。这个目的分类是不稳定的,并将一定遭受改变。像 Nelson(1994)所做的一样,Johson 和 Patterson(1993)提出的证据就是,如果我们包括鲉形目、鲽形目和鲀形目的成员的话,鲈形目可能只是单系的部分。

当前的鲈形目包括 20 个亚目、160 科、约 1 539 属和 10 033 个种,52 种有单一属,23科有单一种和 21 科有 100 个或更多的种。三个亚目,鲈亚目、隆头亚目和鰕虎鱼亚目数目超过种的 3/4。8 个最大的科,是鰕虎鱼科、慈鲷科、鮨科、隆头鱼科、鳚科、雀鲷科、天竺鲷科和石首鱼科,合在一起有 5 479 种,它们构成种的大约 55%。多数鲈形目鱼类是海水近岸鱼类,而大约 2 040 种正常的只发生在淡水,并且至少 2 335 种的某些个体在淡水出生或至少作为它们生活史的一部分,如杜父鱼亚目杜父鱼科的松江鲈（*Trachidermus fasciatus* Heckel）就具有这种习性。松江鲈因其鳃膜上有两橙色斜纹,酷似两鳃,故有"四鳃鲈"之称。

鲈亚目是鲈形目中最大的亚目,包含 79 科,549 属和 3 175 种。79 科中的 26 科只有单一属,10 个有单一种,而 10 个有 100 或多于 100 种的科。这 10 个最大的科是鲔科、天竺鲷科、石首鱼科、鲈科、石鲈科、鲹科、蝴蝶鱼科、拟雀鲷科、鲷科和笛鲷科,共 1965 种,约占亚目种数的 62%。大约 380 个或 12% 种类是淡水发生。本亚目有许多色彩高度艳丽的鱼类。这可能是来自于另外的鲈形类群和剩下两个目已衍生成的基本进化类群。即使不是如此,也不能是一个单元类群,但可被认为在性状方面是唯一的。

在我国,海产经济鱼类有一半以上属于本目,国产 14 亚目,常见的如带鱼 *Trichiurus haumela*,银鲳 *Pampus argenteus*,蓝圆鲹 *Decapterus maruadsi*,金枪鱼 *Thunnus tong-gol*,鲐鱼 *Pneomatophorus japonicus* 和真鲷 *Pagrosomus major* 等(图 5-78)。

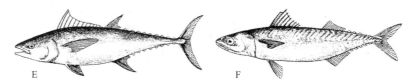

E. 黄鳍金枪鱼;F. 鲐鱼

图 5-78 鲈形目的代表

表 鲈亚目与低等硬骨鱼类(原棘鳍鱼总目和骨鳔类)的比较

特征	较低级的硬骨鱼类	鲈亚目
鳍棘	无	存在于背鳍、臀鳍和腹鳍
背鳍数目	1 个,脂鳍也可以存在	2 个,绝无脂鳍
鳞片	圆鳞	栉鳞
腹鳍位置	腹部	胸部
腹鳍条	6 根或者更多的软鳍条	1 根棘和 5 根软鳍条
胸鳍基部	腹面且水平	体侧且垂直
口边缘的组成	短的前颌骨和长的上颌骨	前颌骨
游泳鳔	管存在(喉鳔类)	管缺少(闭鳔类)
眶蝶骨	存在	缺少
中乌喙骨	存在	缺少
上肋骨和椎体上骨	存在	缺少
成熟体骨中骨细胞	存在	不明显
尾鳍主要鳍条数目	常 18 或 19 枚	绝不多于 17,常少

9)鲽形目(Pleuronectiformes):成体两侧不对称,用一只眼移到头盖骨的另一边;背鳍和臀鳍有长的基部,除鳒属外,背鳍基部至少叠盖着脑颅;体特别扁平,有眼面稍微有点圆弧,而无眼面则平坦;眼能突出在身体表面之上,当潜藏在底层时允许鱼去看东西;通常 6 根或 7 根鳃皮条,很少 8 根;体长小;成体几乎总是无鳔;鳞圆形的、栉形的或结节状。尾鳍鳍条数多变。这个目被认为是单系的(Chapleau,1993;Berendzen and Dimmick,2002)。

它的姐妹群可能是某些鲈形目的类元,但是它的亲缘关系基本不知道。

有普遍的一致意见是鳒科是对其他鲽形目(鲽亚目鱼类)的原始姐妹群,并与单系的棘鲆科一起是其余的鲽亚目的姐妹。两个主要分支被认为是接纳所有其他鲽类的,与菱鲆科、牙鲆科、鲽科、鲆科构成一支和牙鲽科、瓦鲽科、菱鲽科、冠鲽科、两臂鳎科、鳎科和舌鳎科构成另一支;花鲆属(在这里放在牙鲆科)被 Hoshino(2001)认为是这两支的姐妹。牙鲽科和无臂鲆科在 Hoshino(2001)分支图之内。前者是随 Cooper and Chaplean(1998)放置。在 Hoshino(2001)文中无臂鲆科被放在冠鲽科和无臂鳎科之间;因为冠鲽科支和其他 3 科好像牢固,Nelson(2006)把无臂鲆科放在冠鲽科前,但是冠鲽科从前放在鲽科中。为反映当前对鲽亚目亲缘关系的理解,根据 Hoshino(2001)和 Chanet et al. (2004)中修改,Nelson(2006)认可 3 个总科:拟棘鲆总科、鲽总科(某些文献称作鲆总科谱系)和鳎总科。约 678 现存种被承认在大约 134 属和 14 科中。主要分布海水,大西洋、印度洋、太平洋各海域底层常见。约 10 种被认为只在淡水中。

鳒亚目(Psettodoidei):背鳍不延伸到头上;前背鳍和臀鳍鳍条棘状;腭骨有齿;基蝶骨存在;上颌骨大;脊椎骨 24 或 25 枚。1 科 1 属 3 种。

鲽亚目(Pleuronectoidei):背鳍延伸到头上,至少到眼;背鳍和臀鳍无棘;腭骨无齿;无基蝶骨;上颌骨退化或者缺少;脊椎骨 26～70 枚,腹部的 10 枚或更多些。3 总科 13 科 133 属 675 现生种。我国已报道 8 科 50 属 130 余种,如褐牙鲆 *Paralichthys olivaceus*(图 5-77)。

10)鲀形目(Tetraodontiformes):无顶骨、鼻骨或者无下眶骨,并常无下肋骨;无后颞骨,如果后颞骨存在,单一与头颅的翼耳骨愈合;舌颌骨和腭骨牢固地贴到头骨上;鳃孔受限制;上颌骨常牢固地与前颌骨联合或愈合在一起;鳞片通常被修改得像棘、盾或板一样;侧线存在或无,有时多样化;除翻车鲀外,游泳鳔存在;脊椎 16～30 枚。鲀形目能产生声音,靠颌齿的研磨或咽喉齿研磨或者鳔颤动。某些鲀形目的胃被允许膨胀到一个巨大的尺寸。具有这种能力的鱼类属于鲀科、刺鲀科以及很少发育好的三刺鲀科;俗称它们为"河鲀"。本目的亲缘关系和姐妹群仍不能确定,某些研究已有的结论是整个或部分鲀形目鱼类对刺鱼亚目、海鲂目(或菱鲷亚目)来说是亲戚。Nelson(2006)将本目放在传统的后鲈形目的位置上留待将来研究解决。有 3 亚目〔拟三刺鲀亚目(Triacanthodoiei),鳞鲀亚目(Balistoidei),鲀亚目(Tetraodontoidei)〕9 科约 101 属和 357 现生种(图 5-79)。约 14 种只产生在淡水,另有 8 种或许可以在淡水中见到。我国已报道 2 亚目 10 科 131 种。如虫蚊东方鲀 *Takifugu Vermicularis*。

鲀亚目(Tetraodontoidei):颌"齿"愈合(真齿缺少,上颌和下颌有切刃;一个看来相似的喙是在鹦嘴鱼科中被找到过);依赖于骨缝的存在或缺失,可以有 2 个,3 个或 4 个这样的"齿";上颌骨不突出向外;后颞骨缺少;除三齿鲀外尾古骨和古盘都缺少,并且腹鳍(棘和鳍条)缺少。4 科 29 属和 154 种。其中鲀科(Tetraodontidae)种类最多,有 19 属 130 种。有些鲀科种类的肉和内脏含有有毒的生物碱河豚毒素,可以致人或家畜性命。翻车鲀科(Molidae)个体最大,高度和长度可达 2 m 或以上,体重达 1 000 kg,有 3 属 4 种。栖息于热带和亚热带海水,见于大西洋、太平洋和印度洋。

A. 翻车鱼；B. 绿鳍马面鲀；C. 虫纹东方鲀；D. 三棱箱鲀

图 5-79　鲀亚目代表

5.3.3　肉鳍鱼纲（Sarcopterygii）

这个类群被张弥曼（1991）承认的共同离征包括牙齿上的珐琅质。在朱敏和于小波的
[Zhu and Yu（2002）]一篇有趣的发现中描述一地的肉鳍纲鱼类化石，采自中国下泥盆纪
的 *Styloichthys* 显示特殊的意义：它可能与四足类和肺鱼类的最后共同祖先关系密切；它
可能是肉鳍类主干和基本的四足类/肺鱼类之间形态学裂隙的桥梁。这些可能为连接分
类描述主要裂隙提供十分宝贵的资料。有 2 亚纲。

5.3.3.1　腔棘鱼亚纲（Coelacanthimorpha）

腔棘鱼目（Coelacanthiformes）：尾鳍圆形，三叶；外鼻孔有，无内鼻孔；无鳃盖条；鳞质
鳍条绝不分支；在尾部的鳞质鳍条等于辐条数或稍多些；前背鳍在体中央的前部。在矛尾
鱼 *Latimeria chalumnae*（图 5-80-1），最大长约 1.8 m。

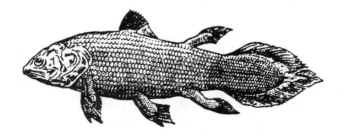

图 5-80-1　矛尾鱼

本目有 9 科，8 科只有化石成员，而 1 科有化石和生存的种类。第一个标本在 1938 年

12月从南非东伦敦拖网捕到一尾矛尾鱼,经鉴定属于腔棘鱼类,消息轰动世界,视为活化石。1952年捕到第二尾,至今已捕到150～200尾,均在科摩罗群岛海域陆续捕得。该鱼可长达2 m,重达80余千克,卵胎生,无肺(鳔),在鳔的位置上有一个脂肪器。

5.3.3.2 肺鱼亚纲(Dipnotetrapodomorpha)

肺鱼亚纲这个术语"Dipnotetrapodomorpha"是为Cloutier and Ahlbery(1996)中的无名类元"Onychodontida＋Rhipidistia"而定的。这个类元的分类已经改变了来自Nelson(1994)的那种分类。现在它主要根据Cloutier and Ahlbery(1996)的。

角齿鱼总目(Ceratodontimorpha),又称肺鱼总目:鳃盖条和喉片缺少;尾鳍圆尾,与背鳍和臀鳍相汇;前颌骨和上颌骨缺少;肺是有功能的。自从三叠纪以来,已有广泛的化石记录和3个现生属和6个种。

虽然3个有活种的科被局限在宽间隔的大陆,但情况不总是这样。角齿鱼 *Ceratodus* 和美洲肺鱼 *Lepidosiren* 的齿板,在玻利维亚的下古新世一起发生的,也知道角齿鱼是来自非洲和马达加斯加。某些南美化石角齿鱼科(Ceratodontids)和美洲肺鱼科鱼类(Lepidosirenids)在美洲和澳大利亚有它们最亲密关系的事实,可以暗示这些种类包括在一个统一的超级大陆上的淡水中被分散;但是也像H.-P. Schultze 1991年所注意的那样,白垩纪角齿鱼显示出具有适合海水中生活的忍耐性和可能,因此,没有陆地连接也可能分散。本总目只含一目。

角齿鱼目(Ceratodontiformes),又称肺鱼目:所有3个现生科安置在本目的两个亚目中(每亚目被认可在Nelson,1994的目的水平上)。这种改变可更好地接受在Cloutier and Ahlbery(1996)基础上变更的分类。包括2亚目,3科,3属和6种。

(1)角齿鱼亚目(Ceratodontoidei):胸鳍和腹鳍阔鳍状;鳞片大;气鳔(肺)不成对;幼鱼没有外露的鳃;成体不夏眠。

有1科即角齿鱼科(Ceratodontidae)又名澳大利亚肺鱼。栖息于淡水中;采自澳大利亚昆士兰东南。如澳洲肺鱼 *Neoceratodus forsteri* 体内单肺,长达2 m(图5-80-2,C.)。

（2）肺鱼亚目（Lepidosirenoidei),又称泥鳗亚目:胸鳍和腹鳍丝状,没有鳍条;鳞小;气鳔(肺)成对;幼体有外鳃;成体在干旱季节夏眠。有2科。

①南美肺鱼科(Lepidosirenidae),又称泥鳗科。生活在淡水中,产于巴西和巴拉圭。5个鳃弓和4个鳃裂;体很延长。一种美洲肺鱼 *Lepidosiren paradoxa*,是世界上第一个被描述的活肺鱼(1837年)(图5-80-2,B)。

②非洲肺鱼科(Protopteridae),又称原鳍鱼科。生活在淡水中,产于非洲。6个鳃弓

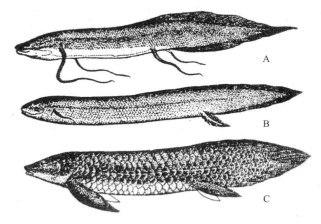

A.非洲肺鱼;B.美洲肺鱼;C.澳洲肺鱼

图5-80-2 几种肺鱼

和 5 个鳃裂;体适中延长。最大长约 1.8 m;1 属 4 种。非洲肺鱼 *Protopterus annectens*,为熟知的 1 种,双肺,胸鳍和腹鳍很细,干旱天气可藏身在泥茧内休眠,食蛙、蟹、软体动物,好斗,会咬人(图 5-80-2,A)。

5.4 鱼类的起源和演化

5.4.1 鱼形动物的化石

在古生代泥盆纪地层中(距今 4 亿年前),出现了四大类有颌鱼类化石:

1. 棘鱼类 Acanthodii:这是原始的有颌鱼类,多为小型鱼类,共 3 目 5 科 20 余属,早期多海生,后进入淡水生活。以梯棘鱼 *Climatius reticulatus* 为例(图 5-80-3,A),身体呈纺锤形,歪尾,除胸腹鳍外,胸、腹鳍之间尚有 5 对较小的偶鳍,各鳍之间均有一小棘,有许多菱形的小鳞片硬鳞。棘鱼的分类地位较难确定,有时作为软骨鱼类,有时作为盾皮鱼类。Jorey(1980)认为它与软骨鱼类、盾皮鱼类及硬骨鱼类是姐妹群。它起始于志留纪,至二迭纪完全绝灭。

2. 盾皮鱼类 Placodermi:体外被有与甲胄相似的盾甲,但有上下颌,有成对的鼻孔,有偶鳍,这些特征与甲胄鱼都不相同,尾为歪尾,骨骼是软骨,种类很多,最早发现于志留纪,延续到石炭纪时绝灭。如节颈鱼 Arthrodira(图 5-80-3,B)。J. S. Nelson(1994)将盾皮鱼放在软骨鱼类之前,而将棘鱼类放在软骨鱼类之后、硬骨鱼类之前;而尼科里斯基(1954)将盾皮鱼放在棘鱼类(他称高舌类)之后,两者都在软骨鱼类之前。

3. 软骨鱼类 Chondrichthyes:代表如裂口鲨 Cladhoselache(图 5-80-3,C),长约 1 m,有盾鳞,2 个背鳍,偶鳍基部很宽,软骨鱼类一直延续到现代。

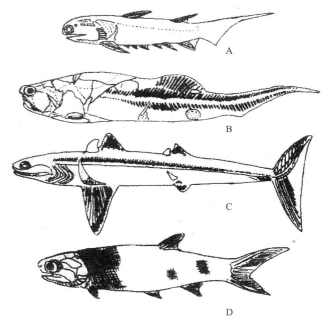

A. 梯棘鱼;B. 节颈鱼;C. 裂口鲨;D. 古鳕目

图 5-80-3　化石鱼类

4. 硬骨鱼类 Osteichthyes:肺鱼、总鳍鱼、辐鳍类均在泥盆纪就出现,一直延续到现代,以辐鳍类最为繁盛,如辐鳍类中的古鳕目 Palaeoniseiformes(图 5-80-3,D)种类,体呈纺锤形,被有菱形硬鳞,骨骼大部分为软骨,脊索发达,歪尾。

5.4.2 人类对鱼类演化认识的发展

1.20 世纪初期对鱼类演化的认识:如上节所述,在泥盆纪的地层中,突然出现了四大类鱼类化石,但它们之间的关系究竟是怎样的,尚未发现一系列能说明演化进程的化石。在达尔文进化学说的影响下,鱼类学家企图努力找出鱼类起源和演化的关系,由于化石证据不足,学者们转而用解剖学、胚胎学材料来说明,尤其是胚胎学材料,考虑到胚胎的个体发育是软骨出现在硬骨之前,而一般相信个体发育能反映系统发育,所以 20 世纪初期的学者一般相信如下的演化关系:

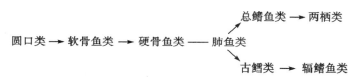

2.20 世纪后期对鱼类演化的认识:由于古生物学的深入研究,化石鱼类中硬骨与软骨是同时出现的,而且有人认为,现今软骨鱼类的软骨,可能是一种幼态持续现象,并不能说明它们比硬骨更为古老。事实上,迄今发现最早的化石甲胄鱼已有硬骨的甲胄(可视为皮肤中形成的膜化骨的先驱),反而比软骨出现为早,因为甲胄鱼在 5 亿年前的奥陶纪就出现了,20 世纪后期(40 年代后)多数学者相信如下演化关系:

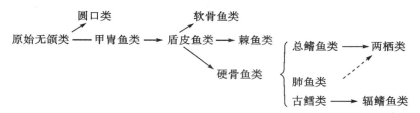

上面的演化关系中,有关两栖类的起源,是古总鳍鱼类中的骨鳞鱼 *Osteolepis*。本来因为这种鱼的脑颅骨片排列式样,偶鳍的五趾型结构,牙齿上褶皱(迷齿),都与古两栖类相似,因此似乎没有疑问。但近时我国学者张弥曼院士发现古总鳍鱼化石中无内鼻孔,故两栖类的起源问题又发生动摇,图中虚线表示起源的另一种可能。

3.21 世纪初期对鱼类演化的认识:Joseph S. Nelson(2006)的《世界鱼类》第四版问世,进一步整理归纳了 1994 年以后到新世纪初的鱼类系统学研究成果,并提出脊椎动物有颌类群系统演化的新见解,用下图表达,似得到鱼类学界多数学者的支持(图 5-81)。

5.5 鱼类的生态学、生理学和渔业资源

鱼类从志留纪出现至今已经历了 4 亿多年的漫长时期,演化至今生存的有 27 977 种(Nelson,2006)不同的鱼类。这些鱼类形态差别很大,体型大小悬殊,如鲸鲨体长 15 m,体重 10 余吨,潘达卡鰕虎鱼长仅 1 cm,生活方式差别也极大。

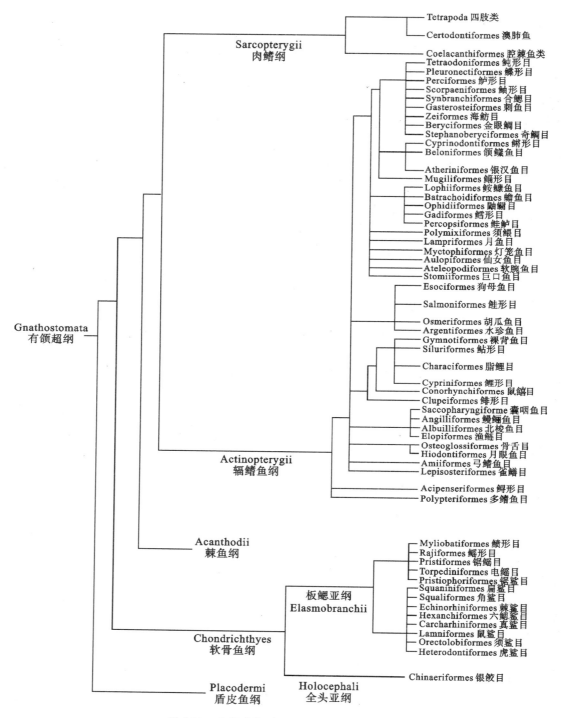

图 5-81　有颌动物（鱼总纲）的系统演化图

5.5.1　鱼对环境的适应和要求

地球上不同水体,密度和压力差别很大,鱼类本身的相对密度可在 1.01～1.09 之间,为适应不同相对密度的水体,鱼类以鳔、脂肪等调节其自身的相对密度,卵和仔、幼鱼则常以油球、鳍褶等构造使之能在一定水层中漂浮。深水鱼类,为适应深层巨大的压力及缺乏自然光等情形,身体的构造、营养和繁殖特点都有相应的改变。身体往往变得柔软透明,鳔管退化或无鳔,以上层(有光层)沉积下来的有机物为主食。繁殖更为奇特,如一种角鮟鱇,雄鱼寄生在雌体上,这对保证在海洋深处无边的黑暗中,求偶受精提供了特殊的便利。对水温、盐度、pH 值、溶质浓度等,不同种类都有一定的适应范围和要求。除了水环境的理化因子对鱼类的生活有很大影响之外,水中其他生物性因子对鱼类也有重大影响,而且使鱼产生了种种的适应性。在同种鱼类各个体之间,产生种内的联系,如求偶、产卵、护幼、索饵、集群等等,都是种内个体之间产生的联系。特殊的例子如一种肉食性的淡水鲈 Perca fluvitilis,生活在某些水域中无其他鱼类可供食饵时,就转而以同种的幼鱼为食,而幼鱼则以浮游生物为食,在这种特定的环境条件下,自相残杀的行为使物种优者得以保存和延续。生物性联系在鱼和其他生物之间主要表现在营养、敌害和寄生等方面;营养联系最普通的是捕食者和牺牲者之间的关系,许多凶猛的肉食性鱼类以其他鱼或生物为食,同时捕食者的不同种类,处在水域中食物链的不同环节上,即是通常人们所说的"大鱼吃小鱼,小鱼吃虾米";营养联系的另一种关系就是竞食关系,摄食大体相同饵料的不同种类,在饵料数量有限的情况之下就发生竞争的现象。这种营养联系在人工养殖的水域中是养殖者必须考虑的一个因素,应该很好地搭配养殖种类,务使不发生尖锐的食饵矛盾,以便最充分地利用水体有限的空间,达到最大的经济效益。应该附带指出,食饵竞争在同种鱼类不同个体之间也会发生,这是养殖工作者熟知的事实。

5.5.2　鱼类的生殖和发育

鱼类大多为雌雄异体,只在鲱、鳕、黄鲷和鮨等少数鱼类科属中发现雌雄同体。合鳃目中的黄鳝有奇特的性逆转现象,在黄鳝胚胎时期,有一对生殖腺,后来右侧性腺退化,左侧性腺发育成卵巢。孵化后黄鳝都是雌性的,体长 35～46 cm。开始性成熟而产卵,产卵之后,卵巢都转变为精巢,46 cm 以上的个体,都是雄性个体,受精作用必须在不同个体之间进行,故是异体受精,但有些鲈类有自体受精现象,有的热带鱼 Amazon molly 有孤雌生殖现象。雌雄两性鱼外形上一般不易区别,但某些鱼类在生殖季节第二性特征比较显著,如大马哈鱼在生殖洄游时,雄性上颌发生显著的弯曲,背部隆起等等,又如养殖鱼类中的青、鲢、鳙,在成熟时,雄性胸鳍有"珠星"或锯齿、刀刃状突出物,这对人工催产选择亲鱼是有用的特征。

鱼类的生殖方式是极为多样化的,总结有如下四类:

1.体外受精,体外发育:大多数鱼类在性腺成熟时,两性有一定的求偶行为,然后雌性将卵子产于水中,雄体同时射出精液,卵子在水中发育孵化成仔鱼。卵子在胚胎发育和孵化过程中,有的种类,其亲鱼还有护卵行为。但大多数鱼类亲鱼产出后就不管,卵子在水中自生自灭,这样的鱼类,卵子能发育到成鱼,成活率是很低的。与此种情况相适应,这样的鱼类往往产出数量巨大的卵子,许多鱼类一个生殖季节中一尾雌鱼往往产卵达数百万粒,最多达上亿粒(翻车鱼)。产卵的方式也有所不同,有的是一个生殖季节中雌鱼排出卵巢中所有的成熟卵,有的是分次、分批地排出卵子。显然,后一种产卵方式对于延续后代更为有利,免得卵子在环境条件不利时遭到一次性全部覆没的危险。

2.体外受精,体内发育:一些丽鱼科的罗非鱼类(Tilapia)在产出卵子于水中并受精之后,雌体将受精卵吞入口腔中,使卵子在口腔中发育孵化,在仔鱼孵出的初期,仔幼鱼还往往以母体的口腔作为庇护所。美洲海鲇则是雄鱼将卵含在口中哺育,又有一种鲇鱼 *Tachysurus barbus*,雄性在繁殖时停止摄食,将受精卵吞入胃中让卵在胃中发育孵化。海龙和海马则在雄鱼腹面产生皮褶或育仔卵袋,卵子产在此袋内孵化。

3.体内受精,体外发育:有些鱼类,雄性有交接器官,交配时通过交接器官把精子送入雌鱼体内,卵子在雌鱼生殖管中受精后再从体内产出,如虎鲨等雄的有鳍脚,其卵状如四角形的袋状物,为卵的外壳,缠绕于海藻上在水中发育,硬骨鱼中的霍鲉,雄的有生殖足,能将精胞挂在雌鱼的生殖孔上,卵子在体外发育。

4.体内受精,体内发育:这又有两种情况,一种是卵胎生,即卵受精后在母体子宫内发育,卵子依赖本身卵黄获得养料,不另外从母体摄取营养,这是大多数软骨鱼和虹鲉、柳条鱼等的情况。另一种如星鲨、鳐鱼、灰虹等,雌鱼的子宫壁形成一些突起,通过胚胎的喷水孔进入其Ⅶ腔,向胚胎口中分泌一种油性液体,作为胚胎发育所需的营养,或者由胚胎生出卵黄囊突起,插入母体子宫壁上吸取营养,这与具有胎盘的哺乳动物有点相似,有人称为胎生。但应与哺乳动物相区别,前者只是卵黄形成胎盘,后者则是胚胎的绒毛膜、尿囊和母体子宫壁内膜结合而成的真胎盘,所以这些鱼类是假胎生。

5.5.3　鱼类个体发育分期

1.胚胎期(embryonic period):从受精开始到胚胎长成后以外部摄食为止的一段时间(包括从卵中孵出或从母体中分娩出但仍带有卵黄囊的一段时期),胚胎从卵黄或直接从母体取得营养。

2.仔鱼期(larval period):以外界饵料为食,外形和内部结构(如肠的长度等)尚与成体不同。

3.幼鱼期(juvenile period):外形近似成体,性器官未发育完全,副性征尚未出现或不发达。

4.成鱼期(adult period):已能在每年的一定季节进行生殖,如有副性征,已出现。

5.老年期(senile period):性机能衰退,长度生长停止或极为缓慢。

以上分期,在胚胎期和仔鱼期划分方面,有人把从卵中孵出到卵黄囊已完全吸收时为止称为前期仔鱼(prolarva),卵黄囊消失后的仔鱼叫后期仔鱼(postlarva),一般所指的发育常为达到成鱼期以前的早期发育。

鱼类是端黄卵,卵裂是盘状不等分裂,经囊胚、原肠、神经胚等时期,最后成仔鱼。自受精卵至孵化所需时间,各种鱼都不相同,而且与环境因素尤其是温度有关,在最适宜条件下,卵子发育所需的温度和孵化时间的乘积有一个定数,如淡水鲑此定数为410,在10℃时孵化期为41天,而5℃时需82天,2℃时则需205天,其他因素如光照、盐度、水中溶解氧浓度等对卵的发育也有影响。许多鱼类在仔幼鱼期身体形状和体内结构要发生很大的变化,这就是变态。如鳗鲡发育要经过叶鳗和玻璃鳗阶段才成为幼鳗,外形与成体差别很大,历史上曾把叶鳗等误定为分类上另一个属,细头属 *Leptocephalus*。

鱼类在胚胎时和仔鱼期抵抗能力较弱,环境因子稍有变动,便会招致大量死亡,具体了解各种鱼类发育对各种环境因子的敏感期,在鱼类养殖事业上就可采取适当措施,预防卵和仔鱼大量死亡,以免造成损失。在研究自然条件下鱼类的数量变动时,这方面的知识也是重要的。

5.5.4 鱼类的洄游

鱼类中只有少数种类一生中定居在一个地区。大多数种类,都有从一个生境结群迁移到另一个生境的现象,称为洄游。与鱼类一般行为不同,洄游是周期性,有规律地发生的,移动距离较长,有一定的方向和路线,而且多结成大群集体移动,这是鱼类在长期进化过程中形成的一种本能。

一般可将鱼类分为:淡水洄游鱼类;海水洄游鱼类;咸淡水洄游鱼类。其中,咸淡水洄游鱼类又分为溯河洄游性的,如鲑鳟鱼类、凤鲚、银鱼等,大部分时间生活于海中,每年春夏之际溯河而上进行产卵活动。降河洄游性的,如鳗鲡等,生活于淡水,在海中产卵。还有一种双向洄游鱼类,从淡水游至海洋或相反,洄游目的不是为了生殖,但在生活史的一定阶段中有规律地出现。

洄游类型还可以有几种别的分类法。如区分为主动洄游和被动洄游,后者多系仔、幼鱼顺着海流的顺流流动,或区分为水平洄游和垂直洄游,后者如灯笼鱼科某些种类,白天栖息于中下层海中,晚间升到表层摄食。还可根据洄游目的和性质分为生殖洄游、索饵洄游和越冬洄游。生殖洄游如我国沿海许多经济鱼,带鱼、大黄鱼、小黄鱼、鲳鱼等等,一般在温带春季从外海越冬场游向沿岸水区产卵。索饵洄游如竹荚鱼随着其主要的饵料生物太平洋磷虾的分布区而移动。我国浙江舟山群岛冬季水温下降到 17℃～18℃时,开始有进行越冬洄游的带鱼经过,至水温 14℃～15℃时,带鱼群大批涌到,这就是当地著名的冬汛盛期,带鱼是由沿岸索饵场向外海越冬场洄游中途经过舟山群岛的,在越冬洄游途中,带鱼仍然强烈摄食。

5.5.5 渔业

鱼类很早就是人类加以利用的自然资源,原始人类就曾以渔猎为生,发展了最早的渔业,早期人们以简单的工具捕捉自然水体的鱼类为食。迄至今日,人类所使用的捕鱼工具包括渔具和捕捞、加工的船舶已十分先进,种类繁多,此外,人类很早就发展了鱼类人工养殖事业,在这方面,我国开展得最早,远在公元前就已经开始。今天,我国鱼类养殖事业有着极大的发展,并居于世界领先地位。

根据联合国粮农组织 FAO 资料,世界著名的海洋渔场在西太平洋方面有中国大陆架,日本列岛至堪察加半岛和千岛群岛一带渔场;在太平洋东部有加拿大滨海省和美国新英格兰外海以及白令海渔场,阿拉斯加、加拿大的英属哥伦比亚,向南至墨西哥的大陆架和大陆坡上的渔场。其中南太平洋秘鲁沿岸的鳀鱼渔场,高产年份可达 1 200 万吨的年产量,大西洋方面则有北海渔场是开发较早的著名渔场,主要种类是鲱鱼类、鳕鱼类和鲽形目鱼类。

在我国,海洋鱼类有 2 300～2 400 种,约 300 种为经济鱼类,其中产量较高的有 70 余种,以鲱形目、鲈形目为主。黄海和东海产量高于渤海和南海。2000 年我国水产品总产量 4 270 万吨,至 2006 年已高达 5 290.40 万吨,继续居世界之首;其中养殖产量 3 593.95 万吨,占总产量 68%,捕捞产量 1 696.45 万吨,占总产量 32%。全国水产品人均占有量 40.46 千克。总产量中鱼类产量 3 162.03 万吨,海洋捕捞产量 1 442 万吨;2006 年全国海洋捕捞主要鱼类产量:年产量 7 万～10 万吨以上种类有:带鱼 142 万吨;鳀 97.45 万吨;蓝圆鲹 62.74 万吨;日本鲭(鲐)47.56 万吨;海鳗 39.72 万吨;鲳 39.56 万吨;马鲛 39.32 万吨;小黄鱼 34.78 万吨;金线鱼 30.48 万吨;梅童鱼 23.91 万吨;马面鲀 21.81 万吨;远东拟沙丁鱼 21.52 万吨;玉筋鱼 19.17 万吨;金枪鱼 17.25 万吨;鲷类 16.83 万吨;竹荚鱼 15.94 万吨;梭鱼 15.36 万吨;白姑鱼 13.44 万吨;鳓 10.86 万吨;黄姑鱼 10.17 万吨;大黄鱼 7.85 万吨。

海洋渔业的主要捕鱼工具有:①网渔具。主要是单船或双船的底拖网,网成袋形,适于捕捞底层及近底层鱼类。围网,一般由单船操作,适于捕捞上层鱼类。②刺缠渔具。如各种流网及定置刺网,置于鱼类洄游通路上,刺缠住鱼的鳃盖或棘而捕捉之,可置于各种深度的水层中。③陷阱渔具。如各式建网和张网,以陷阱的办法捕鱼,一般在沿岸作业。④钓渔具。如延绳钓、曳绳钓等各式渔具。

近年来,在围网方面,由于广泛使用了先进的助渔导航仪器,改进了渔船和网具结构,从而使现代的新式围网既能捕捞中、上层鱼类,且有的装有水下电视,能进行瞄准式的捕捞作业。渔船方面,发展了远洋渔船队,由数万吨的母船为中心,配备若干捕捞船,母船给捕捞船补充油、水及提供捕捞船船员休息、医疗等条件,且有鱼品的冷藏加工设备,可把渔获物直接加工成罐头、冻鱼、鱼片、鱼粉和鱼油等,起到活动的海上鱼品加工厂和鱼品仓库的作用。这样的船队,续航能力很高,可远征世界各大海洋捕鱼,是发展我国外海和远洋渔业的方向。

在发展捕捞生产的同时,还必须重视鱼类资源的繁殖保护工作。鱼类资源与一切生物资源一样,虽然是一种可以再生的自然资源,但应合理利用,才能发挥最大生产潜力。酷渔滥捕,破坏了资源生物再生能力,有的就很难恢复。在这方面我们有很多沉痛的教训。黄海、东海的真鲷资源,历史上遭日本掠夺性滥捕而一直不能恢复。我国原来的四大海产,大黄鱼、小黄鱼几乎已不成为渔业,带鱼的产量也锐减,这些都是捕捞过度的结果。现时,政府已制定繁殖保护的各项措施,规定了禁渔区及禁渔期,经过这几年的实行,效果是很明显的。

如前所述,我国的鱼类养殖开展得很早,有悠久的历史。1958 年以后在静水池塘条件下对养殖鱼类的人工繁殖技术取得突破,在生产上解决了天然鱼苗不足的问题,技术措施的主要内容是向亲鱼体内注射催情剂,并结合其他生态条件(水温、溶氧、流水刺激等),促使亲鱼产卵受精,再进行人工孵化,培育出大量鱼苗,以供应养殖生产的需要。目前常用的催情剂有:鱼类的脑垂体(简称 PG);绒毛膜促性腺激素(HCG);促黄体生成素释放激素(LRH),及释放激素类似物(LRH—A)。至于海水鱼的养殖,目前规模较大的主要海水养殖鱼类有鲟、虹鳟、虱目鱼、鲻鱼、梭鱼、鳗鲡、石斑鱼、军曹鱼、大黄鱼、鲈鱼、真鲷、牙鲆、鲽、东方鲀、大菱鲆(引种人工繁殖)等。

人类对鱼类的利用70%以上是食用,部分作为工业原料和肥料及人工养殖的饵料,还从储量较大的某些种类提取抗癌药物、河豚毒素进行临床实验治病救人,还能作观赏、工艺品、科学实验材料以及钓鱼等体育活动对象(涉及濒危物种利用时,要经一定级别管理部门批准方可执行)。

我国海洋资源的开发虽已取得了显著的成绩,但同一些海洋技术先进的国家相比,还存在着不小的差距。目前海洋资源开发在全国经济总量中所占的相对密度仍然非常有限,发展潜力十分巨大。由于自然条件、地理位置、人口分布和历史原因,我国的经济重心趋向沿海。随着国家对外开放政策的继续深入,对海洋经济的社会需求将不断扩大,加上西太平洋地区在世界经济全局中的重要性迅速提高,我国海洋资源的进一步开发前景良好。

5.6　海洋鱼类分类鉴定的实例——鲭亚目（Scombroidei）鱼类的分类鉴定

有关鱼类外部形态特征及鳃耙和鳞片等,其常用术语及测量方法可参见《鱼总纲软骨和硬骨鱼类形态描述》部分,此不赘述。鲭亚目鱼类均为海洋产,主要栖息于热带和温带水域。本亚目鱼类多是一些快速游泳的种类,经济价值很高,是世界渔业重要捕捞对象之一。其主要鉴别特征如下:①上颌不能向前伸出(前颌骨被固定是一种对大型猎物次生变性的适应性鱼类)。②体裸露或具小圆鳞。③胸鳍位低;腹鳍胸位或消失。④尾鳍存在或退化,其鳍条基部重叠或不叠于尾下骨上。⑤有或无皮肤血管系统等。最常见的鲐鱼就是隶属于鲭亚目的鱼类。

根据 J. S. Nelson(2006)的意见,鲭亚目包括6科,46属,大约147种鱼类。这6科我国皆有,分别为鲭科 Scombridae、蛇鲭科 Gempylidae、带鱼科 Trichiuridae、剑鱼科 Xiphiidae、旗鱼科 Istiophoridae 和魣科 Sphyraenidae。

5.6.1　鲭科（Scombridae）鱼类

体呈纺锤形,被小圆鳞。吻部不作箭状延长,胸鳍位高;背鳍2个。背鳍及臀鳍后方有小鳍。尾柄两侧有2到3隆起嵴。

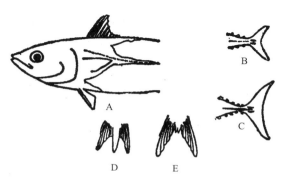

A.金枪鱼类的胸甲(常布满小鳞);B.鲭鱼类尾柄2隆起嵴;C.鲅鱼类尾柄3隆起嵴;

D.鲣鱼腹鳍间1鳞瓣;E.舵鲣腹鳍间2大鳞瓣

图 5-82　鲭科鱼类的一些分类特征

Nelson(2006)已把原属于鲭科、鲅科及金枪鱼科的全部鱼类归并入本科。世界有15属51种,我国现知产11属、约21种,许多都是价值较高的经济鱼类。各属鉴别列表如下:

1(10)胸部的鳞片正常,不形成明显的胸甲

2(5)尾柄两侧各有2条隆起嵴,无中央隆起嵴;胸部附近鳞片较大;两背鳍相距较远;齿弱小(鲭类)

3(4)鳃耙正常;犁骨及腭骨有齿;鳞片细小 ………………………… 鲭(鲐)属(*Scomber*)

4(3)鳃耙羽状;犁骨及腭骨无齿;鳞片相对鲭属较大 ……… 羽鳃鲐属(*Rastrelliger*)

5(2)尾柄两侧各有3条隆起嵴,中央隆起嵴大;胸鳍附近鳞片正常,两背鳍相距近;齿强大(鲅类)

6(7)侧线分上下两支,无小分支;腹鳍间突1个 ……… 双线鲅属(*Grammatorcynus*)

7(6)侧线1条,有许多小分支;腹鳍间突1对

8(9)无鳃耙,鳃丝作网状;肌肉间的刺接在肋骨上 ……… 刺鲅属(*Acanthocybium*)

9(8)有鳃耙,鳃丝不作网状;肌肉间的刺接在脊椎骨上 ……… 马鲛属(*Scomberomorus*)

10(1)胸部的鳞片特别大,形成明显的胸甲(金枪鱼类)

11(14)体被鳞,胸部鳞较大,形成胸甲

12(13)体亚圆筒形;上下颌具1列细齿;犁骨有齿 ……………… 金枪鱼属(*Thunnus*)

13(12)体稍侧扁;上下颌齿尖锐;犁骨无齿 …………………………… 狐鲣属(*Sarda*)

14(11)体仅胸部被大鳞,余皆裸露无鳞

15(18)腹鳍间有1大鳞瓣

16(17)两背鳍分离远;腭骨无齿,犁骨具齿 …………………………… 舵鲣属(*Auxis*)

17(16)两背鳍相连;腭骨具细齿,犁骨无齿 ……………… 裸狐鲣属(*Gymnosarda*)

18(15)腹鳍间具2鳞瓣

19(20)犁骨及腭骨无齿 ………………………………………………… 鲣属(*Katsuzvonus*)

20(19)犁骨及腭骨各具1列细齿 …………………………………… 鲔属(*Euthynntys*)

5.6.1.1 鲭属(*Scomber*)

鉴别特征同检索,以前称鲐鱼属,我国产有2种:

1. 日本鲭(*Scomberjaponicus* Houttuyn):又叫鲐,第一背鳍9~10棘,纵列鳞210~220,体腹部银白色,一般无斑点;鲐为暖水性远洋结群性鱼类,每年进行季节性的远距离洄游,游泳能力强,速度快,春夏时多栖息于中上层,活动在温跃层之上,在生殖季节时常结成大群到水面活动,有趋光性,有垂直移动现象。主要食浮游甲壳类,其次为鱼类,此外也食头足类、毛颚类、多毛类等。生长快,有的个体1龄鱼即可达到性成熟,大多数个体3、4龄才性成熟。1龄鱼180~260 mm,重约100 g;3龄鱼330~380 mm,重0.5~1 kg;渔获物一般叉长350~400 mm,重0.5~1 kg。鲐的生殖季节在日本为4月,黄海为5~7月,产卵场分布广,分批产卵,多在半夜到黎明或傍晚到半夜进行,怀卵量25万~263万粒,卵浮性,卵径0.95~1.25 mm。水温12℃时,经106 h孵化,15″12时约80 h孵出。黄海的鲐在黄海南部及东海越冬,3月离越冬场北上,4~5月到山东沿海产卵,然后在附近索饵,9~10月离岸游向越冬场。东海的鲐在我国台湾北部海区越冬,3月以后随台湾暖流离开越冬场,分批向闽东近海移动,4~5月在闽东台山渔场等海区产卵,然后分散索饵,入秋后

渔群自北而南向外海洄游,返回越冬场。在我国沿海都有分布,为近海主要经济鱼类之一,鲐肉结实,含脂丰富,肝内维生素含量高,可制鱼肝油。鲐是太平洋西部诸海中主要经济鱼类之一,1989年时的总产量达到167万t,高产的年份可超过200万t,其中以日本的产量最高,也是世界上产量最高的几种主要经济种类之一,居世界第七位(图5-83)。

图5-83　日本鲭(*Scomber japonicus* Houttuyn)

2.澳洲鲐:又叫澳洲鲭或狭头鲐[*S. australasicus* Cuvier(*Pneumatophorus tapeino-cephalus* 为异名)],第一背鳍11～12棘,纵列鳞185～195,体腹部密布不规则形小黑斑。本种近年在我国东海南部有发现,但产量不大。

图5-84　澳洲鲐 *S. australasicus* Cuvier

5.6.1.2　羽鳃鲐属(*Rastrelliger*)

羽鳃鲐属是鲭属的一个姐妹属。鉴别特征见检索。羽鳃鲐属仅有1种羽鳃鲐[*Rastreliiger kanagurta*(Cuvier)],产于我国南海和东海,为大洋暖水性洄游鱼类,平时结群栖息于外海中上层水域,常和鳀、鲐混栖。以磷虾、桡足类等为食,为群众渔业的兼捕对象。在印度洋和西太平洋中部,1989年总产量达27.8万t。

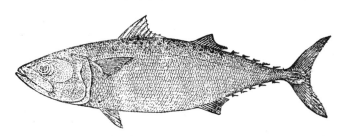

图5-85　羽鳃鲐 *Rastreliiger kanagurta*(Cuvier)

5.6.1.3　马鲛属(*Scomberomorus*)

马鲛属是鲐鱼的另一个姐妹属,也是我国的重要经济鱼类。它们游泳敏捷,性贪食,为典型的凶猛鱼类,以鳀、竹篗鱼、鲐的幼鱼和成鱼、鲻的幼鱼等为食。产量大,肉味鲜美,在我国有5种,其检索如下:

1(8)齿的边缘无细锯齿;鳃耙11～14

2(3)侧线在第一背鳍后端下方急剧下弯,背鳍棘 14～16

·· 中华马鲛[*chinensis*(Lacèpéde)]

3(2)侧线在第一背鳍后端下方不急剧下弯

4(5)背鳍鳍棘 19～20,鳍条 15～16;体高小于头长

·· 蓝点马鲛[*S. niphonius*(Cuvier et Valenciennes)]

5(4)背鳍鳍棘 14～15,鳍条 20～22;体高等于或大于头长

6(7)体高约等于头长;上颌长为头长之半

·· 斑点马鲛[*S. guttatus*(Bloeh et Sehneider)]

7(6)体高显著大于头长;上颌长大于头长之半 ··········

·· 朝鲜马鲛[*S. koreanus*(Kishinouye)]

8(1)齿的两侧有锯齿缘;鳃耙 3 枚 ·········· 康氏马鲛[*S. commersoni*(Lacèpéde)]

1.中华马鲛:体延长,侧扁,背、腹缘浅弧形,以第二背鳍起点处最高,向后渐细。头中大,头长大于体高。吻尖突,口裂斜。两颌各具齿一行,齿强大,尖锥形,10～13 枚,排列稀疏。腭骨细绒毛状齿带。鳃耙短小。背鳍两个,稍分离,第 2 背鳍后方具 9 个分离小鳍,臀鳍后具 6～7 个小鳍。尾柄细,基部具 3 皮嵴。尾鳍深叉状。背尾鳍边缘黑色。近海暖水性中上层鱼类。游泳敏捷,性凶猛,捕食小鱼、头足类等。一般叉长 700～800 mm,最大可达 1 m。产量少,资源量不明。

图 5-86　中华马鲛 *Scomberomorus chinensis*(Lacèpéde)

2.蓝点马鲛:体延长,侧扁,梭形;头长大于体高。吻尖长。口大,稍斜裂。上颌末端达眼后缘下方。牙侧扁,尖锐,侧缘无锯齿;腭骨牙细粒状。鳃耙较长,3～4＋9～11。背鳍两个,分离,第 2 背鳍和臀鳍后各具 8～9 个小鳍。尾柄具 3 皮嵴。尾鳍深叉形。为暖水大洋性鱼类,游泳敏捷,栖息于中上层,性凶猛,常成群追捕小鱼。主食小鱼,也食虾类。渔获物一般体长在 255～514 mm,体重 160～1 150 g,大的个体有 1 m 长,重达 4.5 kg 以上。渤海的蓝点马鲛繁殖期在 4～6 月,盛期在 5 月中下旬,分批产卵,怀卵量 55 万～85 万粒,卵浮性,卵径 1.43～1.73 mm。每年 2～5 月由外海结群向浅海沿岸进行生殖洄游,产卵后即在附近海区索饵,入秋后,由北向南洄游,在外海越冬。一般夏季栖息于中上层,冬季则栖息于中下层。在我国,蓝点马鲛分布于黄渤海及东海,产量尚多。1989 年世界年产量达 14.8 万 t,鱼肉结实,味美,肝可提炼鱼肝油(图 5-87)。

图 5-87　蓝点马鲛 *Scoegeronmrus niphonius*(Cuvier et Valenciennes)

3. 斑点马鲛:体延长,侧扁,背、腹缘浅弧形,以第二背鳍起点处最高,向后渐细。头中大,吻尖长,口裂斜。两颌各具齿一行,齿强大,侧扁三角形,8~9枚,排列稀疏。腭骨细绒毛状齿带。鳃耙短小,3~4+10~11。背鳍两个,稍分离,第2背鳍小,后方具7个分离小鳍,臀鳍后具8个小鳍。尾柄细,基部具3皮嵴。尾鳍深叉状。近海暖水性中上层鱼类。游泳敏捷,性凶猛,捕食小型鱼类,大型甲壳类及底栖无脊椎动物。

图 5-88　斑点马鲛 *Scoegeronmrus guttatus*(Bloeh et Sehneider)

4. 朝鲜马鲛:体延长,侧扁,背、腹缘深弧形,以第二背鳍起点处最高,向后渐细。头较小,体高显著大于头长。上颌长大于头长之半,下颌略长于上颌。两颌各具齿一行,齿强大,侧扁三角形,13~14枚,排列稀疏。腭骨具细粒状带。鳃耙短小。背鳍两个,分离,第2背鳍和臀鳍后各具9或8个小鳍。尾柄具3皮嵴。尾鳍深叉形。近海冷温性中上层鱼类。游泳敏捷,性凶猛,成群捕食小型鱼类及底栖无脊椎动物。入秋后,在外海越冬。

图 5-89　朝鲜马鲛 *Scoegeronmrus koreanus*(Kishinouye)

5. 康氏马鲛:体延长,侧扁,背、腹缘浅弧形,以第二背鳍起点处最高,向后渐细。头中大,吻尖长,口裂斜。两颌各具齿一行,齿强大,侧扁三角形,12~16枚,排列稀疏,齿侧有锯齿。腭骨具绒毛状齿带。鳃耙短小,3枚。背鳍两个,分离,第2背鳍和臀鳍后各具10个小鳍。尾柄细,基部具3皮嵴。尾鳍深叉状。近海暖水性中上层鱼类。游泳敏捷,性凶猛,成群捕食小型鱼类及甲壳类。一般叉长600~700 mm,最大可达1 m,有一定资源量。

图 5-90　康氏马鲛 *Scoegeronmrus commersoni*(Lacèpéde)

5.6.1.4　双线鲅属(*Grammatorcynus*)

双线鲅属,体形似鲭,犁骨和颚骨与舌上均具齿,鳃耙正常。侧线2条,上支沿背缘至尾柄侧隆起嵴,下支出自背鳍第 3 鳍棘下方折向胸鳍后下方沿体侧腹缘至背部最后小鳍同上支侧线相接。有 2 种,分布红海、印度—西太平洋温热带海域。在我国,有一种双线鲅 *Grammatorcynus bicarinatus*(Quoy *et* Gaimard)产于南海,眼小,体长可达 600 mm。

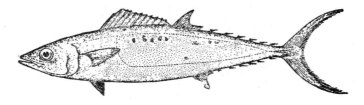

图 5-91　双线鲅 *Grammatorcynus bicarinatus*(Quoy *et* Gaimard)

5.6.1.5　刺鲅属(*Acanthocybium*)

刺鲅属现知有 1 种,即沙氏刺鲅[*Acanthocybium solandri*(Cuvier *et* Valenciennes)],体侧有 30 条左右暗色横带,广泛分布于印度洋、太平洋,近年在东海、南海有所发现,个体较大,一般体长在 1.5 m 左右。但数量很少,且在我国海域分布区狭窄,被评估为濒危鱼类。

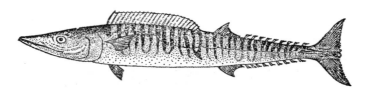

图 5-92　沙氏刺鲅 *Acanthocybium solandri*(Cuvier *et* Valenciennes)

5.6.1.6　金枪鱼类

金枪鱼类包括金枪鱼属、狐鲣属、舵鲣属、裸狐鲣属、鲣属和鲔属等,这是它们的统称,其共同特征是"有发达的皮肤血管系统",这是对体温调节的某种适应,金枪鱼类的体温通常略高于水温,最高可超过水温 9℃。此类鱼作世界性分布,是重要的经济鱼类,在各个大洋中都有进行捕捞。活动敏捷,多在水的上层成群游动,但因行动过于迅速,用围网不易捕获,故多用活饵钓取。由于金枪鱼类资源丰富,近几十年来各国大力发展金枪渔业,在世界渔业中占重要地位。金枪鱼肉坚味美,制造原汁鱼肉罐头是一等上品,也能制成冰鲜品及盐腌品,在市场上十分受欢迎。据 1989 年统计,全世界金枪鱼、鲣类的总产量达到 350 万 t 左右,其中鲣(*Katsuwonus pelamis*)的产量有 118 万 t,主要生产国有日本、西班牙、法国、波多黎各及美国等,黄鳍金枪鱼(*Thunnus albacares*)的产量有 90.5 万 t。许多国家对某些金枪鱼类已经采取保护性措施,限制捕捞数量。在我国台湾东南及南海诸岛有丰富的金枪鱼资源,尚待进一步开发利用。国外目前有研究金枪鱼的人工繁殖并取得成功的例子,有些国家还在试养金枪鱼。

1.金枪鱼属(*Thunnus*)现知我国产有 5 种(图 5-93),它们的区别如下:

1(2)无鳔;胸鳍短,向后几达第一背鳍后端

…………………………………………… 青干金枪鱼 *Thunnus tonggol*(Bleeker)(A)

2(1)有鳔

3(4)背鳍、臀鳍和小鳍皆呈黄色;胸鳍向后达第一背鳍后端,第二背鳍及臀鳍显著高起 ·························· 黄鳍金枪鱼 T. albacares(Bonnaterre)(C)

4(3)背鳍、臀鳍和小鳍不呈黄色

5(6)胸鳍较短,约为头长的 1/2,其后端不达第二背鳍的起点,第二背鳍及臀鳍甚低 ·························· 金枪鱼 T. thynnus(Linnaeus)(E)

6(5)胸鳍较长,其后端超过第二背鳍的起点,第二背鳍及臀鳍的高度中等

7(8)胸鳍呈带状,向后伸达臀鳍后的第一小鳍 ·························· 长鳍金枪鱼 T. alalunga(Bonnaterre)(B)

8(7)胸鳍向后伸达第二背鳍的前端 ·········· 大眼金枪鱼 T. obesus(Lowe)(D)

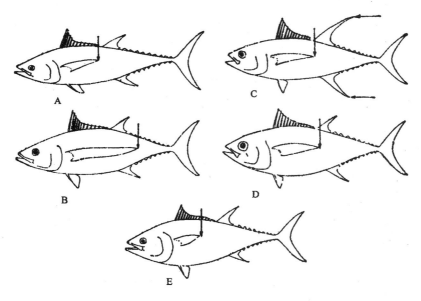

A.青干金枪鱼;B.长鳍金枪鱼;C.黄鳍金枪鱼;D.大眼金枪鱼;E.金枪鱼

图 5-93 我国产 5 种金枪鱼

其中青干金枪鱼常见于我国南海,为热带性中上层鱼类,游泳迅速,喜栖息于水质澄清的沙底或沙泥底海区。当天晴风弱、流水缓慢时,常游到水面,在水温下降、风浪大时,则下沉到水深处。主要食物为虾类、鱼类及头足类,渔获物一般体长为 300～400 mm,体重 1.52 kg,大者体长可达 1.4 m。体长达 300 mm 时开始性成熟,产卵期为 6～7 月,在近岸浅水中产卵,卵浮性,卵径 1.05～1.12 mm。可作远距离洄游,每年 11 月起,陆续从西沙群岛向海南岛沿岸一带作索饵和生殖洄游,此时多结群游于水的中上层,适温范围为 14℃～29℃,最适温度为 25℃～27℃,此时渔获量最高,7 月后多离近岸向外海游去。在南海的产量较大,为南海次要经济鱼类,可作为今后发展捕捞的对象。肉结实,鲜销和制成罐头或成制品。油浸金枪鱼罐头素负盛名。

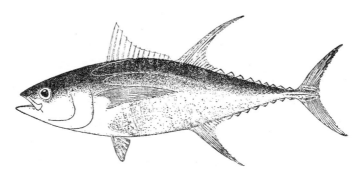

图 5-94　黄鳍金枪鱼 **Thunus albacares**（Bonnaterre）

2.狐鲣属（*Sarda*）：在我国，产 1 种东方狐鲣［*Sarda orientalis*（Ternminck et Schlegd）］，分布于南海。

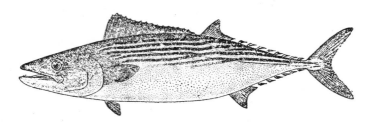

图 5-95　东方狐鲣 *Sarda orientalis*（Ternminck et Schlegd）

3.舵鲣属（*Auxis*）：在我国只有一种圆舵鲣（又叫扁舵鲣）［*Auxis rochel*（Risso）*A. thazard*（Lacépède）为异名］体纺锤形，横切面圆形；尾柄短细，在尾鳍基两侧各具一发达的中央隆起嵴和两个小侧嵴。头大、稍侧扁。吻短，眼中大，近头背缘。口斜裂，两颌各具细尖齿 1 行，犁骨具数小齿。舌无齿，具两叶状皮瓣。鳃孔宽，鳃耙细长。体在胸甲部被圆鳞，其余部分裸露无鳞。背鳍两个，相距远，第二背鳍后方具 8 分离小鳍。臀鳍后方具 7 分离小鳍。尾鳍新月形。体背部蓝黑色，腹部浅灰色，胸甲附近棕色；体背侧在胸甲后方具不规则虫纹状黑斑。第一背鳍灰黑色，其他鳍浅色。分布于黄海、东海及南海，为热带或亚热带中上层鱼类，游泳迅速，喜栖息于沙底或岩礁底质的海水澄清处，以摄食小鱼为主。在南海较常见，有一定经济价值。

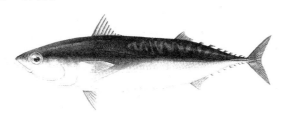

图 5-96　圆舵鲣 *Auxis rochel*（Risso）

4.鲣属（*Katsuwonus*）：在我国，只产 1 种鲣［*Katsuwonus pelanus*（Linnaeus）］，产于南海及台湾等海区，有经济价值，也是金枪鱼类中的一种主要捕捞对象（图 5-97）。

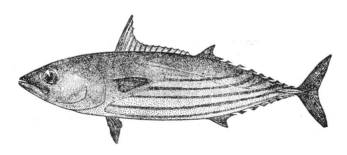

图 5-97 鲣 *Katsuwonus pelanus*(Linnaeus)

5. 鲔属(*Euthynnus*):在我国,只产 1 种,为热带性外海中上层鱼类,游泳迅速,喜栖息于沙泥或岩石底、水质澄清的海区。天晴浪静水温高时,上升至水上层及游向近岸,而天气恶劣时下降至水深处及游向外海。产于南海,有一定经济价值,是有发展前途的捕捞对象。

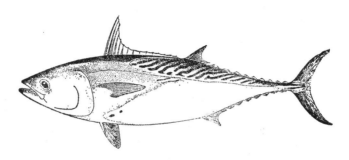

图 5-98 东方鲔 *Euthynnus affinis*(Cantor)

5.6.2 蛇鲭科(Gempylidae)

蛇鲭科,体延长而侧扁但不呈带状。腹鳍小,退化或无。背鳍与臀鳍后方有小鳍。口大,不能伸缩。颌齿强大,上颌前端常有犬齿。犁骨无齿,颚骨具齿。鳃耙退化。尾鳍叉形。尾柄一般无隆起嵴。侧线 1~2 条。体被细小圆鳞。本科鱼类为游动敏捷的大型凶猛鱼类,通常栖息于 200~500 m 深处,晚间则游至表层。分布于热带或亚热带水域。世界有 16 属 24 种。在我国,有 9 属 9 种,产于东海、南海。各属检索如下:

1(2)尾柄具隆起嵴,背鳍 8~11 鳍棘;侧线 1 条,呈波状

.... 异鳞蛇鲭属 *Lepodocybium*

2(2)尾柄无隆起嵴,背鳍 12 鳍棘以上;侧线 1~2 条,不呈波状

3(4)体甚粗糙,被结节状骨板棘鳞;腹部有隆起缘;侧线不明显,隐于皮下

.... 棘鳞蛇鲭属 *Ruvettus*

4(3)体光滑,被小圆鳞,无结节状骨板棘鳞;腹部无隆起缘;侧线 1~2 条,甚发达

5(12)腹鳍退化,1 鳍棘 0~4 鳍条或无鳍

6(9)侧线 1 条

7(8)臀鳍前方具 2 枚游离锐棘;侧线几近直线状 .... 游棘蛇鲭属 *Nealotus*

8(7)臀鳍前方无游离棘;侧线前端突然向下弯曲 ……… 纺锤蛇鲭属 *Promethichthys*

9(6)侧线 2 条

10(11)体长约为头长的 5.5 倍;背鳍 26～32 鳍棘,背起和臀鳍后各有 5～7 个小鳍,两支侧线均始于鳃盖骨上缘 ……………… 蛇鲭属 *Gempylus*

11(10)体长约为头长的 3.5 倍;背鳍 17～18 鳍棘,背起和臀鳍后各有 2 个小鳍,下支侧线在背鳍第 4～6 鳍棘下方由上支侧线分出 ………… 短蛇鲭属 *Rexea*

12(5)腹鳍甚发达,1 鳍棘 5 鳍条

13(14)侧线 1 条,侧线几呈平直;两颌前端有皮质突起;第 2 背鳍 20～21 鳍条,臀鳍 2 鳍棘 16～21 鳍条,两鳍后方各有 2～3 个小鳍 ………… 直线蛇鲭属 *Nesiarchus*

14(13)侧线 2 条

15(16)上支侧线位于背鳍鳍棘下方,行至第 4,5 鳍棘下后分出下支侧线沿体中部纵走;两颌尖端有软骨突起;背鳍 17～19 鳍棘,腹鳍约与胸鳍等长;口腔和鳃腔不呈黑色 …………………………………… 黑鳍蛇鲭属 *Thyrsitoides*

16(15)侧线始于鳃孔上缘,下支侧线沿腹缘纵走;两颌无突起物;腹鳍短于胸鳍;口腔和鳃腔呈黑色 …………………………… 东洋蛇鲭属 *Neoepinnula*

以上我国各属鱼类除短蛇鲭属 *Rexea* 有两个种外,其他 8 属都只有 1 种,各属种特点简介如下:

1. 异鳞蛇鲭属(*Lepodocybium*):只有异鳞蛇鲭 *L. flavobrunneum*(Smith)1 种,体纺锤形,尾柄每侧有 1 隆起嵴。口中大,口裂斜。颌齿锥状,前端有犬齿。犁骨、腭骨有齿。体被栉鳞圆、鳞混杂。侧线波状弯曲。第 2 背鳍 16～19 鳍条,臀鳍 12～15 鳍条,二鳍后各有 4～6 小鳍,腹鳍 1 鳍棘 5 鳍条,尾鳍近新月形。体长约为体高 4.5 倍。体长可达 2 000 mm,分布于各大洋热带或亚热带海域,栖息深水层,夜间游弋海面追食小鱼。在我国,南海产。

图 5-99　异鳞蛇鲭 *Lepodocybium flavobrunneum*(Smith)

2. 棘鳞蛇鲭属(*Ruvettus*):只有棘鳞蛇鲭 *R. pretiosus* Cocco 1 种,体纺锤形,尾柄无隆起嵴。口大,裂斜。颌齿尖锐,前端有犬齿。犁骨、腭骨和舌上有齿。皮肤被结节状骨板棘鳞。腹部有隆起缘。侧线完全,位于体侧中部,多隐于皮下。第 1 背鳍 13～15 鳍棘,第 2 背鳍 15～20 鳍条,臀鳍 2 鳍棘 15～18 鳍条,二鳍后各具 2 小鳍,腹鳍 1 鳍棘 5 鳍条,尾鳍叉形。体长约为体高 6 倍。体长可达 2 000 mm,分布于各大洋热带或亚热带海域,栖息于 200～500 m 水层中。在我国,产于南海、台湾海域。

图 5-100　棘鳞蛇鲭 *Ruvettus pretiosus* Cocco

3. 游棘蛇鲭属（*Nealotus*）：只有游棘蛇鲭 *N. tripes* Johnson 1 种，体延长，侧扁。口大，上颌骨后端伸达瞳孔前缘下方。颌齿尖锐，1 行，有犬齿。犁骨无齿。腭骨有齿。侧线 1 条，近平直。第 1 背鳍 20～21 鳍棘，第 2 背鳍 16～19 鳍条，臀鳍 1 鳍棘 14～18 鳍条，其前方还有 2 游离鳍棘。二鳍后各具 2 小鳍，腹鳍退化成 1 鳍棘。尾鳍叉形。体长为体高 6～8 倍。体黑色，口腔和鳃腔呈黑色。体长可达 300 mm，全世界分布，喜栖息于温热带海域。在我国，产于东海。

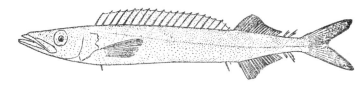

图 5-101　游棘蛇鲭 *Nealotustripes* Johnson

4. 纺锤蛇鲭属（*Promethichthys*）：只有纺锤蛇鲭 *P. prometheus*（Cuvier et Valenciennes）1 种，体延长，侧扁。口大，上颌骨后端伸达瞳孔前缘下方。颌齿粗壮而侧扁，下颌前端有犬齿。犁骨和腭骨有齿。侧线 1 条，在背鳍前部鳍棘下方突然向后下方弯曲。第 1 背鳍 17～19 鳍棘，第 2 背鳍 1 鳍棘 18～20 鳍条，臀鳍 2 鳍棘 15～18 鳍条，二鳍后各具 2 小鳍。腹鳍退化，仅残留 1 鳍棘，有时有一短鳍条。尾鳍深叉形。体长可达 600 mm，广泛分布于各大洋热带或亚热带海域，白日栖息于深水层中，夜间游弋海面追食小鱼。在我国，产于南海、东海海域。

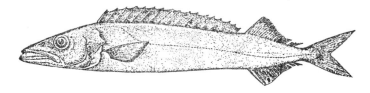

图 5-102　纺锤蛇鲭 *Promethichthys prometheus*（Cuvier et Valenciennes）

5. 蛇鲭属（*Gempylus*）：只有蛇鲭 *G. serpens* Cuvier et Valencinnes 1 种，体细长，侧扁。头尖长，口大，斜裂，下颌突出，上颌骨后端伸达瞳孔后缘下方。颌齿尖锐，1 行，上颌前方有犬齿。犁骨和腭骨无齿。鳞小或不明显。侧线 2 条，均始于鳃盖后上角。第 1 背鳍 27～32 鳍棘，第 2 背鳍 1 鳍棘 11～14 鳍条，臀鳍 2 鳍棘 10～13 鳍条，二鳍后各具 5～7 小鳍。腹鳍甚小，1 鳍棘 3～4 鳍条。尾鳍深叉形。体长可达 1 000 mm 为大洋性凶猛鱼类。栖息于热带或亚热带海域。在我国，产于南海、台湾海峡。

图 5-103　蛇鲭 *Gempylus serpens* Cuvier et Valencinnes

6. 短蛇鲭属(*Rexea*)：体稍延长,侧扁。头尖长,背缘几乎平直。口大,上颌骨后端伸达或稍超过瞳孔后缘下方。颌齿 1 行,扁而尖,有大型犬齿。犁骨无齿,腭骨有犬齿。侧线 2 条。第 1 背鳍 16~18 鳍棘,第 2 背鳍 1~2 鳍棘 14~16 鳍条,臀鳍 1 鳍棘 13~16 鳍条,二鳍方后各具 2~3 小鳍。腹鳍退化或只具 1 细棘,或具 1 鳍棘 2~3 鳍条。尾鳍叉形。现知 2 种,分布于印度—西太平洋温热带海域。

(1)短蛇鲭 *R. prometheoides* (Bleeker)腹鳍退化呈 1 小鳍棘,体长 200 mm 以上大鱼则腹鳍或消失。下支侧线在背鳍第 5 鳍棘下方由上支侧线分出,折向体中部纵走,体长可达 400 mm。在我国,南海产。

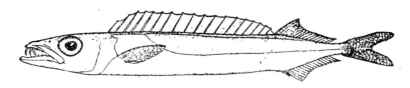

图 5-104　短蛇鲭 *Rexea prometheoides*（Bleeker）

(2)斑鳍短蛇鲭 *R. solander*(Cuvier)腹鳍小而明显,1 鳍棘 2~3 鳍条。下支侧线在背鳍第 6~7 鳍棘下方由上支侧线分出,折向体中部纵走,第 1 背鳍前部有黑斑,鳍膜边缘黑色。主要生产国为澳大利亚和新西兰。在我国未见报道。

7. 直线蛇鲭属(*Nesiarchus*)：体甚延长,侧扁。两颌前端具皮质突起。头尖突,下颌突出。口大,上颌骨后端伸达瞳孔前缘下方。颌齿 1 行,尖锐。犁骨、腭骨无齿。侧线 1 条,几平直。第 1 背鳍 19~24 鳍棘,第 2 背鳍 1 鳍棘 19~24 鳍条,臀鳍 18~21 鳍条,其前具 2 尖鳍棘。二鳍方后各具 2~3 小鳍。腹鳍 1 鳍棘 5 鳍条。尾鳍叉形。只直线蛇鲭 *N. nasutus* Johnson 1 种,体长为体高的 11 倍。几乎为全世界分布(东太平洋除外),在我国,产于东海。全长可达 1 500 mm。

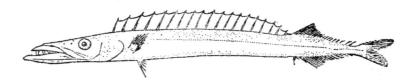

图 5-105　直线蛇鲭 *Nesiarchus nasutus* Johnson

8. 黑鳍蛇鲭属(*Thyrsitoides*)：体细长,侧扁。头尖长,吻锥状。口中大,下颌突出,上颌骨后端伸达眼前缘下方。颌齿尖长,前端有犬齿。腭骨具齿。侧线 2 条,上支侧线位于背鳍鳍棘下方,行至第 4、5 鳍棘下后分出下支侧线沿体中部纵走。第 1 背鳍 17~19 鳍棘,各棘长短依次递减,臀鳍与第 2 背鳍同形。二鳍后各具 4~6 小鳍。尾鳍叉形。只黑鳍蛇

鲭 *T. marieyi* Fowler 体长为体高的 9.0 倍。两颌尖端有软骨突起;体长可达 2 000 mm,分布于印度—西太平洋。在我国,产于南海、台湾海峡。

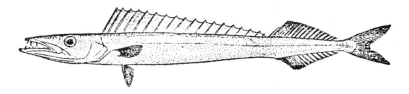

图 5-106　黑鳍蛇鲭 *Thyrsitoides marieyi* Fowler

9.东洋蛇鲭属(*Neoepinnula*):体稍高而侧扁。头短而尖,吻长而突出。上颌前端具尖齿。犁骨和腭骨有齿。侧线 2 条,始于鳃孔上缘。下支侧线沿腹缘纵走。第 1 背鳍 15～16 鳍棘,第 2 背鳍 1 鳍棘 17～20 鳍条,臀鳍 3 鳍棘 18～21 鳍条,二鳍方后无小鳍。腹鳍和胸鳍均小。尾鳍叉形。我国只有东洋蛇鲭 *N. orientalis* (Gilchrist et Von Bonde),体长约为体高的 4.2 倍,口腔和鳃腔呈黑色。体长可达 400 mm。分布于印度—西太平洋、中西大西洋的温热带海域。在我国,产于东海。

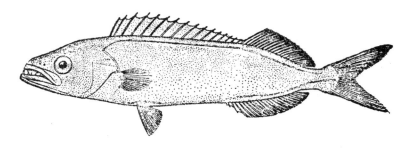

图 5-107　东洋蛇鲭 *Neoepinnula orientalis* (Gilchrist et Von Bonde)

5.6.3　带鱼科(Trichiuridae)

带鱼科,体甚延长,侧扁,呈带状。尾鳍小,叉状,或消失。胸鳍短小。臀鳍常由分离的短棘组成,有时消失。腹鳍退化呈鳞片状鳍棘(叉尾带鱼属具 1 退化鳍条)或完全消失。脊椎 58～192。口大,不能伸出。颌尖锐而侧扁,前方形成犬齿。犁骨无齿,腭骨具细齿。上颌骨为眶前骨所遮盖。一般每侧鼻孔一个。鳞退化。侧线 1 条。背鳍甚长,起点约在鳃盖骨上方,延达尾端,其前部的鳍棘部短于后面的鳍条部(叉尾带鱼属 *Benthodesmus* 和短尾带鱼属 *Aphanopus* 的鳍棘部与鳍条部间有 1 明显的缺刻)。

纳尔逊(Nelson,J. S. 2006)的《世界的鱼类》认为本科包括鱼类 10 属 39 种,并分为三个亚科,其中 Aphanopodinae 亚科有 2 属,短尾带鱼属 *Aphanopus* 和叉尾带鱼属 *Benthodesmus* 并 18 个种;Lepidopodinae 亚科含 5 属,长体带鱼属 *Assurger*,小带鱼属 *Eupleurogrammus*,突额带鱼属 *Evoxymetopon*,鳞带鱼属 *Lepidopus*,带鱼属 *Tentoriceps* 及 18 个种;第 3 亚科 Trichiurinae 有 3 属,新月带鱼属 *Demissolinea*,沙带鱼属 *Lepturacanthus* 和窄颅带鱼属 *Trichiurus* 及其 3 种。分布于大西洋、印度洋和太平洋的暖热海域中,一般在大陆架较深的水层内。带鱼和鳞带鱼属为渔业的重要对象。中国是带鱼属的主要生产

国之一。我国有 5 属 5 种,其各属形态检索如下:

1(2)尾鳍小,叉形;腹鳍存在,1 鳞状鳍棘和 1 退化鳍条;背鳍(鳍棘和鳍条)120 以上,鳍棘部为鳍条部的 1/2 ………………………………………………… 叉尾带鱼属 *Benthodesmus*

2(1)无尾鳍,尾向后渐细尖,无腹鳍或腹鳍退化成很小的鳞片状突起

3(6)无腹鳍,下鳃盖骨下缘内凹

4(5)臀鳍第 1 鳍棘较长,约为眼径 1/2,上颌有 2 枚尖端向前的犬齿

………………………………………………… 沙带鱼属 *Lepturacanthus*

5(4)臀鳍第 1 鳍棘短,小于瞳孔径,上颌无尖端向前的犬齿 ………… 带鱼属 *Trichiurus*

6(3)无腹鳍,成鳞片状突起,下鳃盖骨下缘圆凸

7(8)胸鳍较长,伸达侧线上方,两眼间隔微突,头背缘隆起平缓

………………………………………………… 小带鱼属 *Eupleurogrammus*

8(7)胸鳍较短,未伸达侧线,两眼间隔侧扁,头背缘隆起明显

………………………………………………… 狭颅带鱼属 *Tentoriceps*

1.叉尾带鱼属(*Benthodesmus*):体甚延长,侧扁,具叉形小尾鳍。体长为体高 17~36 倍。眼较大,高位,间隔平。鼻孔小,每侧 1 个。口大,上颌骨后端伸达眼前缘下方,下颌突出。颌齿强大,侧扁而尖,上颌前端有大犬齿。犁骨无齿,腭骨具齿。侧线 1 条,几呈直线。第 1 背鳍 37~46 鳍棘,第 2 背鳍 80~108 鳍条,鳍棘部基底约等于鳍条部 1/2,中间有 1 深缺刻。臀鳍 2 鳍棘 37~101 鳍条。腹鳍甚小,具 1 鳞片状鳍棘和 1 鳍条。尾鳍甚小,叉状。有 8 种,我国只叉尾带鱼 *B. tenuis*(Günther)1 种,体长为体高 16~22 倍,为头长 7~8 倍,侧线 1 条,不显著弯曲几呈直线。在我国,产于东海。

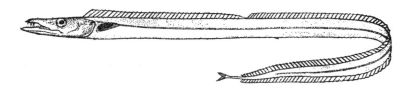

图 5-108　叉尾带鱼 *Benthodesmus tenuis*(Günther)

2.沙带鱼属(*Lepturacanthus*):体延长,侧扁,呈带状。口大,颌齿强大。背鳍 3~4 鳍棘 110~131 鳍条。臀鳍 73~77 鳍条。无腹鳍。尾鳍消失。侧线在胸鳍上方显著下弯。有 2 种,分布于印度—西太平洋。在我国,只有沙带鱼 *L. savala*(Cuvier et Valenciennes)1 种,产于南海、东海。体长可达 1 000 mm。

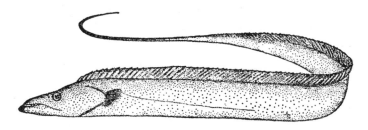

图 5-109　沙带鱼 *Lepturacanthus savala*(Cuvier et Valenciennes)

3.带鱼属(*Trichiurus*):体甚延长,侧扁,呈带状,尾向后渐细小,呈鞭状。头窄长,侧扁,前端尖突。口大,上颌骨伸达眼的下方。颌齿强大,侧扁而尖,上颌前端具倒钩状大犬齿。鳞退化。侧线1条,在胸鳍上方显著下弯。臀鳍由分离的小鳍组成,仅尖端外露。无腹鳍。尾鳍消失。只有带鱼 *T. lepturus* 1种,背鳍3鳍棘124~141鳍条,臀鳍2鳍棘87~110鳍条,遍布各大洋的暖温带海域内。在我国沿海均产。为洄游性鱼类,一般栖息在近海泥沙底质、水深60~100 m处,主要摄食各种小鱼和甲壳类。产卵期长,盛季在春季,分批产卵,此期游往近岸或浅海产卵。体长达2 000 mm。

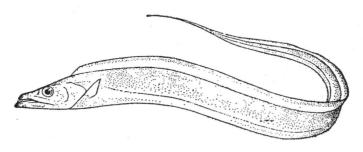

图 5-110　带鱼 *Trichiurus lepturus*

4.小带鱼属(*Eupleurogrammus*):体延长,甚侧扁,呈带状。口大,颌齿强大,侧扁而尖,前端具大犬齿。背鳍3鳍棘97~151鳍条,臀鳍2鳍棘97~140鳍条。腹鳍退化,呈1对很小的鳞状突起。尾鳍消失。侧线1条,在胸鳍上方不显著下弯,几呈直线状。2种,我国只有小带鱼 *E. muticus*(Gray)1种,在我国沿海均产。体长可达700 mm。

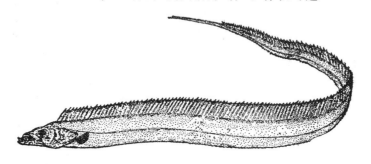

图 5-111　小带鱼 *Eupleurogrammus muticus*(Gray)

5.狭颅带鱼属(*Tentoriceps*):体延长,侧扁,呈带状,尾向后渐细小。头部短尖,显著侧扁。额骨在眼的上方形成1侧扁的锐利突起。口大,颌齿尖锐,侧扁,前端具犬齿。侧线平直,在胸鳍上方不向下弯。背鳍5鳍棘126~148鳍条。臀鳍退化,起点处正中具1鳞状突起。胸鳍短小。腹鳍退化,呈2鳞状突起。尾鳍消失。只有带鱼 *T. cristatus*(Klunzinger)1种,体长可达1 000 mm。分布于红海、印度—西太平洋温热带海域。在我国,产于南海、东海。产量少,不常见。

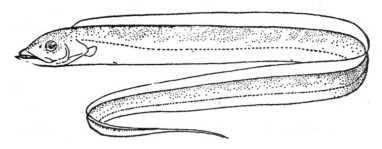

图 5-112　狭颅带鱼 *Tentoriceps cristatus*（Klunzinger）

5.6.4　剑鱼科（Xiphiidae）

剑鱼科,体粗壮,稍侧扁,尾柄细,每侧有 1 强隆起峙。上颌和吻部甚延长,呈 1 扁平剑状突出的吻部。成鱼无齿。各鳃弓的鳃丝呈网状组织,联结成一片网状物。体裸露无鳞。侧线不明显。背鳍 2 个,相距较远,第 1 背鳍高大,基底短,38~45 鳍条,始于鳃孔上方;第 2 背鳍短小,4~5 鳍条,位于尾部后方。臀鳍 2 个,第 1 臀鳍小,12~16 鳍条;第 2 臀鳍很小,3~4 鳍条,与第 2 背鳍同形而相对。胸鳍位低,镰状。无腹鳍。尾鳍深叉形。脊椎 16 ＋10。只剑鱼 *Xiphias gladius* Linnaeus 1 种,在我国,产于南海、东海,为全世界热带、亚热带海域均有分布的大洋性上层经济鱼类。性凶猛,常攻击和追食表层鱼类,体长可达 5 000 mm,体重可达 500 kg 以上。肉呈淡红色,味鲜美。主要生产国为日本、美国、加拿大、意大利、菲律宾等。

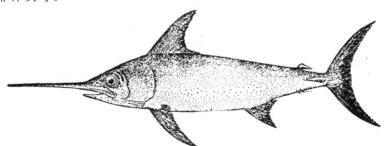

图 5-113　剑鱼 *Xiphias gladius* Linnaeus

5.6.5　旗鱼科（Istiophoridae）

旗鱼科,体延长,稍呈圆筒形,微侧扁,被针状小鳞。侧线完全,几近平直。前颌骨和鼻骨延长,呈 1 尖长的喙状吻部,吻部横切面呈圆形。口大。颌齿细小,呈绒毛状。上颌骨后端伸达眼后缘下方。鳃盖膜彼此相连,但不与峡部相连。假鳃发达,鳃耙退化。背鳍两个,第 1 背鳍基部甚长,长于鳍高,折叠时可藏于背沟内,第 2 背鳍短小而低,两背鳍间稍隔开或相连。臀鳍 2 个,第 1 臀鳍较大,折叠时可隐伏于沟内,第 2 臀鳍与第 2 背鳍同形而相对。腹鳍狭长,可收藏于腹沟内。尾鳍深叉形,尾柄每侧有两个隆起峙。具鳔。脊椎 24 枚。3 属 10 种,广泛分布于暖热带海域中,为游动迅速的中大型凶猛鱼类,所有种类均有渔业价值,成为延绳钓的主要经济种类之一。在我国有 3 属 4 种,大多产于南海,属的检索如下:

1(2)第1背鳍特别高大,大于体高,呈帆状;腹鳍极长,几伸达臀鳍
··· 旗鱼属 *Istiophorus*

2(1)第1背鳍不特别高大,小于、几乎等于或稍大于体高;腹鳍不长,远未伸达臀鳍

3(4)第1背鳍前部和后部鳍棘最大高度稍大于或几等于体高;头部背缘在眼前部不居然高起;体侧极扁 ······································ 四鳍枪鱼属 *Tetrapturus*

4(3)第1背鳍前部鳍棘显然最长,向后渐低短,鳍棘最大高度明显小于体高;头部背缘在眼前部居然高起;体不甚侧扁 ························· 枪鱼属 Makaira

1. 旗鱼属(*Istiophorus*):体延长,略呈圆筒形,稍侧扁。头较长,吻长而尖。呈枪状突出。口大,口裂微斜,上颌骨后端伸达眼后缘下方。颌齿呈绒毛状齿带,犁骨无齿,腭骨具细齿。第1背鳍39～48鳍条,最长鳍条明显大于鳍高;第2背鳍短小,6～8鳍条。臀鳍2个,第1臀鳍8～16鳍条,第2臀鳍5～8鳍条。胸鳍位低,呈镰状。腹鳍甚长,1鳍棘2鳍条。尾柄每侧有两个隆起嵴。尾鳍深叉形。2种,分布于大西洋、印度洋、太平洋的热带海域。在我国只有宽鳍旗鱼 *I. platypterus* (Shaw et Nodder)1种,产于南海、东海、黄海,最大体长达2 300 mm,体重达100 kg。主要生产国为日本、朝鲜。

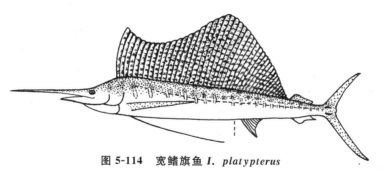

图 5-114 宽鳍旗鱼 *I. platypterus*

2. 四鳍枪鱼属(*Tetrapturus*):体延长,侧扁。第1背鳍39～48鳍条,最长鳍条等于或稍大于体高;第2背鳍5～7鳍条。臀鳍2个,第1臀鳍11～15鳍条,第2臀鳍5～8鳍条。侧线1条,不甚明显。6种,分布于各地大洋的热带和亚热带海域。在我国有2种,产于南海、台湾海域。

(1)尖吻四鳍枪鱼 *T. angustirostris* Tanaka:第1背鳍47～50鳍条,第2背鳍6～7鳍条。第1臀鳍12～15鳍条,第2臀鳍5～7鳍条。体长为体高8～10倍;臀鳍起点远在肛门后方,体长可达2 500 mm。

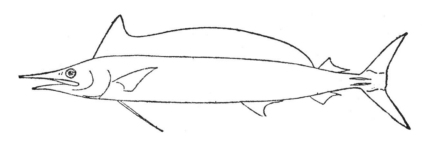

图 5-115 尖吻四鳍枪鱼 *T. angustirostris* Tanaka

(2)黄四鳍枪鱼 *T. audax* (Philippi)：第 1 背鳍 37～42 鳍条,第 2 背鳍 5～7 鳍条。第 1 臀鳍 11～17 鳍条,第 2 臀鳍 5～6 鳍条。体长为体高 6～8 倍;臀鳍起点临近肛门,体长可达 3800 mm。

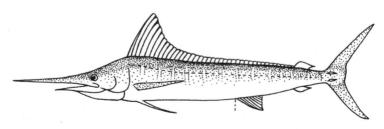

图 5-116　黄四鳍枪鱼 *T. audax*

3.枪鱼属(*Makaira*)：体延长,前部粗壮,稍侧扁。吻长而尖。呈枪状突出。颌齿呈绒毛状,腭骨具齿。背鳍 2 个,第 1 背鳍 38～46 鳍条,最长鳍条明显小于鳍高;第 2 背鳍 6～7 鳍条。臀鳍 2 个,第 1 臀鳍 13～15 鳍条,第 2 臀鳍 6～7 鳍条。2 种,分布于大西洋、印度洋、太平洋的热带海域。在我国,皆产。

(1)蓝枪鱼 *M. mazara* (Jordan et Snyder)。其胸鳍可贴附于体侧,上颌长为下颌长的 2.0 倍多,体具斑纹。全长可达 4 500 mm。在我国,产于南海、台湾海峡(图 5-117)。

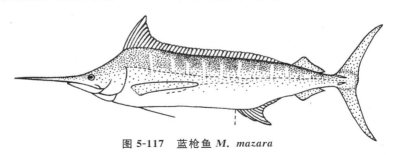

图 5-117　蓝枪鱼 *M. mazara*

(2)印度枪鱼 *M. indica* (Cuvier)。其胸鳍部贴附于体侧,与体侧垂直相交。侧线不明显。体长可达 4 500 mm,体重可达 700 kg。为印度—太平洋种类,在我国,产于南海(图 5-118)。

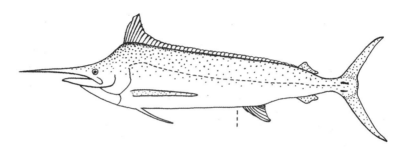

图 5-118　印度枪鱼 *M. indica*

5.6.6　舒科(Sphyraenidae)

舒科,体延长,亚圆筒形,被细小圆鳞。头尖长,两侧和背部具鳞。口大,宽平。上颌骨宽大,有1辅上颌骨。下颌突出。颌齿大,尖锐,扁平或锥形,下颌缝合部有1～2枚强大犬齿,深置于骨凹中。犁骨无齿,腭骨具齿。侧线发达,平直。背鳍2个,分离颇远,第1背鳍5鳍棘,第2背鳍10鳍条,位于体后方,与臀鳍相似而对。胸鳍较低位,腹鳍亚胸位。尾鳍叉形。鳃盖条7,鳃盖膜不与峡部相连。肉食性鱼类,分布于热带及温带海域。为近海中下层鱼类。性凶猛,喜群游,但不集大群,摄食虾类和幼鱼。

本科只有舒属 *Sphyraena* 1个属,约20种,分布于各暖水性海域中,为世界海洋渔业中有一定经济价值的鱼类。

舒属(*Sphyraena*):体延长,亚圆筒形,被细小圆鳞。头尖长,两侧和背部具鳞。上颌骨宽大,有1辅上颌骨。下颌突出。齿强大,犬齿状;鳃耙少或退化;侧线明显。背鳍2个,第1背鳍鳍棘5,第2背鳍鳍棘1,鳍条9;臀鳍鳍棘2,鳍条8。在我国,有7种,分别检索如下:

1(4)第1背鳍起点约与腹鳍起点相对或略前;胸鳍不达腹鳍起点;鳃耙1根

2(3)侧线鳞多于130枚;体侧有2条金黄色纵带纹(分布:南海)

‥‥‥‥‥‥‥‥‥‥‥‥‥‥‥‥‥‥‥‥‥ 黄带舒*S. helleri* Jenkins

3(2)侧线鳞少于130枚;沿侧线或有纵列暗色长斑(分布:南海、东海)

‥‥‥‥‥‥‥‥‥‥‥‥‥‥ 日本舒*S. japonica* Cuvier. et Valenciennes

4(1)第1背鳍起点后于腹鳍起点;胸鳍伸过腹鳍基底

5(10)前鳃盖骨后缘钝圆

6(7)侧线鳞少于90枚(75～87枚);鳃耙呈绒毛状细硬刺十余根;体背侧有十多条暗色横板块(分布:南海) ‥‥‥‥‥‥‥‥‥‥‥‥ 大舒*S. barracuda*(Walbaum)

7(6)侧线鳞多于100(118～133)枚;鳃耙不发达或呈具刺的疣突

8(9)体侧无暗色横带(分布:南海、东海) ‥‥‥‥‥‥ 大眼舒*S. forsteri* Cuv. et Val.

9(8)体侧有暗色横带多条(分布:南海) ‥‥‥‥‥‥ 斑条舒*S. jello* Cuv. et Val.

10(5)前鳃盖骨后缘略直或后下角有1叶片状突;侧线鳞少于100枚

11(12)前鳃盖骨后下角有1叶片状突;体侧有1暗色细纵带纹;侧线鳞82～87枚(分布:南海、东海) ‥‥‥‥‥‥‥‥‥‥‥‥‥‥‥‥‥ 钝舒*S. obtusata* Cuv. et Val.

12(11)前鳃盖骨后下角略呈直角;体侧有1暗色细纵带纹;侧线鳞88～94枚(分布:我国各海区) ‥‥‥‥‥‥‥‥‥‥‥‥‥‥‥‥‥‥‥‥ 油舒*S. pinguis* Günther

各种舒图形如下:

1.黄带舒*S. helleri* Jenkins 体侧有2条金黄色纵带纹,如图5-119所示。在我国南海常见。

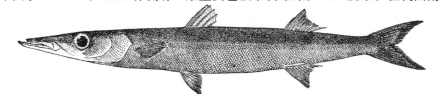

图 5-119　黄带舒*Sphyraena helleri* Jenkins

2.日本魣*Sphyraena japonica* Cuvier. et Valenciennes。沿侧线或有纵列暗色长斑,如图 5-120 所示。在我国东海、南海常见。

图 5-120　日本魣*Sphyraena japonica* **Cuvier. et Valenciennes**

3.大魣*Sphyraena barracuda*(Walbaum)。侧线鳞少于 90 枚,体背侧有十多条暗色横板块,如图 5-121 所示。在我国南海常见。

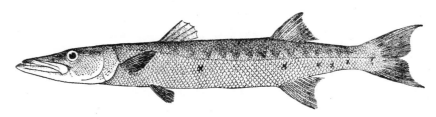

图 5-121　大魣*Sphyraena barracuda*(Walbaum)

4.大眼魣*Sphyraena forsteri* Cuv. et Val.。侧线鳞多于 100 枚,体侧无暗色横带,如图 5-122 所示。在我国东海、南海常见。

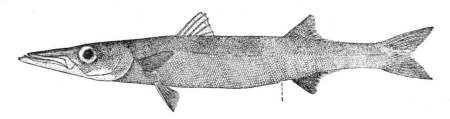

图 5-122　大眼魣*Sphyraena forsteri* **Cuv. et Val.**

5.斑条魣*Sphyraena jello* Cuv. et Val. 侧线鳞多于 100 枚,体侧有暗色横带多条,如图 5-123 所示。在我国南海常见。

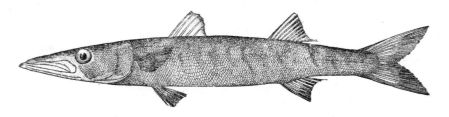

图 5-123　斑条魣*Sphyraena jello* **Cuv. et Val.**

6.钝䗁*Sphyraena obtusata* Cuv. et Val. 。前鳃盖骨后下角有 1 片突,体侧有 1 暗色细纵带纹,如图 5-124 所示。在我国东海、南海常见。

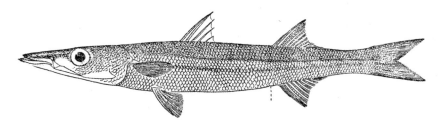

图 5-124 钝䗁*Sphyraena obtusata* Cuv. et Val.

7.油䗁*Sphyraena* pinguis Günther。前鳃盖骨后下角略呈直角;体侧有 1 暗色细纵带纹,如图 5-125 所示。常见于我国各海区。

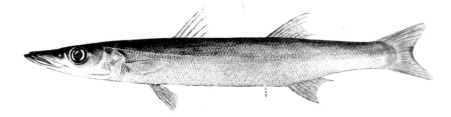

图 5-125 油䗁*Sphyraena* pinguis Günther

5.7 常见的鱼类学问题与实践

在工作中常见的鱼类学问题是:"如何认识一个种,如何区分与判断它们,如何将它们归类? 如何理解'优先律'以及如何理解它们的适应性、保持它们最大的种群数量等问题"。要讨论的问题前半部分属于分类学问题,后半部分属于生态学问题或实践、应用问题。

5.7.1 如何认识一个种?

1.分类的目的:在于区别自然的物种或其高级类群。通常根据比较若干稳定的特征来区别物种的自然类群,指出"这群"与"那群"间的关系,这些稳定特征的相似不是趋同(Convengence)而是分异(Divergence)。用分支分类学的话说"分异"就包括祖征(Plesimorphy)和离征(Apomorphy)两个方面。趋同是物种在适应环境中形成,而祖征和离征都是由遗传形成。只不过离征只在新生一代及其以后表现而已,这是它与祖征的区别。亨尼希(Henning,1965)将特征相似性区别为三种类型,即趋同现象(Convengence)、共同祖征(Symplesiomorphy)和共同离征(Synapomorphy)。只有根据共同离征建立的类群才称为单系(Monophyly);根据共同祖征建立的类群称为并系(Paraphyly);根据趋同现象建立的类群称为复系(Polyphyly)。一个正确的分类系统是单系,它的建立也应该符合分支分

类原理。例如鲤形目的韦伯器官;鲉形目的眶下索;鳗形目的鳗形体、无中喙骨、无后颞骨及无腹鳍等;鲀形目的板状齿;鲽形目的两眼在一侧,黄鳝目(合鳃鱼目)的两鳃孔合并等特征为依据所建立的系统一般都是正确的。所谓一个"种"是指形态及生物学特性(食性、年龄生长、生殖习性)稳定,能相互交配产生后代,具有一定地理分布范围并在谱系中占有一定的位置。所谓形态及生物学特性稳定,只是相对其他种而言,但在其种内却有一定的变异范围。

2. 如何判断鱼类高等或低等,甚至属种? 其依据有哪些? 最方便的判断有以下几种方法可快速或大致确定:首先,根据外部形态特征包括体形,如盾形、鲨形、鳒形、侧扁形、纺锤形、带形、鳗形、菱形和球形等判断,用以作为软骨鱼类或硬骨鱼类及超目以上的分类依据,前三种体形常见于软骨鱼类和盾皮类,后几种见于硬骨鱼类;鳃的裸露与否是软骨鱼类与硬骨鱼类的分类依据之一。第二,鳍形、鳍式与鳍位(尾鳍、胸鳍、腹鳍、背鳍、脂鳍等)通常用做辐鳍纲及其亚纲或目的分类依据;尾鳍歪与正为软骨鱼类、软骨硬鳞鱼类同硬骨鱼类的分类依据;腹鳍胸位或更前位的多为真骨鱼类、鲈形目或其他高等鱼类的特征。第三,抓住鱼的突出标志,可以判断其所在的目、科、属甚至种类,如根据鲫鱼的头部吸盘是背鳍的一种变态,这是区别于其他鱼的分类特征,由此可以直接找到其所在的科属。第四,根据鳍条、鳞片的性质、数目、排列等方面的差异,可以分辨不同的目、科、属、种。如鳍条有角质鳍条、骨质鳍条之分,骨质鳍条又分假棘、真棘和分支、分节的鳍条。一般说鳍棘鱼类高等;臀鳍鳍式 2,5 是鲤科鲃亚科和裂腹鱼亚科鱼类的特点;鲈形目鱼类的臀鳍通常有 3 鳍棘,腹鳍胸位,腹鳍鳍式为 1,5。盾鳞、硬鳞、骨鳞分别是软骨鱼类、软骨硬鳞鱼类和真骨鱼类的特点,常被作为分类依据;鳞片的有无和存在形式、形状、结构及相对位置等,常被用作高低不等阶元的分类依据,如我国的鲇形目鱼类、鳗鲡目、带鱼目、黄鳝目以及鲤科裸鲤属等鱼类都是无鳞的或几乎无鳞的,鲤科、鲑科、鲱科的鳞片为圆鳞,鲈形目等高等硬骨鱼为栉鳞或两者兼有。第五,要重视骨骼系统和内部器官结构的异同,骨骼系统包括中轴骨的头骨、脊椎和附肢骨等,内脏器官包括鳔、呼吸、消化、循环、尿殖等系统的结构、形态及分布等,这些在鱼类分类和演化方面具有重要意义。如头形,从无腭类到下等硬骨鱼类,头部都上下扁,头盖骨基地很宽,这是原始形状,称扁基式。高等硬骨鱼类的头骨侧扁,背面呈拱形,头盖骨基底狭,这是高等的形状,称峭基式。头骨的结合方式(腭翼方骨和头盖骨的结合)是区分高低等鱼类的依据,在硬骨鱼类下等的都是自接柱式或两接柱式,高等的为后接柱式。上颌结构:腭翼方软骨构成的上颌称初生上颌,到硬骨鱼类变为腭骨、翼骨和方骨,另加入前颌骨和上颌骨称次生上颌。后者是除肺鱼以外的硬骨鱼类具有,其中总鳍鱼类到全骨鱼类的腭骨为䚡骨(软骨硬化骨的通称),真骨鱼类的腭骨是膜骨,称皮膜骨。下等的有上颌上骨或上颌辅骨等 1 或 2 块,高等真骨鱼无此骨片。下颌结构:软骨鱼类的下颌是梅氏软骨,硬骨鱼类的软骨硬化,外为膜骨所包,下等的硬骨前端的颐骨和中颐骨为䚡骨,关节骨为混合骨,其他骨片都是膜骨。高等的只有齿骨、关节骨和隅骨三块骨片。此外,下等硬骨鱼类软骨区渐缩小,骨细胞减少;高等无骨细胞。脊柱出现无脊椎型、双椎体和间神经弧或间血管弧是下等现象,背肋骨仅见于多鳍鱼和真骨鱼类。出现下锁骨、中乌喙骨和偶鳍的辐状骨数多以及奇鳍的辐状骨数多于该鳍鳍条数的是原始现象,仅见于下等硬骨鱼类中。内脏器官形态结构的重要性,如众所周知的石首鱼科鱼类,其鳔的形态结构的差异已是该科分类的重要依据之一,其他脏器就不再赘述。

5.7.2 假设有一条鱼,你能判断它是哪个目、科、属或种吗?

首先要考虑上节提到的五点判断方法,然后再根据鱼类各类元检索逐步查出这条鱼所属的目来,再进一步根据各目下检索分别鉴别出科、属和种来。根据检索判断鱼的分类位置是经常要做的事,先看它是软骨鱼类还是硬骨鱼类,如果它的鳃外露、歪尾、盾鳞、鳍脚、内骨骼为软骨,肠有螺旋瓣等,有一、二个特征就可肯定它是软骨鱼类。再看鳃孔位置、胸鳍前缘游离与否。若鳃孔腹位、胸鳍与吻前缘愈合则为下孔总目(鳐类);这条鱼若鳃孔侧位、胸鳍前缘游离则为侧孔总目(鲨类),可再根据鳃孔的多少、背鳍是1还是2个来区分,假如鳃孔是6~7个,背鳍1个,即为六鳃鲨目;假如背鳍2个、鳃孔5个则为六鳃鲨目之外的各目。此时可继续再看有无臀鳍,若是有臀鳍的鲨类,首先看背鳍前方有无硬棘,如有硬棘则是虎鲨目;如无硬棘则是具臀鳍鲨类的其他目,再看这条鱼的眼有无瞬膜或瞬褶,若有则必属真鲨目。若无瞬膜或瞬褶,再看有无鼻口沟,若有则为须鲨目;若无鼻口沟则是鼠鲨目。这条鱼若无臀鳍,则要看其吻部的长短、有无锯状突出齿或体形扁平与否等,如吻很长两侧齿突出则为锯鲨目;如吻短或中长、不呈锯状、突出体扁平则为扁鲨目;如吻短或中长,体亚圆筒形、背鳍一般具棘就是角鲨目。然后进一步将无臀鳍的,吻短不呈剑状突出、背鳍一般具鳍棘的角鲨目也分出来了。若这条鱼鳃孔腹位属下孔总目鱼类则按下孔总目检索逐步检出,其或为鳐目、鲼目、电鳐目、锯鳐等四个目之一,再进一步根据各目下检索分别鉴别出科、属和种来。

如果鱼有骨质鳃盖,正尾、被骨鳞、内骨骼为硬骨,多数无螺旋瓣或鳍脚则为硬骨鱼类。其中硬骨鱼类组成复杂,由于所包括的肺鱼和总鳍鱼类及辐鳍鱼类中的古鳕群和硬鳞群(即软骨硬鳞鱼类)形状易于辨认,而且在中国分布种类稀少或无分布,从而省略。这里主要讨论种类繁多的辐鳍鱼类群(详见前文),而列举部分常见目的检索为先导:

1(8)鳔存在时,有鳔管通消化管;有腹鳍时,腹位。鳍无真正鳍棘

2(5)前部的椎骨不形成鳔骨(韦氏器骨)

3(4)无发光器;上颌边缘由上颌骨及前颌骨组成 ················· 鲱形目

4(3)有发光器;上颌边缘仅由前颌骨组成 ················· 灯笼鱼目

5(2)前部的椎骨变成鳔骨,第一至第四或第五脊椎形成韦氏器

6(7)体被圆鳞或裸出,一般两颌无牙,有顶骨,第三与第四椎骨不合并 ········ 鲤形目

7(6)体裸出或被骨板,有须,两颌有牙,无顶骨或愈合,第三与第四椎骨合并

················· 鲇形目

8(1)鳔存在时,无鳔管通消化管;有腹鳍时,多胸位。鳍多有真正鳍棘

9(12)背鳍及臀鳍均无鳍棘

10(11)腹鳍腹位。左右咽下骨愈合 ················· 颌针鱼目

11(10)腹鳍喉位。左右咽下骨分离 ················· 鳕形目

12(9)背鳍及臀鳍有鳍棘,第一背鳍由鳍棘组成

13(14)吻多成管状 ················· 海龙目

14(13)吻常不成管状。

15(16)腹鳍有 1 鳍棘 3～13 鳍条(多数 5 条以上)。有眶蝶骨 ………………… 金眼鲷目

16(15)腹鳍有 2 鳍棘 5 鳍条,或少于 5 鳍条或退化。无眶蝶骨。

17(28)胸鳍不呈足状。鳃孔位于胸鳍前方。

18(29)腹鳍存在,通常有 1 鳍棘 5 鳍条。

19(22)腹鳍腹位或在胸腹鳍之间,上耳骨特别发达

20(23)胸鳍高位,无游离鳍条 ………………………………………… 鲻形目

21(20)胸鳍低位,下部鳍条游离呈丝状 ……………………………… 马鲅目

22(19)腹鳍胸位或喉位。

23(26)头部背面无吸盘

24(25)头骨左右对称。腹鳍胸位,第一背鳍通常由鳍棘组成 ………… 鲈形目

25(26)头骨左右不对称。两眼位于头一侧。背鳍及臀鳍的基底均长,通常无鳍棘

………………………………………………………………………………… 鲽形目

26(23)头部背面有吸盘 ……………………………………………… 鮣形目

27(18)腹鳍退化或不存在。第一背鳍退化或无。上下颌骨具齿愈合成喙状齿板 4 个

………………………………………………………………………………… 鲀形目

28(17)胸鳍呈足状。鳃孔位于腋部 ………………………………… **鮟鱇目**

你可根据检索表找出对应的"目",然后再分别检索目下的亚目、科、属,直到种的检出。这即是分类鉴定的程序。例如,上述检索中鲤形目与鲇形目两大类的主要区别在于鲇形目上下颌具细齿,体裸露或被骨板,一般具发达的须,背鳍后常有脂鳍,缺少续骨、下鳃盖骨、基舌骨和肌间刺;无顶骨,个别愈合在后枕骨上;第三与第四椎骨合并;前鳃盖和间鳃盖骨相对地小;后颞骨可能与上匙骨愈合,但是许多科内有的种两者是分开的。共 35 科 446 属 2 867 种。其中大约 1 727 种分布在美洲(完全排除海鲇科的海水种类)。海鲇科(Ariidae)和鳗鲇科(Plotosidae)两科的大部分,约 117 种由海水鱼类组成,但是他们有许多代表,经常在咸水、海滨水,有时也在淡水中发现。其他鲇科鱼类都是淡水的,即使有些科的种类偶尔侵入到咸水中,也属淡水鱼类。鲇形目中体被骨板有美鲇、甲鲇、棘鲇等 4 科约 837 种分布于美洲。在亚洲、非洲的 Bagridae 鲿科约 18 属 170 种,南亚分布的 Sisoridae 鮡科约有 112 种,在我国,分别各有 30 种。鲇形目在我国共有 11 科 29 属,113 种,除海鲇科共 1 属 3 种外全部为淡水产(Nelson,2006,褚新洛等,1999)。

而鲤形目,体被圆鳞或裸出,两颌多无牙,有顶骨,第三与第四椎骨不合并;包括 6 科 321 属,约 3 268 种。其中鲤科种类最多,约 220 属 2 420 种。其咽喉齿发达,无脂鳍,上下颌无齿,体多被鳞。

据《中国鲤科志(1999)》记载,中国鲤科鱼类有 132 属 532 种,其中特有属 47 个,特有种 384 个,可见我国鲤科鱼类物种多样性的丰富。近年就裂腹鱼和金线鲃两属的研究可以说颇为详尽,但仍有不尽如人意之处,这两个属分类的共同点是每属包含的种类很多,不便检索。而不同专家在把握性状特征和表述上又有所分歧,至今对属种的分类存在争论。此类问题的解决,也对分子分类学提出新的要求。

关于海洋鱼类分类鉴定(鲭亚目)前面已讲过,此不赘述。

一般说当前检索表检不出的类别和物种,通常是检索表自身编制的问题,也可能是由于新物种或类别的出现,但后种情况不多,除非采集物或标本是来自人迹罕至的区域。

5.7.3 生物与环境的关系

不同环境有不同生物,不同生物要求不同环境,这似乎是天经地义、人人皆知的道理。但是在如何理解物种的形成、物种对环境的适应性以及如何保持物种数量的最大可持续性? 有关物种的形成及物种对环境的适应,应当看做是有机体与环境之间的矛盾的解决。种的形成过程就是这两者矛盾解决的过程。有机体在适应环境的过程间,也导致环境的改变,有机体对环境的改变同时又导致有机体本身的改造,导致质量不同的另一种关系的建立,也就是导致种的形成。鱼类的生活条件,在很大程度上,决定鱼类所栖息的水域,所以水域的改变和水域环境的改建,一方面时常会加速种的形成,另一方面又会促使不能适应的种绝灭。"山岳形成"时期,同时也就是种形成过程加强的时期。这一点对淡水、海水鱼类区系来说都是正确的。由于强烈的山岳形成的结果,在水域中造成了各种各样的生态条件。如果这些条件都很稳定,那么已经发生的,对不同生态条件具有狭隘适应性的鱼类新种都能各自生存下去的话,这样就会形成极其多样的动物区系组成。比如喜氧的鲑鱼在激流,适氧的鲢鳙在缓流或静水,耐氧的鲤、鲫在水底部。它们在同一水域就会分布在不同水层,不同的栖息地点。在地球的地质史中,鱼的新类群的发生和旧类群的灭亡,与此种地质现象有最密切的联系,特别是泥盆纪的下半纪(无颌纲起源于志留纪至泥盆纪晚期甲胄鱼灭绝而残留部分演化为现代的圆口纲鱼类),三叠纪(鲨、银鲛的祖先棘鱼亚纲、肋鳍目、肋棘目、肺鱼、古鳞目、空棘目等发生于志留纪或泥盆纪棘鱼亚纲、肋鳍目、肋棘目、古鳞目、古鳕分别灭绝于三叠纪前后),白垩纪末期(古鳕总目发生于泥盆纪灭绝于白垩纪演化出全骨类和真骨鱼目)和中新世(鲈科、鲤科及其亚科和属的出现)。山岳形成时期之后地形是向着地势平坦化的方向进行,这一过程引起了个别种和类群的鱼分布区的扩大。平原鱼类各个种的分布区一般都比山地鱼类分布广。这一方面是由于障碍物被消除,各流域彼此之间分水岭严重冲毁或流水向源侵蚀作用结果,在洪水期间彼此更易联系,因而使迁徙更为方便。另一方面平原的不同水域中有比较类似的生态条件存在,无疑也具有一定作用。对物种形成和生物区系组成方面(无论是大陆还是海洋)有重大影响的除山岳形成之外,还有海进、海退和冰川时期的冰川作用以及众多火山喷发等。此处重点谈冰川的影响。冰川的发生所引起的降温现象,是全球性的,对大陆水域和海洋动物区系都有很大的影响,它不仅引起较低纬度中喜温性种属的迁移,而且还引起以前统一的分布区分裂。这样就形成了偏北性(分布在北大西洋和太平洋北部,但不分布在北极)和偏南性(分布在亚洲沿岸和美洲沿岸,而不分布在太平洋北部)的分布类型。鳕鱼、鲸鲽、刺鱼都可视为偏北性的实例。**鲲鱼**、竹刀鱼则为偏南性的实例。众所周知,冰川期的降温现象也笼罩了低纬度地区,特别是赤道上温度降低了4℃,这就使北半球中纬度地区的许多鱼类进入南半球(如沙丁鱼、**鲲**、长尾鳕、短背鳕等)。在大陆水域内,冰川同样引起以前统一的动物区系分布区发生分裂。例如以前统一的上第三纪淡水动物区系被分裂成几个栖息区:地中海的、华西区的、远东的和北美的。继之而来的变暖,冰川消融或后撤,但在低纬度地区的山区中仍部分地保留北方动物(如陕西、甘肃、青海南部的细鳞鲑和哲罗鲑)。另一方面赤道区的温度增高,引起了进入南半球去的北方种属的分布区发生分裂,形成所谓两极分布,即使这些种属分布于南北两个半球。相反地,在山岳形成时期中,平原的动物区系不得不部分改组,部分灭亡,同时海洋动物群向淡水的洄游加强了。因此在海水性和淡水性鱼类区系的历史中,就发生了"物种形成期"和"迁徙期"。当然,这两个时期并不一定同时发生,这要对地质历史具体分析。但从上述分析可以相信,物种形成过程是飞跃式的进行,并跟有机体与环境关系的改造有联系。新种的形成是通过对新的非生物性和生物性生存条件发生适应而进行的,由于这种过程的结果,就形成我们上面所谈的生物与环境的统一。

5.7.4 物种如何维持各自种群的最大数量

生物周围环境和栖息的生活条件及自身各发育阶段的生理条件和健康状况都是影响物种群体数量的因素。众所周知任何生物对上述的影响因素都有自我调节能力。譬如植物不同发育阶段对光照、水分、肥料等的不同要求,鱼类对食物种类的丰歉程度、水中氧气含量的多少、产卵场的环境、凶猛动物的压力等都有一定的适应范围。不同发育阶段对这些要求有很大不同,仔鱼多食浮游植物、稚鱼吃浮游动物、成鱼吃杂食或其他专一的食物。如食料贫乏,有些鱼类如鲤科等多数鱼类就有生长迟滞的现象发生,从而推迟了性成熟开始时期。如鲈科鱼类除上述之外,还出现大鱼吃小鱼,改以本身幼鱼为食饵,来保证成鱼通过幼鱼而取代它们不能摄取的那些食物。因此,在一定范围内,鱼群数量和食饵资源关系失调,可用此种生物学特性加以调节。鲑鳟鱼类繁殖后,雄鱼大量死亡,也是保障更合理地利用饵料资源的种的适应。这都是种群内部以减少种群数量的方法体现对食料贫乏的适应。当食料丰富时,又会有"种群大发生"出现,此时多以扩大分布区的方式使增加的种群数量得到很好的安置,从而使种得到发展壮大。鱼类常见的地理种群或者生态族可能都是保障物种占据一定分布区和不同栖息地点的生物学特性的体现。有这种自我调节可以保证物种在一定环境条件下种群的最大数量。人类可以在充分研究鱼类种群数量调节的基础上,达到合理利用的目的。

5.7.5 人类生产活动对鱼类资源的影响及应采取的保护措施

人类是自然的主人,随着生产力的发展和提高,人类的生产活动愈来愈深刻地影响着自然界。这些影响有其积极的一面,也有消极的一面,而其积极作用的发挥,消极作用的降低,主要取决于人们的决策与实施。

1. 水利与海港建设对鱼类资源的影响:水是大自然付给人类看得见摸得着的最重要的财富,水在任何人和部门都有重大的作用。为了防洪、灌溉、发电、航运等目的而进行的巨大水利建设在我国各大小河流、湖泊已普遍开展。由于水坝的建筑使许多河流上形成了大型的水库,同时改变了河流的水文状况,已在不同程度上影响着或即将影响着栖息于这些水域中的鱼类。由于拦河坝的修建,增加了原河流的深度、改变了流速、泥沙沉淀、河水变清,水库积累了较丰富的营养盐类。为饵料生物和底栖生物的繁殖创造了良好的条件。同时鱼类区系组成也随之改变,渔业状况也将发生新的变化。但是首先给水库自身带来影响,即是大量沉积的淤泥影响大坝的发电,使涡轮机的效率降低。这就要求定时排放淤泥。同时也给鱼类繁殖带来不利的影响：首先,阻拦了洄游鱼类的洄游通路,使它们不能达到产卵场或半路进入灌溉沟渠干枯而死。同样,沿海海港、船坞码头及跨海大桥的建设等,对红树林、珊瑚礁及潮间带造成的直接或间接的破坏,同样会产生类似或更强的作用(参见《海洋生物资源保护与管理》)。我国不同河流上受水坝影响的主要经济鱼类有大麻哈鱼、香鱼、银鱼、青、鲢、鳙、鲚鱼、鲴鱼、鳡、鳊、鳗、鲟、鲤,可能还有鲱形目的一些种类。其中有些半洄游鱼类在水库下游可能找到新产卵场,水库建设对它们影响不会很严重。其次,水库灌水后直接改变了某些鱼类的产卵条件。由于水量的控制,河流中不会再出现洪水现象,显然对下游鱼类的繁殖有不利的影响。由于大量泥沙沉积于水库,下游的营养物质被截留,对鱼类充分摄取营养物质不利。随着洪水消失,再也不会淹没广大的陆生植物,特别是对草上产卵的鱼类产生不利影响。

2.农、林业对鱼类资源的影响：农业的经营方式直接影响着天然水域的鱼类资源。施家肥到农田经雨水冲刷流入江河湖泊等渔业水域,就改善了水生生物的营养条件,从而间接地提高了水域生产量。这时渔业和农业是互惠的,我国江河下游的"鱼米之乡"就是这样来的。但是灌溉农田需要大量水,这些水主要消耗在植物的利用和蒸发作用上,只有一小部分能重新回到河流中。农业的水土保持工作,也会使江河的径流减少。由于流入海洋中洪水量的减少,就限制了进河口区的半咸水鱼类的活动范围,也影响了海洋鱼类的营养条件。20世纪80年代后由于农业大批使用化肥或杀虫剂使土壤积累化肥流入水域,对鱼类造成危害。不合理的耕作制度与森林滥伐破坏了植被,造成水土流失,使河流携带大量泥沙。泥沙沉积,将造成河道、湖泊、水库的很快淤浅,使植物丛生,逐渐沼泽化,会减低湖泊水库的寿命而失去渔业意义。

森林的存在能起到平衡地表和地下水流量稳定的作用,这对于生活和繁殖于溪流或高山峡谷的鱼类有益;森林还可缓解地表径流流速,因而减少雨雪水带入河川中的泥沙,对鱼类有益。相反地,砍伐森林会使融雪加快,地表径流增加,河中泥沙堆积可能造成在泉眼小溪产卵的产卵窝干涸或冻结使胚胎大批死亡。此外,木材的大量堆积,会使河流的化学状况变坏,并阻塞河流产卵通道,使鱼类到达不了产卵场。木材加工排出物,如木质素、与木质素结合的硫酸、碳水化合物等,这些物质具有高度的酸性和耗氧力,如不净化对鱼极为不利。林业部门采伐树木及加工废品应妥善处理,严禁丢弃于河道或渔业水域中。

3.工厂及公共事业对鱼类资源的影响：各种工业及公共事业消耗着大量水分,同时还向河流、海洋排出各种性质的废水,从而也使碱、酸、重金属盐类以及耗氧量很大的有机质带入了天然水域,这些物质对水生生物和鱼类都起着强烈的毒害作用,对它们的栖息环境发生深刻的影响,甚至会灭绝这些生物。大批油污或污水集中排注江河与海洋会使水域的气体状况发生严重变化而使各种水生动植物致死。因此必须重视核电站、钻油平台、油轮的油污泄露及排放污水的净化工作,特别是毒性不易消除的工业废水。

4.人类生产活动对渔业有害方面应采取的措施：从以上的讨论可以看出,人类的各种生产活动对鱼类资源发生着各种各样的影响。固然有有利的方面,但其造成的种种危害绝不应忽视,应尽量消除这些不利影响。

(1)在拦河坝阻挡了洄游鱼类的通道时,可以在水坝上修筑鱼道使鱼达到水坝上面,但这是要考虑水文条件改变后,原有产卵场可否保有鱼类繁殖要求的条件,鱼道建设经济上是否合算？建成的鱼道,鱼类能否通过以及通过后鱼类的生理状况是否能达到繁殖要求等。如何根据坝高、水文状况、鱼类穿越鱼道的能力及通过鱼道后的生理状态来确定鱼道的修建,这对我们都是新的研究课题。

（2）水库建成后,草上产卵鱼类的产卵条件将遭到破坏,补救的方法是在不影响其他更重要事业的基础上,争取在这些鱼类产卵季节大量蓄水,淹没岸边植物,供鱼产卵。对于水库下游的敞水产卵鱼类,则应在不影响主要经济部门利益的前提下,在鱼类繁殖期间大量放水,提高下游水位和流速,以满足鱼类繁殖要求(海港、码头建设对滨海生物及滩涂生物的影响类似,但采取预防措施应因地制宜)。

（3）只有在鱼类自然繁殖不可能或产卵场水文条件不能保证恢复鱼类资源时,才采用鱼类人工繁殖。人工繁殖必须有相当大的规模,才能有一定的效果,后人才能看到功效。

（4）做好水土保持工作,严禁滥伐森林,防止溪流河道淤泥堆积而造成鱼类产卵通道阻塞,使之经常疏通,保证鱼类有效的自然繁殖。

（5）严防工业废水对水域的污染,经常检查,不经严格净化处理的污水不能放入天然水域。对木材在河流中的堆放应加以必要的限制。

复习题

1.鱼类在脊椎动物中是最适于水生生活的一大类群。试从它们的形态结构上加以说明。

2.鱼纲与圆口纲有何异同点？这些异同点说明什么？

3.鱼的鳞、鳍和尾有哪些类型？

4.鱼类消化道的结构和它们的食性有什么关系？

5.鳔的作用是什么？

6.列举鱼类循环系统的特点。

7.简述鱼类肾脏在调节体内渗透压方面所起的作用。

8.鱼类的视觉器官和听觉平衡器官的基本结构如何？

9.鱼类的脑和脊髓的基本结构和功能。

10.概述鱼卵受精和发育的几种类型。

11.列举软骨鱼系和硬骨鱼系的特征。

12.什么是鱼类洄游？可分为几类？研究洄游有什么实际意义？

第六章　两栖纲(Amphibia)

现生两栖纲动物约有 44 科、446 属、5 504 种。它们隶属三目:蚓螈目 165 种,有尾目 502 种,无尾目 4 837 种;分别代表着穴居、水生和陆生跳跃 3 种特化方向。在我国,现有 3 目、11 科、59 属、325 种(费梁,叶昌嫒等,2004),但是只有一种海陆蛙[*Fejervarya cancrivora* (Cravenhorst)],在海边红树林中生活。

6.1　两栖纲动物概述

两栖纲动物隶属于脊索动物门、脊椎动物亚门。它是最早由水中登上陆地而转变为水陆两栖生活的脊椎动物。其形态和机能既保留着适应水生生活的特征,又具有开始适应陆地生活的特征,在脊椎动物演化过程中属于由水生到陆生的过渡型动物。更广泛的陆生生活为动物开拓了比水生环境更为多样化的生态环境,使进化呈现了可能性。无脊椎动物各个类群也有陆生种类,也能很好地适应于陆生环境。但脊椎动物陆生意义在生物进化史上更为重大,这一事件的出现,使动物向着更高级和更复杂的方向发展,最终演化产生了万物之灵的人类,使地球面貌发生了根本性的变化。

两栖动物可能起源于泥盆纪(大约距今 3 亿多年),由古总鳍鱼类(Crossopterygii)的真掌鳍鱼(*Eusthenopteron*)进化而来(费梁,叶昌嫒等,2004)。真掌鳍鱼的主要结构可与泥盆纪的两栖类鱼石螈(Ichthyostega)相类比,基本结构极为相似,而且前者的偶鳍已孕育着演变为五趾型四肢的雏形;后者保留着鱼类的一些特征,如头骨窄而高,牙齿为迷齿型,体形侧扁,体表被鳞,更主要的是还保留了特有的鳃盖骨和尾部的鳍条。这些特征说明了两者间的亲密关系。但鱼石螈的头可活动,眼着生于头中部,椎骨有关节突,肩带不与头骨相连,腰带发达与荐椎相接,并与附肢近端相关接,能够爬行,用肺呼吸等,这些特征表明与鱼类又有显著区别。水与陆地是两个迥然不同的生态环境,鱼类要从水栖演变为能够在陆地上生活的两栖动物,必须在漫长的演变过程中,使它们的形态、生理机能和运动方式等适应新的陆地生活环境因而赖以生存,两栖类的肺和五趾型的附肢初步解决了这些问题。但是对水分容易从体内蒸发散失这个问题,两栖类尚未完美地解决,所以它们大部分只能在近水潮湿地区生活,而且必须在水中繁殖,这使它们在陆上分布方面受到一定的限制。

现代两栖动物的皮肤裸露而湿润,通透性强,已起到调控水分、气体的交流作用;皮肤布满多细胞黏液腺和微血管,在湿润状态下就成为呼吸的辅助器官,以弥补结构简单的肺呼吸之不足。此外,还有"毒腺"成为蛙体的保护组织。随着肺的发生,循环系统发生了相当大的改变。主要表现在心房被分隔为二(两心房),分别接纳来自肺循环与体循环的血液;一心室,其中有混合的静脉血和动脉血,仍与鱼类一样属于变温动物,新陈代谢率低,对潮湿温暖环境依赖性强。现代两栖类头部骨片少,骨化程度弱,头颅扁平而短,眼眶与颞部相通,枕部短。枕髁2个,椎骨有前后关节突,附肢骨相应起了变化。脊柱分化,有1枚颈椎、1枚荐椎。躯椎和尾椎的数目因种类而异。肋骨短或无,无胸廓。呼吸机制主要由鼻瓣和口腔的动作将空气吞入(咽式呼吸)。肩带不再像鱼类那样与头后部骨片关联,而是悬于肌肉之间,头部与前肢的活动相互不受牵制。腰带与荐椎相关联,因而扩大了活动范围和增强了支撑身体的能力。具4指,5趾。骨骼肌肉系统的形态机能比水生的鱼类有更大的坚韧性和灵活性。由于地面上生态环境多样化,两栖类与外界接触,其感觉器官反应能力突出。有内鼻孔,有连接内外鼻孔的鼻道,除司嗅觉外,还是肺呼吸必备的关键性结构。有保护眼睛的眼睑和泪腺,有捕猎食物的肉质舌。有中耳发生,耳盖骨与耳柱骨形成本纲所特有的中耳复合结构,通过中耳可将声波传到内耳。脑的进化性变化主要是大脑开始分为两个半球,脑神经10对。两栖动物的繁殖以体外受精为主,少数体内受精,但无真正的交接器——阴茎。卵生,少数种卵胎生或胎生。卵小而多,外包卵胶膜;繁殖后代继承了鱼类的保守性状,没有保护卵的抗干结构,阻碍了形态机能向完全陆栖方面发展。与鱼类同属于无羊膜卵,称为无羊膜动物。卵和幼体要得以存活,绝对离不开水或潮湿环境。幼体阶段有侧线器官,以鳃呼吸。经过变态,幼体器官或萎缩或消失或改组,形成有显著进化趋势的成体。成体与幼体两个阶段形态上差别越显著(如无尾目),变态越剧烈,对繁衍后代也越有利。在变态前后的两个生长发育阶段,不能完全脱离水域或潮湿环境而生存,是过渡类型标志的关键特征。

两栖纲现在3目的体形各异,这与它们的生活习性、活动方式有一定的关系。它们的防御、扩散、迁移的能力弱,对环境的依赖性大。虽有各种保护性适应(包括繁殖习性),但相对来说种类仍较少。其分布除海洋和大沙漠以外,平原、丘陵、高山和高原等各种淡水溪流湖沼和湿地的生境中都有它们的踪迹,垂直分布可达海拔5 000 m左右。个别种能耐受半咸水和海水,如海陆蛙[*Fejervarya cancrivora* (Cravenhorst)]即是傍晚到海滩上觅食的种类。

6.2　两栖纲代表动物

海陆蛙[*Fejervarya cancrivora* (Cravenhorst)]是我国唯一的海洋两栖动物,分布于台湾、广东、澳门、海南(海口、文昌)、广西(北海、防城、合浦)等地,隶属无尾目蛙科(Ranidae)陆蛙属(*Fejervarya*)。由于本种标本较少,在实验教学中只得用形态近似、分布广、数量大的黑斑侧褶蛙[*Pelophylax nigromaculatus* (Hallowell)＝*Rana nigromaculata* Hallowell]代替。两者具有无尾目蛙科动物的主要共同特征:①有两对五趾型的附肢。②发育中的卵无羊膜构造。③体内大多为硬骨,脑颅有两个枕髁;肩带固胸型。④神经系统、尿殖系统构造与机能完全相同。⑤呼吸系统是以鳃、肺、皮肤、口腔黏膜等呼吸,属肺呼吸种类。⑥循环系统:心房开始分隔,有肺循环和体循环,1对体动脉弓。两种的不同,仅在于海陆蛙鼻骨大,两内缘相接触;肩胸骨基部深度分叉;无背侧褶,背部和体侧有疣粒或肤棱,腹面光滑。黑斑侧褶蛙则鼻骨较大,但左右不相接或仅前部相切,并与额顶骨相接;肩胸骨基部不分叉；鼓膜大而明显，背侧褶宽厚，体背面以绿色为主。

6.2.1　蛙的形态结构

黑斑侧褶蛙生活于温带池塘、河沟、稻田或草丛中。我国华北、华中、华东、华南及西北的宁夏等广大地区从南至北都有分布，以昆虫、蠕虫为食。幼体即为蝌蚪，以硅藻、绿藻为食，教学实验中也常使用花蟾蜍 *Bufo raddei*，下文将对蛙和蟾蜍明显不同之构造予以说明。

6.2.1.1　外形

身体分头、躯干和四肢三部分。背部深绿或黄绿色，杂有不规则的黑斑，背中央有一条白色纵纹，两侧有纵行的皮肤褶，腹部乳白色。皮肤光滑，富有黏液。蟾蜍体色黄绿，腹部较淡，皮肤不光滑，有许多疣状突起。

头部呈三角形，头最前部为口，口裂深，吻前部有 1 对鼻孔，鼻孔有瓣膜，能开闭。头背面有 1 对眼，有上下眼睑，并有透明的瞬膜，又称第三眼睑。眼后有 1 对圆形的鼓膜，其内为中耳。口裂达到鼓膜下方，雄蛙口裂后皮肤松弛处是 1 对声囊，鸣叫时声囊扩大，使鸣声洪亮，但蟾蜍无声囊。躯干宽而短，其后端有泄殖腔孔（有时也称肛门）。前肢四趾，第一趾内侧在雄性有婚垫，系皮肤膨胀加厚之处，生殖季节尤为明显，为交配时抱对之用。后肢长而强大，具五趾，趾间有蹼。

6.2.1.2　皮肤系统

蛙的皮肤模式结构表示于图 6-1 中。表皮由多层细胞构成。最下一层细胞称生长层，有不断分生的能力，其上面有几层扁平细胞，称为角质层，角质层细胞仍有细胞核，是活细胞，角质化程度不高，与陆生高等动物不同，水分可以较容易地透过。角质层旧细胞经常脱落，这就是蜕皮现象，已知蜕皮受脑下垂体和甲状腺控制，用实验方法切除这两种腺体，就不再蜕皮，角质化细胞不再脱落而不断加厚。真皮明显分为上下两层，上层是疏松结缔组织，含有许多腺体、血管、神经末梢和色素细胞，下层是致密结缔组织，其纤维互相交叉成直角而分层排列，且有垂直方向排列的纤维束，向外直达表皮之基部。真皮之下为皮下结缔组织，这些组织把皮肤与肌肉连接。由于皮下结缔组织仅在局部地方存在，蛙类皮肤与肌肉连接点不多，故而蛙类皮肤很容易剥落。皮肤与肌肉之间有许多空隙，其中充满了淋巴液。

蛙类皮肤中常有两种腺体，它们是细胞腺，由表皮中产生而下沉真皮的疏松层中，有导管经过表皮而通体外。一种是黏液腺，体积较小而数量多，分泌的黏液为无色的稀薄液体，使皮肤保持湿润和光滑，对蛙类进行皮肤呼吸是重要的，而且对逃脱捕食天敌有一定的作用；另一种是毒腺，体积较大，分泌液较为稠厚，含有灰白色碱性颗粒状物质，毒腺的作用是保护动物免受天敌捕食，毒腺大多分布在背部皮肤中。蟾蜍毒腺比蛙类发达，在两眼后方有两个大的毒腺，称为耳后腺。可用来提取分泌物制成名贵中药材蟾酥。产于南美的毒蛙类 *Dendrobater* 皮肤中毒腺的毒性很大，主要是含吡啶环的生物碱，它们的毒汁作用于神经、肌肉可造成心力衰竭。

蛙类皮肤中含有多种色素细胞，如黑色素细胞、红色素细胞和黄色素细胞。这些细中含有不同的色素颗粒,另外还有一种虹膜细胞,其中含有能反射光线的晶体小板。色素细胞大部分在真皮中,也有小部分在表皮中,由于色素细胞的活动,由环境光线和温度的变化可以引起蛙类体色发生相应变化。

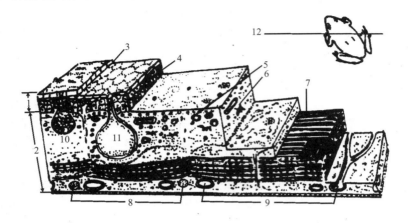

右上侧小蛙表示皮肤材料取自与纵轴成 45°角的切面

1.表皮;2.真皮;3.角质层;4.生长层;5.血管;6.色素细胞;7.交叉排列的致密结缔组织;
8.神经;9.血管;10.黏液腺;11.毒腺;12.解剖面

图 6-1　蛙的皮肤结构

6.2.1.3　骨骼系统

蛙的头骨总的特点是:头骨宽而扁平,脑腔窄小,眼眶大且分列在脑腔两侧。只有上颌有齿,有 1 对枕骨髁,骨块数目较少。

脑颅骨块包括:1 对外枕骨,枕髁着生于外枕骨上,外枕骨两侧各接 1 块前耳骨,外枕骨前缘形成眼窝的后背壁,外枕骨之前接 1 对长方形的额顶骨(膜骨),位置恰在两眼窝之间。眼窝内侧壁的前部为蝶筛骨,此骨在背面露出一部分接于额顶骨之前。鼻骨 1 对,略呈三角形,为膜骨,接于蝶筛骨之前的背面。鳞骨(膜骨)1 对,接于前耳骨外侧,其前端向外方有一锐利的突出,后端接方轭骨。脑颅腹面后方有一块宝剑状的副攀骨(膜骨),其前端与蝶筛骨的腹面相重叠。1 对腭骨(膜骨)是横位的棒状骨,位于眼窝腹面前缘。1 对犁骨(膜骨),位于腭骨之前,薄而扁平,着生有细齿,蟾蜍此骨上无齿。1 对翼骨(膜骨)形成眼眶外缘。

咽颅只有颌弓和舌弓,鳃弓已退化,成为喉头和气管的一些软骨。上颌由 1 对前颌骨、1 对上颌骨、1 对方轭骨组成。方骨没有骨化,在生活时为接于方轭骨之后的一小块软骨。

下颌米克尔氏软骨在成体青蛙还保存着,其后端与上颌的方轭骨相关节处也可称为关节骨。下颌有一些骨化的硬骨,最前端是 1 对颐骨(也称颏骨),外侧是 1 对齿骨,后端是 1 对隅骨。舌弓与一部分鳃弓变为舌骨,舌骨主要由 1 对前角、1 对后角及舌骨体组成,舌颌骨变成耳柱骨进入中耳(图 6-2 和图 6-3)。

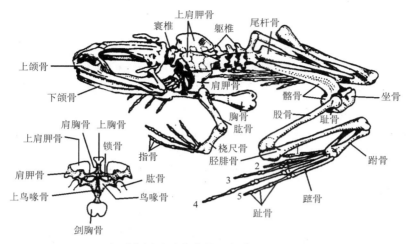

左下角图示蛙的胸骨和肩带(腹面观)

图 6-2 蛙的骨骼

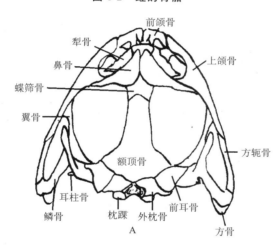

A

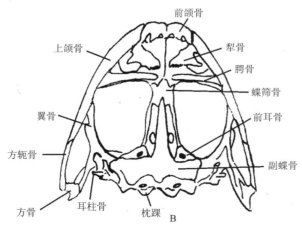

A. 背面观；B. 腹面观

图 6-3 蛙的头骨

193

脊柱由9个脊椎骨和1根尾杆骨组成。可区分为一个指环状的颈椎,亦称为寰椎,椎体小,无横突和前关节突,前面有凹窝与头骨枕髁相关节。躯椎7个,椎体圆盘状,前面凹入,后面突出,称为前凹型椎体,但最后一个躯椎是两凹椎体(蟾蜍是前凹型)。躯椎除椎体外,还有椎弓、椎棘、横突和前后关节突。躯椎之后为一个荐椎,构造与躯椎相同,但横突特别强大,椎体是双凸型,尾骨棒状,由几个尾椎骨愈合而成。

蛙的肩带由上肩胛骨、肩胛骨、乌喙骨、锁蟹组成。肩胛骨、锁骨、乌喙骨会合形成的凹臼为肩臼,与前肢肱骨相关节。锁骨和乌喙骨在躯干腹面正中线上与两块平行排列的上乌喙骨相连,上乌喙骨之前有1块肩胸骨和1块圆形的软骨——上胸骨,上乌喙骨之后有1块中胸骨和1块软骨性的剑胸骨,称为固胸型。蟾蜍无肩胸骨和上胸骨,其上乌喙骨交叠成弧状,称为弧胸型。这是无尾目分科的一个特征。

腰带由髂骨(肠骨)、坐骨、耻骨组成,三骨会合处的凹陷称为髋臼,为后肢股骨头相关节之处。髂骨为长棒状,前端与荐椎横突相接,后端与坐骨耻骨相愈合,坐骨位于背面,耻骨位于腹面。

蛙的前肢由1根肱骨、1根桡尺骨、6块腕骨(分成2列,每列3块)、5块掌骨(第1掌骨极小)、4列指骨组成。内侧2列指骨(第2,3指)由2节指骨组成,外侧2列指骨(第4,5指)由3节指骨组成。

蛙的后肢由1根股骨、1根胫腓骨、5块跗骨、5块蹠骨、5块趾骨组成,跗骨分为两列,近端1列由2块较长之骨组成,内侧称胫跗骨(距骨),外侧称腓跗骨(跟骨),远端1列为3块小跗骨,5列趾骨从第1趾至第5趾之分节数为:2,2,3,4,3。

6.2.1.4 肌肉系统

蛙的骨骼肌与鱼类等低等水生脊椎动物不同,已发生很大变化,主要表现在肌肉系统的分节现象已不明显(有尾类体躯仍有分节明显之肌节),附肢上有发达肌肉,这是适应陆上运动的结果。许多肌肉都可以区分出肌腹和肌腱。肌腹位于肌肉中部,由能伸缩的肌纤维组成,肌腱处于肌腹两端,由致密结缔组织构成。当肌肉收缩时,位置相对固定一端的肌腱称为肌肉的起点,产生运动一端的肌腱称为止点。现择要介绍蛙类躯干和后肢主要肌肉如下(图6-4):

1. 躯干腹部:

(1)腹直肌:起于耻骨,止于胸骨和乌喙骨,功用为支持保护内脏,稳定胸骨位置。肌块中央有结缔组织形成的白线,白线每边又有4～5格横行的腱划,也是结缔组织,此肌在高等动物和人类都存在。

(2)腹外斜肌:起于身体背部两侧之腱膜,为扁薄的肌块,肌纤维自起点向身体的下、后方延伸,止点一部分在剑胸骨上,大部分紧贴于腹直肌下面,最后插入白线,人类也有此肌。

(3)腹内斜肌:位于上述腹外斜肌的下方,起点较广阔,在第四脊椎骨横突和髂骨上,肌纤维向前、下方延伸,与腹外斜肌方向正好相互交叉,止点在乌喙骨、剑胸骨、食道、心包膜等处,也有一部分止于白线,在高等动物和人类,此肌还分出腹横肌。

(4)胸肌:起于胸骨,腹直肌外侧纵行腱膜,肌纤维呈扇形止于左右两肩,整个肌块又分前胸部、后胸部和腹部三部分。

（5）喙桡肌:位于胸肌前胸部的前方。起于上胸骨、肩胸骨、乌喙骨和上乌喙骨,止于桡尺骨。

（6）三角肌:位于喙桡肌之前,起于肩胛骨、锁骨、肩胸骨,止于肱骨,以上两肌可运动前肢。

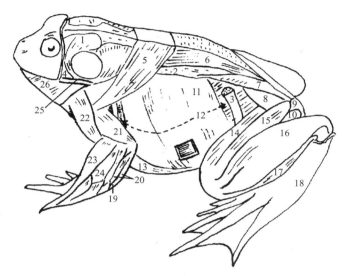

1.颞肌;2.尾荐肌;3.腹皮肌;4.下颌降肌;5.背阔肌;6.背最长肌;7.尾髂肌;8.臀肌;
9.梨状肌;10.半膜肌;11.腹外斜肌;12.腹横肌;13.胸肌;14.股前直肌;15.股外直肌;
16.腓肠肌;17.腓骨肌;18.踵腱;19.总指屈肌;20.肘肌;21.臂三头肌;22.三角肌;
23.总指伸肌;24.前屈肌;25.咬肌;26.下颌舌骨肌

图 6-4　蛙的肌肉

2.躯干背部:

（1）背阔肌:三角形,起于身体背面中央的背筋膜,止于肱骨,可牵引前肢向背后。

（2）背最长肌:为瘦长之肌肉,起于尾杆骨,止点多个。第五脊椎骨之前各个椎棘及外枕骨,都有其止点,作用为可弯曲椎柱。

3.后肢:

（1）缝匠肌:起自髂骨和耻骨,止于胫骨,肌形狭长。功能为屈曲小腿。

（2）股三头肌:起点有三个,止点在胫骨上,起点之中的中肌头又称股前直肌,起于髂骨与髋臼,内肌头又称内肌,起于髋臼,外肌头又称外肌,起于髂骨,功能为伸展小腿。

（3）腓肠肌:起于股骨,止点形成一跟腱,越过跟腱连于蹠筋膜。作用为屈小腿,此肌在动物生理学中常用作研究神经肌肉之材料。

6.2.1.5　消化系统

蛙的消化管起始于口,口位于头部前端,通入口咽腔。上颌生有一排细齿,口咽腔顶部一对犁骨上也生有两簇细齿,这些齿为多出性的同型齿,起着阻挡食物从口内滑脱的作用，蟾蜍无此种齿。口咽腔底部有一能翻出口外的舌，舌尖端分叉，舌面有黏液，青蛙用舌捕捉昆虫，黏液由颌间腺分泌。口咽腔内有 1 对内鼻孔，1 对耳咽管孔，又称欧氏孔，与中耳腔相通。此构造有减轻鼓膜所受外界压力的作用。雄性青蛙在口咽腔中口角附近有 1 对声囊孔，声囊是雄蛙发声的共鸣器。口咽腔后部有裂缝状的喉门，为进入气管的通道。口咽腔最后连接食道，食道很短，下接一个袋形的胃。胃与食道连接的部分称为贲门，另一端与十二指肠连接的部分称为幽门，胃自左向右弯曲，右侧弯曲外缘称为胃大弯，左侧弯曲称为胃小弯。幽门部有环形括约肌，可以控制胃中消化物进入十二指肠。十二指肠是小肠的起始部分，有胆总管通入其中，肝脏分泌的胆汁和胰液由胆总管中流入十二指肠。小肠后部称为回肠，曲折盘旋，回肠后接管径显著粗大的大肠，蛙的大肠仅有直肠。直肠下接泄殖腔，以泄殖孔通体外（图 6-5）。

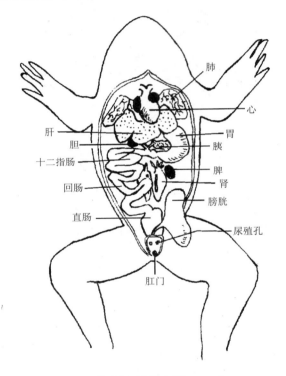

图 6-5 蛙的内脏

蛙的肝脏有三叶，左右两个大的侧叶和一个较小的中叶。胆囊位于左右肝之间。胰脏为扁平淡黄色器官，位于十二指肠与胃之间的肠系膜上，有短的胰管通入胆总管中。蛙类口咽腔内无消化作用。食物吞下时由眼肌收缩眼球缩入口咽腔而帮助推动食物下咽，食物首先在胃中消化，继而在小肠中进一步消化和吸收，大肠的功能主要是吸收水分。

消化作用的正常进行主要靠消化腺分泌的酶而完成的，食物必须经过酶的分解作用变成最简单的分子才能被肠壁所吸收。担任分泌酶的消化腺不论从生理上和发生上来看都与消化管有密切关系，并与消化道一起完成整个消化过程。

蝌蚪时期其口部较小且有角质颚，至蝌蚪晚期即生出细小牙齿，肠管细长且屈曲（肠的长度为体长 9 倍),这种消化道的构造是与其摄食水藻,如绿藻、硅藻等相适应的,蝌蚪期结束后期口部变宽,角质颚脱落,舌部很快增大,肠管变得粗壮(肠的长度只有体长的 2 倍左右),消化腺发达,幼蛙及成蛙消化道的构造是与其摄取动物性食物,如昆虫和蠕虫类相适应的。

6.2.1.6　呼吸系统

蛙的蝌蚪时期在水中以鳃为呼吸器官,蝌蚪初期有 3 对羽状的外鳃,后期外鳃消失,生出 3 对内鳃,营呼吸作用。成体青蛙以肺和皮肤为呼吸器官,改为在陆上吸收空气。呼吸道由外鼻孔进入,经短的鼻道而入口咽腔,再由喉门进入喉头气管腔,下接很短的支气管而入肺。肺为 1 对薄囊状构造,内壁褶皱呈蜂窝状,肺壁上分布丰富的血管,气体交换在囊壁上进行。由于蛙类无肋骨,不能依靠胸廓的扩大或缩小来进行呼吸而是由改变口咽腔的容积而实现,称为咽式呼吸。其过程如下:口咽腔底下降时鼻瓣开放,空气进入口咽腔,接着鼻瓣关闭,口咽腔底部由于肌肉收缩而上举,喉门打开,迫使空气进入肺囊。当眼球也深陷入眼眶,使口咽腔容积减小,压力增大时,即可进行深呼吸。在肺中进入气体后,由于肺的弹性回缩和腹壁肌肉收缩将肺中气体呼出至口咽腔中,此时鼻瓣开放,口底上升,最终将气体排出体外。有时气体吸入口咽腔后,喉门并不开放,口底上升而将空气循原鼻孔排出。此时口底上下不断颤动,空气只在口咽腔中进出。据此认为在口咽腔的黏膜上也发生气体交换。青蛙的皮肤也是重要的呼吸器官,皮肤有丰富的毛细血管,供应皮肤的肺动脉血为缺氧血,由皮肤回来的皮静脉则为多氧血,蛙类在潮湿的泥土中冬眠时肺呼吸停止,皮肤就成了维持气体交换的主要器官。

蛙鸣叫发声是由喉头气管室内的声带振动造成的,喉头气管室内有 1 对杓状软骨和 1 个环状软骨支持。雄蛙在口角后有 1 对声囊作为加强鸣声的共鸣器,其鸣声远较雌蛙响亮(图 6-6)。

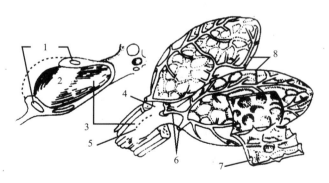

1.软骨;2.声带;3.喉;4.支气管;5.喉门;6.肺静脉、肺动脉;7.肺的内壁;8.肺

图 6-6　蛙的肺和喉

6.2.1.7　循环系统

由于肺呼吸出现,青蛙血液有了肺循环和体循环两条循环通路,称为双循环。心脏由 1 个静脉窦,2 个心房,1 个心室和 1 个动脉圆锥组成。心脏位于体腔前部消化道腹面的围心腔中(图 6-7)。静脉窦是肌肉很少的薄壁囊,位于整个心脏的背面,成一倒三角形。有 3

条大血管通入,前方是左右大静脉,后方是 1 条后大静脉。心房位于心脏的前部,分成左、右 2 个心房。由房间隔分开,右心房与静脉窦之间有窦房孔相通,孔周围有瓣膜,能防止血液倒流。左心房也有一孔与肺静脉相通。心房的壁虽能伸缩,但肌肉不多,仍很薄,2 个心房之间在成体的青蛙完全隔绝而不通。但两个心房与心室间有房室孔相通,该孔也有瓣膜阻止血液倒流。心室富有肌肉,是一个厚壁的组织器官。心室位于心脏后部,其内壁呈网柱状(实为肌肉型纵褶而将心室隔为许多裂缝状小室的构造),心室右侧有孔通动脉圆锥,其连接处有三个半月瓣,也是防止血液倒流的构造。动脉圆锥与其前之腹大动脉合称为动脉干,是一个白色管状结构,基部粗大之处为动脉圆锥,其内有一螺旋瓣。前部为腹大动脉,腹大动脉的前端连接呈 Y 字型的主动脉弓,即左右动脉弓。其内腔各以二个纵行的隔膜分成 3 条平行的管子。在内侧(或前面)为颈动脉弓,中间为体动脉弓,外侧(或后面)为肺皮动脉弓。

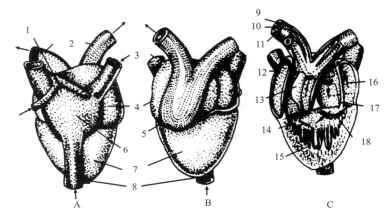

1.肺静脉;2.动脉干;3.前大静脉;4.右心房;5.动脉圆锥;6.静脉窦;7.心室;8.后大静脉;
9.颈总动脉;10.体动脉;11.肺皮动脉;12.右心房;13.螺旋瓣;14.半月瓣;15.心室;
16.左心房;17.房间隔;18.房室瓣
A.背面观;B.腹面观;C.前剖面
图 6-7　蛙的心脏

一般认为,蛙的心室内壁网柱状构造可以减少多氧血和缺氧血相混。而动脉圆锥螺旋瓣的转动可分配不同含氧血进入相应的血管。心脏收缩时,首先静脉窦开始收缩,将其内的缺氧血注入右心房。接着左右心房同时收缩,于是右心房的血被压入心室偏右的一侧,左心房的血则被压入心室偏左的一侧。这样一来,心室右侧为缺氧血,左侧为多氧血;中间为混合血。心室收缩初期,由于肺皮动脉弓离心室最近,心室右侧的少氧血即率先进入。这些缺氧血可在肺中进行气体交换回到左心房。心室收缩的中期,收缩波由右面移向左面,而动脉圆锥的螺旋瓣偏转而关住肺皮动脉孔,于是心室中部的混合血就流入肺皮动脉前面的体动脉弓。心脏收缩到最后,心室左面的多氧血也进入动脉干,并最后注入颈总动脉,这样就保证供应脑等头部重要器官有充足的多氧血。但近时用 X 光透视蛙心运动并注射示踪物质入蛙心进行研究,并未证实蛙心室中的血液是不相混合的,而且皮肤呼吸在蛙呼吸中占有很大比例,皮肤静脉经前大静脉回右心房,故右心房也不完全是缺氧血,因此,左、右心房中的血液在生理上并无必要在心室中截然分开,蛙心室血液流向的旧理论已不那么令人信服了。

从系统发生上追溯,原始鱼类从腹大动脉上发出 6 对动脉弓经过鳃,到蛙蝌蚪时只有 4 对经过鳃的动脉弓。蛙的成体,鳃完全消失,但剩下 3 对动脉弓,颈动脉相当于原始鱼类第 3 对动脉弓,体动脉弓相当于第 4 对,肺皮动脉相当于第 6 对,原始鱼类其他各对动脉弓在蛙成体已退化消失。

颈动脉是走向头部的血管,左右 2 根颈动脉在主动脉弓上分出不久,就分支成腹侧较小的外颈动脉(external carotid artery),有时亦称舌动脉(lingual artery)和内颈动脉,外颈动脉供应舌、甲状腺、下颌的血液,内颈动脉主要供应脑部血液(脑基底动脉),但也有供应中耳和眼眶及上、下颌的血管分支。内颈动脉基部膨大,称为颈动脉腺。但实际上它是一个血压感受器,当动脉压降低时,由分布于颈动脉腺上的舌咽神经末梢发出冲动传至延脑的中枢,对血压作出调节。

体动脉弓由主动脉弓发出向背后方绕过食道,途中分出多条血管,主要是对锁骨下动脉供应前肢血液,此后左右体动脉弓在体腔背面汇合成背大动脉。背大动脉约开始于第 6 脊椎骨处,向后分出 1 支腹腔肠系膜动脉,分枝血管分布于胃、胰、脾、胆囊、肠系膜等处,又分出 4~6 支尿殖动脉,其分支分布于肾脏和雄性的精巢或雌性的卵巢和输卵管;还有腰动脉(1~4 对),分布于体壁,1 支小肠系膜动脉(或称直肠动脉);背大动脉最后分出 2 支髂总动脉通向后肢(图 6-8)。

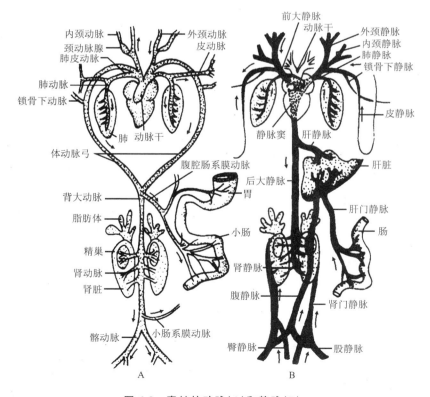

图 6-8　青蛙的动脉(A)和静脉(B)

肺皮动脉不久就分为 2 支,1 支为肺动脉,另一支为皮动脉。为清楚起见,现将蛙的主要动脉列表如下:

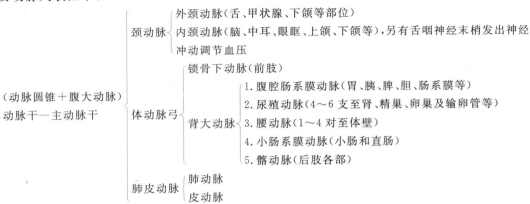

蛙回心的静脉有 2 支前大静脉(又称前腔静脉)和 1 支后大静脉(又称后腔静脉)汇入静脉窦,另有左右肺静脉汇合成单一的肺静脉进入左心房。

前大静脉由 3 支合成,第 1 支为外颈静脉,第 2 支为无名静脉,第 3 支为锁骨下静脉,无名静脉又由颈静脉和肩胛下静脉汇合而成,锁骨下静脉又由臂(肱)静脉和肌皮静脉合成。后大静脉汇流体后的血液,位于体腔背部正中线上,起于两肾之间,共有 4～6 对肾静脉通入,沿途接受 4～5 对生殖腺静脉(有时并入肾静脉),2 支肝静脉也汇入后大静脉。静脉主要血管如下:

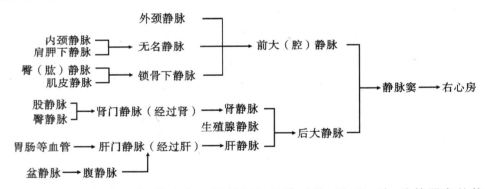

蛙还有 2 套门静脉系统,其中之一就是肝门静脉系统,胃、肠、胰、脾等器官的静脉血汇流入肝门静脉之中。肝门静脉进入肝脏后分散成毛细血管网,再汇成 1 对肝静脉出肝而注入后大动脉。股静脉(髂外静脉)和臀静脉(髂内静脉)汇合成肾门静脉。进入肾脏后分散成毛细血管,再汇成数对肾静脉注入后大静脉。后肢一对股静脉更分出骨盆静脉,左右骨盆静脉并成腹静脉沿腹壁前行,并与肝静脉的一个分支合并进入肝脏。来自相应动脉所达各部后,用过的血液回心,分别经左右肺静脉到达肺静脉入左心房。蛙成体的主要静脉,可以代表无尾两栖类静脉系统。在文昌鱼及鱼纲动物中的前后主静脉已为前后大静脉所代替,而且出现了腹静脉,在青蛙蝌蚪时期和有尾两栖类中,前后主静脉仍然存在。

淋巴系统是体液循环的重要补充构造。毛细血管中渗出的一部分血浆和白细胞,成为淋巴液。淋巴液在组织间隙中交换代谢物质后，由淋巴管流回静脉再参与血液循环。青蛙有发达的淋巴管、淋巴间隙、淋巴心和脾脏，但无高等动物的淋巴结。淋巴管管径大小不一，最小的称为微淋巴管。淋巴间隙又称淋巴窦，蛙的皮肤下有广大的淋巴间隙存在。淋巴心是肌质的结构，能够搏动，推动淋巴液回归心脏。青蛙共有 2 对淋巴心，一对位于肩胛骨下第 3 椎骨横突之后，另一对位于尾杆骨尖端两侧。脾脏是制造淋巴的暗红色器官，位于胃左侧的肠系膜上，青蛙的脾为圆形器官。

6.2.1.8　神经、感官

蛙中枢神经为脑和脊髓。脑为五部脑。端脑由两个大脑半球和嗅叶组成，两个大脑半球之间由矢状裂分开，大脑半球之前为联合的嗅叶。大脑半球中有第一(左)、二(右)脑室，脑室底部为灰质团块纹状体所在(亦称基底核)。脑室顶壁为一薄层结构，称为脑皮，与鱼类不同的是青蛙脑皮不仅是结缔组织，其中已含有神经细胞，这种脑皮称为原脑皮，但青蛙类大脑主要仍是嗅觉中枢。端脑之后的间脑体积不大，背面突出有一松果体或称脑上腺，是内分泌器官。间脑中央有第三脑室，前与大脑两个脑室以室间孔相通，后与中脑导水管相通。第三脑室侧壁是间脑重要灰质团块所在之处，称为视丘或丘脑。间脑腹面前方是视神经交叉之处，称为视交叉，后方是脑漏斗，紧接着脑垂体。蛙类间脑腹面无鱼类血管囊等构造。中脑的背部发育成一对圆形的视叶，腹面增厚为大脑脚(crus cere-bri)，既是两栖动物的视觉中枢，也是神经系统的最高中枢。左、右视叶内皆有宽大的中脑室，两室彼此相通，并以中脑导水管分别与第三、第四脑室相沟通。小脑不发达，背面看来是位于视叶之后的一个横褶，但是对蛙类也很重要，是它们的运动中枢。延脑为一倒置的三角形部分，其中有第四脑室，又称菱形窝。脑的后部为脊髓，为一短棒状构造，中有细管称为中央管。脊髓的灰质在横切面上观察呈"H"型，围于中央管周围，脊髓灰质在前、后肢处比较发达，使脊髓外形上显得较粗，分别称为肱膨大和腰膨大(图 6-9)。

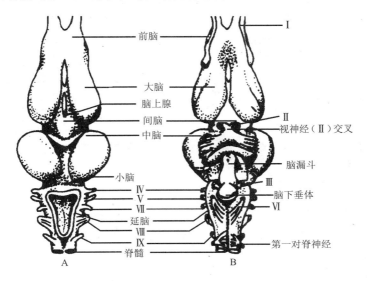

图 6-9　蛙的神经系统背面观(A)和腹面观(B)

外周神经包括脑神经、脊神经、交感神经及副交感神经。蛙有 10 对脑神经,脊神经也有 10 对。每一对脊神经在发出背根和腹根之后再行联合,然后出椎间孔以 3 支脊神经发出,即背支、腹支和内脏支。脊神经背根为传入的感觉神经,在背根上有一个膨大的神经节,内含神经元,腹根是运动神经。脊神经的背支、腹支和内脏支都是混合神经,既有传入的感觉神经,又有传出的运动神经。背支和腹支分布于背部和腹部的皮肤和肌肉,内脏支则分布于体腔的内脏器官。蛙的交感神经比较发达,在体腔背壁脊柱的两旁各有一条交感神经干。每一个交感神经干由神经节组成一链状结构。交感神经节又和脊神经以交通支连接,其中枢在脊髓,交感节上又发出神经纤维分布到内脏各器官。副交感神经自脑的中枢发出后与第 11,Ⅶ,Ⅹ 对脑神经混合行走,达到效应器官或其附近的副交感神经节中,另外,在脊髓的荐部也发出副交感神经。

蛙的视觉器官和鱼类相似,但眼球的角膜较为突出,水晶体近似于圆球形而稍扁平,晶体与角膜之间的距离比鱼类的眼稍远,因此,比鱼类看到的物体远(图 6-10)。同时水晶体牵引肌能拉牵水晶体向角膜靠近,借以调节聚焦,这一点与鱼类眼中的镰状突将晶体向后方牵拉聚焦正好相反。此外在脉络膜和水晶体之间有辐射状肌肉可控制瞳孔的大小以调节进入眼球的光量。眼的附属结构有眼睑、瞬膜、泪腺、鼻泪管等,后两种是陆生动物为保护角膜不致干燥受伤的构造。蛙类有少许色觉,但不发达,蛙眼对静止的物体或有规律运动的物体反应很弱,但对头前部飞翔的昆虫等反应迅速。

蛙耳的构造与鱼类已有不同,除了内耳,还有中耳。内耳构造与鱼类相似,瓶状囊已较为发达。中耳的发生,完全是适应空气中听觉的需要。中耳的鼓膜,可以接受空气中声波的能量,经过耳柱骨的递送,将声能传至内耳的卵圆窗(图 6-11)。

青蛙的鼻囊有嗅觉上皮,司嗅觉,口咽腔顶部还有一个犁鼻器或称贾氏器,这是一对盲囊状构造,也有嗅黏膜和神经纤维分布,司味觉。

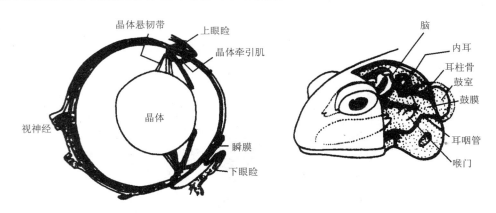

图 6-10　蛙的眼球纵切　　　　　图 6-11　蛙的听觉器官

6.2.1.9　内分泌系统

蛙的脑垂体由前叶、中叶和后叶组成。前叶分泌的促生长激素能促进蛙的生长发育,摘除垂体前叶,蝌蚪生长停滞,不能完全变态,喂饲或注射前叶提取物,可获得超正常的大型蝌蚪。前叶还分泌促性腺激素,促进成蛙性腺发育,产生正常精子和卵。在非生殖季节,注射促性腺激素,可使雌体卵巢成熟排卵,雄体发生抱对反射的排精。前叶还分泌促甲状腺素,促肾上腺素等,分别促进甲状腺分泌甲状腺素和肾上腺皮质分泌皮质激素。垂体中叶产生中叶素(亦称促黑激素),使皮肤黑色素细胞中的色素颗粒扩散,体色变深。垂体后叶分泌抗利尿素(加压素),促进皮肤、肾和膀胱对水分的吸收作用,并促使血管收缩及升高血压。

甲状腺位于舌骨后角后侧突之间,为一对椭圆形腺体(图 6-12),分泌甲状腺素能调节体内的物质代谢和生长发育,蝌蚪摘除甲状腺后不能完成变态。

肾上腺是位于肾脏腹面带状的器官,含有肾间组织和嗜铬组织。前者相当于高等动物的肾上腺皮质,后者相当于髓质。肾间组织分泌的皮质素能影响皮肤和肾脏对盐、水的交换和平衡,还能影响蝌蚪的变态,嗜铬组织分泌肾上腺素能使血压上升,并使黑色素在细胞中集中,体色因而变浅。

蛙类胰腺含有胰岛,分泌的胰岛素与碳水化合物代谢有关。副甲状腺是位于外颈静脉附近 2 对小腺体,分泌物与钙的代谢有关。胸腺位于鼓膜后方,分泌物有阻抑性器官早熟,促进生长和增加体内抗体的能力。性腺可产生雄性激素,雌性激素黄体素等能促进第二性征的发育(雄的声囊、指垫等)和副性器官的发育(输卵管、输精管等)。

图 6-12　甲状腺和胸腺的位置

6.2.1.10　泄殖系统

两栖动物以肾、皮肤和肺为主要排泄器官。青蛙的肾脏位于体腔背壁,为一对暗红色长椭圆形的器官。肾前部较为狭小,两肾的外侧各有一条输尿管,输尿管向后通入泄殖腔。排泄物尿液是在肾小球的滤过和肾球囊吸收的共同作用下生成,肾单位由肾小体和肾小管组成。尿液生成后由输尿管排出至泄殖腔中,流入泄殖腔腹面一个薄壁的膀胱中暂时贮存,蛙的膀胱能把尿液中的水分大量重新吸收,残存的尿液最后经泄殖腔孔排出体外。蛙的皮肤对水的渗透性几乎与鱼类相似。在水中生活时体外的水很易渗进体内,通过肾小体可将体内多余的水分排出,蛙肾的日排水能力相当于体重的 1/3,约为人类肾排水能力的 10 余倍。在陆地生活时体内水分又很容易从皮肤中蒸发散失,此时蛙的膀胱起着重新吸收尿中水分的重要作用。而肾小管对水分的重吸收能力在蛙是不强的,一些生活于干旱地区的两栖类,通过加厚皮肤的角质层来减少体内水分的蒸发。

有关肾及其导管还应提及的是它们的名称不统一。有的教材称蛙类的肾为中肾。这是指它们的肾在发生上等于羊膜类动物的中肾。实际上,羊膜动物在肾的个体发生上要经历前肾、中肾和后肾阶段,羊膜类成体的肾是后肾。据近时研究,两栖类以下的无羊膜类动物如蛙、鱼类等,它们成体的肾,虽然相当于羊膜类的中肾,但这种肾与羊膜类胚胎时期出现的肾是有区别的,主要是肾的结构和所在的位置有所不同。因此把无羊膜类成体的肾,称为背肾或尾肾(opisthonephric kidney)较为恰当,以有别于羊膜类胚胎时期的中肾。蛙肾的导管称为输尿管,实际上与羊膜类后肾的输尿管在结构和发生上是不同的,只是功能上相同,蛙的输尿管还有中肾管、吴氏管、原肾管、背肾管等不同名称,都是同物异名。

雄性的生殖系统与排泄系统关系较为密切(图 6-13)。精巢位于肾脏内侧,为一对卵圆形器官,色泽为淡黄或灰黑,随季节而有变化。由精巢发出许多输精管通至肾脏前部并连接输尿管,精子借输尿管经泄殖腔排出体外。在输尿管接近泄殖腔处管径膨大,称为贮精囊。雌蛙有一对卵巢,其体积变化很大,成熟时充满着黑色素的卵子,卵子成熟时卵巢膜破裂而跌入体腔,由输卵管经泄殖腔排出体外。输卵管不直接与卵巢连接。生殖季节输卵管是一对白色迂回管道,在前端有一开口称为喇叭口,后端膨大称为子宫,直接通入泄殖腔。输卵管壁有大量腺体,能分泌胶质膜包于卵外。雌雄蛙的性腺前方都有黄色的指状物称为脂肪体,含有大量脂肪,供性腺发育之用,摘除脂肪体会引起性腺萎缩。雄性蟾蜍在输尿管的两旁有一对很清楚的管子,这是退化的米勒氏管,相当于雌性的输卵管。在雄蟾蜍精巢之前有一对毕氏器,其中含有未分化的大细胞,如果摘除精巢,这些大细胞能发育,使毕氏器变为卵巢,发生性逆转现象,此时退化的米勒氏管变为输卵管和子宫。

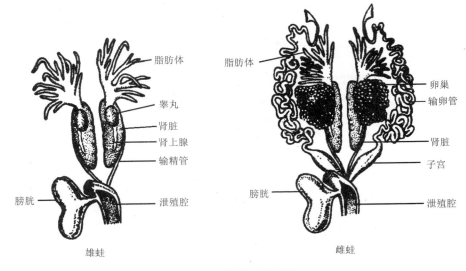

图 6-13　蛙的泄殖系统

6.2.1.11　繁殖与发育

蛙约在春季四五月间繁殖,各地情况略有不同。雄蛙此时鸣声响亮,并有抱对现象,雄蛙用前肢抱持于雌蛙腋部而伏在雌蛙背上,抱对时间数小时至数日不等。有的蛙类雄性抱持雌性腹股沟处,故抱对方式随种类而不同。在抱对的刺激下,雌蛙产卵于水中,雄蛙同时射精,卵在水中受精。蛙一次产卵可达 5 000 余粒,卵外包有胶质膜,黏连成大团卵块,胶质膜能吸水膨胀,起到保护卵子及胚胎免受机械性损伤和吸收阳光热量以利孵化的作用。

卵粒在受精后 3~4 个小时开始分裂,由于卵黄较集中于植物极,卵裂为不等的全裂,卵裂开始于黑色素较集中的动物极。以后,动物极分裂较快,分裂球小,植物极分裂慢,分裂球大。囊胚是一个球形的构造,内腔中空,称为囊胚腔。原肠胚由植物极内陷和动物极细胞外包相结合而形成,原肠胚进一步发展,至神经管等形成时称为神经胚,以后器官分化相继完成,4～5天后即孵化出幼体,称为蝌蚪,蝌蚪具有口吸盘、侧线、尾和外鳃。以后又出现内鳃,外鳃即消失,蝌蚪具有一心房一心室,四对动脉弓,这些特征与硬骨鱼相同。蝌蚪的排泄器官是前肾,有雏形的性腺,口内及上下颌上有齿。肠的相对长度较成蛙长,约为体长的9倍,这与食性不同有关,蝌蚪以硅藻等为食。

从蝌蚪变态为蛙,外部形态及内部结构都发生很显著的变化,外形上先是生出后肢,继而出现前肢,尾部逐渐萎缩,内部构造出现了肺、心脏、动脉、静脉、肾;消化道也发生了变化,变成了蛙的结构。整个变态过程大约持续3个月,幼蛙发育到成蛙一般需3年(图6-14)。

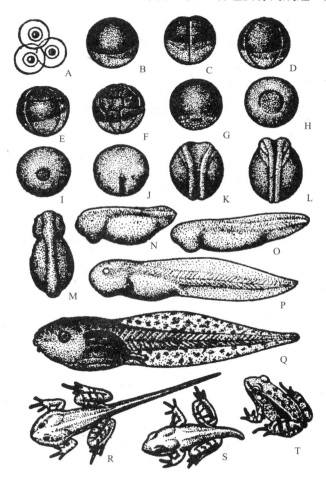

A.有胶膜卵;B.受精卵(胶膜已剥去);C.二细胞期;D.四细胞期;E.八细胞期;

F.囊胚早期;G.原肠胚开始;H.原肠期;I.卵黄栓期;J.神经板期;

K.神经褶期;L.神经沟期;M.尾芽期;N.肌肉反应期;O.鳃循环期;

P.尾鳍循环期;Q.有后肢的蝌蚪;R.开始变态;S.将完成变态;T.幼蛙

图6-14 蛙的生活史

6.3 两栖纲的分类

6.3.1 两栖纲亚纲的划分

两栖纲分为三个亚纲,名称、简要特征、出现的地质时代如下:

1.迷齿亚纲 Labyrinthodontia:齿的外周釉质向内部的齿质成复杂的皱褶伸入,形成与总鳍鱼相似的迷齿,全部为化石种类。出现于上泥盆纪至二迭纪。

2.壳椎亚纲 Lepospondyli:身体披有鳞片,脊椎骨的椎体不经过软骨阶段,而由造骨组织围绕脊索直接骨化而成,全部为化石种类,自石炭纪到二迭纪。

3.无甲亚纲 Lissamphibia:体表光滑,现代生存的两栖类全属于这一亚纲,化石种类自石炭纪开始出现。

两栖纲下属 3 个亚纲中,只有无甲亚纲有现存种类,无甲亚纲分 4 个目:

(1)原蛙目 Proanura,全为化石。

(2)无足目(Gymnophiona),只有现代种类。

(3)有尾目(Urodela),侏罗纪至今。

(4)无尾目(跳行目)(Anura),石炭纪至今。

以上 4 个目中原蛙目无现代种类,无足目未发现化石,其他 2 目有化石也有现代种类,现存种类据 Willson 1988 年统计有 4 200 种左右,各类群分述如下:

6.3.1.1 无足目(Gymnophiona)

无足目又称蚓螈目 Caecilia(图 6-15),包括 6～7 科 34 属 167 种,基本特征为无四肢,体内也无带骨,外形似蚯蚓或蛇,尾短或无尾,皮肤富有黏液腺,有许多环状皱纹。眼睛退化隐于皮下。眼与鼻孔之间有一能收缩的触角,能缩进一个特殊的凹陷内,很敏感,有助于钻穴。无鼓膜,听神经退化,嗅觉发达。体内受精,雄性泄殖腔能突出,将精液输入雌性体内,有的雌体有孵卵行为,有种类为卵胎生。脊椎骨数目多达百块以上。本目一些种类在真皮内有退化之骨鳞,头骨膜骨发达,椎体为双凹型,无胸骨,心房间隔不发达。本目主要分布在中南美洲、非洲和亚洲南部热带、亚热带地区。

代表种类:版纳鱼螈 *Ichthyophis bannanicus* Yang 体长约 40 cm,暗褐色,体两侧各有一条黄色带,泄殖腔孔开口于身体近末端处,尾极短,雌体有孵卵行为,以身体盘绕着卵,使之湿润免于干燥,幼体孵出后在水中生活,成体在陆上营地下穴居生活。分布于亚洲南部,我国云南西双版纳有分布。

图 6-15 鱼螈

6.3.1.2 有尾目(Urodela)

本目基本特征为具有发达的尾,而且尾终生存在。具有四肢,少数种类后肢退化只有前肢。皮肤无鳞,常有侧线。脊椎骨数目多,椎体双凹型或后凹型,躯椎具不发达肋骨,荐椎有时无,有的无胸骨,多数种类在幼体用鳃呼吸,成体用肺呼吸,有的终生具鳃。肺不发达或无肺,而皮肤和口腔黏液具呼吸作用,许多种类心房间隔不完善或无,有第4对动脉弓,同时具有后大静脉和后主静脉。一般为卵生,体内或体外受精,体内受精种类的雄性泄殖腔能分泌胶质将精子黏为精包,雌的泄殖腔能突出并用后肢将精包纳入完成受精。本目共有8科60属350余种,分布遍及全世界的温热带地区。我国有3科14属35种和亚种,几个重要的科种如下(图6-16):

1.大鲵科 Cryptobranchidae:成体无外鳃,无眼睑,体长50～180 cm,头扁,椎体双凹型。体外受精,雄性无交配器,不具精包,雌性无受精器。仅2属3种,分布于亚洲东部(中国、日本)和北美洲东部。其中隐鳃鲵 *Cryptobranchus*,分布在美国东部。

大鲵 *Andrias davidianus*:俗称娃娃鱼,为世界上最大的两栖动物,体长可达1.8 m,重达65 kg。体呈扁圆形,尾侧扁,头平扁。口宽阔,上下颌具细齿。眼小,无可动眼睑。头顶部和腹部有许多成对的疣状物。躯干两侧有皮肤皱褶,皮肤光滑,富有腺体。灰褐色,有各种斑纹。栖息于水流湍急、岩石孔洞多的山溪,夜行性,食蛙、蟹、鱼、虾、蛇及水生昆虫,有从胃中反吐出食物残渣习性。7～9月产卵,卵圆,卵径6～7 mm,外有胶带连接,似串珠状,卵经过30～40天孵化。幼体有外鳃,为我国重点保护的珍稀动物,分布于华南、西南各省,最高分布在海拔3 400 m处的青海玉树地区,肉为美味佳肴。

A.极北小鲵;B.新疆北鲵;C.山西鲵;D.细致疣螈;E.肥螈;F.东方蝾螈;G.泥螈;
H.洞螈;I.两栖螈;J.鳗螈;K.多褶无肺螈

图 6-16　有尾目代表

2. 小鲵科 Hynobiidae：成体无外鳃，具眼睑，体形较小，体外受精，雌体不具受精器，椎体双凹型，有颌齿和犁骨齿。

极北小鲵 *Hynobius keyserlingii*：体长 10～13 cm，夜行性，食昆虫、蚯蚓、软体动物等，生活于陆上。4 月中旬产卵于水中，卵块带状，30～35 天孵出，幼体有外鳃。分布于亚洲东北部寒温带地区，如我国东北、朝鲜、蒙古及俄国西伯利亚等。

3. 蝾螈科 Salamandridae：成体无外鳃。具眼睑。椎体后凹型。雌性具有由泄殖腔外翻而成的囊，称为受精器，体内受精，可将雄的精包纳入体内。有 15 属 42 种，分布于北美洲、欧洲和亚洲。肥螈 *Pachytriton brevipes*，体长约 150 mm，体背部灰黑色，有棕褐色圆点，栖于我国东南各省山溪石隙间。东方蝾螈 *Cynops orientalis*，体较小，背面黑色，腹面朱红色杂有黑色斑点，以蠕虫及甲壳类为食，分布于华东各省清寒静水池沼中。

4. 洞螈科 Proteidae：成体具有外鳃，也具有薄壁的肺，无眼睑，椎骨双凹型，体内受精，雌体具有受精器，有 2 属 5 种。洞螈 *Proteus anguinus* 生活于洞穴中，眼退化，隐于皮下，体白色，四肢细弱，分布于欧洲巴尔干半岛。泥螈（泥狗）*Necturus maculatus* 长约 30 cm，皮肤棕色，有黑色斑点，头形状像狗，昼伏夜出，4～5 月间产卵，产于北美东部。

5. 鳗螈科 Sirenidae：1 属 3 种，成体具外鳃，后肢退化，无齿，无肺，体外受精。鳗螈 *Siren lacertina*，又称泥鳗、土鳗，为水栖种类，产于北美。

本目其他种类尚有无肺螈科，23 属 194 种，钝口螈（虎螈，美西螈）*Ambystoma tigrinum* 产于美洲。幼体生活于水中，称为美西螈幼体 Axolotl。当环境不适宜时，幼体就不变态，也能进行生殖，称为幼体生殖，是动物学中一个著名的例子。

6.3.1.3　无尾目（Anura）

无尾目体形宽短，成体无尾，具 4 肢，后肢特强，适于跳跃，故又称跳行目。皮肤有丰富的黏液腺，有的种类毒腺发达。具有可活动的下眼睑及瞬膜，鼓膜明显。椎体前凹、后凹或双凹。肩带有弧胸型及固胸型。成体以肺呼吸，无外鳃，大多为体外受精。分 4 亚目 20 余科，3 500 多种，我国有 7 科 43 属 242 种（图 6-17）。择要分述如下：

1. 负子蟾科 Pipidae：无舌，属于无舌亚目。3 属 20 多种。椎体后凹，幼体具肋骨。

负子蟾 *Pipa americana*，雌体在繁殖时背面皮肤呈海绵状，受精卵藏于皮内，幼体孵出后在水中生活。本科产于南美洲及非洲。

2. 盘舌蟾科 Discoglossidae：有舌，但舌底固定于口底，不能自由伸出口外，舌体呈盘状，尖端不分叉。椎体后凹型。雄性无声囊。有 5 属 20 种，如东方铃蟾 *Bombina orientalis*，体长约 4.5 cm，背面褐绿色，腹面有醒目的橘红色与黑色相间的花纹。体上有疣状刺疣，能分泌毒汁。该种有一著名的特点，遇敌时，翻过身来肚皮朝天，腹部鲜明斑斓的色彩起到警戒示敌作用。为华北及东北地区山间溪流及沟渠池沼分布的种类。春季产卵，可延续至六月。青岛地区常见。产婆蟾 *Alytes obstetricans* 也为本科著名代表。生殖时雌性产的卵由胶膜连接成念珠状长带，而由雄性将卵带缠绕在后肢之间，离开雌性而隐伏在洞穴阴暗的湿土处孵卵，偶尔进入水中将卵浸湿，3 周后孵出，蝌蚪在水中发育生活。此种分布于欧洲西南部。

3. 蟾蜍科 Bufonidae：本科有真蟾之名，舌能自由翻出口外，舌端不分叉。肩带弧胸型。瞳孔水平。椎体前凹型。上下颌及犁骨上无齿。雄性有毕氏器（即睾丸前端之未发育的卵巢，此器官为童型性状，即幼体性状）。身体宽短粗壮，皮肤粗糙。耳后腺发达，分泌毒液，鼓膜明显。本科约26属335种。分布广泛，几乎是全球性的（除极地外），有些种类能耐干旱，甚至可生活在沙漠地区。大蟾蜍 *Bufoggargarizans*，又名中华蟾蜍，是我国常见种，俗名癞蛤蟆，皮肤粗糙，有许多瘰粒，雄性无声囊，夜行性，食昆虫、蠕虫、软体动物等，有益于农林。华北地区在3～4月间产卵，卵成双行排列在长条卵带内，卵数多至6 000粒，约2周孵化。冬季河沼底泥中越冬冬眠。耳后腺分泌物为中药"蟾酥"，有强心功能。

4.雨蛙科 Hylidae：舌卵圆形，舌端分叉。弧胸型肩带。瞳孔垂直、水平或呈三角形，指（趾）末端膨大为趾垫。约37属，630余种，主要分布于温带、热带，以澳洲和中南美洲种类较多。

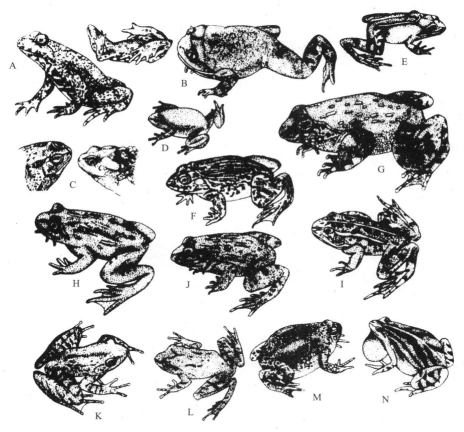

A.东方铃蟾；B.宽头大角蟾；C.黑眶蟾蜍（左）、大蟾蜍（右）；D.日本雨蛙；E.中国林蛙；F.虎纹蛙；
G.棘胸蛙；H.高山蛙；I.湖蛙；J.海蛙；K.绿臭蛙；L.斑腿树蛙；M.北方狭口蛙；N.饰纹姬蛙

图6-17　无尾目常见种类

无斑雨蛙 *Hyla immacualata*，体长4 cm。皮光滑。背面绿色，腹部白色，喉部黄色。常栖息于水边矮树或草茎上。鸣声尖而清脆，雄性口底有单个声囊。为我国华北、东北、华中地区常见种。

5. 蛙科 Ranidae：也称真蛙，是两栖类中最多的一种，约有 50 属 670 余种。舌能翻出，舌端分叉。肩带固胸型。椎体前凹型。筛骨单个，上颌及犁骨上具齿，如黑斑侧褶蛙 *Pelophylax nigromaculata*，栖于农田、河沼沿岸草丛，俗称田鸡。金线侧褶蛙 *Pelophylax plancyi* 体长约 5 cm，皮肤光滑，背面绿色，背上有两条黄色侧褶。栖于池沼、田间，食水生动物。中国林蛙 *Rana chensinensis* 俗称哈士蟆。背面、体侧为棕灰色。鼓膜区有三角形黑色斑，后肢背面有黑色横纹，腹部乳白色。栖于山溪附近或阴湿的山坡树丛中。分布于东北、华北、青海、四川。雌体晒干后即为市售哈士蟆。输卵管干制品为哈士蟆油，为中药"补品"。棘胸蛙 *R. spinosa*，俗称谷冻，栖于山溪中。体大肉肥，是有名的食用种类，为我国珍稀种类，受世界性关注。人工繁殖和养殖已获初步成功。

海陆蛙 *Fejervarya cancrivora*（Cravenhorst）是我国唯一生活于近海边的咸水或半咸水地区的两栖动物。其主要形态鉴别特征如下：鼻骨大，两内缘相接，与额顶骨相触或略分离；肩胸骨基部深度分叉，呈"人"形，吻端钝尖，鼓膜明显。背部两侧各有 1 纵行不连续的腹棱，长短不一，4～8 条，腹棱上有小白刺粒。胫跗关节前达眼后或鼓膜；指末端钝圆，趾末端钝尖；趾间近全蹼，第 5 趾外侧缘膜发达，无外蹠突。背面黄褐色有黑色斑纹，上下唇缘有深色纵纹。雄性有一对咽侧下外声囊，有雄性线。卵巢内卵动物极黑褐色。蝌蚪尾末端尖；唇齿式为Ⅰ:1～1/Ⅲ，下唇中央缺乳突。成蛙常栖息于海潮能够波及的海岸区，以红树林区较为常见。白天多隐蔽在红树林等植物根部或洞穴内，傍晚出外到海滩上觅食，以蟹、虾、螺和小鱼及昆虫类为食。蝌蚪生活于半咸水水塘中，底栖。分布于我国台湾、广东（澳门）、海南（海口、文昌）、广西（北海市、防城、合浦）（图 6-18）。

图 6-18　海陆蛙 *Fejervarya cancrivora*（Cravenhorst）

与海陆蛙形态相似的种类是泽陆蛙 *Fejervarya limnocharis*（Gravenhorst），其区别是：趾末端钝尖；趾间近半蹼，第 5 趾外侧缘膜极不显著，外蹠突小。雄性具单咽下外声囊，咽喉部黑色有雄性线。生活于平原、丘陵和 2 000 m 以下山区的稻田、沼泽、水塘、水沟等静水水域。除新疆、青海、甘肃等少数省区外，分布于全国各地。

6. 树蛙科 Rhacophridaej 舌能翻出，肩带固胸型，椎体前凹，筛骨单个，趾端有膨大的趾垫（吸盘）。树栖种类，约 14 属 180 种，主要分布于热带。树蛙 *Rhacophorus*，栖于山区树林或竹林中。产卵多，结成球状，产于垂向水面的树叶间，其外包以泡沫状物质，卵发育孵出后，蝌蚪落入水中。分布于我国西南一带，广西、四川、云南、西藏等地。西藏墨脱县产蛙多种，如横纹树蛙 *Rhacophorus translineatus*，双斑树蛙 *R. dipunctatus*，白颌大树蛙

R. maximus 等。

7. 姬蛙科 Microhylidae：舌能翻出，卵圆形，舌端不分叉，肩带固胸型，筛骨成对，瞳孔常垂直，口狭小，头短而狭。有 56 属 200 余种，主要分布于北美、非洲、东南亚。北方狭口蛙 *Kaloula borealis* 俗名气鼓子，体长 4 cm，头小，口狭小。皮肤光滑，背部棕色，有黑色斑点或花纹，腹部肉色，土中穴居，或在房屋及水坑附近的草丛间、石块下。食蚂蚁、甲虫等。雨季产卵于下雨后临时形成的水坑中，卵单个分散浮于水面，三周左右即可完成孵化及蝌蚪变态，成为幼蛙。发育迅速的特点使其在水坑干涸前就繁殖完成后代，使种的延续和分布区扩大成为可能。本种分布于华北和东北。

6.4 两栖纲的起源、演化及其生态适应

6.4.1 两栖类的起源与演化

肉鳍鱼类中的骨鳞鱼化石出现于 37 500 万年前的下泥盆纪，而最早的两栖类化石出现于 35 000 万年以前的格陵兰岛和北美洲的泥盆纪晚期地层中。这两类化石十分相似，使人可怀疑它们相互间有着很近的亲缘关系。这两类化石的中间类型至今尚未找到，故从骨鳞鱼过渡变化到最早的两栖类的细节还不清楚。根据古生物学家的研究，泥盆纪后期气候温暖而潮湿，相当于现代的热带和亚热带。当时巨大的木贼类和树状的羊齿植物，沿着广阔的池沼和河岸生长，残枝败叶大量落于水中腐烂，使水体严重缺氧。迫使骨鳞鱼或与之相近的其他总鳍鱼从严重缺氧或干涸的水池爬上陆地，寻找其他有水的适宜栖身之所。在这一过程中，大量的个体死亡了，有一些幸存者起了直接变化，鳃呼吸让位于肺呼吸，有柄的肉鳍变成了四足，终于在形态上发生了质的变化，变成了最早的两栖动物。

最早的两栖动物化石叫鱼头螈 *Ichthyostega*（图 6-19）。身长约 1 m，头骨全被膜骨覆盖，骨片的数目和排列与骨鳞鱼极近似，并具有迷路齿，即牙齿表面的釉质深入插入齿质，成复杂的迷路。四肢骨构造与总鳍鱼偶鳍骨片基本相似，头骨上有鳃盖骨的残余。身体侧扁，体表有小鳞片，尾上有鱼类尾鳍的残迹。但其头骨有 2 个枕髁，头后方有耳裂为支持鼓膜之处，有五趾型的四趾，前肢肩带已与头骨失去联系，说明头部已能活动，这些特征则说明它们属于两栖类的范畴。古代两栖类起源于总鳍鱼类似无疑问，但近时我国学者张弥漫发现骨鳞鱼类化石无内鼻孔等重要的四足类特征，已引起各国学者关注，该问题正在研讨之中。

鱼头螈一类化石属于迷齿亚纲，这一亚纲与壳椎亚纲化石头部都有膜质硬骨覆盖，统称为坚头类。坚头类在石炭纪和二迭纪得到大量辐射发展。现代的两栖类各个目无疑是由它们演化而来，但化石证据很不够，过去推测无尾目是迷齿类进化而来，无足目和有尾目是壳椎类进化而来，但现时许多学者认为上述 3 个目有共同的起源，理由是它们有不少共同特征。如皮肤都是裸露的，都丧失了头甲和腹甲，头骨中大部分膜骨消失，牙齿有许多共同点等，因此都归在无甲亚纲。坚头类中另有一支演化为爬行类。

图 6-19　鱼头螈化石(上)及外形恢复(下)

6.4.2　两栖类生态适应

两栖纲动物主要生活在淡水或潮湿场所,有的也见于半咸的水中,如海南岛海口、文昌县等地海滨有一种食蟹蛙,也称海蛙,但没有纯粹的海洋种类,分布区往往是潮湿的温带和热带。但有几种蛙一直分布到北极圈内,分布区的海拔高度可达 4 870 m 以上(一种蟾蜍),有些蟾蜍和树蛙生活在澳洲和美国西南部的沙漠中,在干旱季节它们隐藏于地下并在夜间活动。

隐鳃鲵、大鲵、鳗螈、洞螈、负子蟾及某些无足类是完全水栖的种类。无尾类多数是陆栖种类,即除了生殖外,大部分时间在陆上生活。雨蛙、树蛙等都是树栖的种类,趾端扩大成趾垫。趾垫上有黏液分泌腺,分泌的黏液使它们得以在光滑的树叶及枝条上爬行栖息,产于菲律宾及澳洲的飞蛙 *Rhacophorus pardalis* 更能凭其前后足上的大蹼在枝叶间作滑翔飞行,热带的一些无足类在潮湿的土中掘洞穴居,狭口蛙等也能用后肢蹠部尖锐突起掘土钻入土内。

有尾类和坚头类有鱼形的身体,它们在陆上缓慢运动时用前后肢爬行,但急速运动时以腹面贴着地面不断扭动身躯前进,此时四肢很少着地,情形好像是在陆地上游泳。无尾类成体在陆上运动时既可爬行,还可以跳跃,主要是后肢的力量,在水中游泳也是以后肢屈伸的力量借助蹼击水而推动身躯前进。

两栖类皮肤具有丰富而能变化的色素,这是一种保护性的适应,如金线蛙栖息在荷叶上时体色与荷叶绿色相适应,很难辨别。东方铃蟾腹部橘红色的条纹则使之十分醒目,这是警戒色。许多蟾蜍和蛙类皮肤中都有毒腺,这是一种保护性适应,毒素中含有许多种生物碱,使吞吃它们的敌害生物口腔黏膜有烧灼感觉。产于中、南美洲毒蛙科中许多种类,皮肤毒腺分泌物曾为当地土著印第安人涂于吹管箭箭头,毒性甚烈可致人死命,其中称为酷毒叶蛙 *Phyllobates terribilis* 的种用手摸其皮肤都是危险的。

无尾两栖类视其栖居的纬度或环境常具有冬眠和夏眠的特性。温带的无尾两栖类常在中秋之后开始冬眠。身体埋入土或树根下,用皮肤呼吸度过严冬。此时,代谢水平降低呈麻痹状态,待环境改善后重新出来活动。夏眠,常见于热带地区。如爪哇等地夏季高温达 40℃,干旱少雨,此时常见两栖类潜入地下度过炎热酷暑,也用皮肤呼吸。

复习题

1.结合水陆环境的主要差异,总结动物有机体从水生过渡到陆生所面临的主要矛盾。
2.试述两栖类对陆生生活的适应表现在哪些方面? 其不完善性表现在哪些方面?
3.简要总结两栖纲躯体结构的主要特征。
4.简述两栖纲动物的主要目和科的特征。
5.简要理解文昌鱼与蛙的发育过程有何异同。

第七章 爬行纲(Reptilia)

一般说爬行纲动物是典型的陆生动物,从进化上讲它具备了真正适应陆地生活的肺和羊膜卵。爬行动物是体被鳞甲或盾板、四肢有爪(或退化)、陆地繁殖的变温脊椎动物。我国已知有爬行动物 3 目 23 科 121 属 387 种,包括各种龟、鳖、蜥蜴、蛇以及鳄等动物。世界现生海洋爬行纲动物今尚缺乏充分资料难以介绍,但据赵尔宓院士在《中国海洋生物名录》(刘瑞玉,2008)中公布有 2 目 6 科 17 属 29 种。包括龟鳖目和有鳞目,前者有海龟科和棱皮龟科共 5 属 5 种;有鳞目包括瘰鳞蛇科、蝰科、游蛇科和眼镜蛇科 4 科,其中以眼镜蛇科的海蛇科种属最多。

7.1 爬行纲动物概述

本节包括爬行动物与两栖类的主要不同、爬行动物的躯体构造、爬行动物与人类的关系及其利用价值和危害、羊膜卵及其在脊椎动物演化史上的意义 4 部分。

7.1.1 爬行动物与两栖动物的主要不同

爬行纲在动物界隶属于脊索动物门、脊椎动物亚门。大约在三亿年前由古代的两栖动物石炭蝾类发展起来、在长期进化发展过程中形成了肺和羊膜卵,而不同于两栖纲动物的真正陆地生活的脊椎动物。早期爬行动物又分别演化出适于飞翔生活的鸟类和有机结构最完善的哺乳类。然而两栖纲是由水生到陆生的过渡类型,因为其身体结构和生活机能还没有形成对陆地新环境的完善适应,对新环境转变带来的各种矛盾尚未解决:例如它们必须回到水中产卵,度过幼年期;成体的四肢尚不能在陆地上很好地支持身体和运动;肺不发达,需靠皮肤呼吸辅助以致皮肤必须经常保持湿润等,因此它不是真正的陆地生活的脊椎动物。

爬行动物的有机结构在两栖动物的基础上获得进一步的发展,它们的进步特征,一般包括以下各项:

1.爬行动物外形与骨骼更加完善地适应陆地生活:体表覆以鳞片或盾片,鳞片来源于皮肤表皮层,缺乏皮肤腺以利减少蒸发,免于干燥。五趾型的四肢较两栖动物发达,能更好地起到支持身体和运动器官的作用。

颅骨以一个主要由基枕骨形成的枕髁与脊椎相关联。脊椎分化为颈椎(已有寰椎和枢椎)、躯椎(有的分化为胸椎和腰椎)、荐(骶)椎(多于 2 个)和尾椎。既能使头灵活转动,在陆地环境中扩大视野,又能更牢固地支持后肢,便于陆上运动。肋骨形成真正的胸廓,许多种类的肋骨与胸骨相连,在肋间肌的活动下,构成陆地上用肺呼吸的新机制。

2.爬行动物内部器官与神经系统的健全使之成为比两栖类更高级的动物:以发育完全并深藏于体内的肺呼吸氧气,成体的鳃及皮肤呼吸都不复存在。与肺呼吸相适应,心脏不仅具有两个心房,心室也有不完全的分隔(鳄目已完全分隔为二心室,其间仅残留一个室间孔。成体的排泄器官是后肾,输尿管也与输精管分开。内耳更发达,多数种鼓膜下陷,形成外耳道,有利于在陆地上更好地保护听觉器官。雄性有交接器,行体内受精。卵生或卵胎生。卵生者,卵具壳,适于在陆地上使卵的内容物不致流散,不改变形状,防止机械损伤,避免感染,减少蒸发等。有12对脑神经。前10对同鱼和蛙,第11对为脊副神经,第12对为舌下神经。

3.爬行动物羊膜卵的出现使其彻底摆脱了对水环境的依赖:胚胎发育过程中,形成羊膜、尿囊和卵黄囊,保证胚胎在自备的羊水中发育,不必依赖外界的水环境(图7-1)。由卵内孵出(卵胎生直接产出),与成体相似能独立生活的幼年动物,不需经过一个水生生活的幼体阶段。

以上进步特征,概括起来主要有三个方面,即:①成体的结构更加完善地适应陆地生活;②繁殖及发育过程彻底摆脱对水环境的依赖;③整个新陈代谢水平的提高,成为与两栖动物有本质差别的新的更高级动物。可以说,爬行动物的出现,关键是"羊膜卵"的出现,是脊椎动物进化史上的一次飞跃。鸟类和哺乳纲动物的胚胎都具有羊膜结构,因而与爬行动物统称为羊膜动物(Anamnia),但鸟类和哺乳纲动物是古爬行类向更高水平发展的后裔。

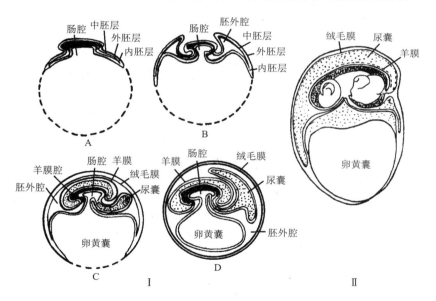

Ⅰ.A.胚胎早期;B.胚膜形成环状皱褶;C.皱褶两侧相接;D.愈合打通羊膜卵形成

Ⅱ.蜥蜴的胚胎

图7-1　羊膜卵的形成

3亿年前,当新兴的爬行动物在地球上出现,由于它们结构功能的进步,得到迅速的发展,成为地球上占统治地位的动物。陆地上、沼泽中、海洋及淡水里,以及空中,各种生态环境都有不同种类的爬行动物生活着。它们不但可以远离水域,而且可以到干旱的沙漠和寒冷的北极圈内。这种向不同生活环境分化的适应能力,被称为适应辐射。

215

7.1.2 爬行动物的躯体构造

1. 外形：爬行动物完全适应陆地生活，具备四足动物的基本体形，有明显的颈部和较强健的四肢，尾部也很发达。概括起来，可分 3 类：①蜥蜴型，是爬行动物中的典型体形，头和躯干背腹扁平，四肢发达，五指（趾），尾部发达。如巨蜥、扬子鳄。②蛇型，体长圆筒形。四肢缺或极不发达，如水游蛇等。③龟鳖型，体背腹部有骨质甲板，四肢趾间有蹼或肢特化为桨状。如玳瑁、鳖等。

2. 皮肤及其衍生物：皮肤干燥，缺乏腺体，具有来源于表皮的角质鳞片或兼有来于真皮的骨板，这是爬行类皮肤的主要特点（图 7-2）。鳞片间以薄层相连，构成完整的鳞被，对防止水分蒸发有重要的作用。尽管皮肤结构以及肾脏等的保水性能相当完善，使体内失水减少至最低程度，但它仍具生理上的可透性。研究证明，在 20℃～30℃温度下，爬行类皮肤失水可占体内总水分的 80%。只是在高温下呼吸失水大于皮肤失水。

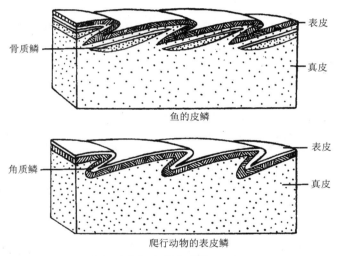

图 7-2　爬行动物与鱼的表皮鳞（Miller et Harey）

爬行类通过皮肤的水分蒸发率，与哺乳类相近，但比哺乳类更适应于在干旱地区生活，这主要是它新陈代谢率低，呼吸失水甚少的缘故。此外，以尿酸和盐类的形式排泄出含氮废物并具有肾外泌盐功能等，也都减少水分丢失。蜥蜴和蛇的鳞定期更换，称为蜕皮（ecdysis）。蜕皮次数与生长速度有关，蛇每两月一次。有些蜥蜴的泄殖腔具有称为"生产腺（generation gland）"的腺体，与蜕皮有关，其开口叫股孔（femoral pore）或臀孔（preanal pore）。

爬行类的变色能力为陆生动物之冠，一种叫避役的爬行类有变色龙之称。爬行类色素细胞发达，在植物性神经系统和内分泌腺的调节下，能迅速变色，具有调温及保护色的功能。缺乏皮肤腺与保水有重要关系。

3. 骨骼系统：爬行动物的骨骼系统发育良好，适应于陆生生活。主要表现在脊柱分区明显，颈椎有寰椎和枢椎的分化，提高了头部及躯体的运动性能。躯干部具有发达的肋骨和胸骨，加强内脏保护并协同完成呼吸动作。头骨骨化良好，多具颞窝和眶间隔。具单一枕髁。

（1）头骨：头骨的膜性硬骨和软骨脑颅均骨化得比两栖类好。颅顶比两栖类隆起，反映了脑腔有膨大。眼窝之间的薄骨片即眶间隔(interorbital septum)。头部的枕部由四块枕骨围绕着枕骨大孔,其中基枕骨、侧枕骨共同形成单个的枕髁。一个有意义的特征是爬行类开始出现了羊膜动物所共有的次生腭即硬腭(palatum durum)(图 7-3)。它在颅骨的底部,口腔顶壁,由前颌骨、颌骨的

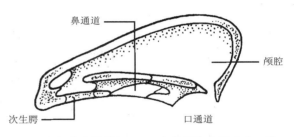

图 7-3　爬行类头骨纵切面,示次生腭分离鼻孔和口腔

腭突和腭骨本身等所组成的水平隔,把原口腔的前部分成上、下两层,上层和鼻腔相通,成为嗅觉和呼吸的通路。次生腭之后有次生性的内鼻孔,下层为固定的口腔。颞部的膜性硬骨因相邻骨片缩小或消失而形成孔洞,此洞称为颞窝。颞窝的出现与咬肌的发达有密切关系,使膜骨下面所覆盖的咬肌收缩时,其膨大的肌腹可自颞窝凸出。最原始的古爬行类不具颞窝,称无颞窝类(anapsid)。现存的多数爬行类,蜥蜴、蛇和鳄及鸟类都是双颞窝类(diapsid)及其后代。哺乳类则为合颞窝类的后代。据现今研究结果,羊膜动物头骨的进化如图 7-4 所示。

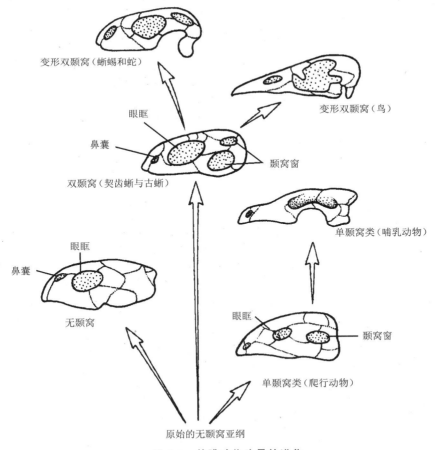

图 7-4　羊膜动物头骨的进化

217

蜥蜴与蛇的头骨结构与鳄、龟类的显著不同是：前者头骨膜性硬骨后缘骨块消失，因而其所覆盖的软骨性硬骨，即方骨露出。由于方骨周围缺乏膜性硬骨的束缚，因而具有可动性，使口张得很大，但闭口的力量减弱。毒蛇方骨具更大活动性，并与颅底的骨块形成可动关节，加上左右下颌前端以韧带联结，因而能吞食较大捕获物（图7-5）。

（2）脊柱、肋骨及胸骨：脊柱分区明显，有颈椎、躯干椎（胸腰椎）、荐椎和尾椎的分化。颈椎多，前两个特化为寰椎和枢椎。寰椎与头骨的枕骨髁相关节，能与头骨一起在枢椎的齿状突上转动，从而使头部有更大的灵活性，是陆栖动物的重要特征。低等爬行类椎骨多为双凹型，高等为前凹或后凹型。躯干椎具发达肋骨，与胸骨一起构成坚固的支架，使支持和保护的功能进一步完善。肋骨的运动可协助完成呼吸运动。蛇不具胸骨，其肋骨有更大活动性，并借皮肤肌支配腹鳞活动，以完成特殊的运动方式。爬行类具有2枚荐椎，加强了对腰带和后肢的支持。

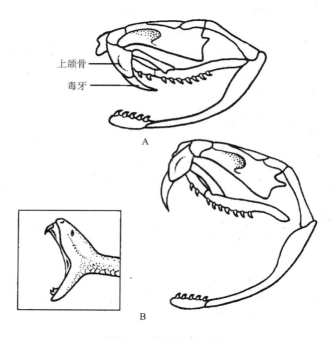

上颌骨

毒牙

A

B

图 7-5　蛇的摄食适应
A.蝮蛇头骨颌连接机制容许骨片滑动　B.口张开时嵌毒牙上颌骨伸向前面

（3）带骨和肢骨：爬行类的带骨和肢骨均较发达。肩带由肩胛骨和乌喙骨及锁骨构成，骨化良好。蜥蜴类的肩胛骨背面有软骨质的上肩胛骨，并有锁骨与胸骨之前的上胸骨（又名锁间骨）及上肩胛骨相联；带骨的髂骨与荐椎联结，左右坐、耻骨在腹中线联合，构成支持后肢的坚强支架（图7-6）。前、后肢骨的结构与两栖类相似，但支持及运动功能显著提高。指和趾端具爪，是对陆上运动的适应。蛇及某些适应洞穴生活的爬行类，带骨和肢骨均有不同程度的退化和消失。

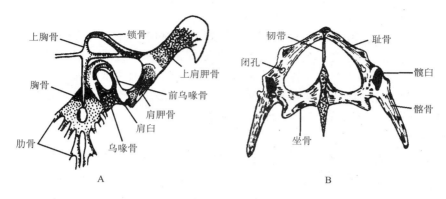

图 7-6　蜥蜴的肩带（A）和腰带（B）

4.肌肉系统：爬行类的躯干肌及四肢肌均较两栖类复杂，特别是肋间肌和皮肤肌是首次出现。肋间肌调节肋骨升降，协同腹壁肌完成呼吸运动。皮肤肌节制鳞片活动，在蛇类尤为突出，其能调节腹鳞起伏而改变与地面的接触面，从而完成其特殊的运动方式。颌机制（jaw mechanism）功能的进化，是爬行类的显著进步。爬行类的咬肌分化为颞肌（temporalis）和翼肌两组。前者使颌产生压碾力，后者使嘴快速闭合，从而更适应于陆地捕捉昆虫等动物。

5.消化系统：陆栖种类口腔腺发达，起着湿润食物，帮助吞咽的作用。口腔腺有腭腺、唇腺、舌腺和舌下腺。毒蛇和毒蜥的毒腺，就是某些口腔腺的变形。毒腺与特化毒牙（fang）相通连，借肌肉运动压迫毒腺，可将毒液注入捕获物。

肌肉质的舌发达，是陆栖动物的特征，其除完成吞咽功能外，还特化为捕食器及感觉器。避役（Chameleon）的舌具特殊装置，舌长几乎等于体长，能迅速射出，黏捕昆虫（图 7-7）。蛇的舌尖分叉并具化学感受小体，能把外界的化学刺激传送到口腔顶部的犁鼻器官，有特殊感觉器官作用。爬行类的牙齿有多种，低等种类为端生齿（acrodont），多数蜥蜴与蛇类为侧生齿（pleurodont），鳄类则为槽生齿（thecodont）。槽生齿牢固，各种齿脱落后可不断更新。龟鳖类无齿而代以角质鞘。

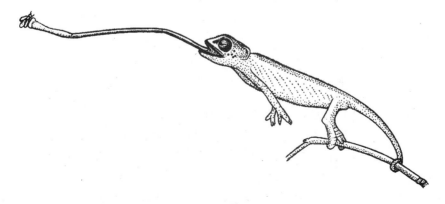

图 7-7　避役捕捉昆虫

爬行类的消化道的结构与四足动物基本相似。大肠开口于泄殖腔，两者均具有重吸水分的功能，这对减少体内水分的丢失和维持盐水平衡具重要意义。大小肠交界处为盲肠(caecum or blind diverticulum)。盲肠是从爬行类开始出现,与消化植物纤维有关。

6.呼吸系统:爬行类的肺较两栖类发达,外观似海绵状,气管分支复杂,呼吸表面积加大。具有喉头和以软骨环支持的长气管。某些蜥蜴的肺末端连接一些膨大气囊,鸟类的这种结构获得显著发展。爬行类除借口底运动吞吐空气外,还借助肋骨与腹壁肌肉运动,使空气进出肺部以完成呼吸。水生种类的咽壁和泄殖腔富有毛细血管,可辅助呼吸。

7.循环系统:爬行类循环系统的特点表现在心脏四腔,心室具不完全的分隔,为不十分完善的双循环(图7-8)。

(1)心脏:由静脉窦、心房和心室构成。静脉窦趋于退化,收集躯体和内脏静脉血液注入右心房。爬行类的心室左右分隔不完全;鳄仅留一潘氏小孔,为完全分隔。

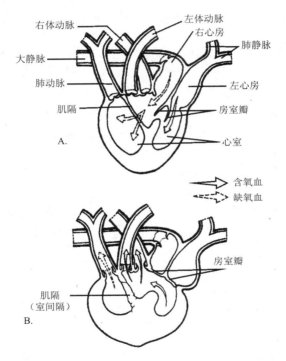

A. 当动脉收缩,血液进入心室,房室瓣阻止含氧血和缺氧血混合;
B. 当心室收缩时,肌隔紧闭引导含氧血流向体动脉,而缺氧血流向肺动脉。

图 7-8　蜥蜴心脏和主要动脉(Miller et Hardey)

(2)动脉:相当于两栖类的腹大动脉与动脉圆锥纵裂为三条动脉,即肺动脉弓(右侧)、左体动脉弓(中央)和右体动脉弓连颈动脉弓(左侧),分别与心室的右、中和左侧连接。当心脏收缩时,自静脉窦经右心房至心室右侧的缺氧血,经右侧的肺动脉入肺。自肺静脉回心血经左心房至心室左侧。其靠中央的混合血进入左体动脉弓;靠左侧的多氧血入右体动脉弓。左右体动脉弓在背面合成背大动脉后行。显然爬行类体动脉具有比两栖类含氧多的混合血,颈动脉内为多氧的动脉血。近年研究指出,动脉内混合血远较通常所认为的少,心脏内的缺氧血和多氧血事实上被功能地分开。心电图记录表明当心室收缩时,血先进肺动脉,当肺动脉阻力增多时再注入体动脉。此外,左体动脉中的血量(混合血)比右体动脉(多氧血)少得多。

（3）静脉:基本似两栖类,但肺静脉与后大静脉有较大的发展,肾门静脉趋向退化。

血液循环在维持体内环境的相对恒定(酸碱平衡和盐水平衡)方面具重要作用。一系列实验指明,爬行类血液的pH值随温度变化而变化,例如龟体温在24℃～37℃时,其pH为7.63～7.44,但体温在18℃以下pH值不变。已证实所有变温动物,当体温在5℃～37℃之间变动时,血液的pH值与温度变化之间呈现线性的倒相关,即每1℃体温下,pH值的变化为0.016～0.017。但血液内的OH^-与H^+的比率保持相对恒定。这是通过调节呼吸与肾功能而实现的。

8.排泄系统:爬行类及所有羊膜动物的肾脏在系统发生上均为后肾,胚胎期经过前肾和中肾阶段,在胚胎发育后期,来源中胚层生肾节的细胞,在躯体后方集聚,形成肾单位。从中肾导管基部向后肾突出一管,最后与后肾的肾单位联结,即为后肾导管(输尿管)及肾脏的肾盂部分。后肾的肾单位数目比中肾大为增加,爬行类的肾脏与鸟类和哺乳类在结构与功能上无本质区别,它更适应较高的代谢水平。

爬行动物排泄废物主要是尿酸或尿酸盐。尿酸(Uricacid)比尿素(Urea)难溶于水,易在尿中沉淀,成为一种复杂的白色化合物,包括钾、纳和尿酸的氨盐。当这些物质沉淀时,水即被重新吸收入血液内,再用于产生尿和沉淀。因而爬行类的排尿失水很少。有些尚存留于溶液内的钠离子和钾离子,也可从膀胱或泄殖腔送回血液中,通过肾外盐排泄(extrarenal salt excretion)排出。爬行类的盐腺(salt gland)就是这种肾外盐排泄器官,位于头部,能分泌高浓度的钠、钾和氯,并可利用空气中的饱和水气。盐腺对体内盐水平衡和酸碱平衡均有重要意义。

9.神经系统:爬行类的脑较两栖类发达(图7-9)。大脑半球显著,但主要为纹状体的加厚。大脑表层的新脑皮(neopallium)开始聚集成神经细胞层(早期阶段)。

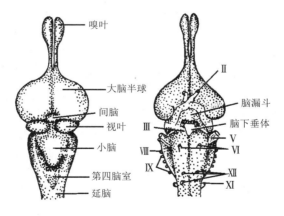

A.背观;B.腹观

图7-9 鳄脑外形

中脑视叶(opticlobe)仍为高级中枢,但已有少数神经纤维自丘脑达于大脑。这是把神经活动集中于大脑的开端,哺乳动物则达顶峰。间脑顶部的颅顶体(parietal body)发达,很多爬行类发展成顶眼(parietaleye)。中脑和小脑均比两栖类发达,与陆生生活的复杂性相联系。具脑神经 12 对,第 11 对为脊副神经,第 12 对为舌下神经。

10.感觉器官。

(1)嗅觉:比两栖类发达,鼻腔与鼻黏膜均有扩大。此外,蜥蜴与蛇的犁鼻器十分发达(图 7-10),开口于口腔顶部而不与鼻腔相通,具有探知化学气味的感觉功能。

(2)视觉:发展了借改变水晶体与视网膜距离和形状的视力调节能力。爬行类以横纹肌构成的睫状肌来完成水晶体的调节,此点与鸟类相似而不同于哺乳类。

(3)听觉:耳的基本结构同两栖类,但内耳司听觉感受的瓶状囊(lagena)显著加长,而鳄类则卷曲。蜥蜴的听觉发达,鼓膜内陷,出现雏形外耳道。蛇穴居生活,鼓膜、中耳和耳咽管均退化,声波沿地面通过方骨传至耳柱骨,从而使内耳感觉到。

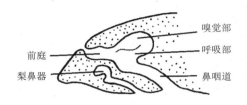

图 7-10　蜥蜴的嗅器官和犁鼻器

(4)红外线感受器(infrared receptor):现存蛇类中的蝰科和蟒科都具有能对环境温度微小变化发生反应的热能感受器,即红外线感受器。响尾蛇眼与鼻孔间的颊窝(facial pit)即是此种器官。窝腔被薄膜分为内外两个小室,内室借一小管开口于皮肤,可调整内外腔间的压力。膜内有三叉神经末梢分布。实验证明,它是一种极灵敏的热能检验器,仅约 $8.4×10^{-5}$ J/cm^2 的微弱能量就能使之激活并在 35 毫秒内发出反应,为现代探测仪所不及。

11.生殖系统:爬行类为体内受精。雄性有一对精巢,精液借输精管达于泄殖腔,泄殖腔具有可膨大而伸出的交配器(copulatory organ)。蛇和蜥蜴的交配器成对,龟鳖和鳄为一个。交配器有沟可将精液送到雌性泄殖腔内。雌性生殖系统同两栖类。卵巢一对,产多黄卵。卵排于体腔后,被输卵管口周围的纤毛摆动吸入输卵管内。受精在输卵管上端进行,此后沿管下行,与此同时管壁分泌蛋白和卵壳在输卵管下端陆续包裹受精卵。卵产出后借日光孵化。

某些毒蛇和蜥蜴卵胎生(ovoviviparity),受精卵留于母体输卵管内发育,成为幼体始产出,明显提高了后代的成活率。这对高山及寒冷地区生活的种类极为有利。近年证明,爬行类卵胎生生殖方式不仅起安全保护作用,而且胚胎能与母体交换水、氧气、二氧化碳并交换含氮物质。这一发现,不仅充实了对爬行类繁殖方式的认识,也沟通了卵生与胎生之间的界限,为哲学上的认识论提供了新的事例。

7.1.3　爬行动物与人类的关系及其利用价值和危害

爬行动物与人类的关系非常密切。特别是我国古代劳动人民对爬行动物的认识和利用已有悠久的历史。我国最古的文辞,就是刻在龟甲或兽骨上的甲骨文。古代的民谣、歌辞记录和传说涉及爬行动物者甚多。西汉时代的《淮南子》一书中,就有蝮蛇咬伤人畜,且可以用"和堇"治疗的记载。

现代有关爬行动物的利用,可以举出以下几个方面:

1.作为食物并发展为养殖产业:各种龟鳖、巨蜥、多种蛇及鼍(扬子鳄)都可以食用。其中鳖(又称甲鱼)的养殖在我国东南部十分普遍;蛇和扬子鳄的养殖也屡见报道。

2.医治疾病:中医中药及民间医药常用以治病的爬行动物药,有龟板、鳖甲、天龙(壁虎)、蛤蚧(大壁虎)、乌蛇、金钱白花蛇、蛇蜕、蛇胆、蛇酒等。蛇毒也有特别的药用价值。

3.工艺品原料:玳瑁甲制眼镜框架和各种工艺品、蛇皮制琴膜,鼍、蟒、海蛇及巨蜥的皮可以制革等。

4.生物防治鼠害和虫害:众所周知,蛇食鼠,蜥蜴食虫,故爬行动物在控制鼠害和虫害方面能起一定作用。

5.教学和科学实验中常用龟等作材料;科学研究中,采用蛇毒研究高分子化合物,如核酸及蛋白质等;海龟类的生殖洄游及蝮蛇亚科蛇类的红外线测位器等在仿生学中提示了一些研究方向;爬行类常作为科学普及和观赏动物提供人们物种多样性依据,也给自然辩证法、唯物主义等哲学理论提供基础资料和论据。

6.根据某些爬行动物的活动规律,总结出"乌龟出水蛇过道,大雨很快就来到"等气象谚语;以及根据蛇的反常出洞活动作为地震前兆进行预报的可能等等。

事物都是一分为二的。爬行动物对人类也有一定的危害,如毒蛇造成人、畜伤亡;有些龟类和蛇类能携带某些病原生物(如钩端螺旋体)构成传染源等等。由此可见,爬行动物与人类的关系是如此密切,我们就很有必要去学习和研究它们。

7.1.4 羊膜卵及其在脊椎动物演化史上的意义

羊膜动物的卵膜、胚胎和成体结构与无羊膜动物有显著不同,羊膜卵的结构和发育特点使陆上繁殖成为可能。羊膜卵的卵外包有卵膜(蛋白膜),能防止卵的水分蒸发。卵膜外有卵壳,是石灰质的硬壳或不透水的韧性纤维质厚膜,能防止卵的变形、损伤并具通气性,不影响胚胎发育时的机体代谢。卵的结构在卵生种类均含有丰富的卵黄,使发育胚胎得到丰富的养料。

在羊膜卵的胚胎早期发育过程中,胚膜向上发生环状的褶皱,褶皱从背方包围胚胎后相互愈合打通,在胚胎外构成两个腔,即羊膜腔和胚外体腔。羊膜腔的壁称为羊膜(amnion),胚外体腔的壁称绒毛膜(chorion)(图7-1)。羊膜腔内充满羊水,使胚胎悬浮于水环境中,能防止干燥和机械损伤。绒毛膜紧贴于卵壳内面。在羊膜形成的同时,自消化道后端发生突起,称为尿囊(allantois)。尿囊外壁与绒毛膜紧贴,其上富有血管,为胚胎的呼吸和排泄器官。

羊膜卵的出现为登陆动物征服陆地,向各种不同的栖息地分布提供了空前的机会,这是中生代爬行类在地球上占据统治地位的重要原因之一。

7.2 爬行纲代表动物——龟的形态结构与功能

龟鳖类为我国常见的爬行动物。龟是海洋和陆地常见的动物,多栖息于山溪、河流、湖滨、沼泽、海洋或海滩处,常以植物及腐烂肉类为食。现以龟为代表将其外形、躯体结构和器官系统分述如下。

7.2.1 龟的外部形态

龟的外形可分为头、颈、躯干和尾四部,身体包被于一坚硬的龟甲(theca)中,仅前后两端开口,头与前肢可伸缩于前端大孔,尾与后肢则由后端大孔伸出,遇到危险时头、尾、四肢完全缩入龟壳中以保安全(图7-11)。

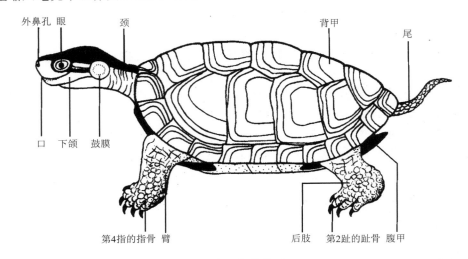

图 7-11　龟的外形

雌雄龟在外形上的区别是雌龟腹甲略突出,雄龟腹甲凹入,因雌龟产卵需要。

1.头:龟的头与其他爬行动物的形状相似,前端尖而突出,顶端有两个靠近的外鼻孔,此种构造使龟不必将头完全露出水面即可呼吸空气。在上下两颌的边缘,有硬而角质化的喙(beak),但无齿。眼小,有上下眼睑(eyelids),及位于眼前角的瞬膜。在口角的正后方,有一被皮肤覆盖的圆形膜,叫鼓膜。膜的内面为中耳室。

2.颈:颈部特长,可屈性大。

3.躯干:躯干部被龟甲所覆盖,内含脏器。背面拱起的硬壳为背甲(carapace),腹面扁平或略凸者为腹甲。

4.尾:尾短而末端细长,但尾的基部粗圆,有一开口为肛门,或叫泄殖孔。

7.2.2 龟的皮肤及其衍生物

龟类体表角质化程度高,由表皮细胞角质化形成角质鳞片或角质板,鳞片之间彼此以厚皮相连,组成四肢、尾和头颈部的鳞被;其真皮与内骨骼愈合而成背甲和腹甲(鳖类是底栖生活的代表,完全没有角质盾片,而代之以革质皮肤,背甲边缘形成裙边,便于隐藏于淤泥或沙下)。表皮角质层分别衍生成爪(claws)和颌的角质喙。

7.2.3 龟的骨骼系统

该系统可分为两类,即由龟甲形成的外骨骼和由中轴骨及四肢骨构成的内骨骼。

1.外骨骼:龟的外骨骼排列紧密,它包括背甲和腹甲两大部分。

（1）背甲：背甲是由源自表皮角质层的薄而大的角质鳞或盾板所构成。盾板间有界沟，规则而对称地排成五列。正中央的一排为中央盾（cen-tral lami-nae），有五个，多呈方形或不规则的六角形。中央盾两侧为侧盾（lateral lami-nae），每侧有盾四块，多呈五角形。覆盖背甲外缘的有 23 块盾板叫做缘盾（mar-ginal laminae），其中居中央盾前边的仅有的一块小形者称前中央盾；位于第五块中央盾正后方的两块缘盾叫后中央盾，其外形与缘盾并无差异（图 7-12）。

将背甲翻转到腹面，可以见到脊椎及肋骨位于背甲骨板中央线上方，且与背甲紧密愈合。中央脊柱所在的骨板，共 8 块，叫椎板（neural platesor neural bones）。第八块椎板正后方的两块骨板无脊柱及肋骨附着，称为椎后板或尾前板。位于中央盾正前下方的大骨板，叫颈板（nuchal plates）（图 7-13）。

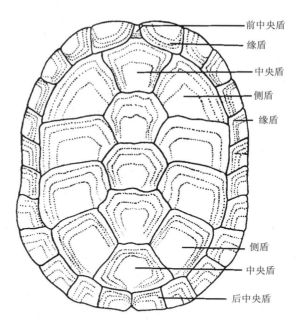

图 7-12　龟背甲之背面观，
示角质鳞片（盾）的排列

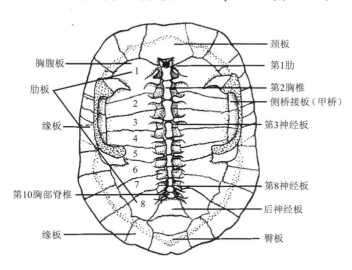

图 7-13　龟背甲之腹面观，示胸椎与骨板的关系

此外，背甲的腹面尚有肋板（costal plates）位于中央线的两侧，每侧 8 块，共 16 块。肋板长方形，每板上附有肋骨。在背甲骨板的边缘有 11 对较小的缘板或围胸膜板及一块不成对的臀板位于正后方位置。总计背甲的骨板 49 块，角质盾 38 块。

（2）腹甲：腹甲与背甲相同，也由表皮形成的角质盾及由真皮形成的骨板所构成。角质盾紧覆盖于骨板的外面，形成一坚硬的保护构造。它由前向后可分为六对，分别是咽盾、肱盾、胸盾、腹盾、股盾和臀盾。此外在胸盾和腹盾的外侧，尚有两对缘下盾（Inframarginallaminae），覆盖于侧桥上（图7-14）。角质盾内侧，是由数块大形骨板构成，骨板之间有齿缝相接（齿缝若不清楚，可放入水中煮数分钟），骨板依次为上腹甲一对，内腹甲一块，或称锁间甲，舌腹甲一对，下腹甲和剑腹甲各一对，合计腹甲共9块骨板（图7-15）。

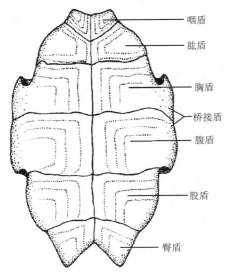

图 7-14 龟腹甲的腹面观，
示角质盾甲的排列

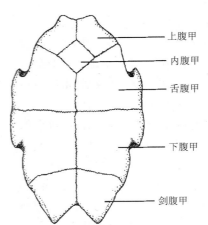

图 7-15 龟腹板的背面观，
示除去盾甲后骨板的排列

龟腹板的背面所示骨板排列同图7-15，但因与背板相接而稍有不同（图7-16）。

2.内骨骼：内骨骼包括中轴骨和附肢骨两大部分。中轴骨由头颅、脊椎及肋骨组成；附肢骨由前、后肢组成。

（1）头颅：头颅由颅骨和脏骨（或称咽骨）两部分合成。

1）颅骨包括脑颅和特殊感觉囊，但两者联合在一起。

① 背面观：有前额骨，位于最前面的一对长形骨片，再前即是前鼻孔。额骨一对，位于前额骨后方；顶骨一对，接于额骨正后方，其后半部形成颞窝的一部分，并供给颈部肌肉附着之用；后额骨一对，分别位于额骨和顶骨的外侧，其后缘形成颞窝的前缘；上枕骨一对，位于顶骨正后方，它是颈部肌肉的附着点；鳞骨一对大骨片，构成颅骨侧

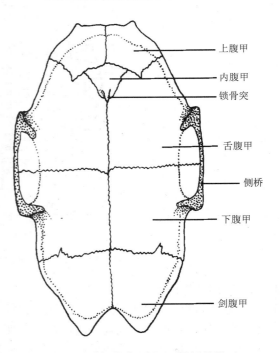

图 7-16 龟腹板的背面观，示骨板的排列

后方最明显的三角形后突骨；后耳骨，一对小三角形骨片，其接于前耳骨后端，终于上枕骨和鳞骨之间；前耳骨，一对小骨片，在后耳骨正前方，上有一圆孔，为外颈动脉孔；上耳骨一对，位于顶骨外侧和前耳骨间，形成颞窝后缘之一部分；方骨一对，在颞窝后缘与鳞骨前耳骨间，其另一部分则向下弯曲到鼓室内，并形成一关节面和下颌关节（图7-17）。

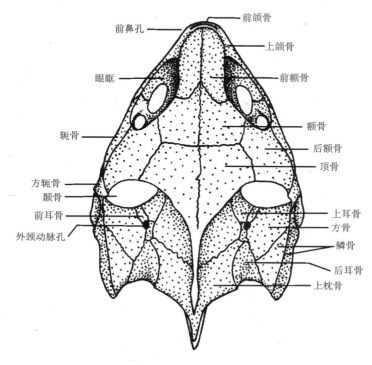

图 7-17　龟颅骨之背面观

② 腹面观：脑颅具前颌骨和上颌骨，前者构成颅骨最前端部分；后者构成吻部的两侧，前鼻孔即位于此骨上。两者内缘锐利，上覆角质喙，用以切碎食物。

锄骨（vomer）一块，窄长骨片，位于前颌骨后，后鼻孔一对。腭骨（palatine）位于锄骨两侧，其外侧与上颌骨之间形成长椭圆孔，第五及第七对脑神经通过此孔。翼骨一对翼状骨片，前接腭骨，且内侧互相连合，其后半部两骨之间夹有一单块的基蝶骨，外侧和方骨相愈合，并构成眼眶下缘的重要部分。基蝶骨为位于颅骨腹面中线上的一块骨片，后接基枕骨。基枕骨为一块下凹小骨，其后缩成一瘤状的突起，构成枕髁的一部分。外枕骨一对，位于基枕骨两侧，每骨中央有一圆孔，为第12对（舌下）神经孔的通道。两骨后部的瘤状关节面与基枕骨的突起共同合成枕髁。翼蝶骨为位于顶骨腹缘的一对小骨，在翼骨外侧中央背面。此外，又见方骨和下颌的关节骨相关节，形成颞窝的后缘部分和听窝的前壁。脑颅之腹面观见图7-18。

③ 脑颅侧面观（图7-19）：近前端有一大孔为眼窝（orbit），其形成的骨骼如前额骨、上颌骨、颌骨、后额骨、鳞骨、上枕骨、方骨等。前已述及，不再重复。

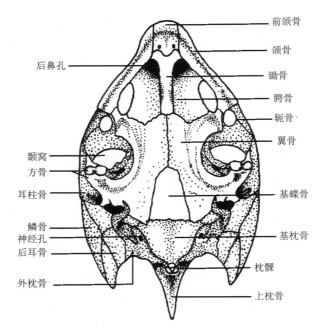

图 7-18　龟颅骨之腹面观

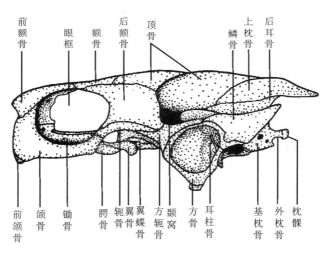

图 7-19　龟颅骨之左侧观

轭骨，为一对小形骨片，位于后额骨外侧，前方形成眼眶后缘的一部分。方轭骨，为后额骨和鼓室前上缘之间的一对骨片，其前端和轭骨相接。耳柱骨，一个细小的杆状骨。自鼓室中的方骨向外侧突出，且一端附于鼓膜的内侧。

④ 后面观：正中央为一枕骨大孔，是脊髓的通道。此孔由上枕骨、外枕骨及后耳骨所围成，其外为鳞骨、翼骨和方骨所形成（图 7-20）。

在上面所述及的骨中，诸如前、上颌骨，轭、腭、翼、方、鳞骨及方轭骨等皆属于脏骨（咽骨）转变来的。它们形成了上颌和下颌的悬挂物，其余诸骨形成脑颅。此外有前蝶骨、眶蝶骨和筛骨也是脑颅组成的骨片,因其软骨性质在制作骨骼标本时常被遗漏。特殊的感觉囊就是听囊、视囊和鼻囊,此不赘述。

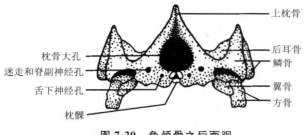

图 7-20 龟颅骨之后面观

2)脏骨(咽骨)(visceral skeleton):包括前已述及的上颌的硬骨或软骨,下颌的悬挂物,下颌(图 7-21)和舌骨(图 7-22)。

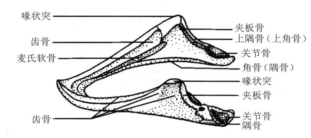

图 7-21 龟下颌之左侧观

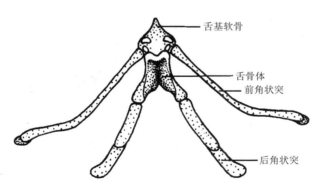

图 7-22 龟的舌器腹面观

① 上颌:由前颌骨和上颌骨构成。

② 下颌:每边由 5 块硬骨和一块软骨所构成。分别为:A. 齿骨—X 寸,构成下颌的大部,上面附有角质喙(horny beak)。B. 夹板骨(splenial bone)—R 寸,不规则的骨片,位于齿骨后部内侧而达关节骨之内侧,其上方与齿骨的一部分构成喙状突。C. 角骨(angular bone)一对,位于齿骨与夹板骨下部中间的小薄骨片。D. 喙状突:为下颌后半部向上突起的三角形构造,位于颞窝之下,构成口角后部。E. 上角骨:一对小骨片,在角骨上方,位于关节骨和喙状突之间。F. 关节骨:一对,位于下颌末端,以凹面与方骨关节,是梅氏软骨后端骨化而成。G. 梅氏软骨(meckel's cartilage):它位于下颌内侧,仅余下痕迹。

③ 舌骨由三部分所组成。A. 舌骨体：为一扁平的薄骨板，其背面下凹，以负担喉头，在前方为三角形半透明软骨，中央骨化的部分称基舌骨（basihyal）。B. 舌骨前角：为自基舌骨前端两侧向后伸出的一对弯曲桥状构造，末端为软骨。C. 舌骨后角：自基舌骨后侧方伸出的一对棒状构造，与前角平行排列。

（2）脊柱：龟的脊柱共由 45～50 个脊椎前后互相连贯而成，但依其形状及部位，可将它分成四种脊椎，即颈椎、胸椎、荐椎和尾椎。

1）颈椎：共 8 个，相互之间活动性甚大，且自然排列呈"S"形，故龟的头颈可自由缩入龟壳。前两个颈椎构造较特殊，第一颈椎呈环状，由三块硬骨组成，称环椎（atlas）。环椎前部凹陷，以与头颅的枕髁相关节。第二颈椎称枢椎（axis），由圆锥状的椎体和髓弧所组成，具有 5 个齿突，分别与前后椎体相关节。这 5 个齿突是椎体前端变成柱状突起而形成的，可套入环椎后面的小孔，分别叫前关节突、后关节突、横突、髓棘、椎下突（hypapophysis）（图 7-23，7-24）。第 3 至第 8 椎体，大同小异，皆有髓弧、髓棘和关节突等，只有第 8 椎形状特殊，因其与胸椎相关节，故此节颈椎的形状及关节面造成最大的活动性。

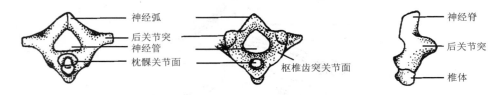

图 7-23　龟环椎前面观（左）和后面观（右）　　　　图 7-24　龟环椎侧面观

2）胸椎（thoracic vertebrae）：共 10 个，每个胸椎皆具有一对向侧伸展的肋骨，并附着于肋板上，髓棘也愈合于椎板，故可使胸椎牢固附着于背甲腹面。

3）荐椎（sacral vertebrae）：两个，第一荐椎前端具 2 个关节突，其肋骨较第二荐椎的肋骨粗大，且末端扩大扁平，可嵌入腰带中与肠骨相关节（图 7-25）。

4）尾椎（caudal vertebrae）：共 25～30 个，前 12 个有肋骨退化的痕迹，且构造尚可分辨。第 13 个以后的尾椎，仅见呈棒状的椎体，其他构造已不明显。

（3）附肢骨骼：包括前肢和后肢的骨骼。

1）前肢：由肩（胸）带（pectoral girdle）和前肢骨（fore limb）所组成。

① 肩胸带由肩胛骨、乌喙骨及前乌喙骨三骨所组成。肩胛骨是三胸带骨中最长的，其内端抵第一胸椎前关节突外侧，另一端与

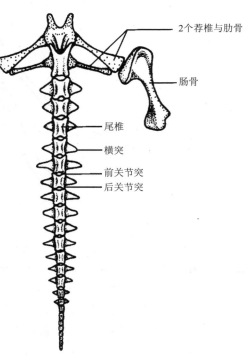

图 7-25　龟的荐骨和尾椎背面观

前乌喙骨及乌喙骨会合，并构成一内凹肩臼窝与肋骨头相关节。乌喙骨系独立骨，前乌喙骨与肩胛骨愈合（图7-26）。

　　② 前肢骨：可分为三部分，即上臂、臂和腕手部（图7-27）。A.上臂，仅有一骨，称肱骨。其两端粗、中间细，与肩臼窝相关节端的光滑瘤状结构，称肱骨头。B.臂部：包括二骨，尺骨与挠骨。前者侧位，短而扁大，两端胀大，分别与肱骨和三小骨相关节。后者较细长，末端稍膨大，且延伸较尺骨为长，与两小骨相关节。C.腕手部：即腕（wrist or carpus）和手（hand）的两部分的骨块。腕部包含十块小骨，其中尺侧、挠侧、中间和中央四块腕骨成一横排，列于尺挠骨的远端。另外五块，称为腕骨，也成一排，列于尺挠骨的近端。最后一块叫豌豆骨，附于尺侧腕骨的外侧。D.手部诸骨：由五个指所组成，每指的指骨数目不同，但形状相似。指端有爪。

　　2）后肢：由腰带和后肢骨组成（图7-28，7-29）。

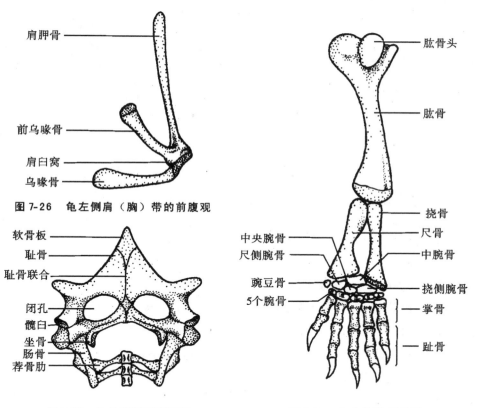

图 7-26　龟左侧肩（胸）带的前腹观

图 7-28　龟的腰带后腹面观　　　　图 7-27　龟右前肢背面观

　　① 腰带：每侧皆由肠骨（又叫髂骨或胯骨）、坐骨和耻骨三骨组成。耻骨和坐骨联合围成一圆形大孔，称为闭孔。此三骨在外侧会合形成髋臼又名髀臼，为一凹陷构造，容纳股骨头并与它相关节。左右两腰带在中线相会合，两耻骨间形成耻骨联合。A.肠骨（ilium）：在腰带的背前方，两端宽大，一端与坐骨、耻骨形成髀臼凹壁的一部分，另一端与荐椎的肋骨相会。B.坐骨（ischium）：构成腰带之后部。其后缘有一突出的刺，为肌肉附着用。C.耻骨（pubis）：位于坐骨的下方，呈扁平形。其外骨侧有粗大突起，系附着肌肉用。

② 后肢骨：由三部分组成，即近端、中间和远端部。A. 近端部：仅一骨，称股骨（femur）。其两端粗，中间细，近端突起嵌入髋臼中；远端和胫、腓骨相关节。B. 中间部：包括胫骨（tibia）和腓骨（fibula）。胫骨较粗大，位于内侧。一端与股骨关节，另一端与距骨相关节，使它承受大部分压力。腓骨较长但细弱，关节面不明显。C. 远端部：包括跗或跖和足两部。跗（tarsus）共六块小骨，分为两排，近端排有两块，踵骨（calcaneus）和距骨（astragulus）。远端排有四块跗骨。足部诸骨，由五个趾所构成，每个趾又由一个近端的跖骨（metatarsal bone）及趾骨（phalanges）所形成。趾的次序由外向内为 Ⅰ，Ⅱ，Ⅲ，Ⅳ，Ⅴ；趾式为 2，3，3，3，1。每趾末端有爪。

7.2.4　龟的肌肉系统

龟的肌肉着重于四肢和颈部及胸椎腹面，至于腹部仅腹膜而无肌肉存在。兹将龟的肌肉系统分述如下。

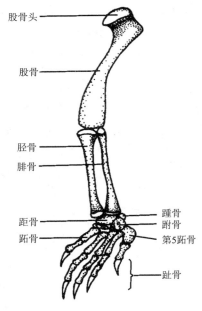

图 7-29　龟右后肢腹面观

7.2.4.1　头部肌肉

由头的侧面可见：①嚼肌，其位于口角与鼓膜之间，呈三角形，用于上下颌相合。起于后额骨与方轭骨之侧前方，终于下颌骨之后背部。②下颌下掣肌，在鼓膜后方，呈纺锤形，能使下颌下张，以便开口。起于鳞骨下缘。终于下颌骨后部。③颞肌，位于颞窝后方之凹陷部，椭圆形肌，起于上枕骨与鳞骨背侧，终于后额骨腹侧缘。

由头的腹面可见：①下颌舌骨肌，位于两下颌前半部，肌肉扁平状，后方连斜方肌，可使舌头上提辅助吞咽。起、终于下颌前内侧。②二腹肌，位于下颌后方内侧后部和下颌下掣肌内侧，肌呈束状，可使口张开和下颌向下。起于鳞骨腹缘，终于下颌骨后端。

7.2.4.2　颈部的肌肉

由背面可见的：①颈阔肌，为颈部最外层的薄肌，自头后部至颈部末端，皆围以环形纤维的颈阔肌。起于颈后背甲处的骨膜，终于头部后端背侧面。②复杂肌，位于颈部中线两侧，为三角形的长肌，可使头部向两侧弯曲和举起。起于中部颈椎棘状突侧方，终于上枕骨、鳞骨后与颞肌后上方的肌膜。③头回转肌，位于复杂肌外侧，为一扁带状肌肉，能使颈部左右弯曲。起于第五六颈椎之背侧，终于第一颈椎。④棘肌，在头回转肌内侧，作用似头回转肌。起于第三、四椎骨之横突，终于第一颈椎。⑤横突棘肌，位于复杂肌后方颈部背中线两侧的数对肌肉，此肌作用在使头颈上仰。起于第四、五、六颈椎之横突，终于起端前一颈椎之棘状突。⑥头大后引肌，位于颈部背面最外侧，但在斜方肌之内，为扁平带状大肌肉，其后半段沿胸椎之腹面至第六胸椎椎体之后，此肌最长，是缩头于背甲内的主肌。起于第六至第十胸椎腹缘，终于头后两侧及鳞骨和后耳骨的后缘。

由腹面可见的肌肉有：①肩舌骨肌，附于颈阔肌的内侧，自舌骨后至前乌喙骨前缘的带状扁平的肌肉。其作用是使头后缩或将下颌拉下。起于前乌喙骨的前缘，终于舌骨后端。②鳃舌骨肌，位于肩舌骨肌前侧方，为一扁平纺锤形肌肉。起于舌骨前角终于下颌舌骨肌内侧肌膜。③颈长肌，起于第二至第八颈椎的侧面正中线，止于第一至第七颈椎横突及基枕骨后端腹面。④头小后引肌，位于头大后引肌内侧，为扁平甚薄的带状肌肉，辅助头大后引肌将头颈拉回壳内。起于第六胸椎腹面，终于第五六颈椎的横突。此外尚可见颈阔肌和头大后引肌。

7.2.4.3 肩部与前肢的肌肉（图 7-30）

图 7-30 龟右前肢肌肉侧面观

躯干部的肌肉紧贴腹甲内面，去腹甲时应极小心。其各部肌肉分述如下：

1. 大胸肌（m. pectoralis major），位于体腹面前方，肩带腹面，呈扁平扇形。可使前肢基部与身体连接。起端为腹甲内面之前半部，终于肩臼与肱骨近端之腹面。

2. 小胸肌（m. pectoralis minor），位于大胸肌之内前方，大部分被覆盖，小部分外露。长形，肌质厚。起于乌喙骨远端腹面，终于肩臼与肱骨近端之腹面。

3. 胸腹肌（m. pectoralis abdominis），位于大小胸肌侧后方，为一扁平宽大的三角形肌肉。具缩小胸腹腔作用。起于腹甲内后半部骨膜，终于肱骨近端的腹侧缘。

4. 腹肌（m. abdominis），位于头大后引肌起端外侧及背甲内面，肌肉薄，其侧缘与腹膜相连，具收缩腹腔作用。起于腹甲侧缘皮肤内面及背甲第四、五肋板腹面，止于第六、七、八椎骨两侧背甲内面。

5. 三角肌（m. deltoideus），位于肩带腹面最前，呈长三角形。可使手臂前、侧伸出。起于腹甲内前缘及前乌喙骨远端腹缘，终于肩臼腹缘与肱骨头之腹缘。

6. 肩胛骨下肌（m. subscapularis），位于三角肌正后方，被覆盖于大小胸肌之下，为长形厚实的肌肉，有屈伸前肢的作用。起于乌喙骨腹缘，终于肱骨腹缘。

7. 肱二头肌（m. biceps brachii），位于肩胛骨下肌侧后方，两肌作用相似。起于乌喙骨腹缘，终于挠、尺骨之后缘。

8. 肩胛骨上肌（m. suprascapularis），位于肱二头肌后方及背面，且多被其覆盖，此肌宽厚，可使前肢收回和后曲。起于乌喙骨背面及后缘，终于肩臼后缘。

9. 大锯肌（m. serratus magnus），位于乌喙骨背面，薄片肌，可使前肢及肩部向前侧方伸张。起于乌喙骨末端，终于与侧桥相连的背甲内侧面。

10. 阔背肌（m. latissimus dorsi），为肩胛骨最前的薄层肌肉，可使前肢向上、向前举。

起于肩胛骨之前缘,终于肱骨颈的前背缘。

11. 肱锁骨肌(m. claviculo—brachialis),包于肩胛骨四周的短柱状肌肉。可使前肢向腹侧方伸张。起于肩胛骨前后缘,终于肱骨头的背面。

12. 肱三头肌(m. triceps brachii),位于上臂前半部的主要肌肉,两条肌肉相叠,可使前肢伸展和回旋。起于肱骨头与肩臼的骨膜,止于尺骨近端侧前面。

13. 内肱骨肌(m. brachialis internus),位于肱三头肌腹面后方,其作用在使前臂屈伸。起于肱骨头前缘,终于尺骨与挠骨近端部。

14. 伸指肌(m. extensor digitorum),位于前臂的背面,为五束肌肉构成的宽大肌肉,其作用在伸直五指,起于肱骨远端,终于掌骨与指骨背面。

15. 外挠骨短肌(m. brevis radialis externus),位于伸指肌后方,后部外露,为带状厚肌,可使手部向外侧伸展及回转。起于肱骨远端后腹缘,终于腕骨背面与侧缘。

16. 外尺骨肌(m. ulnaris externus),位于伸指肌前缘,束状肌肉,作用在使手部向外侧伸展及回转。起于肱骨远端背面,终于腕骨背面。

17. 掌肌(m. palmalis),位于前臂腹面的三角形厚肌,作用于掌指收屈。起于肱骨末端腹缘,以宽大韧带终于指骨腹面肌肉的肌膜上。

18. 外挠骨长肌(m. longus radialis externous),位于外挠骨短肌与掌腕肌间,系三角形肌肉,能伸展手掌。起于肱骨后缘及挠骨侧背缘,终于腕骨与第一指间。

7.2.4.4　骨盆部肌肉

1. 骨盆牵肌(m. attrahens pelvim),为骨盆部外表的扇形肌肉,起于侧肢突或称栉状突的四周,终于腹甲后部的内面骨膜。有固定骨盆位置的功能。

2. 骨盆缩肌(m. retrahens pelvim),位于骨盆牵肌之后的扇形肌肉,用作固定骨盆。起于栉状突后缘及耻骨韧带,终于腹甲后部的内面骨膜,接近剑腹甲。

3. 腹斜肌(m. oblidue abdominis),位于侧桥后方凹陷处的薄层肌纤维,能使腹腔缩小。起于背甲腹面的弧形线,终于腹膜外面。

4. 内胯肌(m. iliacus internus):位于骨盆腹面最侧前方的纺锤形肥厚肌肉,作用在屈收腿部。起于耻骨顶端、边缘与背腹面,终于股骨体前缘。

5. 股三头内转肌(m. triceps femoris adductor),在内胯肌内后方,似三角形的厚肉,也在闭孔与坐骨腹面,可伸展大腿。起于坐、耻骨腹面正中,终于股骨头近端。

6. 臀肌(m. gluteus),位于左右股三头内转肌间的后方,三角形的坚厚肌肉,能拉后肢向前并辅助腿向后引。

7.2.4.5　后肢肌肉(图7-31)

1. 缝匠肌(m. sartorius),位于大腿(Thigh)腹面前缘,为纺锤形肌肉,有伸展小腿作用。以肌腱附于栉状突后缘及耻骨韧带外侧缘为起点,终于胫骨近端背侧面。

2. 股直肌(m. rectus fomoris),位于缝匠肌背面,为弧形隆起肌肉,作用同缝匠肌。起于胯骨近端侧面,股骨远端。

3. 半膜肌(m. semimembranosus),位于股直肌与缝匠肌后方,为长方形厚实肌肉,作用于小腿的屈伸。起于坐、耻骨韧带后缘,终于胫骨后缘。

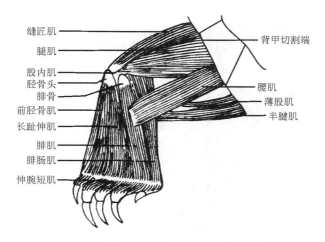

缝匠肌
腿肌
股内肌
胫骨头
腓骨
前胫骨肌
长趾伸肌
腓肌
腓肠肌
伸腕短肌

背甲切割端
腰肌
薄股肌
半腱肌

图 7-31　龟后肢肌肉的侧面观

4. 半腱肌(m. semitendinosus),位于半膜肌内半部后方,为一团厚实的肌肉,可使小腿屈收。起于胯骨近端侧缘,终于腓骨近端下部。

5. 薄股肌(m. gracilis),位于大腿背后的扁平肌肉,可使小腿屈收和微转。起于耻骨与胯骨外侧的背甲腹面骨膜,终于胫骨近端背面。

6. 长趾伸肌(m. extenser digitorum longus),位于小腿背前方,为三角形肌肉,能伸直脚趾并将爪合拢。起于股骨远端,终于趾骨及 1～4 跖骨。

7. 前胫骨肌(m. tibialisanterior),在小腿腹面前部的柱状长肌,爬行时可将小腿拉近身体。起于胫骨头体前缘,终于第一跖骨。

8. 跖肌(m. plantaris),位于小腿腹面前胫骨肌后,扁长形大肌,后端有宽阔肌腱。能使爪后引,伸直足部及小腿屈收。起于肱骨远端腹后缘及胫骨近端,终于趾骨腹面。

9. 腓肠肌(m. gastrocnemius):位于小腿最后缘,纺缍形小肌肉,能将脚拉向身体,展开爪并辅助小腿拉向后方。起于股骨远端,终于小趾前的跖骨。

10. 腓肌(m. peroneus)。位于小腿腹面中央,介于前胫骨后方与跖肌腹面之间,使爪展开并拉向后方。起于腓骨近端腹面,终于第四跖骨及第五趾趾骨近端。

7.2.4.6　尾部肌肉

1. 扩肛肌(m. dilator cloacae),位于尾基部腹面,泄殖腔前的三角扁平肌,有扩张肛门、后引粪便及旋转尾巴的功能。起于坐骨后缘,终于尾巴腹中线及肛门皮肤。

2. 侧尾屈肌(m. flexor caudae lateralis),环绕尾基部,为环状肌肉,扩肛肌覆盖其腹,能使尾部收缩及回旋。起于坐骨和荐椎后缘和背甲后内侧,终于尾背面中线。

3. 腰尾屈肌(m. flexor caudae lumbalis),在尾背中线侧,柱状肌,可使尾部缩入体内。起于荐椎部背甲内面的骨膜,终于尾腹面的肌膜(图 7-32)。

4. 肛门括约肌(m. sphinctor ani),位于肛门内壁四周,能使肛门缩合。起于荐骨后缘和尾椎腹缘,终于泄殖腔开口四周的皮肤内面。

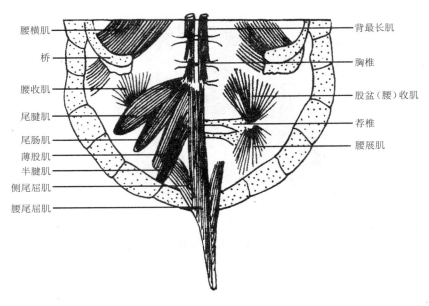

图 7-32　龟背甲内肌的前腹面观

腰横肌

桥

腰收肌

尾腱肌

尾肠肌

薄股肌

半腱肌

侧尾屈肌

腰尾屈肌

背最长肌

胸椎

股盆（腰）收肌

荐椎

腰展肌

7.2.5　龟的循环系统

本系统隶属于龟的内部诸器官系统之一。用钢锯锯开龟背腹板间的侧桥，将腹板与体壁相连的肌肉小心分离，即可看到一强韧的腹膜包围着体腔。体腔（body cavity）分两室，前部是围心腔，内含心脏；后部为胸腹腔，内含肺、消化器官、排泄器官及生殖器官等。前后两腔之间由一层结缔组织所形成的横行隔膜分开。循环系统包括下列诸器官：

7.2.5.1　心脏的构造

心脏位于围心腔中，围心腔在体壁围心膜（parietal pericardium）和脏壁围心膜（visceral pericardium）之间，有两心耳（tria）及一个心室（ventricle），在背面有一三角形的静脉窦（sinus venosus）。

1. 心室：肌肉质，可收缩将血液送到全身及肺中。

2. 右心耳（right atrium）：接受从静脉窦来的静脉血（venous blood）经右心耳瓣（right atrio-ventricular valve）入心室。

3. 左心耳（left atrium）：接受来自肺静脉的动脉血（arterial blood）而将此血经左心耳瓣（left atrio-ventricular valve）进入心室。在心室中多少有些动静脉血相混，但由于心室有海绵状的室间隔，可阻隔动静脉血大量混合。

4. 静脉窦：位于心耳、心室的背方，呈三角形，接受全身静脉来血（除肺以外）。

7.2.5.2　动脉（arteries）

将血液离开心脏的血管，称为动脉血管（图 7-33）。包括肺动脉和体动脉。前者是由右心室通入肺的血管，分为左右两支肺动脉。后者自心室前方发出的动脉锥形成四个主动脉分支，其一为肺动脉，是左侧一支，已如前述；其二为体左大动脉弧，为中间的一分支，它向背侧弯曲并和动脉锥的第三分支右大动脉弧在背中央线上相合为一。右大动脉在腹面被头肱动脉所掩盖。头肱动脉为动脉锥第四分支，通入前肢、颈部及头部。头肱动脉又分为两大支，其一为冠状动脉（coronarya）为一小血管，分布于心脏的表面，在高等脊椎动物中可形成心脏的小循环系统。另一支为大形分支，叫锁下动脉，左右各一。锁下动脉又分出盾状腺动脉、腹颈动脉和总颈动脉。前者提供盾状腺营养（盾状腺位于头肱脉分支前方，为一圆红色小体）。中者通入颈部肌肉、气管、食道及胸腺（thymus gland）。后者则沿颈之腹面前行，伴同内颈静脉及迷走神经，进入头中，另有一小分支入胸腺中。锁下动脉至肩胛骨处弯曲向背方成为腋动脉，腋动脉又形成三支，伸向前肢的叫肱动脉；伸向背中后行的为椎动脉，椎动脉又发出两侧支，分别叫肋间动脉和缘肋动脉；伸向背甲前缘腹面的一支，为背颈动脉，它供给颈背方的肌肉、皮肤及其附近的器官营养。

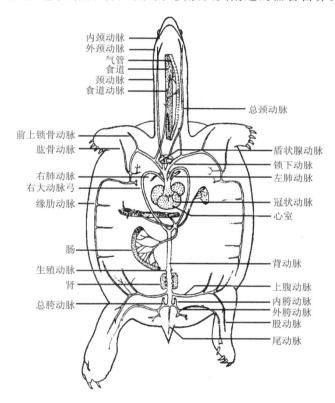

图 7-33　龟动脉系统的腹图观

　　左、右大动脉相合之前，左大动脉形成三分支到食道、胃、肝和肠等处，有胃动脉，分布至胃贲门、胃大弯和胃小弯；腹腔动脉，通到胰脏、胃幽门部、肝、胆囊及十二指肠和脾脏等；前肠系膜动脉为第三分支，它向后到肠系膜中，形成放射状分布，称肠系膜动脉；通入大肠及泄殖腔中则为后肠系膜动脉。

　　左、右大动脉联合为一，称背大动脉（dorsa laorta）。它在背甲外的一些纵走带状肌的腹面。由它通入生殖腺及其管中为生殖动脉，一对或数对。背大动脉通入两肾中即为肾动脉。至胸腹腔处，肾脏背面的动脉为上腹动脉，并分支成背甲动脉在前方和缘肋动脉相连,且通入附近脂肪体和荐部肌肉中,称脂肪动脉。背大动脉在上腹动脉后方分出总胯动脉,又分为内、外胯动脉两支,分别发出至生殖器、腰带区、膀胱和大肠及附近肌肉中。外胯动脉进到腿部为股动脉,进入脚部为坐动脉。背大动脉的末端还有分支到泄殖腔,称尾动脉(Caudal a)。

7.2.5.3　静脉(Veins)

静脉(图 7-34)是将血液带回心脏的血管。

1.通入心脏的静脉干有 5 条:①肺静脉(pulmonary vein),由肺通入左心房的一对静脉,内含多氧血。②左前大静脉(left precaval vein),来自头左侧的静脉血在左心房的边缘通入静脉窦中。③左肝静脉,来自肝左叶入静脉窦之左角。④后大静脉(postcaval vein),为一大血管由体尾端经右肝叶至静脉窦的右角。⑤右前大静脉(right precaval vein),在后大静脉入静脉窦之前方,它将头右侧的血液带回心脏。

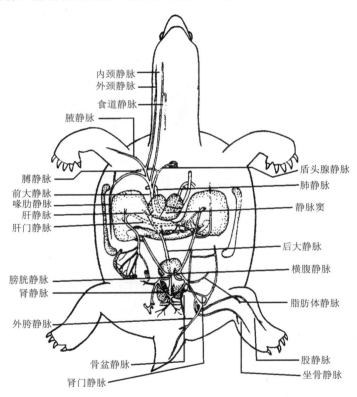

图 7-34　龟静脉系统的腹面观

2.腹静脉(abdominal v.)及肾门静脉(renal portal v.):①腹静脉一对源自腰带两侧血管,位于胸腹腔后部,呈"H"形,向前穿行肝叶之中,其间横向相连者为横腹静脉。②胸静脉(pectoral v.),源自肩带,将血液带入肝脏附近的腹静脉中。③膀胱静脉(vesical v.),为一对小静脉来自膀胱,在横静脉前方与腹静脉相连。④骨盆静脉(pelvic v.)一对,源自腰带肌肉中,在腰带中部相联,并向前通入腹静脉。⑤胫静脉(crural v.),来自大腿中部肌肉的静脉,在骨盆静脉之后方与腹静脉相连。⑥脂肪静脉(lipoidal v.),来自鼠蹊部脂肪体,由体后侧及尾部进入腹静脉。⑦股静脉（femoral v.），来自腿背侧，在胫、腹两静脉相连处入腹静脉。⑧上腹静脉，平行于上腹动脉，沿着背甲之弯曲边缘进入肾门静脉中。⑨坐骨静脉（sciatic v.），肾门静脉之一支，它接受以下两静脉而形成。⑩尾静脉（caudal v.）由坐骨静脉延长，分布于尾两侧。⑪泄殖腔静脉（cloacal v.），来自泄殖腔及肛门附近的静脉，它和尾静脉相连形成坐骨静脉。⑫肾门静脉（renal portal v.）除去肾周围之胸腹膜即见，它接受背甲及肾后方来的小静脉一齐入肾。⑬椎静脉（vertebral v.）源自胸部肋骨处，在肾前部入肾门静脉。⑭肋间静脉（intercostal v.）多对，位于肋板间，将血注入椎静脉。⑮缘肋静脉（marginocostal v.）沿背甲边缘，侧连肋间静脉，后连上腹静脉。⑯下腹静脉（hypogastric v.）来自直肠、泄殖腔与雄性生殖器官的静脉小血管集合于膀胱附近，形成的血管称下腹静脉。通入肾脏腹后方，成为肾门静脉的一支。

3. 肝门静脉系统（hepatic portal system）：此系统将来自胃、小肠、胰、脾及胆囊的血运入肝中，在肝内将血中肝醣（glycogen）贮存起来，并将一些血色素物质除去，对血液有去毒作用。肝门静脉（hepatic portal v.）沿背侧由左到右，有许多分支通入肝中，合成肝门静脉。该系统包括进入肝脏的腹静脉及胃静脉、前胰静脉、胆囊静脉、后胰静脉、十二指肠静脉、脾静脉、下肠系膜和总肠系膜静脉等。

4. 体静脉（systemic v.）：来自全身各器官组织的静脉血，由前、后大静脉将它集中输入右心房内。构成前大静脉的有盾膊静脉（thyroscapular v.）、内颈静脉、锁下静脉3条。输入后大静脉的有肝静脉、肾静脉和生殖静脉。此外有腋静脉（为通入腋部的锁下静脉）、外颈静脉（来自头、颈部）、肱静脉（来自前肢）、膊静脉（来自肩区）等。

7.2.6　龟的消化系统

7.2.6.1　消化器官

龟的最前端有口腔及咽头。

1. 口腔：由上下颌所围成，并有角质喙覆盖于上下颌前方。龟无牙齿但有角质喙，有牙的功用。口腔底部前方的三角形突起称为舌；自舌后方到食道的开口称为咽。

2. 食道：咽的后方至胃前端，与颈等长，位于气管背面。

3. 胃：食道下方膨大部，接食道处为贲门，相接肠处为幽门，胃内壁由皱褶形成。

4. 肠（intestine）：与胃连接的前段，称十二指肠，有胆汁和胰液通入；肠中段有突起的圆形囊为盲肠（caecum）。盲肠前的肠称小肠，其后称大肠。肠由结肠系膜支持，其间有一红色圆形的构造叫脾，为一淋巴腺。

7.2.6.2　消化腺（digestive glands）

消化腺主要有肝脏和胰脏等。

7.2.7　龟的呼吸系统

龟的呼吸系统包括外鼻孔、内鼻孔、咽、喉、气管、支气管和肺以及副膀胱。外鼻孔又叫前鼻孔，为吻前端的两小孔。内鼻孔又叫后鼻孔，为鼻道在口腔内的开孔。咽同消化系统所述。喉在呼吸管的上端，下为气管。喉包括许多软骨如杓状软骨（arytenoid cartilage）

和环状软骨(cricoid cartilage)等。气管是喉和支气管相连的通道。其前部中腹面有一椭圆形腔的开口叫声门(glottis),由杓状软骨控制其关闭。第一个环状软骨之前,此区域称为喉。喉下为气管,气管分下支气管、支气管两部分,下通肺。肺一对,红色海绵状的囊,由许多肺泡构成。另外龟有副膀胱,一对,在膀胱后方两侧,为水中的呼吸器官。

7.2.8 龟的泄殖系统

龟的泄殖系统又叫泌尿生殖系统,雌雄有别,分述如下:

7.2.8.1 雌性泄殖器官

1.卵巢(ovaries),一对黄色,是大形卵子存放的囊,由卵巢系膜(mesovarium)支持。

2.输卵管(oviducts),一对,在每个卵巢后端的白色卷曲长管。其前端开口称喇叭口,接纳卵巢排出的卵子,其后端通入泄殖腔(cloaca)。

3.阴蒂(clitoris):在泄殖腔中腹壁的中央有一深色加厚的构造,内含海绵体,相当雄性的阴茎构造,上有阴核牵引肌。

4.肾脏(kidney)或称后肾(metanephros):一对,暗红色,在脊椎两侧及胸腹腔的背方,主管代谢废物收集。

5.输尿管(ureters)或称后肾管(metanephric duct):一对短管,输送尿液用。

6.膀胱:一个大形双泡状的囊,贮存尿液,后端开口至泄殖腔排出。副膀胱除呼吸作用外,在雌龟尚有产卵挖土盖卵时,用来吸水并排在沙土上,使泥土疏松。

7.泄殖腔:为一长形的腔,由直肠末端肛门之后始,接受输卵管、膀胱及肠排出物。

7.2.8.2 雄性泄殖器官

1.阴茎(penis):为羊膜动物特征,系泄殖腔腹壁的长形物。由一对阴茎牵引肌连于阴茎和荐骨之间,可将阴茎拉回体内。当受刺激时,它能翻出,这是由于内含白色的阴茎海绵体,以行交配。阴茎中央有一条尿生殖沟,尿液和精子由此流出,其末端有一心形的阴茎头(glans penis)。

2.睾丸(testes),为雄的生殖腺,圆形,一对,由睾丸系膜连其于肾脏的腹面。

3.副睾丸(epididymis):由卷曲的小管构成,位于睾丸侧后方。睾丸由多条输精小管将精子输入副睾丸中,副睾及输精小管都来自胚胎期的中肾管。

4.输精管:由中肾管(mesonephric duct)演化形成,其前端构成副睾丸,其后部管状,经此通入泄殖腔内阴茎的尿生殖沟中,当交配时精子由此输入雌龟。

5.输尿管(ureters):将尿(urine)由肾送到泄殖腔,在输精管开孔前进尿生殖沟。

6.肾脏:同雌体。

7.2.9 龟的神经系统与感觉器官

7.2.9.1 神经系统

1.脑。

(1)脑背面:打开脑颅,将脑取出可见下列构造,①脑膜(meninges)为盖在脑和脊髓表面的膜。一为坚韧膜,位于脑和脑颅之间,有色素和血管分布,称硬脑膜(dura mater)。另一为软而致密的膜,盖于脑的表面,上有更多的色素和血管分布,称软脑膜。软硬脑膜之间称硬脑膜下隙。脑颅与脑膜之间为围硬脑膜间隙。②嗅球(olfactory bulbs)又名嗅脑,为脑最前部,与来自嗅囊的嗅神经相连。③大脑(cerebrum),分左右两半,位于嗅叶之后,明显膨大,为脑的最大部分。④间脑(diencephalon):在大脑后方,其顶部有脉络丛(choroidplexus)呈囊状并向背方突出。⑤视叶(optic lobes):除去脉络丛可见间脑室,室后方有一对明显的圆形体叫视叶,它形成中脑的大部分,而为视觉中心。⑥小脑(cerebellum):在视叶后方,其后方盖在延脑的前端。⑦延脑(medulla oblongata):位于小脑后方,背面也有脉络丛覆盖,除去脉络丛可见第四脑室(4th ventricle)。

延脑有两个特殊构造:①体感觉柱(somatic sensory columns),在延脑背部边缘,司听觉。②体运动柱(somatic motor columns),在延脑底部,司运动。

(2)脑神经:12对脑神经。①第一对脑神经由嗅囊发出到嗅叶,司嗅觉,即嗅神经(olfactory nerves)。②第二对为视神经(optic nerves),粗大,自脑发出通入视叶。③第三对为动眼神经(oculomotor nerves),在三叉神经的前方自中脑底部发出后并连接视神经的腹面,通入上直、下直、前直和下斜4条外眼肌上。④第四对是滑车神经(trochlear n.)由视叶及小脑背侧发出,入眼之上斜肌。⑤第五对为三叉神经(trigeminal n.),起自延脑中腹面,在侧面形成一个大的半月形神经结,由此分成三支:眼支,通入眼及鼻部;上颌支,通入面部;下颌支,通入下颌。⑥第六对为外旋(展)神经(abducens n.),起自延脑腹中央线上,在颜面及听神经的根部。⑦第七对为颜面神经(facial n.),它伴同听神经由延脑的侧壁伸出,穿出脑颅到舌部及下颌。⑧第八对为听神经(acoustic or auditory n.),由延脑侧壁到内耳又分成两支:听支入耳蜗(cochlea)中;前庭支(vestibular branch)入半规管及前庭。⑨第九对即舌咽神经(glossopharyngeal n.),由延脑侧壁、听神经及颜面神经根部的后方发出,到口及咽的肌肉。⑩第十对为迷走神经(vagus n.),由延脑两侧发出数根,前通口及咽后部和上颈交感神经结相连,形成迷走交感神经干(vagosympathetic trunk)。⑪第十一对即脊副神经(spinal accessory n.),和迷走神经一齐发出,有数根通入颈部,司颈肌运动。⑫第十二对为舌下神经(hypoglossat n.),发自延脑后方近腹中沟处,通入舌骨前角及舌(tongue)的肌肉中。

(3)脑之腹面观:①视神经交叉(optic chiasma):为二个视神经干在嗅叶下方愈合,有部分神经纤维互相交错,故称之。②漏斗:在间脑底部视神经交叉的后方,由一柄和间脑相连为一囊状突起。③脑下腺(pituitary body or bypophysis):为一黄色内分泌腺,约为漏斗一半大小,位于一骨质腔中。

(4)脑的矢切面:沿脑的背部中央线,向腹方切开大脑半球,可见在每个半球中有一腔为脑室,第一、第二脑室在左右两个大脑半球中,第三脑室在间脑中。第四脑室分别在小脑和延脑中。前两脑室与第三脑室相连处称室间孔。①大脑导水管(cerebral aqueduct)连接第三脑室后部和第四脑室前部,入脊髓的中央形成中央管。②1,2脑室底部发出一团脑细胞,即纹状体(corpusstriatum)。③上视丘(epithalamus):为间脑顶部,大半被大脑掩盖。④视丘(thalamus):由间脑侧壁膨大形成,有重要神经元可将刺激传入大脑。⑤下视丘(hypothalmus):为间脑的腹壁。它包括漏斗、脑下腺及乳头体。⑥视叶室(optic ventricies):为视叶中的腔,通入第三脑室。⑦脉络丛:在间脑和延脑的顶部各有一脉络丛,由血管组成,和脑室相连。

2.脊神经:自脊髓发出的神经叫脊神经或脊髓神经。每一脊神经在发出时分成背根和腹根两支,此两根在脊椎中密接再通出椎体外,并再分两支,小支布于背甲叫背支,大支叫腹支。

(1)颈椎神经:共9对,第一颈椎神经在头骨和第一颈椎间发出,第二颈椎神经在第一、二颈椎间发出,依此类推。其中第一至第五颈椎神经通颈部,第六至第九对形成前肢神经丛(brachial plexus)。它们与第一胸椎神经在腋部相会,再分为三支通往前肢。这三支称背挠骨神经、尺骨神经及中部神经。

(2)胸神经或称背神经:有10对,在躯干部。第一对在前肢,第2～7对在背胸部,8～10对通腰和后肢。

(3)荐神经:第1,2荐神经和第10对胸神经形成坐骨神经(sciatic nerves)。腰荐神经丛:由第8～10对胸椎及两对荐椎神经所形成。通往后肢、肠骨及小腿等肌肉。

(4)尾神经(coccygeal spinal nerves):由前5个尾椎骨间发出,4条通往尾部。

3.自主神经系统(autonomic nervous system):先找到颈部的迷走神经,它是一条明显的白色索状神经,沿颈部向后伸,有交感神经干(sympathetic trunk)和它相连。在遇到前肢神经丛时即与迷走神经分离,并分别形成中颈神经节和下颈神经节。交感神经干在穿越第一胸椎神经与其神经节相连,它们的分支形成联络枝并在交感神经系统和中枢神经系统之间形成脏运动纤维及脏感觉纤维。这些交感神经的分支及神经节在泌尿生殖区更明显而重要。

7.2.9.2 感觉器官

由鼻、眼及耳组成。

1.鼻:在头的顶端有两个靠近的外鼻孔。外鼻孔导入一宽室为鼻腔,左右鼻腔间有一骨化的中隔。鼻腔的后壁有一小形突起叫鼻甲,后与口腔相通,形成内鼻孔(internal-nares),有呼吸和嗅觉作用。

2.眼:眼小,有上下眼睑及位于眼前角的瞬膜(nictating membrane)。详细构造如下:①眼间隔:两眼间的骨质隔,近隔处有动脉穿过。②瞬膜腺(harderian gland):眼球前方一小腺体,功用不详。③泪腺:在眼球后腹表面,腺体较大,除泪腺可见眼肌和眼球。④棱锥肌(pyramidal muscle):盖在眼球前腹表面的扁平肌肉,它起自眼球连接到眼睑(eyelids)及瞬膜(nictitating membrane)。⑤眼外肌(extra-ocular muscles),在眼球外方控制眼球的运动;眼内肌(intraocular muscles),可调节晶体的焦距;上斜肌(superior oblique m.),由眼间隔伸到眼球的背表面;上直肌(superior rectus m.),在上斜肌的后方,并插入眼球中;内直肌(internal rectus m.),在前两者间的腹面,穿过内直肌有两条神经即滑车(trochlear n.)和三叉神经的眼支。⑥眼珠(lens):取出眼球,切开背部,在上方可见有白色球形物体在瞳孔(pupil)和彩虹(iris)之间。眼珠在近网膜(retina)处为球形,近瞳孔处较扁。⑦眼膜(optic coats):巩膜(sclera)为眼球的最外层,较坚韧,其前方形成透明的角膜(cornea);脉络膜(choroid)为巩膜内一深色素层,上有血管分布;网膜(retina)在眼球的最内层,司视觉。其上有许多神经纤维在视乳头(optic papilla)处集中,形成视神经(optic nerves)。⑧视液(optic humors):在前室(anterior chamber)和后室(posterior chamber)之中,在彩虹的两侧及眼珠和角膜之间,内含水状液(aqueoushumor)。另在眼珠(即水晶体)后方的大腔中,充满了透明液(vitreous humor)。

3.耳:司听觉。①鼓膜(tympanic membrane),龟的口角正后方,被皮肤覆盖的圆形膜。膜的里面为中耳室,其内耳位于中耳内,由一骨质鞘所包。②耳柱骨(columella):为一细棒状骨,其两端附于鼓膜的后中区和中耳室的内壁上。③听管的开口:在耳柱骨腹下方有一裂口,它通入耳咽管而到口腔中。④内耳:其构造同鱼类。

7.3 爬行纲的分类与地理分布

现今生存的爬行类,种类已不多,仅有龟鳖目200余种;喙头蜥目1种;蜥蜴目约3 000种;蛇目2 500种左右;以及鳄目约25种。据现有资料统计,我国爬行类除缺喙头蜥外,龟鳖目、蜥蜴、蛇目和鳄目都有,共计387种。其中海洋爬行动物29种(刘瑞玉,2008)。

7.3.1 爬行纲分目检索

分目检索、各目的概述及水生、海洋代表种类分述如后:

1.体短而略扁,有由骨板形成的背腹甲;上、下颌均无齿,而覆以角质鞘 ·· 龟鳖目 Testudoformes

体较长,无背腹甲;颌上有齿 ·· 2

2.牙齿着生于较深的齿槽内;体形甚大;外被革质皮肤,在躯干背、腹及尾部有略呈方形、纵横成行的角质硬鳞 ·················· 鳄目 Crocodiliformes

牙齿着生于颌骨表面,体形不甚大;外被覆瓦状或镶嵌排列的鳞片 ·················· 3

3.具四肢,如无也有肢带;一般有眼睑和鼓膜 ·········· 蜥蜴目 Lacerdformes

无四肢;无活动眼睑亦无鼓膜 ·················· 蛇目 Serpentiformes

7.3.2 中国龟鳖目系统检索

7.3.2.1 龟鳖目分科检索

1.四肢无爪,背甲具七纵棱 ·················· 棱皮龟科 Dermochelyidae

[本科在我国沿海产一属一种,名棱皮龟 Dermochelys coriacea(Linnacus)]

四肢有爪 ·· 2

2.背腹甲表面被革质皮肤 ·················· 鳖科 Trionychidae

背腹甲表面被角质鳞片 ·· 3

3.四肢浆形,指或趾并合,具1～2爪 ·················· 海龟科 Cbelonidae

四肢不为浆形,指或趾分界明显,具4～5爪 ·········· 龟科 Testudinidae

7.3.2.2 龟鳖目各科分类、形态及其生态和分布简述(图7-35:1～5)

1.龟科(Testudinidae):龟科是本目中最大的一科。背甲与腹甲在甲桥处彼此以韧带相连或间以骨缝;有角质盾片;头、颈、四肢及尾可缩入壳内(平胸龟例外);颞区大都凹陷;四肢五趾、指,具4～5爪,或多少具鳞。本科已知30余属120余种,分隶3个亚科。

平胸龟亚科分布于东南亚及我国，只有1属1种，即平胸龟（*Platysternon megacephalus* Gray）。其特点是头大、尾长；头、尾、四肢不能缩进壳内；背腹甲的缘盾之间有下缘盾；头骨颞区无凹陷。生活于山溪，可以攀附岩石或爬树，吃蜗牛及蠕虫。每次产卵两枚。

龟亚科包括大多数半水栖及水栖龟类，也有陆栖种类。头、尾及四肢均能缩入壳内；无下缘盾；头骨区有凹陷；头背被平滑的皮肤，或后部被鳞。生活于江河湖沼中；草食、肉食或杂食者都有。共26属80余种，除澳大利亚及撒哈拉沙漠以南的非洲外，广泛分布于各地，以东南亚的属种最多。我国已知6属13种。我国常见的种类有：

乌龟（草龟）*Chinemys reevesii*（Gray），栖于河流，以植物，鱼虾为食，分布几乎遍及全国。龟甲可入药。

三线闭壳龟（红肚龟）*Cuora trifasciata*（Bell），常见于山溪，喜食蚯蚓，分布于广东、广西。

黄喉水龟 *Clemmys mutica*（Cantor），产于我国东南部诸省。

中华花龟（卦龟）*Ocadia sinensis*（Gray），产于福建、广东及海南岛，生活于静水水域，性嗜食水草类。

陆龟亚科都是陆栖的龟类，四肢粗壮，呈圆柱形，无蹼；龟壳高而圆。大部分为草食性，也有肉食种类。已知5属40种，广泛分布于各地，以非洲最多。我国有1属3种。如长陆龟 *Testrdo elongata* Blyth 分布于马来半岛、越南和我国广西，陆栖，喜食植物，特别是水果和幼苗，有时也食蠕虫、蜗牛等。

2.海龟科（Cheloniidae）：本科产于海中，因长期适应水生生活，形态结构产生了一些变化：背甲扁平而略呈心形；肋板均未达缘板，其外侧有游离突出的肋骨，肋骨与缘板相连。腹甲各板较小，且左右未全愈合，其间留有空隙。背、腹甲之间无骨质甲桥，以韧带相连；甲桥部位有数枚大的下缘盾。颈短，头不能缩入壳内。四肢桨状，具一或二爪。生活于暖水性海洋中，喜阳光，常浮于水面。以海藻和鱼虾等为食。繁殖季节上岸交配。产卵于沙中，一年2～3次，每次200余个，是龟鳖中产卵最多的。卵壳为皮膜状软壳，卵径40 mm左右。孵化期为40～50天。本科有4属6种，广泛分布于热带和亚热带海洋。我国有4属4种，沿海各省均有分布。我国海龟科各属种检索如下：

1（6）前额鳞2对

2（3）肋盾多，6～9对 ……………………… 丽龟属（*Lepidochelys*）丽龟 *L. olivacea*（E.）

3（2）肋盾少，5对以下

4（5）上喙钩曲，肋，4对 ……………………… 玳瑁属（*Eretmochelys*）玳瑁 *E. imbricata*（L.）

5（4）上喙正常，肋5对 ……………………… 蠵龟属（*Caretta*）蠵龟 *C. caretta*（L.）

6（1）前额鳞1对 ……………………… 海龟属（*Chelonia*）海龟 *C. mydas*（L.）

（1）海龟，隶属海龟科、海龟属动物。体型较大，背甲橄榄色或棕色，杂有黄白色放射纹；腹甲黄色。头背具有对称大鳞，前额鳞1对。背甲心形，盾片镶嵌排列；椎盾5枚呈不规则六边形；两侧突出与肋盾交叉排列。肋盾4对，中间两块较大，第一对肋盾不与颈盾相接。缘盾11对，腹甲前后缘圆出，前端中央有一枚三角形的咽间盾。臀盾较相邻的缘盾略大。背甲的棱不明显。四肢桨状，覆以大鳞，内侧各具1～2爪，前肢的爪大而弯曲，呈钩状。尾短，雄性尾长（图7-35-1）。

生活于海洋，以大叶藻、头足类、甲壳类及鱼虾为食。海龟寿命较长。雌雄有别，雄性爪较大，尾稍长些。性成熟需 4～6 年以上。每年 4～10 月为繁殖季节，雌、雄龟常洄游到沿岸盘礁水域交配，交尾时间长达 3～4 小时，交配后雌龟于晚间爬上岸边沙滩掘坑产卵，先以前肢挖一深度与体高相当的大坑，伏于坑内，再借后肢交替动作挖一口径 20 cm、深 50 cm 左右的"卵坑"，多于午夜至凌晨三时产卵于坑内。卵产毕后，将卵坑用沙覆盖后离滩返海。每年可产卵 2～3 次，每次产 91～157 枚，多达 238 枚。卵白色，圆球形，卵径 35～58 mm，卵壳革质而韧。孵化期 30～90 天，通常 50 天左右，幼龟自出壳即爬归海水中生活。我国广东、惠东、海南的西沙群岛沿岸均为海龟产卵繁殖地。海龟是真正的洄游动物，根据其繁殖周期，有规律地在取食和繁殖地之间往返游动。目前标志放流研究已证实大西洋中部的阿森松岛有海龟繁殖地，而其食物基地在巴西，两地相距约 2 500 km。

图 7-35-1　海龟 *Chelonia mydas*（Linnaeus）

资源概况：为国家二级保护动物，禁止猎捕。也被《濒危野生动植物种国际贸易公约》列为保护动物。在中国为边缘分布，东南部和山东沿海。在《2004 年中国物种红色名录》中，列为极危（CR），推断主要原因是种群的成熟个体数少于 50 个。《2003 年 IUCN 世界红色名录》中，列为濒危（EN），说明当前存在极端严重的威胁。

地理分布：我国北起山东，南至北部湾海域皆有分布。国外见于热带和亚热带海洋各水域。产自日本和我国华南沿海至斯里兰卡、澳大利亚等。主食海藻，卵产于岛上，一雌龟可产卵 200 枚。龟肉可食用。

（2）蠵龟，属海龟科、蠵龟属 *Caretta* 动物。体型较大，背甲红棕色，腹甲橘黄色。头宽大，头背鳞片对称排列，前额鳞 2 对（其间常有一枚小鳞）。背甲呈心形，臀部窄而高。体鳞平砌。颈盾宽短，椎盾一般 5～6 枚，均镶嵌排列。肋盾通常 5 对，第一对与颈盾相切；缘盾 13 对，具 3 对下缘盾。四肢扁平呈桨状，前肢大，后肢小，内侧各具 1～2 爪（成长后具 1 爪）。前肢前缘有一列起棱的大鳞，余皆不规则。尾短（图 7-35-2）。

海产，生活于大洋，以头足类、鱼虾、甲壳类及藻类为食，青岛海产博物馆饲养的两只蠵龟表现对上述食物的选择性不大，但未见其摄食藻类。生活于太平洋的蠵龟主要在日本南部冲绳、鹿儿岛、熊本、千叶县等沿海繁殖。每年 5～7 月为繁殖季节，雌雄龟洄游到繁殖区，在近海水域交配。雌龟于晚间上岸挖穴产卵在沙坑内，每穴内产卵 130～150 枚，卵白色，球形，直径 4 cm 大小。产后用沙掩埋好卵后再离去。雌龟在岩礁间休息 2～3 周，再一次产卵。我国仅有一种,为我国国家二级重点保护动物,也列入《濒危野生动植物物种国际贸易公约》,常见于我国东南各省沿海一带。蠵龟的标志放流工作较多,在南非通加兰海滩的被标志蠵龟,在马达加斯加、莫桑比克、坦桑尼亚重获,最远的游到坦桑尼亚的桑给巴尔,旅程 2 880 km。他们曾测定到蠵龟的洄游速度为 63 天游 1 770 km。

图 7-35-2 蠵龟 *Caretta caretta*

资源概况:为国家二级保护动物,禁止猎捕。中国沿海分布约占全球的 1%。在《2004年中国物种红色名录》中,列为极危(CR),评估主要原因是种群的成熟个体数少于 50 个。《2003 年 IUCN 世界红色名录》中,列为濒危(EN),说明当前存在威胁极端严重。

地理分布,我国黄海、东海和南海皆有分布,山东、江苏、上海、浙江、福建、广东、广西和海南均有记录。国外分布于太平洋、印度洋温带水域。栖息于大陆架,有时可进入海湾、河口。

(3)玳瑁,属海龟科、玳瑁属 *Eretmochelys* 动物。成体一般体长 60～170 cm。背甲棕红色或棕褐色,有浅黄色云斑;腹甲黄色,有褐斑(图 7-35-3)。头部及四肢背面的盾片均为黑色,盾缘色淡。上喙钩曲似鹰嘴,下颌骨纤细,颌缘无锯齿。前额鳞 2 对。背甲心形,隆起较低,侧缘及后缘呈明显锯齿状。肋盾左右各 4 块,第 2 块最大。幼体背具三棱,背甲各盾片呈强覆瓦状排列,随着年龄的增长而逐渐趋于并列,脊棱明显。腹甲具 2 条纵棱。四肢桨状,覆被大鳞,前肢较大,具有 2 爪,后肢短小,仅具 1 爪。尾短小,不露于甲外。

1.玳瑁背面   2.玳瑁腹面

图 7-35-3 玳瑁

生活于热带、亚热带海域,以软体动物、甲壳纲动物及小型鱼类为食,也食海藻。2月下旬开始繁殖,产卵方式与海龟类同,每次产150～200枚卵,卵圆球形,白色,卵壳革质,卵径35～40 mm;孵化期60天左右。甲可制作装饰品,也可制药。

资源概况:盾片可药用。列为国家二级保护动物,也被《濒危野生动植物物种国际贸易公约》列为限制捕杀买卖的动物而受到保护。中国沿海分布约占全球的2%,为东南部和山东沿海。在《2004年中国物种红色名录》中,列为极危(CR),评估主要原因是种群的成熟个体数少于50个。而在《2003年IUCN世界红色名录》中,已列为极危(CR),说明当前继续存在极端严重威胁,而没有改善。

地理分布:栖息于热带和亚热带海洋中。分布于山东、江苏、浙江、福建、台湾、广东、广西、海南及南海诸岛等地。国外见于全球热带和亚热带海域的各国与海岛沿海。

(4)丽龟 *Lepidochelys olivacea* (Eschscholtz,1829)(图7-35-4):属海龟科、丽龟属动物。是海龟中最小的一种,一般甲长60 cm左右,不超过80 cm。头背前额鳞2对。肋盾多,6～9对,第一对与颈盾相切。腹部有4对下缘盾,每枚盾片的后缘有一小孔。四肢扁平如桨。头、四肢及体背为暗橄榄绿色,腹甲淡橘黄色。

栖息于热带浅海海域,并在该地区繁殖。杂食,捕食底栖及漂浮的甲壳动物、软体动物、水母及其他无脊椎动物,偶尔也食鱼卵或海藻。在水深80～100 m的水层,用捕虾拖网可偶尔得到丽龟。每年9月至翌年1月产卵,繁殖时有集群上岸产卵现象。产卵后,在巢区附近海域或分散在觅食地活动。但我国未发现丽龟繁殖地。

分布于印度洋、太平洋的温、暖水海域,我国江苏、上海、浙江、福建、台湾、海南及广西均有报道。

图7-35-4 丽龟 *Lepidochelys olivacea* (Eschscholtz,1829)

(5)棱皮龟科(Dermochelyidae):本科只有1属1种,即棱皮龟 *Dermochelys coriacea* (Vandelli)。本种头大,颈短。上颚前端有2个大三角形齿突,其间有一凹口,承受下颚强大的喙。头部具有排列复杂而很不规则的鳞片。背面及四肢无角质盾片而被以柔软的革质皮肤,其上有七条纵行棱起,棱间窝陷似沟;这些棱起系不规则多角形小骨板构成;腹面有五行棱起。四肢呈桨状,无爪。前肢极发达,长而扁平,约为后肢长的2倍多;后肢短;

尾部短小,尾与后肢间有皮膜相连。体大,壳长 100～200 cm,重达 100 kg 者常见。背面黑褐色,有浅黄斑;腹面色浅(图 7-35-5)。幼龟体表及四肢均覆以不规则的多角形小鳞片。最大的分布在背甲和腹甲。此外,头与头侧亦具有对称的鳞片。成体则鳞片消失,代之以革质的皮肤。幼龟背灰黑色,身体上的纵棱和四肢的边缘淡黄或白色。腹部白色,有黑斑。体长可超过 2 m,体重约 300 kg,最重达 800 kg。

　　主要生活在热带海洋水域的中、上层,偶尔在近海或港湾发现。是远洋性种类,能持久地在海洋中高速游泳。杂食,以软体动物、虾蟹、棘皮动物、鱼类、海藻等为食。性成熟的雌龟只有在繁殖期才接近陆地,并回到海滩产卵。产卵龟的甲长多在 140～170 cm 之间。全年均可产卵,但主要集中于 5～6 月之间。雌龟一年可产卵数次。产卵场基本位于北纬 30°至南纬 20°之间。雌龟从海洋初到海滩产卵时,行动十分谨慎,但当它爬上沙滩,挖好产卵坑准备产卵时,就置干扰于不顾了。卵坑一般离海边 15～20 m,深约 1 m,静伏于穴内产卵。产卵习性同海龟,一般夜间进行,一次产卵 90～150 枚,卵大,卵径 50～54 mm。产卵毕,雌龟用沙覆盖卵,并消除周围痕迹。卵埋于沙下自然孵化,孵化期 65～70 天,孵化率较高。刚孵化的稚龟壳长约 60 mm,即奔向海洋并能很快地游泳潜水。分布于热带海洋中,偶尔也见于温带海洋。

图 7-35-5　棱皮龟

　　资源概况:有重要的药用价值,可药用。列为国家二级保护动物,也被《濒危野生动植物物种国际贸易公约》列为限制捕杀买卖的动物而受到保护。

　　地理分布:我国分布于黄海、东海、南海,在辽宁、山东、江苏长江口、浙江嵊泗、福建、台湾、广东、海南沿海均有报道。国外分布于太平洋、印度洋、大西洋热带海域。

　　3.鳖科:体表无角质盾片,覆以柔软的革质皮肤。背甲无缘板;肋骨突出于肋骨板外侧。腹甲各骨板间有空隙。背腹甲由韧带组织相连。背甲边缘为厚实的结缔组织,一般称为裙边。颈较长,头和颈可完全缩入壳内。鼓膜不明显。上下颌有肉质唇,吻端尖出为吻突。鼻孔开在吻突的前端。颞区有凹陷。四肢扁平,指、趾蹼大,内侧三个具爪。生活于淡水,冬眠于泥中,以鱼、蛙和软休动物及水生植物为食,偏肉食性。每次产卵 10～50 个。本科有 6 属 20 余种,主要分布于非洲、东南亚、北美东部。我国有 2 属 3 种:鼋[*Pelochelysbibroni*(Owen)],江苏镇江以东的长江支流、闽江、海南岛及马来半岛及菲律宾等地。常栖于缓流的深河中,以死鱼为食。鳖(甲鱼,团鱼)*Trionyx sinensis*(Wiegmann),生活在小河中,群栖于泥底,以鱼、虾、蟹等为食。肉可食,有滋补作用,甲可入药。产卵于岸上沙穴中,靠阳光孵化。除宁夏、甘肃、青海及西藏外,全国各地都有分布。山瑞鳖(①*rionyx steindachneri*)分布于华南和华中。

7.3.3 中国蜥蜴目

蜥蜴目(图 7-36)动物身体明显分为头、颈、躯干、尾和四肢。体表被覆角质鳞。现在世界上生存的蜥蜴目动物约 3 000 种,隶属约 20 科,多分布于热带和亚热带。目前已知我国有 120 种左右,隶属 8 科 34 属。国产种皆无毒,世界有毒者仅两种。国内各省以云南、台湾、广东、海南岛和西藏东南部最多,辽宁、山东最少。

蜥蜴目动物多为陆栖,也有半水栖、地下穴居或树栖的种类。蜥蜴目动物多以昆虫、蛛形类、蠕虫和软体动物等为食,少数间食植物,专食植物者很少。一般卵生,少数卵胎生。本目包括 8 科:壁虎科(Gekkonidae)、巨蜥科(Varanidae)、鬣蜥科(Agamidae)、异蜥科(Xenosauridae)、蜥蜴科(Lacertidae)、石龙子科(Scincidae)、双足蜥科(Dibamidae)和蛇蜥科(Anguidae),因皆为陆生动物,故不赘述。

斑飞蜥

壁虎

石龙子

麻蜥

巨蜥

图 7-36 蜥蜴目代表动物(四川生物所)

7.3.4 中国蛇目

蛇体细长,通身被覆鳞片,分头、躯干和尾三部分。颈部一般不明显,没有四肢。现今生活的蛇类约有 2 500 种,隶属 11 科 400 属。以热带和亚热带分布的数量和种类最多,海蛇全部生活的海水中(大西洋没有),温带次之,寒带最少。水平分布范围,向北达北纬67°,南达南纬40°。垂直分布,海拔1 000 m之内蛇类最多,2 000 m较少,最高分布达4 880 m。其栖息环境多样,有水栖、陆栖、树栖和穴居类等。我国有173种,隶属8科53属。以广东、福建和云南最多,青海和宁夏最少。蛇类以动物为食,其食物对象,常以它昼夜活动时间决定:如食昆虫、鱼、蜥蜴和鸟类的多为白天活动;吃鼠类或泥鳅的多为夜间活动。蛇一般在春末夏初交配繁殖。多数为产卵繁殖,少数种类卵留在雌体子宫(输卵管后段)内,发育到相当时期才产出,卵产出来后不久孵出小蛇;也有在子宫内发育成小蛇,直接产仔。蛇多为1~2年性成熟,高寒地区3~4年成熟。最长寿命30年。常见陆蛇如图7-37所示。

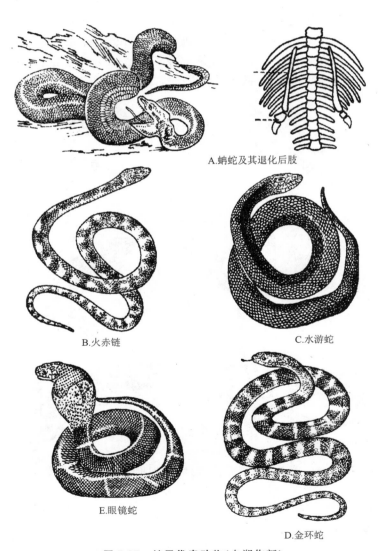

图 7-37　蛇目代表动物(自郑作新)

《中华海洋本草》记载 15 种海蛇科(Hydrophiidae)动物有药用价值,包括 14 种海蛇属(Hydrophis)和海蝰属(Praescutata)1 种。本书仅以青环海蛇、平颏海蛇和海蝰为例。

1. 青环海蛇(*Hydrophis cyanocinuctus* Daudin):本种隶属于蛇目 Serpentiformes、海蛇科 Hydrophiidae、海蛇亚科 Hydrophiinae、海蛇属 *Hydrophis* 的动物。体长,体前部长,但不细,后部侧扁。体最大直径为颈径的二倍左右。最大雄性可达 1 755 mm,最大雌性可达 1 967 mm。头大小适中,头背黄橄榄色至深橄榄色,眼后及颊部可有黄斑,体背深灰色或铁灰色,腹黄橄榄色、淡黄色。具铁灰色或青黑色完全环纹,雌性 46+7—71+7 个,雄性 47+6—76+9 个。环纹在背部宽、色深,腹面窄,体侧最窄、色浅,年老的个体环纹在体侧及腹面隐约可见。腹鳞可有黑色。眶前鳞 1,眶后鳞 2,偶为 1,有的标本右侧 3;前颏鳞大多数为 2,少数 3 枚,偶有 1 枚者;上唇鳞 7～8,偶有 6 或 9,2—3(2)—3(4,2)式;下唇鳞8～11,在第 2 或第 3 枚下唇鳞之后唇缘有一小列小鳞。体鳞颈部雄性 27～31 行,雌性 27～35 行,体最粗部雄性 34～41 行,雌性 35～52 行,覆瓦状排列,具棱,有时断裂成 2～3 个小结节,体最粗部略呈圆形;腹鳞雄性 311～383,平均 343,雌性 293～376,平均 332,体前段腹鳞宽约为相邻体鳞的 2 倍,后部稍窄,每片具二平行的短棱,通身清晰;尾下鳞雄性 40～60,平均 48;雌性 38～53,平均 42;肛前鳞一般 4 枚,稍大(图 7-38)。

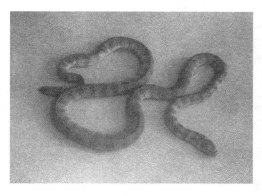

图 7-38　青环海蛇

上颌:毒牙后有上颌齿 5～8 枚。幼体淡黄色,整个头部及体前腹部黑色,眼后及鼻后可有黄斑,环纹黑色且完全,腹鳞黑色。头部颜色一般随年龄的增加而逐渐变浅,由黑色变成黄橄榄色。在肛前 24～28—33～38 腹鳞处均见"脐孔",为 4～6 鳞片长。成年雄性体鳞起棱强。本种以食尖吻蛇鳗为主。偶有其他鱼类。刘凌冰等报道(1985),解剖 7 月中旬采于浙江的雌性标本,右侧卵巢发育的卵 9 枚,左侧 5 枚。解剖 8 月底采于江苏沿海的雌性标本,右侧卵巢有卵 10～13 枚,左侧 8 枚,大者似黄豆,小者似绿豆。输卵管宽大、充血,似刚产完仔。解剖 9 月底捕于长江口外的次雌性标本,右侧卵巢含卵 10 枚,左侧 6 枚,均似拉长的黄豆。每年夏季 8 月后见有刚产完卵的雌体。每次可产仔 3～15 条。

资源概况:我国沿海均有分布,为我国海蛇中数量最多、分布最广、群众喜食的一种。中国沿海分布,约占全球的 1％。在《2004 年中国物种红色名录》中,列为易危(VU),过去十年种群数量至少减少了 30％且仍在继续,说明当前青环海蛇种群在我国存在严重威胁,必须加强保护。

地理分布：我国分布于辽宁、山东、上海、江苏、浙江、福建、台湾、广东、广西和海南岛。国外分布于由波斯湾经印度半岛沿海至日本及印度和澳大利亚海域。

2. 平颏海蛇 [*Hydrophis curtus* (Shaw)]：一般体长 700 mm 左右（图 7-39）。头较大，吻突出于下颌；鼻孔位于吻背，左右鼻鳞彼此相切；前额鳞与第二枚上唇鳞相切，少数标本前额鳞一侧或两侧分裂形成一枚假颊鳞；额鳞短于其到吻鳞的距离；眼径与眼下缘至口缘间距相等；眶前鳞 1，个别为 2，眶后鳞 1(2)；前颞鳞一般 2，偶有 1 或 3；上唇鳞 7，2-2-3 式，最后 2～3 枚较小；颔片两对，常相切，有的为 1～2 列小鳞所隔，有的标本颔片分化不明显。颈较粗，直径为体最粗部直径的 1/2 以上；颈部体鳞雄性 23～41 行，平均 30 行；雌性 25～37 行，平均 31 行。最粗部体鳞雄性 27～43 行，平均 31 行，雌性 27～39 行，平均 37 行；体鳞六角形或方形，镶嵌排列，各具一短棱，腹中线两侧各 4 行，体鳞较大，棱亦强，在成年雄性呈强棘状；腹鳞除最前部外，均较相邻的体鳞小。或退化、消失，断续地嵌于体鳞之间；肛鳞略大。头背黄橄榄色至深橄榄色。体黄橄榄色，具 29＋4～50＋5 个深橄榄色宽横斑，在脊部彼此相距 1～2 枚鳞宽；横斑在体侧下方尖出呈三角形，有的标本横斑渐细并向腹部延伸，形成完全的环纹；腹部淡土黄色。解剖 1974 年 3 月初采于海南八所的 2 号雌性（743015，743020）标本，均怀有卵 3 枚，左 1 右 2，卵径 41 mm×21 mm～61 mm×16 mm。

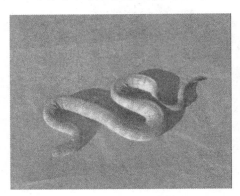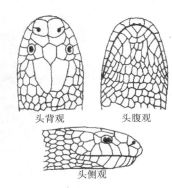

头背观　　头腹观

头侧观

图 7-39　平颏海蛇 *Lapemis curtus*（Shaw）

资源概况：分布于中国东南沿海，约占全球的 10%。在《2004 年中国物种红色名录》中，列为数据缺乏（DD），过去对本种资源了解不够。而《2003 年 IUCN 世界红色名录》中，未列入，今后必须加强对该物种种群数量与资源的调查和保护。

地理分布：我国山东（青岛）、福建、台湾、香港、海南（莺歌海、夜莺岛、八所）、广西（北海涠洲、东兴）。国外分布于东印度洋向东经印澳海域到澳大利亚北部沿海及菲律宾沿海。

3. 海蝰 [*Praescutata viperina*（Schmidt）] 头短，与颈部区分不明显；体较粗短，略侧扁，尾侧扁（图 7-40）。全长雄性（1 000＋108）mm，雌性（955＋90）mm。背面青灰色，腹面灰白色或灰黄色，背腹两种颜色在体侧截然划分或渐趋过渡；多数个体在背面可辨出深色菱形斑纹 33～43＋3～6 个，菱斑一般不达腹面。鼻孔上位，无鼻间鳞；眶前鳞 1，常具 1 枚眶前下鳞，眶后鳞 2(1,3)，标本编号 CIB655093，左侧为 4；颞鳞变化颇大，数目各异，多为 2(1,3)＋2(3,4)，标本编号 SM765021，右侧后颞鳞 5；上唇鳞 7 或 8，多为 3-1-3 或 3-2-3 式；标本编号 CIB655092，右侧为 9，4-14 式；个别标本有若干枚上唇鳞横裂为二，有少数标本

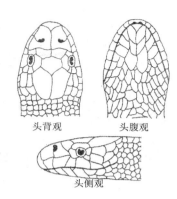

头背观　　头腹观

头侧观

图 7-40　海蝰 *Praescutata viperina*(Schmidt,1852)

上唇鳞不入眶,被 1～2 枚眶下鳞所隔;下唇鳞 8 或 9,偶为 7 或 1。多数标本前 3 或 4 枚下唇鳞与前颔片相切,有时在下唇口缘嵌有若干枚小鳞。体鳞多少呈六边形,镶嵌排列,具棱或结节,颈部 27～35 行,体最粗部 39～52 行;腹鳞明显,纵贯全身,在体前段较宽大,向后渐小,后段窄小。雄性 236～291,雌性 244～300;尾下鳞单行,雄性 37～54,雌性 36～54。半阴茎达第二十八尾下鳞处,长 52 mm。

终生生活于海水中,一般均栖于浅海区;主要捕食鱼类;卵胎生。

资源概况:分布于中国东南沿海,约占全球的 10%。在《2004 年中国物种红色名录》中,列为数据缺乏(DD),过去对本种资源了解不够,今后必须加强对该物种种群数量与资源的调查和保护。

地理分布:我国辽宁、福建(平潭、连江)、台湾、广东(甲子、汕尾)、广西(北海)、海南(海口、东方)。国外分布从波斯湾到孟加拉湾,经马来半岛沿海到印度尼西亚、泰国湾及南太平洋。

7.3.5　鳄目

该动物外形明显分为头、躯干、尾和四肢。皮肤革质,覆以角质大鳞及骨板。鳄目动物是现存爬行类中有机结构最进步的类群,其进步特征主要表现在:已有真正的大脑皮层;具分化为四室的心脏;牙齿槽生以及具有将胸腔与腹腔分隔的横隔膜等。现在世界上生存 25 种,隶属 1 科 8 属;分布于非洲、澳大利亚、亚洲南部及热带美洲等温暖地区。我国有 2 种,一为扬子鳄(*Alligator sinensis*),另外为马来鳄或湾鳄(*Crocodilus porosus*)。扬子鳄分布于长江下游一带,以安徽芜湖县与浙江吴兴太湖沿岸常见。习居于水边芦苇或竹林中,掘穴而居,常食鱼、虾、蛙、小鸟及鼠等。每年 7～8 月间营巢产卵。10 月开始休眠,直至翌年 4～5 月间才又开始活动。湾鳄分布于印度、马来半岛等地。我国古代有见于南海的记载。鳄目具有对水栖生活的适应特征,尾侧扁,借以在水中推动身体前进,又是攻击和自卫的有力武器;外鼻孔有瓣膜,司开闭;呼吸道与口腔分开;舌后端有皱襞,与之相应的口腔顶部也有同样的皱襞,二者闭合时,可将呼吸通道与口腔隔绝,因此,当鳄没入水中仅露吻端鼻孔于水外,或在水中掠住食物时,可进行呼吸;除眼睑外,瞬膜可于水内保护眼睛;外耳表面有一可活动的皮肤垂悬物(耳孔瓣),将耳孔闭起来。鳄目动物多生活于水中,夜间较活跃,性凶猛,也有攻击人类者。常以软体动物、甲壳类、鸟和哺乳类为食。卵生,产卵 20～70 个于岸边巢穴内,某些有护卵习性。孵化期 45～60 天(图 7-41)。

图 7-41　扬子鳄(A)和马来鳄(B)(刘凌云等,1994)

7.4　爬行动物的起源和演化

7.4.1　爬行动物的起源

在动物与环境的长期复杂的斗争中,脊椎动物从水栖过渡到陆栖生活,必须要解决陆地上存活和种族延续这两个基本问题。两栖纲初步地解决了一些与陆上存活有关的矛盾,但是还必须回到水中繁殖,没有从根本上摆脱水的束缚。到了古生代石炭纪末期,从古两栖类中演化出来一支具有羊膜卵的动物,从而获得了在陆地繁殖的能力,并且在防止体内水分蒸发以及在陆上运动等方面,均超过两栖类的水平,因而分化出真正的陆栖动物,爬行动物由此出现。地质和化石资料证实,石炭纪末期地球上的气候曾经发生巨变,部分地区温暖而潮湿的气候一变为大陆性气候,冬寒夏暖。在这些地区,蕨类植物多被裸子植物所取代,致使很多古代两栖类灭绝或再次入水。而只有具有适应于陆生结构和羊膜卵的古代爬行类则能生存并在斗争中不断发展。因而到中生代,爬行类几乎遍布全球的各种生态环境,故有中生代为爬行动物时代之说。爬行类的出现、盛行和衰退说明动物的进化、演变与自身形态结构、机能的发展有关,同时又与地球环境的变化紧密联系,两者相辅相成,缺一不可的哲学道理。根据化石资料判断,爬行类是由古代两栖类的坚头类(stegocephalia)演化来的。

现今所知的最古老的爬行动物化石发现于古生代石炭纪末期,约 2.5 亿万年前,称为(Seymouria,西蒙龙)蜥螈。它具有一系列近于两栖类的特征:其头骨形态和结构似坚头类,颈特别短,肩带紧贴于头骨之后,脊椎分区不明显,具迷齿(即牙齿齿冠的珐琅质深入齿质,形成不规则的回纹)和耳裂等,都与古两栖类相似。与蜥螈近缘的某些化石种类,尚可见侧线管的痕迹,这些都是似两栖类的特征。蜥螈也具有爬行类的特征,例如头骨具单个枕骨髁,肩带具有发达的间锁骨,有两枚荐椎,前肢五指(两栖类为四指),各指的骨节数目也比两栖类多,腰带与四肢骨均较粗壮,更适于陆地爬行。所有这些都指明了它是两栖类与爬行类之间的过渡类型。

7.4.2　爬行动物的演化

最原始的爬行类为杯龙类(Cotylosauria),出现于古生代石炭纪末期,灭绝于中生代三叠纪。其后裔大致演化为五个类群:

1.龟鳖类:为适应水栖生活,具有背腹壳甲保护适应的类群。从三叠纪中期生活至今。

2.鱼龙类(Ichthyosauria)。

3.蛇颈龙类(Plesiosauria):鱼龙类和蛇颈龙类均为适应于游泳生活的类群。二者皆出现于三叠纪,至中生代末期绝灭。

4.盘龙类(Pelycosaueia):出现于石炭纪末期至二叠纪。其后代的一支为兽齿类(Theriodontia),为哺乳类的原祖。

5.双颞窝类:由古生代二叠纪出现,一直到现在。诸如翼龙、恐龙以及现存的喙头目、有鳞目和鳄目都属这一类群。

7.4.3　有关某些爬行类灭绝的研讨

中生代是爬行类的时代,在地球上的各种生态环境中充斥着各式各样的古爬行动物,尤以体型巨大的恐龙,可称地球上的一霸。它们在这一亿年的漫长岁月中,躯体结构、生活习性和食性均向着专一的方向发展,能较优越地适应于所栖居的特定环境条件。中生代的气候十分稳定,季节和纬度温差变化轻微。但到了中生代末期,地球发生了强烈的地壳运动,导致植物类型的改变,被子植物出现并居于优势。这些都给狭食性的古爬行类带来严重的威胁。加之恒温动物,特别是哺乳动物的兴起,使古爬行类在生存竞争中处于劣势,导致大量死亡和绝灭。这大概是盛极一时的恐龙突然地消失、灭绝的主要原因,已被广泛接受。但近来还不断提出一些假说,例如有人认为是地球与外星球碰撞,致使大量动植物死亡。多数学者认为这些假说,尚缺乏足够的证据。

7.5　海龟的生态

7.5.1　生殖与孵化

1.海洋龟类的交配与受精:在自然条件下,海龟经 4～6 年或更长的时间达到性成熟。当繁殖季节雌雄龟洄游到繁殖区,在近海水域交配。交配期的雄龟性情粗暴,常将雌龟抓伤。对交配后何时受精有两种见解:卡尔(Carr,1965)认为海龟在产卵季节的早期交配,交配时母体中的一些卵已形成了卵壳,因而当季交配就不可能使当季的卵受精。弗雷泽(Frazier,1971)认为延迟受精的理论缺乏证据,对雌性生殖道中保存精子的机制一无所知,并指出第一次性成熟的海龟进行数千千米的生殖洄游就是为了繁殖后代,但交配后要等长时间(2～3 年)再产生受精卵似乎是不适当的。

2.挖坑产卵:海龟皆到高潮线以上的海滩挖坑产卵。抵达繁殖区的海龟爬上海滩,选好地点后便清理巢址,然后挖坑,将卵产入后再填产卵坑,至此繁殖行为结束,选择归海路线返回海中。

海龟在登陆挖坑过程中易受外界刺激,受惊时则中止活动快速逃向海中,平静后再重新登陆。但自产卵至埋卵填坑阶段则不顾外界干扰和影响,持续其繁殖活动,因此科学工作者的观察、测记、研究及标志放流等工作多在此时进行。

各种海龟的每窝卵子数和卵粒大小相差不大,棱皮龟 92～110 个,卵径平均 53 mm;海龟卵有 105～160 个,蠵龟为 100～125 个。

3. 海龟产卵群体的数量统计:对某一产卵场雌龟数量的统计是研究海龟在某一地区种群变动的基础工作。群体数量的估计,一般采用取样调查法,常见的有两种。①样方法:在若干样方中计数全部个体,然后将其平均数推广,来估计种群全体。但样方必须具有良好的代表性,不能只选在高数量区或只选在低数量区,而应以随机取样法来保证取样的合理性。②标志重捕法(mark-recapture methods):在调查地段中,捕获部分个体进行标志,然后放回,经一定期限后进行重捕。将调查地段全部个体数记作 N,其中标志数为 M,再捕个体数为 n,再捕中标记数为 m,根据总数中标志的比例与重捕样中比例相同的假定,就可以估计出 N,即:

$$N:M=n:m,N=M\times n/m$$

例如,标志 39 只龟,再捕 34 只中,有标志龟 15 只,那么根据公式,该处原有龟 $N=39\times34/15=88$ 只。

种群总数的 95% 置信区间的估计按 $S.E=N\sqrt{(N-M)(N-n)/M.n(N-1)}=88\cdot\sqrt{(88-39)(88-34)/(39)(34)(88-1)}=88(0.1513)=13.31$,即 95% 的置信区间为平均数 $\pm2S.E=88\pm26=62～114$。这些较大的变异是野生动物种群研究中的特点。

4. 孵化:各类海龟的卵皆埋在沙中自然孵化。目前用木箱或塑料盒等容器进行半人工孵化已被广泛应用。20 世纪 60 年代初期中国科学院动物研究所黄祝坚先生从我国南海采回一批海龟卵,放在木箱中自然孵化成一批幼龟。此事说明海龟受精卵孵化条件并不苛刻。但一般认为各种海龟在沙中自然孵化需 50～60 天的时间。

7.5.2 食性

据对各种海洋龟类胃含物的分析知,棱皮龟、蠵龟、玳瑁主要是肉食性,海龟基本是草食性的。棱皮龟一般生活于远洋,躯体较大,体重常超过 500 kg。其上、下颌边缘具锐利角质,食物主要为海蜇、被囊类、小鱼虾等小型动物及海藻等,实属杂食性。蠵龟以多种底栖无脊椎动物为食,其中以蟹类为主,亦兼食鱼类。玳瑁栖息于热带岩礁海区,以海绵、被囊类、软体动物、苔藓虫等为食,偶尔亦食海藻或海草;海龟主要以海草为食,亦兼食海藻,在人工饲养条件下并不拒食动物性食物。

7.5.3 生长

研究海龟的生长多用标志法:如在夏威夷群岛标志壳长 29.5～79.4 cm 的海龟 629 只,间隔 2～37 个月后重捕 35 只,确认编号后得知壳长月增长为 0.38～0.52 cm。现知海龟生长最快的海区是西佛罗里达,每月增长 0.75～5.26 cm。生长速度的快慢与食物资源的多少有直接关系,而温度及其他环境因子影响较次。

在饲养条件下,海龟达性成熟需 4～13 年,据夏威夷群岛研究结果推算,从壳长 35 cm 的未成熟个体至 81cm 长的成熟个体需 8.7 年。蠵龟刚孵出时为 4.8 cm,饲养 4.5 年为 63 cm,年增长为 12.9 cm;开始产卵的蠵龟壳长 75～100 cm,平均 87.5 cm,即需 5.7～7.7 年,平均 6.7 年达到性成熟。

7.5.4　冬眠

海龟是变温动物,其体温随水温而变化。当水温下降到 15℃时,一些海龟即行冬眠。在加利福尼亚半岛的海龟群聚于水深 8～10 m,水温 14℃的海底。但并非种群内所有个体皆冬眠,有些栖居在暖水的个体则仍然正常生活。蠵龟也有类似的情况。

7.5.5　洄游与导航

海龟是真正的洄游动物,据其繁殖周期有规律的在取食和繁殖地之间往返游动。研究方法主要靠标志放流和遥控遥测及电子跟踪等,但目前仍以前者为主。标志放流的龟,再据重捕的资料来确定其洄游路线、游泳速度和到达的地点。现在已知大西洋中部的阿森松岛有海龟繁殖地,而其最近食物基地在巴西,两地相距约 2 500 km。海龟在洄游过程中可能游向途中岛屿近岸取食红藻而暂停数日。

棱皮龟游泳能力较强,在所有龟类中洄游旅程最长,在圭亚那标志者游至西非的加纳,在墨西哥东南部的坎佩切湾等地被重获,游程超过 5 000 km(Pritchard,1976)。

一般认为,玳瑁生活在珊瑚礁海域,并在附近海滩繁殖,仅作短距离洄游。但也有标志重捕记录长达 1 600 km 的,如所罗门群岛的圣伊贝尔岛标志者在巴布亚新几内亚的莫尔斯比港重捕,行程 1 600 km。

标志蠵龟的工作较多,在南非通加兰海滩的被标志蠵龟,在马达加斯加、莫桑比克、坦桑尼亚重获,最远的游到坦桑尼亚的桑给巴尔,旅程 2 880 km。在美国佐治亚州的小昆布兰岛从 1964～1976 年共标志放流 647 只,有回捕记录的仅 18 只。他们曾测定到蠵龟的洄游速度为 63 天游 1 770 km(由昆士兰至达巴布亚新几内亚的直线距离)。

海洋龟类洄游的导航机制十分复杂,许多问题有待研究解决。诸如由阿森松岛向巴西东部沿海觅食洄游 2 250 km 以及刚孵出的幼龟能成功游回大海的事实,没有良好的导航能力就无法完成。Koch 等(1969)提出海龟是靠嗅觉和视觉来导航的解释尚不能自圆其说。但我们相信通过对海龟器官结构、神经生理活动与内分泌生化机理的深入研究,并结合电子探测技术的应用,不久即可解决这些疑难。

复习题

1.简述羊膜卵的主要特征及其在动物演化史上的意义。

2.为什么讲爬行动物是真正的陆生动物,而两栖动物不是真正的陆生动物?

3.现存爬行类四个目的主要特征。

4.试述爬行类的皮肤及骨骼系统的特点。

5.水生爬行动物的呼吸系统有何特点?

6.沿海习见的龟是哪四种,它们的主要区别特征如何?

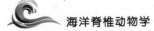
7.爬行类的神经系统和感觉器官的特点是什么？

8.何谓适应辐射？试述龟鳖类、盘龙类和双颞窝类的演化及其主要特征。

9.熟悉与防治毒蛇有关的一般常识。

10.简述我国产的5种海龟外部形态的主要区别。

11.海龟为什么要洄游？洄游的意义如何？

12.研究野生动物种群的一般方法有哪些？

第八章　鸟纲(Aves)

鸟类是体被羽毛、恒温、卵生并能够飞翔的两足的羊膜类高等脊椎动物。它可能是由侏罗纪蜥龙类进化而来的,似与"恐龙"有极其亲缘的关系,是当前脊椎动物中新陈代谢最为旺盛的动物类群。它具有以下主要特征:

8.1　鸟纲的主要特征

1.能够飞翔。鸟类体表长有羽毛,前肢变成翼,骨骼轻而且多愈合,再加上与肺相连的特殊的气囊系统等,这些结构使鸟类适应飞翔生活。飞翔的最大优势在于其灵活性,鸟类可以借助飞行进行取食或逃避敌害,以适应不同的环境条件。

2.恒温。鸟类和哺乳类都是恒温动物,鸟类的体温稍高些,为 $37.0℃\sim44.6℃$。恒温的出现,是脊椎动物演化史上一个极为重要的进步性事件,是动物体在漫长的发展过程中与环境条件对立统一的结果,它标志着动物机体的结构功能进入了更高一级的水平,已经具备了调节产热、散热的能力和稳定的高新陈代谢水平,减少了对外界环境的依赖性,扩大了鸟类的生活范围,从而使鸟类可以遍布全球,并在生存竞争中占据有利地位。

3.具有发达的神经系统以及感官,可以产生各种各样的复杂行为。行为的产生与刺激有关,当环境不断变化时,鸟类就会"修改"它的行为。鸟类的行为有先天性的,如鸣叫;也有通过学习获得的,如取食、逃避敌害等。

4.生殖行为复杂。鸟类的繁殖在自然界中是最为有趣和引人注意的,它具有一系列连续的行为,如占区、求偶、筑巢、产卵及育雏等。完善的生殖行为相对地提高了后代纯度和成活率,保证了种群的延续。

另外,还有以下次要特征:

5.血液循环为完全的双循环,心脏分为两心房和两心室,提高了新陈代谢水平。

6.头的前端上、下颌延长,形成多种多样的喙,以利于摄食、捕捉和争斗等。

7.消化能力较强,食量较大且消化迅速,排粪快,有减轻体重有利飞行的作用。

8.体内受精,雌性仅存在左侧输卵管。

由于上述特征以及完善的飞翔能力,使得鸟类在全球分布广泛,种类众多。鸟类已成为脊椎动物中仅次于鱼类的第二大纲。鸟类以其婉转的鸣叫、漂亮的羽色、优美的姿态、有趣的繁殖行为以及重大的经济价值,越来越引起人们的注意,各国都建立了一些自然保护区以保护珍禽,并且向群众进行爱鸟的普及宣传。

8.2　鸟类躯体结构概述

由于鸟类的形态特征非常一致,一直不被形态学家及比较解剖学家所重视,现有资料基本都是对鸽或鸡的解剖。但是,鸟类在不同的环境条件下会发生适应辐射,产生不同的生态类群,如游禽、猛禽等,它们的外形是不同的,现以海洋鸟类红嘴鸥(*Larus'ridibundus*)为例,介绍鸟类躯体结构,不足部分由鸽的结构加以补充。

8.2.1 外形

红嘴鸥的外形与其他鸟类一样,为流线型。身体被有羽毛,可分头、颈、躯干、尾和四肢几部分(图 8-1)。在头的先端是角质喙(bill),它是由上下颌伸长形成的,上面有一对外鼻孔,喙的颜色赤红,端部为黑色。眼睛大,暗褐色。眼后方有一对外耳孔,被羽毛遮盖。头后为颈部,红嘴鸥的头、颈全为朱古力褐色,冬天时,朱古力褐色消失,仅在眼前缘和耳羽后留下一块褐斑。

躯干部卵圆形,紧密结实,腹面较突出,红嘴鸥躯干部以灰、白色为主。尾部很短,前

图 8-1 红嘴鸥外形

肢变为翼,为“Z”字形结构,飞翔时伸直成“一”字形;后肢由股、胫及足三部分组成,足的上部为跗蹠部,被有鳞片,下部为 4 趾,都为赤红色,趾端有爪,爪为黑色。

不同的鸟类,其喙形、翼形、趾形等都会有所不同,可作为分类的依据。

8.2.2 皮肤系统

鸟类皮肤的主要特点是薄、松、干且缺乏腺体,只在尾部有唯一的皮肤腺——尾脂腺(oil gland 或 uropygial gland)。

皮肤由表皮和真皮构成,表皮角质层薄,外被羽毛,便于活动,在跗蹠部、趾上的表皮会加厚形成角质鳞;真皮也薄,由致密结缔组织构成,内有血管和神经末梢;真皮下为皮下层,由疏松结缔组织构成,可积累脂肪。

尾脂腺位于尾背侧,可分泌油脂。鸟类在休息时常会理羽,就是为了用喙将油脂压出,然后将油脂涂抹在羽毛上,有时也将头后部放在腺体上再涂在羽毛上,目的就是防水。这个腺体在鹳形目、鹈形目等水禽类特别发达。同时,尾脂腺也分泌一种物质,可以在光照下转变成维生素 D,这种物质到底是什么还在进一步研究之中,很可能会因鸟种的不同而不同。当摘除这个腺体后,有些鸟类可患软骨病。

由于鸟类缺乏汗腺,为了保持恒温,就需要通过其他途径蒸发水分。在赤道附近繁殖时,高温是最大的威胁,为了防止过热,鸟类就要不断喘气,同时拍动翅膀,在日常活动中,以清晨和傍晚时分活动量最大,而在中午极少飞翔或鸣唱。在寒冷的南极地区,企鹅幼鸟常会集群,以避免散失热量。鸟类就是这样,通过身体结构的变化和行为调节来保持体温恒定。

鸟类皮肤的另一个特点就是具有许多的皮肤衍生物,如羽毛、角质喙、爪、鳞等。

鸟羽为表皮衍生物,是在爬行类角质鳞的基础上,适应飞翔生活而产生的。鸟羽的基

本作用就是保护皮肤,保持热量,并使鸟类能够飞翔,此外还有保护色及求偶炫耀的功能。羽毛并不是长满体表的,羽毛着生的区域叫羽区(pterylae),羽毛不着生的区域叫裸区(apterium)。孵卵时鸟类腹部的裸区叫孵卵斑,孵卵斑的大小与窝卵数之间可能会有一定的关系。

羽毛的基本结构(图8-2)由羽轴(shaft)和羽片(vane)构成。羽轴中空,其下半段没有羽片,称为羽柄(calamus),羽柄插入皮肤,与真皮深部的皮肤相连,在羽柄末端有一小孔叫下脐(inferior umbilicus),是真皮供给羽毛营养的通路;在羽柄上端有一小孔叫上脐(superior umbilicus),从此孔发出发育不全的副羽(after feather),一般鸟类无副羽。在羽轴上段羽干两侧斜出互相平行的羽枝(barb),羽枝可分出羽小枝(barbule),其上有羽小钩(hamuli 或 barbicel),可以使相邻羽小枝钩结在一起,鸟类理羽就是为此。

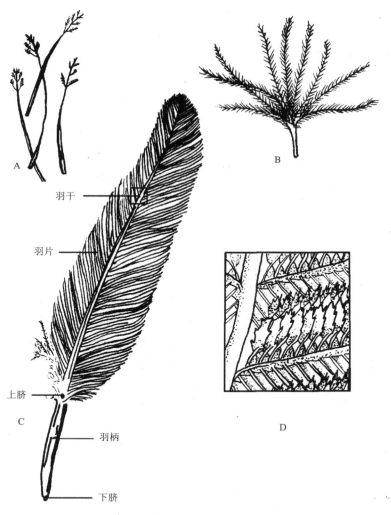

A. 纤羽;B. 绒羽;C. 正羽;D. 部分羽片放大,示羽小枝的连接(自马克勤等)

图8-2 羽毛结构及类型

鸟羽可分三种类型:正羽(contour feather)、绒羽(down feather)和纤羽(hairy feather-er),它们的的不同之处列于表 8-1:

表 8-1　羽毛的三种类型

种类	正羽	绒羽	纤羽
位置	体表、翼、尾	正羽下面,蓬松似棉绒	夹杂在正羽和绒羽之中,似毛发
结构特点	有羽轴、羽片	羽柄甚短,无羽干,羽枝柔软,羽小枝上无羽小钩	只具羽干,顶端有少量羽枝和羽小枝
功能	保护身体、保温、飞翔	保温	触觉

翼的正羽,又叫飞羽(remiges 或 flight feather),着生在上臂的称三级飞羽(tertiaries),着生在前臂(尺骨)上的为次级飞羽(secondaries),着生在翼末端(腕、掌、指骨)的称初级飞羽(primaries)。

鸟类羽毛定期更换的现象,叫做换羽(molt)。由于阳光、气候和敌害等因素都可能损伤羽毛,为了生存,鸟类必须换羽。换羽的另一个原因是繁殖,有些鸟类需要特殊的羽毛、体色。

绝大多数鸟类换羽有周期性,一般每年换两次,即夏羽和冬羽。一些鸟类换羽周期长于一年,像鲣鸟,每年只换初级飞羽 3~4 枚,而一些热带鸟类没有明显的换羽周期。不管怎样,换羽大多是渐次更替的,而且绝不会在繁殖或迁徙途中发生。当然,也有些鸟类换羽时是一次性全部脱落,如海雀可因换羽丧失飞翔能力达两个月之久,但这并不影响其取食,它可潜入水中来进行取食。

8.2.3　骨骼系统

鸟类骨骼的主要特点就是轻而坚固,多有愈合;四肢骨变化很大。

鸟类的骨骼较轻,骨内具蜂窝状孔隙。做一个实验可证明:将鱼、青蛙、蛇、家鸽、家兔的肋骨和脊椎骨投入饱和的食盐水中,只有家鸽的肋骨和脊椎骨浮在液面上。

1.脊柱和胸骨:脊柱由五部分构成,即颈椎(cervical)、胸椎(thoracic)、腰椎(lumber)、荐椎(sacral)和尾椎(图 8-3)。

颈椎数目变化大,鸽有 14 枚,天鹅有 25 枚,活动性强,椎体马鞍型,为异凹型椎体,椎间关节活动性极大。有寰椎和枢椎与头骨相接,鸟类头部转动灵活,其他颈椎上有较小的颈肋。

胸椎较短,鸽为 5 枚,一般鸟类有 3~10 枚。胸骨与肋骨连接,肋骨与胸椎连接,构成胸廓。肋骨分上、下两部分,上部分称椎肋,后缘各有一钩状突,搭在后一肋骨上;下部称胸肋。胸骨因飞行需要,变化较多,其腹中线上有龙骨突(keel),增大肌肉附着面积。不会飞翔的走禽(如鸵鸟),胸骨不发达。

最后一个胸椎、腰椎、荐椎和前面几个尾椎愈合在一起,成为鸟类特有的愈合荐骨(synsacrum),又称综荐骨,它与宽大的骨盘愈合在一起,形成坚实的支架。综荐骨后有几块游离的尾椎骨,最后几枚尾椎骨愈合成为一块尾综骨(pygostyle),长有尾羽。

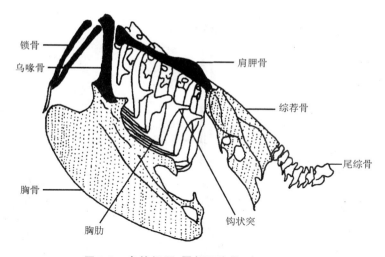

图 8-3 鸟的躯干、尾部及胸骨（自 Landry）

2.头骨：鸟类头骨骨片薄而轻，骨片内有大量气室，为气质骨。幼鸟头骨骨缝明显，至成体时多已愈合，成为一个完整的脑颅。眼窝大，颅腔也较大，为高颅型。有单一的枕骨髁，枕骨大孔位于腹面。上、下颌向前延伸形成鸟喙，外面有角质鞘，为鸟类的取食器官。无牙齿（图 8-4）。

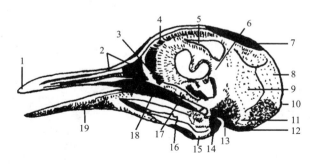

1.前颌骨；2.鼻骨；3.泪骨；4.中筛骨；5.眶间隔；6.翼蝶骨；7.额骨；8.顶骨；9.鳞骨；10.上枕骨；11.外枕骨；12.枕髁；13.耳骨；14.方骨；15.隅骨；16.关节骨；17.翼骨；18.颧骨；19.齿骨

图 8-4 鸟头骨（自华中师院等）

3.带骨和肢骨：前肢骨骼分为肩带和前肢骨，肩带包括肩胛骨、锁骨和乌喙骨。肩胛骨薄，乌喙骨粗大，两侧锁骨在腹中线处愈合成"V"字形，因而又称为叉骨，叉骨具有弹性，可以增加肩带的弹性。前肢骨变化较大，肱骨粗大，为上臂，与肩胛骨和乌喙骨组成的肩臼相关节，尺骨和挠骨组成前臂部分，尺骨较粗些，飞羽长在尺骨外缘。前肢远端手部骨骼，如腕骨、掌骨、指骨多有愈合或消失，使翼的骨骼连成一个整体。

后肢骨骼分为腰带和后肢骨。腰带变形，髂骨、坐骨和耻骨多愈合在一起形成宽大的骨盆，增加了后肢的力量。后肢骨变化也较大，股骨粗大，胫骨与跗骨愈合成胫跗骨（tibio-tarsus），腓骨退化成刺状，附于胫跗骨外侧。跗骨又与蹠骨愈合形成跗蹠骨（tarsometa-tarsus）。鸟类一般四趾，三趾向前，一趾向后（图 8-5）。

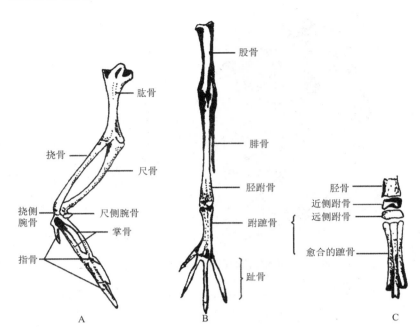

A.前肢骨;B.后肢骨;C.未出卵壳的雏鸽左脚的一部分示跗间关节

图 8-5　鸟的附肢骨(自中华师院等)

8.2.4　肌肉系统

　　鸟类由于高度适应飞翔生活,其肌肉系统也随之发生一些变化:

　　1.由于胸椎以后大部分脊柱愈合,躯干部背部肌肉退化。

　　2.鸟类的主要肌肉集中在身体腹中部,胸肌特别发达。胸肌具有强大的牵引力,使翼不断扇动。其中胸大肌最发达,它位于浅层,起于胸骨和龙骨突上,也有一部分起于乌喙骨及锁骨上,止于肱骨腹面,当胸大肌收缩时可以使翼下降;胸小肌,又称锁骨下肌,位于胸大肌的深层,起于龙骨突起和胸骨前端,以长的肌腱穿过三骨孔,止于肱骨近端背面,胸小肌收缩时可以使翼上扬(图 8-6)。

　　3.后肢肌肉也较发达。肌肉主要集中在股骨及小腿上部,仅以长的肌腱伸到足趾上。

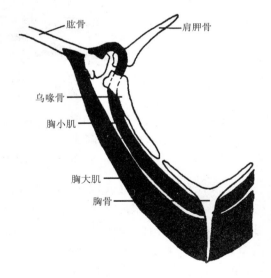

图 8-6　鸟的胸肌示意图(自杨安峰)

这样就保证了身体的重心相对集中于身体的中部,使身体重心稳定。小腿裸出部分无肌肉,可减少热量散失。

　　鸟类具有特殊的能紧握树枝栖息的肌肉群(图 8-7),当贯趾屈肌和腓骨中肌因鸟体重压迫和腿部弯曲而拉紧时,就可以使鸟类自动地用趾紧握树枝了,这就是为什么鸟类在树枝上睡觉也掉不下来的原因。

4.除此之外,鸟类还特有鸣肌,可控制鸣管而发出各种声音。鸣肌在雀形目最为发达。鸟类还有皮肌,皮肌收缩时可使羽毛竖立。

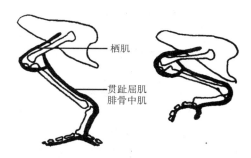

图 8-7　鸟类栖止肌肉的模式图(自杨安峰)

8.2.5　消化系统

鸟类消化能力很强,消化迅速,因而食量较大,这与鸟类维持高的代谢水平以及飞翔中消耗大量能量有关系。鸟类的消化道由喙、口腔、食道、嗉囊、胃(腺胃和肌胃)、肠、盲肠、直肠和泄殖腔构成。消化腺包括肝脏和胰脏(图 8-8)。

作为捕食工具,角质喙的形状和大小是与取食行为和食性相适应的(图 8-9),长喙可以捕获快速运动的猎物,如鲣鸟、燕鸥的长喙可吞入整条鱼,带钩的喙可以将较大的猎物撕碎后吞下;剪嘴鸥的喙下颌长于上颌,正好适合于其边飞行边将下颌插入水下取食的习性。所有现代鸟类均无牙齿,口腔内有舌,其尖端角质化,能活动,此外,在口腔中还有唾液腺,仅在食谷的雀形目鸟类唾液腺中消化酶具有消化功能,一般鸟类唾液腺仅起润滑食物的作用。鸟类的食道很长,扩张性能较强,这是与鸟类颈长及整吞食物有关。食道下端膨大,形成了嗉囊(crop)。当鸟类吞食过多食物时,可在嗉囊中暂时贮存。并不是所有鸟类都有嗉囊,食虫类和食肉类鸟类的嗉囊消失。鸽子在繁殖期嗉囊可分泌鸽乳,用来饲喂幼鸽。鸟类的胃可分为两部分:腺胃(glandular stomach)和肌胃(砂囊)(muscular stomach 或 gizzard),腺胃含有丰富的腺体,能分泌大量的消化液,含有胃蛋白酶和盐酸,因其容量小,

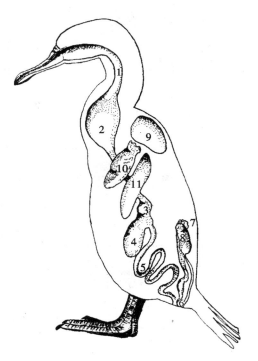

1.食道;2.嗉囊;3.腺胃;4.肌胃;
5.肠;6.泄殖腔;7.卵巢;8.肾;9.肺;
10.心脏;11.肝

图 8-8　海鸟主要内脏示意图
(引自 Lars Lofgren)

食物不能久留,很快进入肌胃。肌胃壁厚,内壁为革质层。由于鸟类无牙齿,就把肌胃当做是对食物进行机械研磨的场所,腔内有沙砾或石子,在肌肉作用下,革质层和沙砾一起将食物研碎。

对于海鸟来说,由于它们绝大多数时间是在宽阔的海洋上度过的,那么,它们是从哪里找来的砂砾石子呢?从纽芬兰岛上活动的大鹱的肌胃中发现了火山石微粒,而这种微粒只有在其繁殖地——南大西洋的一个火山岛上才有,很显然,这种鸟是在繁殖时啄食了这些火山石微粒并将其留在肌胃中。砂砾对鸟类来说是极为重要的,一旦失去了这些砂砾,鸟类就会消瘦,甚至死亡。

肌胃后接肠,起始为十二指肠,胰脏在该处肠系膜上,十二指肠末端接小肠,细长弯曲,大肠起始处有盲肠,在食谷鸟类发达,鸟类的直肠较短,不能贮存大量食物,直肠末端为泄殖腔,它是消化、排泄和生殖系统的共同通路。

鸟类的消化腺与其他脊椎动物一样,主要是肝脏和胰脏。分泌的胆汁和胰液注入十二指肠。

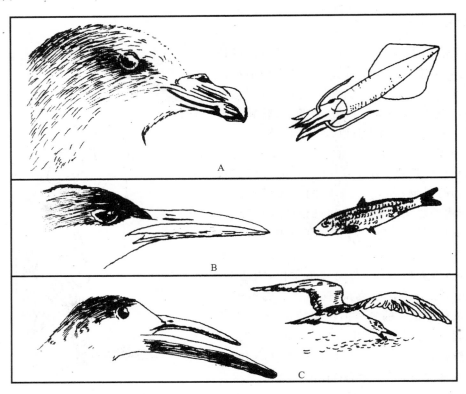

A. 鹱类;B. 鲣鸟类;C. 剪嘴鸥类

图 8-9   鸟喙与取食食物关系

8.2.6   呼吸系统

一般鸟类呼吸系统主要特点是具有多个气囊和由许多管道系统构成的海绵状的肺。

鸟类的呼吸道由位于喙基部的外鼻孔开始。鸟类鼻腔短而狭，由鼻中隔分为左右两半，鼻腔经裂缝状的内鼻孔至咽。咽后有一裂缝状的喉门，喉部由杓状软骨和环状软骨构成，喉下接气管。气管与颈部一般等长，鹤、鹅等鸟类气管长而弯曲。气管进入胸腔后分成两个初级支气管（bronchi），鸣管就位于气管与初级支气管交叉处（后喉），鸣管壁薄，为鸣膜可因气流震动而发声。雀形目鸟类鸣肌发达，善于婉转鸣唱（图8-10）。

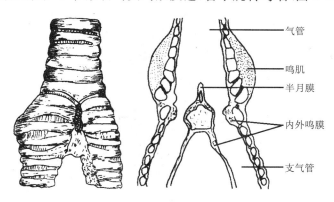

图 8-10　鸟类的鸣管（仿 Wessells）

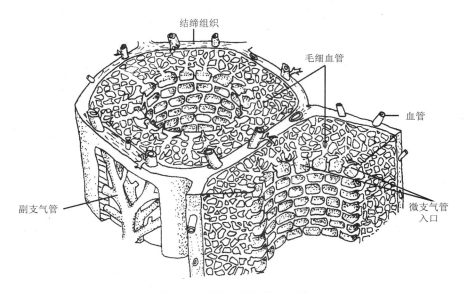

图 8-11　副支气管及微支气管

鸟肺为海绵状组织，紧贴在胸腔的背部，鸟肺构造很特殊，是由大量的各级支气管彼此相连构成的管道系统组成。鸟类的气管向下分为左右支气管进入肺之后，首先形成中支气管（mesobronchus），也叫初级支气管，直达肺后部，途中分出较细的许多次级支气管，分别称为背支气管和腹支气管；次级支气管又分支，形成副支气管（parabronchi），又称三级支气管（图8-11）。每个三级支气管周围都有辐射状排列的微支气管，直径仅有 3～10 μm，微支气管被毛细血管包围着，气体交换就在微支气管和毛细血管间进行。

鸟肺的另一个特点是具有气囊（air sac）（图8-12）。气囊是鸟类的辅助呼吸系统，壁薄,无气体交换功能,它平时不易看清,伸到肺脏外,分布于内脏器官间。气囊有 9 个,4 个成对,1 个单个,其中与中支气管末端相连的为后气囊(腹气囊及后胸气囊),与次级支气管相连的称前气囊(颈气囊、锁间气囊和前胸气囊);除锁间气囊为单个外,均成对。鸟类的呼吸动作大致如下(图 8-13):

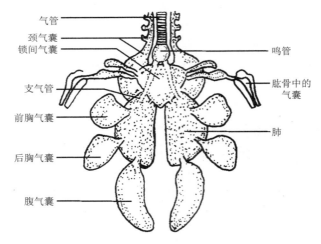

图 8-12　鸟气囊模式图(自杨安峰)

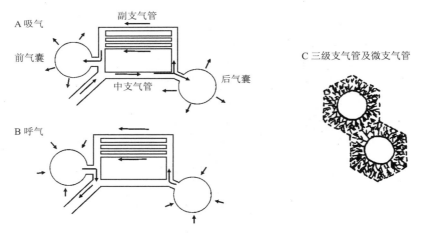

A.吸气;B.呼气;C.三级支气管及微支气管
图 8-13　鸟类呼吸过程(仿王所安)

　　1.吸气时,大部分空气经中支气管直接进入后气囊,这些空气内富含氧气,还有一部分进入次级支气管,再入副支气管,在此处的毛细血管和微气管处进行气体交换;

　　2.吸气时,前气囊同时扩张;

　　3.呼气时,肺内含二氧化碳多的气体经前气囊压出;

　　4.呼气时,后气囊中的气体进入肺内,经次级支气管入副支气管,在微气管处进行气体交换。

　　可见,无论鸟类吸气还是呼气都可以进行气体交换,这种现象叫做"双重呼吸"。

鸟类的这种独特的呼吸方式,是与其飞翔生活所需的高氧消耗相适应的。鸟类静止时,呼吸作用是靠肋骨的升降、胸廓的扩大和缩小来完成的。当飞行时,只有依靠气囊才能完成强烈的呼吸作用,翼上扬时,气囊扩大,空气迅速入肺和气囊;当翼下降时,气囊收缩,把原来贮存的空气压出。因此翼扇动愈快,呼吸动作也加速。

8.2.7　循环系统

鸟类的循环系统比爬行类进步,而和哺乳类近似。鸟类循环系统的主要特点表现在:动、静脉血完全分开,成为完全的双循环,心脏容量大、心跳频率快、血压较高、血液循环迅速。因而提高了鸟类的新陈代谢水平。心脏已分为二心房二心室。静脉窦通入右心房。心房壁薄,心室壁厚。心房和心室间有房室孔,其上具瓣膜。左心房和左心室内完全是多氧血,右心房和右心室内完全是缺氧血。鸟类的动脉系统主要由右体动脉弓从左心室发出,然后把多氧血送到身体各组织器官中。鸟类的静脉系统也与爬行类相似,但肾门静脉趋于退化,另外,还具有鸟类特有的尾肠系膜静脉(图 8-14)。

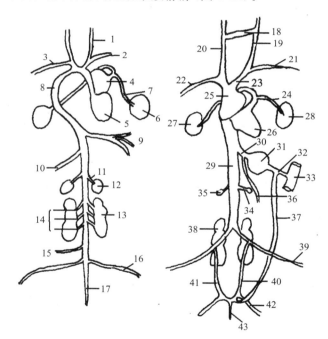

1.总颈动脉;2.左锁骨下动脉;3.右锁骨下动脉;4.左心房;5.左心室;6.左肺;7.肺静脉;
8.右体动脉;9.腹腔动脉干;10.前肠系膜动脉;11.生殖腺动脉;12.生殖腺;13.肾脏;14.肾动脉;
15.后肠系膜动脉;16.髂动脉;17.尾动脉;18.连络静脉;19.左颈静脉;20.右颈静脉;
21.左锁骨下静脉;22.右锁骨下静脉;28.左前大静脉;23.左肺动脉;24.右心房;25.右心室;
27.右肺;28.左肺;29.后腔静脉;30.肝静脉;31.肝脏;32.肝门静脉;33.肠;34.生殖腺静脉;
35.生殖腺;36.腹壁上静脉;37.尾肠系膜静脉;38.肾;39.股静脉;40.左肾门静脉;
41.右肾门静脉;42.髂静脉;43.尾静脉

图 8-14　鸟类循环系统(动、静脉)腹面观(引自华中师院等)

鸟类的血液循环为完全的双循环。多氧血自左心室压出,经体动脉弓流到身体各部,经过毛细血管网气体交换后,全身各部的缺氧血经体静脉汇集流入右心房,这个循环为体循环。缺氧血由右心房入右心室,右心室收缩将血液压入肺动脉,在肺内经气体交换后成为多氧血,经肺静脉入右心房,这个循环为肺循环。体循环与肺循环已完全分开。

鸟类血液中红细胞卵圆形,具细胞核。红细胞中含有大量的血红蛋白,执行输送氧及二氧化碳的机能。

此外,鸟类还有淋巴系统。全身分布有许多淋巴管、淋巴结、淋巴小结等。脾脏红褐色,位于腺胃和肌胃连接处的背侧。胸腺也是重要的淋巴器官。此外,腔上囊是鸟类特有的淋巴器官,位于泄殖腔背面,幼鸟此器官发达。

8.2.8 神经及感官

鸟类的神经系统比爬行类发达(图 8-15),其主要特点表现在:

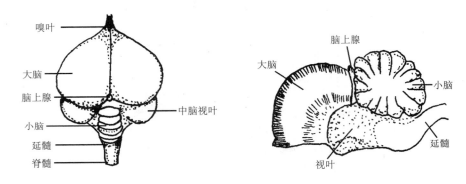

图 8-15 鸟类的脑(自华中师院等)

1.大脑发达。鸟类的脑相对体积比爬行类大,大脑半球膨大,向后掩盖了间脑及中脑的一部分,表面光滑,但底部的纹状体(corpus striatum)增大,纹状体是鸟类复杂本能和"智慧"的中枢,一般认为,学习能力强的鸟类其纹状体更为发达。

2.小脑发达。鸟类的小脑不仅体积大,而且分化多,中间部分为蚓状体,两侧为小脑鬈。小脑的发达与飞行活动需要复杂运动的协调和平衡有关。

3.中脑视叶发达,这和鸟类的视觉发达有关。鸟类的脊髓贯穿身体的全长,只在胸部和腰部较膨大。一般认为胸膨大与翼发达有关,腰膨大与后肢发达有关。脑神经12对。

鸟类感官,以视觉最发达,听觉和平衡器官也较发达,而嗅觉器官最不发达。

鸟的眼大,具活动的上下眼睑和瞬膜。在巩膜前面内壁有环状排列的巩膜骨(图8-16),可保护眼球在飞行时不变形;晶状体双凸形,在后眼房视神经背方有一个栉膜,有营养眼球和调节眼球内压的功能,也有人认为它能使鸟类增加对迅速移动着的物体的识别力。

鸟类的视觉调节为双重调节:改变晶状体凸度、改变角膜凸度和改变晶体与视网膜之间的距离。调节晶状体的睫状肌为横纹肌,此点与爬行类相同。由于鸟类有较完善的视觉调节,因而视觉灵敏,并能迅速改变视力。

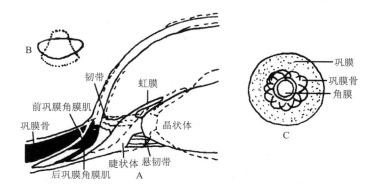

A.眼球一部分剖面,虚线示近视时的调节;B.晶状体的调节;C.巩膜骨的排列

图 8-16 鸟眼的视觉调节

鸟类的听觉与爬行类相似,外耳只为一耳孔,下接一个短的外耳道,底部是鼓膜。中耳内有一耳柱骨,一端连鼓膜,另一端通内耳,具传导声波的功能。内耳(图 8-17)的瓶状囊比爬行类发达,稍有弯曲。鸟类嗅觉、味觉等不甚发达。

鸟类属于嗅觉不灵敏的动物(microsmatic animal),其嗅觉中枢(嗅叶及嗅球)退化。但是鹱形目鸟类却是罕见的嗅敏类(即嗅觉灵敏种类),能闻出海面上散布的动物油脂气味而从很远的下风口向目的物追踪,而鸥、燕鸥、鹈

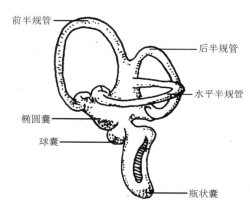

图 8-17 鸟的膜迷路(自杨安峰)

鹕、鸬鹚、海雀等则没有这种能力。美洲鹫(*Cathartes aura*)能靠气味识别埋在地下的猎物。

8.2.9 生殖系统及排泄系统

8.2.9.1 鸟类的生殖系统

鸟类的生殖系统具有明显的季节变化,这与空中飞行有密切关系。非生殖季节生殖腺不发育,对迁徙鸟类来说特别明显,繁殖期性腺发育良好。

1.雄性生殖系统(图 8-18A),由精巢、附睾、输精管构成。精巢椭圆形,位于肾脏腹面前缘,附睾是一条弯曲的长管,位于精巢内侧中央部分,输精管弯曲后行,开口于泄殖腔,大多数鸟类无交配器。

2.雌性生殖系统(图 8-18B),由左侧的卵巢和输卵管构成,右侧生殖器官退化。这可能与鸟类产大型硬壳卵有关。卵巢位于肾脏前缘,形状不规则。输卵管为弯曲管,分为输卵管伞部、蛋白分泌部、峡部、子宫和阴道几部分。

卵细胞成熟后,一个一个排出,立即被卷入输卵管伞部,在这里受精。受精卵进入蛋白分泌部,被蛋白包裹,由于卵黄在输卵管中旋转下降,紧贴卵黄的蛋白形成卵带。卵细胞向下进入峡部形成内壳膜和外壳膜,最后在子宫里形成蛋壳。蛋壳表面有大量小孔,以

保持卵在孵化时与外界进行气体交换。

鸟类的肾脏特别大,位于综荐骨深窝内(图 8-18A),表面可分前、中、后三叶,发生上为后肾。肾内皮质部厚度大大超过髓质部,肾小球数目很多,在相同单位面积中,鸟类肾小球的数目是哺乳动物的两倍,这对于在旺盛的新陈代谢中迅速排除废物,保持盐水平衡是有利的。肾脏以输尿管开口于泄殖腔中部。

鸟类无膀胱。尿的主要成分是尿酸,尿酸溶解度很小,加上肾小管和泄殖腔的重吸收水分的能力,所以尿中水分很少,呈糊状随粪便排出。

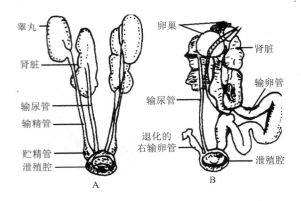

A. 雄性;B. 雌性

图 8-18　鸟类的生殖系统及排泄系统

8.2.9.2　肾外排泄

1957 年,Knut Schmidt-Nielsen 和他的合作者发现,海洋鸟类在得不到淡水时,保持渗透压平衡的方法就是从盐腺(nasal glands 或 salt glands)分泌过多的氯化钠,盐腺在海鸟、海蛇和海龟等体内比较发达。盐腺是海鸟很重要的适应性结构,它可以使这些动物将取食时不可避免带入的过多盐分排出体外,保证了其生存。海鸟生活时会摄入大量海水,仅以海水供海鸥饮用的实验表明,它们能长期生存而不出现病态,在试验海水后数小时即能将体内多余的盐分排出,其盐腺分泌物的盐浓度高达 5‰。鸬鹚和鲣鸟其盐腺分泌物从内鼻孔流入口腔(不具外鼻孔或被皮膜覆盖),再从吻尖滴出;鹈鹕的上缘有一对长而深的沟,将盐液导入到喙尖。鹱形目(管鼻类)的鼻孔开口于喙基部的 1 对(或单个)角质管内,盐类分泌物可由此管口喷射出去;是对其生活方式的特殊适应。由于它们终日在海面翱翔,除繁殖期外很少着陆,而飞翔时又有强大的气流,使呼吸空气及盐腺分泌物的排除均有困难,"管鼻"解决了这一矛盾。

盐腺位于眼眶上部(图 8-19),腺部较大,由许多直径 1 mm 的小叶构成,每个小叶又由分泌小管(secretory tubule)和毛细血管构成,呈放射状排在中央管(central canal)周围。中央管开口于鼻孔处,通过一沟通到喙端。分泌性小管上皮分泌活动活跃,有大量的有皱褶的、富含线粒体的分泌细胞。鸟类的盐腺配置情况有利于集中盐类:血管与分泌性小管互相平行,但血流方向与分泌液流动方向正好相反,这种对流系统可使血浆中盐度在分泌性小管内有梯度的变化(图 8-20)。盐腺受神经系统控制。

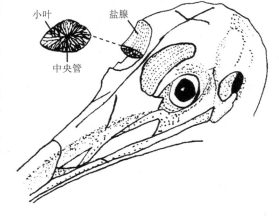

图 8-19　鸥的盐腺

8.3 鸟纲分类及分布

分类,就是指按一定原则把物种聚类,然后命名的方法。对于鸟纲主要根据外部形态,如喙的形状、飞羽、尾羽外形排列及羽数、跗蹠部鳞的形状、趾的数目和排列方式、蹼形等,以及内部结构特点,如腭型、胸骨等特点进行分类。但是由于现代鸟类结构上非常相似,各目之间的区别相对比较小,鸟类中用于目之间的区别特征,不如其他纲动物科之间的区别大。

为方便起见,将鸟类分类依据的形态特征及常用术语介绍如下:

8.3.1 分类形态特征的常用术语

1. 胸骨:胸骨上有龙骨突起的为突胸类,飞翔能力较强;无龙骨突起的为平胸类。

2. 腭型分 5 型:①口腔中头骨的上颌骨向内侧有一对突起伸到腭部,叫颌腭突。②裂腭型:左右两侧颌腭突较小,在中央不合并,因此腭部中间有裂缝,犁骨很发达,如雉、鹤等。③索腭型:又称合腭型,两侧颌腭突在中央合并,犁骨小或退化,如雁、鸭等。④雀腭型:与裂腭型相似,但犁骨平截状,包括各种小型雀形目种类。⑤蜥腭型:与裂腭型相似,犁骨为 2 块,如啄木鸟(图 8-21)。

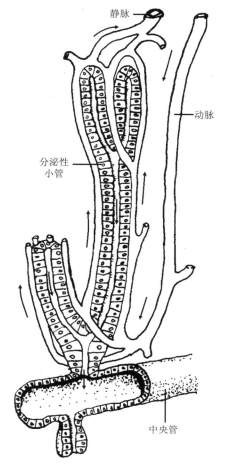

图 8-20 鸥盐腺显微结构图

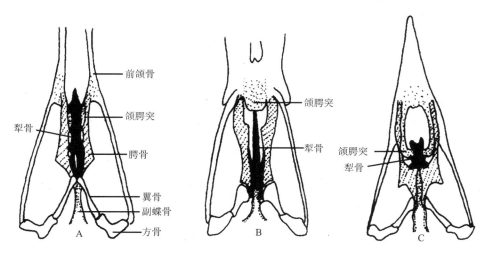

A. 裂腭型;B. 索腭型;C. 雀腭型

图 8-21 鸟类的腭型(自杨安峰)

3.喙的形状：因食性不同而不同，有尖钩形、扁平形、长直形、宽扁形和圆锥形等各种喙形。

4.羽毛的外形和数目（图8-22）：一般可根据飞羽在翼后缘形状，如圆翼、尖翼、方翼等进行描述，当然也可根据尾羽后端形状来区别。

5.跗蹠部被鳞：跗蹠部前面被有鳞片分为：盾状鳞：大块横列鳞，盾状。网状鳞：角质鳞细小呈鱼鳞状。靴状鳞：光滑整片鳞。

6.趾的数目及排列方式（图8-23）：常趾型：2，3，4趾向前；1趾向后。对趾型：2，3趾向前；1，4趾向后。并趾型：趾型同常趾型，3，4趾基部合并。前趾型：4趾全向前。异趾型：1，2趾向后；3，4趾向前。离趾型：与常趾型相似，但1趾（后趾）与3趾等长。

7.蹼形（图8-24）：全蹼：四趾间全有蹼相连。满蹼：前三趾间有蹼相连。半蹼：蹼中间凹入，趾基部相连。瓣蹼：蹼在趾两侧呈分离的瓣状。

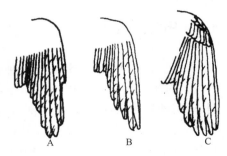

A.圆翼；B.尖翼；C.方翼

图8-22　翼的外形（自杨安峰）

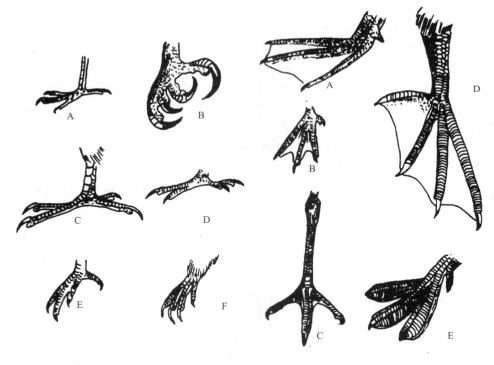

A.B.常趾型；C.对趾型；D.异趾型；
E.并趾型；F.前趾型

图8-23　鸟趾的排列类型

A.满蹼；B.凹蹼；C.半蹼；
D.全蹼；E.瓣蹼

图8-24　鸟蹼的不同类型

其他鉴别特征还有：如鼻孔开关与否、鼻孔位置、颈椎数目、雏鸟为早成鸟或晚成鸟等。

8.3.2　生理、生态及行为特征

近些年,有些人认为形态特征不能反映鸟类之间的亲缘关系,提议用更科学的分类方法,如可根据蛋白质圆盘凝胶电泳结果进行分类,也可以将血浆蛋白、脱氢酶及免疫反应等作为生理分类指标。又如,攀雀原本属于山雀科,但由于它建的巢在树枝上,呈囊状,不同于山雀科的鸟将巢筑在树洞或岩石缝中,并且为杯状,因此,建立了攀雀科,这是以生态习性为根据来进行的分类。当然,还可使用分子生物学的知识,如 DNA 分析等作为分类的内在依据。对于鸣禽类还可使用音频分析分类法。

8.3.3　分类系统及其分布特点

世界上现存鸟类有 9 000 余种(郑光美,1995),我国现有 1 244 种(郑作新,1994),约占世界鸟类种类数的 13%,种类极为丰富。而我国海鸟有 249 种(刘瑞玉,等,2008)。

鸟纲可分为两个亚纲:古鸟亚纲(Archaeornithes)和今鸟亚纲(Neornithes)。古鸟亚纲是化石种类,参见第四节"鸟类的起源及其演化趋势";今鸟亚纲除齿颌总目(Odontognathae)外,都是现存鸟类。一般把现存鸟类分为三个总目。

8.3.3.1　平胸总目(Ratitae)

胸骨扁平,无龙骨突起,翼退化,不能飞翔,羽毛分布均匀,无尾综骨和尾脂腺,后肢强大,足趾 2～4 个,适于奔走,为走禽类。为现存体型最大的鸟类,身高可达 2.5 m,体重可达 135 kg,目前仅分布于南半球。

平胸总目包括 4 个目:鸵鸟目(Struthioniformes)、美洲鸵鸟目(Rheiformes)、鹤鸵目(Casuariiformes)和无翼鸟目(Apteygiformes)(图 8-25)。

A. 非洲鸵鸟;B. 鹤鸵;C. 几维鸟;D. 鸸鹋

图 8-25　平胸总目代表

检索如下:

1. 翼完全退化,羽毛呈毛状,足 4 趾 ………………… 无翼鸟目 Apteygiformes
1. 有翼,足 2～3 趾 ………………………………………………………… 2
2. 足有 2 趾 ………………………………………… 鸵鸟目 Struthioniformes
2. 足有 3 趾 ………………………………………………………………… 3
3. 副羽发达,与正羽等长 ………………………… 鹤鸵目 Casuariiformes
3. 副羽不发达 ……………………………………… 美洲鸵鸟目 Rheiformes

无翼目 Apteygiformes:1 科 1 属 3 种,分布于新西兰的小型鸟类,大小似鸡,不能够飞翔,翼完全退化,无副羽。后肢较短。如褐无翼鸟(*Apteryx australis*)、小灰斑无翼鸟(*A. owenii*)和大灰斑无翼鸟(*A. haastii*)。

小灰斑无翼鸟,又叫几维鸟,因其叫声得名。雄鸟小,雌鸟较大,羽毛似发丝,喙长而下弯,四趾上均具爪,生活于密林之中,夜间活动,吃蠕虫、蚯蚓和落在地面上的浆果。地面巢,每窝 1～2 枚卵,由雄鸟孵化。卵的大小约 135 mm×84 mm,卵重约 0.5 kg,为成鸟

体重的 1/4，卵的相对大小排在鸟类的首位。

鸵鸟目 Struthioniformes：1 科 1 属 1 种，即非洲鸵鸟（*Struthio camelus*），它是鸟类中体型最大的，身高可达 2.44 m，栖息于非洲荒漠地区，群居，性机警而多疑，耐干旱和高温，平时行走速度为每小时 8 km，奔跑时翼张开用来平衡身体。杂食、营巢简陋，只在地面挖一凹窝，每窝 12～15 枚卵，卵大而壳厚。易被驯养。

鹤鸵目 Casuariiformes：2 科 2 属 5 种，又称澳洲鸵鸟目，代表种鸸鹋也称澳洲鸵鸟（*Dromiceius nowae—hollandiae*），体型仅次于非洲鸵鸟，腿强大，三趾均向前，有爪，作为进攻武器，可把狗甚至人致于死命。喙宽扁，翼有 7 枚初级飞羽，体羽灰褐色，副羽发达与正羽等长，鸸鹋为一雄一雌制，每窝 7～13 枚卵，由雄鸟专门孵卵。

鹤鸵或称食火鸡（*Casuarius casuarius*），喙宽扁，头顶有角质冠，头、颈裸出，色彩鲜艳，体羽很长，喉下有肉垂，栖息于热带雨林中，专吃果实。

美洲鸵鸟目 Rheiformes：1 科 2 属 2 种，代表种为美洲鸵鸟或称鶆䴈（*Rhea americana*）。体型比非洲鸵鸟小，体高可达 1.7 m，腿强大，有三趾向前，具爪。翼有 10 枚初级飞羽，副羽不发达。常 20～30 只结成一群，一雄多雌。每窝产 20～30 枚卵，由雄鸟孵卵，孵化期 6 周左右。易被驯养。

8.3.3.2　企鹅总目（Impennes）

企鹅是善于游泳和潜水的海洋鸟类。其英文名称"Penguis"来自拉丁语，意思是"fat"，15 世纪葡萄牙航海家在南非好望角首次发现了企鹅，但当时误认为是大海雀。为了适应潜水生活，企鹅的身体变化很大，具有一系列适应性特征：一是翼退化变成"鳍"状，鳍很硬，鳍翅骨加宽变平；这样更有利于用前肢划水，腕、肘关节愈合，因而鳍翅不能折叠；脚位于体后部，可以直立行走，在遇到紧急情况时就将腹部贴地滑行。二是羽片细密厚实，鳞片状，均匀分布于体表，皮下脂肪层也厚，因此可以维持恒定的体温；特别是在南极繁殖的皇企鹅（*Aptenodytes forsteri*），每平方厘米体表就有 12 根羽毛；脂肪层也特别厚，占体重的 1/3。除此之外，企鹅从喉到肺的气管上都有软骨，潜水后心搏又减缓，节省了氧气，这些都有利于潜水。三是企鹅骨骼内有骨髓，与一般鸟类具有的气质骨不同，这样的骨骼可以使其沉入水中并承受水压，皇企鹅潜水可达 265 m，长达 18 分钟；同时，企鹅龙骨突发达（因此有人主张将企鹅总目归入突胸总目），使其划水速度快，可达 5～8 m/s。

企鹅总目包括 1 目 1 科 6 属 18 种：企鹅目企鹅科，王企鹅属 2 种：王企鹅（*Aptenodytes patagonica*）和皇企鹅（*A. foresti*）；阿德利企鹅属 3 种：巴布亚企鹅（*Pygoscelis papua*）、阿德利企鹅（*P. adeliae*）和南极企鹅（*P. antarctica*）；黄眼企鹅属 1 种：黄眼企鹅（*Megadytes antipodes*）；白鳍脚企鹅属 2 种：小鳍脚企鹅（*Eudyptula minor*）和白翅鳍脚企鹅（*E. albosignata*）；冠企鹅属有 6 种：凤冠企鹅（*Eudyptes pachyrhynchus*）、斯内斯凤头企鹅（*E. radustus*）、竖冠企鹅（*E. sclateri*）、施莱盖利企鹅（*E. schlegeli*）、冠企鹅（*E. crestatus*）和长冠企鹅（*E. chrysolophus*）；环企鹅属 4 种：斑嘴环

图 8-26　王企鹅（A）和皇企鹅（B）

企鹅(*Spheniscus demersus*)、洪氏环企鹅(*S. humboldti*)、麦氏环企鹅(*S. magellanicuss*)和加岛环企鹅(*S. mendiculus*)(图 8-26)。

企鹅主要分布于南半球的高寒地区(40～60°S),主要栖息于南极洲,也有一些种类分布于岛屿和大陆沿岸,如洪氏环企鹅在秘鲁、智利西海岸的岛屿上营巢,而加岛环企鹅在赤道附近的加拉帕戈斯群岛上生活。即热带种 1 个,南亚热带种 3 个,南温带种 14 个,真正的南极种有 5 个,其中皇企鹅、阿德利企鹅和南极企鹅为南极特有种。

企鹅总目的代表为在南极洲繁殖的皇企鹅。皇企鹅的绝大多数时间是在海上漂泊,取食水中的鱼类、甲壳类和乌贼,每年 3～4 月份到陆地上集聚,6 月末或 7 月初开始孵化。每产 1 枚卵,由雄鸟孵卵,它将卵放在脚背上,用下腹部的袋状皮褶将卵盖住,站在－40℃的冰面上长达 3 个月之久,在此期间雄鸟不进食,每天处于昏睡状态,完全靠消耗皮下脂肪维持生命,在此期间其体重可下降 40%。雌鸟长途跋涉去海边取食,60～65 天后雌鸟才返回,利用声音找到自己的配偶。幼鸟孵出后仍要由亲鸟用嗉囊分泌物喂养 6 周左右。

由于南极是一望无际的茫茫雪海,没有什么明显的地貌特征,因此关于企鹅行为研究较多的是其归巢本领是如何获得的,有人在威尔克斯南极站捕了 5 只未能成功繁殖的雄性阿德利企鹅,装在飞机上运到 3 800 km 以外的麦克默多海峡,然后将其全部放出,10 个月后至少有 3 只又回到了原地。又有人用 10 年以上时间连续观察标志放流企鹅,发现 82% 的企鹅第二年还是原来的配偶,其中有一对在一起长达 11 年。一些科学家认为企鹅是利用太阳定向的,因为阴天时企鹅总是无固定方向行走,一旦太阳出来就会恢复一定方向。有关鸟类迁徙的假说还有待我们进一步去探索。

8.3.3.3　突胸总目(Carinatae)

突胸总目包括绝大多数现存种类,其特征为:胸骨具发达的龙骨突起,为突胸类;锁骨呈“V”字形,肋骨上有钩状突起;翼发达,正羽发达,羽小枝上有钩,构成羽片;有尾综骨;具充气性骨骼;雄鸟大多无交配器。

我国产突胸总目的鸟类计有 22 目 80 科(郑作新 1964),也有人将鸥形目归入鸻形目,变为 21 目;或将海雀目并入鸥形目。①潜鸟目(Gaviiformes);②鸊鷉目(Podicipediformes);③鹱形目(Procellariiformes);④鹈形目(Pelecaniformes);⑤鹳形目(Ciconiiformes);⑥雁形目(Anseriformes);⑦隼形目(Falconiformes)(包括鸮形目(Strigiformes);⑧鸡形目(Galliformes);⑨鹤形目(Gruiformes);⑩鸻形目(Charadriiformes);⑪鸥形目(L. ariformes);⑫海雀目(Alciformes);⑬鸽形目(Columbiformes);⑭鹦形目(Psittaciformes);⑮鹃形目(Cuculiformes);⑯夜鹰目(Caprimulgiformes);⑰雨燕目(Apodiformes);⑱咬鹃目(Trogoniformes);⑲佛法僧目(Coraciiformes);⑳䴕形目(Piciformes);㉑雀形目(Passeriformes)

按照其对环境条件适应的生活方式,可分为六个生态类群:游禽、涉禽、陆禽、猛禽、攀禽和鸣禽,现按生态群分别介绍,重点是游禽和涉禽。常见游禽的游水姿态见图 8-27。

1. 游禽:脚趾间常具蹼,善于游泳、潜水或飞翔,其生活环境与水有关,因此也称为水鸟。水鸟一般包括鹱形目、鹈形目、鸥形目、鸊鷉目、雁形目和潜鸟目,现检索如下:

1. 鼻呈管状 ……………………………………………………………… 鹱形目

鼻不呈管状 …………………………………………………………………… 2

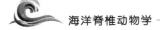

2. 趾间具全蹼 ……………………………………………………… 鹈形目

趾间不具全蹼 …………………………………………………………… 3

3. 嘴通常平扁，先端具嘴甲；雄性具交接器 ……………………… 雁形目

嘴不平扁；雄性不具交接器 …………………………………………… 4

4. 翅尖长；尾羽正常发达 …………………………………………… 鸥形目

翅短圆；尾羽短，被覆羽所掩盖 ……………………………………… 5

5. 向前三趾间具蹼 …………………………………………………… 潜鸟目

前趾各具瓣蹼 ……………………………………………………… 䴙䴘目

上行（自左而右）：天鹅、秋沙鸭、野鸭、潜鸭、雁

下行（自左而右）：䴙䴘、鸬鹚、鹈鹕、鸥、骨顶鸡

图 8-27　常见游禽的游水（自郑作新和王岐山等）

在游禽当中的鹱形目、鹈形目和鸥形目为海洋性鸟类，即海鸟。真正的海鸟只在营巢时利用陆地，其他大部分时间在海上度过，当然有一些沿岸生活的海鸟也偶尔会到内陆江湖中去，属于"半海洋性"海鸟。海洋占地球表面积的 70%，但因其环境单一，多样性低，因而真正的海鸟种类并不多，全球共有 250～260 种（有人认为有 285 种），虽种类少但其种群数量可观。我国共有 62 种海鸟，其中繁殖种 33 种，1 级国家重点保护的就有 3 种：白腹军舰鸟、遗鸥和短尾信天翁。

（1）鹱形目 Procellariiformes：本目的主要特征是鼻孔成管状。上喙由多个角质片构成，先端锐利，弯曲成钩状。翅尖长，缺少第 5 枚次级飞羽，羽毛多为灰褐色。除了巨鹱和一些信天翁外，雌、雄成熟个体与未成熟个体体色相近，尾羽 12 枚，前三趾间具全蹼，善游泳。具发达的盐腺，是善于飞翔的大洋性大、中型海鸟。

关于鼻孔为什么呈管状，其在进化上的意义至今还不太清楚，一种说法是由于一些鹱类通过管状鼻孔排出泌盐腺分泌的盐滴，使得鹱形目鸟类成为具有较为灵敏嗅觉的极少数鸟类之一；另一种更具有说服力的说法是，管状鼻孔可以使得这些鸟类对空气压力变化感觉更为灵敏，就像一台风速仪一样，能测出空气流动的速度。

由于翅尖长，除极少数外，绝大多数鹱形目种类飞翔力极强，其生活的绝大多数时间是在飞行，一次可飞几百千米远，偶尔落在水面取食、休息或潜水，在地面行走笨拙。

鹱形目中有 100 多种，分布于世界各地，可分为 4 个科，即信天翁科（Diomed6idae）、鹱科（Procellariidae）、海燕科（Hydrobatidae）和鹈燕科（Pelecanoididae），我国有前 3 科 6 属 11 种。

鹱形目分科如下：

1.大趾（即后趾）退化，但仍存在；鼻管左右并列 ……………… 鹱科 Procellariidae

不具大趾（趾） ………………………………………………………… 2

2.鼻管位于嘴峰的左右两侧 ……………………… 信天翁科 Diomedeidae

鼻管位于嘴峰，左右合并 ……………………………… 海燕科 Hydrobatidae

1）信天翁科（图 8-28）：大型海鸟，翅狭长，有 27～40 枚次级飞翔，尾短，管鼻孔在嘴峰两侧，近于基部处开口。世界上共有 2 属 13 种，其中 9 种生活于南风带，3 种生活于北太平洋，1 种生活于秘鲁附近和加拉帕戈斯群鸟周围海洋中。我国有 1 属 2 种，即黑脚信天翁（*Diomedea nigripgs*），春秋两季遍布我国沿海，少数终年留居我国台湾，另一种为短尾信天翁（*D. albatrus*）。短尾信天翁，体长约 95 cm，嘴淡色，成鸟体羽背部白色，分布于我国东部沿海，繁殖于我国台湾附近岛屿，一级保护动物，数量稀少。除繁殖期外，大部分时间生活在海洋上，利用空气气流翱翔，很少拍动翅膀。海上一般是有风的，偶尔在无风的日子里，它就极少飞翔。

图 8-28　短尾信天翁（自郑作新）

图 8-29　白额鹱

短尾信天翁吃鱼类、蟹类，除争食外从不鸣叫。每年 11～12 月份在岛上集群繁殖，地面巢比较简陋，窝卵数 1 枚，白色或乳白色，大小约 119 mm×75 mm，雌雄共同孵卵约 70 天，雏鸟约 40 天离巢，幼鸟需经 4～5 年才能达到性成熟。

2）鹱科（图 8-29）：个体比信天翁小，体型中等，两鼻孔并列，位于喙的上部，管状，翅尖长，大趾退化，但仍存在，具全蹼。

鹱科鸟类有 12 属 62 种左右，南半球约 48 种，北半球 14 种，分布于世界各个海洋中，只有北巨鹱（*Macronectes halli*）和南巨鹱（*M. giganteus*）是在陆地取食和行走的鸟类。鹱科鸟类吃各种各样的腐尸——例如死的海洋哺乳动物、鸟类和鱼，有时也会猎捕其他鸟类的雏鸟和成鸟，因此可以称为"海洋中的秃鹫"。

我国鹱科鸟类有 1 属 9 种：暴风鹱（*Fulmarus glacialis*）分布于东北沿海；白额鹱（*Puffinus leucomelas*）遍布我国沿海各区，钩嘴圆尾鹱（*Pterodroma rostrata*）、点额圆尾鹱（*P. hypoleuca*）、曳尾鹱（*Puffinus pacificus*）、灰鹱（*P. griseus*）以及燕鹱（*Bulweria bulwerii*）分布于我国福建、台湾、广东沿海。

白额鹱体长 50 cm，前额、头顶前以及头、颈部为白色，缀以褐色纵纹，上体暗褐色，下体纯白。在我国海区从辽宁到台湾均有分布,常成群逐食,在青岛繁殖,每年 4 月份迁来,6 月下旬为繁殖盛期,筑巢在岩石洞穴中,产 1 枚卵,双亲交替孵卵,轮换常在凌晨进行,不坐巢的亲鸟在附近海域觅食。

3)海燕科:小型海洋鸟类,体长 140~254 mm,体重 20~50 g。喙小,黑色,弯曲呈钩状。鼻管基部愈合成一个,管口开于嘴峰中央。第一枚初级飞羽短于其他初级飞羽。体色一般全黑,有白色尾羽或上体黑色,下体白色。由于它们的体型小,飞翔时好似燕子,其英名为"Storm—petrels",这是因海员一看到船附近有海燕出现,即知道暴风雨即将来临。为了适应这种在水面取食、飞行和抵抗暴风雨的需要,腿较长,但腿部肌肉不发达,陆地行走困难。

海燕科分布于全世界海洋,从北温带到南极带均有分布,热带种群较小,多为夜行性,开始配对年龄一般 4~5 岁。

本科共有 8 属 21 种,我国有 1 属 2 种(有人认为是 1 种 2 亚种),即白腰叉尾海燕(*Oceanodroma leucorhoa*)腰白色,叉状尾,见于黑龙江流域,可能是迷鸟;另一种为黑叉尾海燕(*O. monorhis*)(图 8-30)体黑色,每年春季常同海鸥、䴉类一起在岛上繁殖,每窝卵 1 枚,在我国台湾附近无人岛屿上繁殖,最近发现在山东、江苏沿岸的一些小岛上筑巢。

图 8-30　黑叉尾海燕

(2)鹈形目 Pelecaniformes:本目主要特征是四趾向前,具全蹼。喙的变异较大,或直或带钩曲,颌下常有发育程度不同的皮肤喉囊。在裸出的皮肤、喙、脚或羽毛上带有鲜艳的色彩。翅较长,缺第 5 枚次级飞羽。舌退化,眼先裸出,尾圆形或叉状。

鹈形目鸟类为日行性,互相之间很少靠声音联络,而多以颜色和一套成型的复杂行为来联系。除少数鸬鹚生活在冰雪的南极带外,绝大多数种类分布于热带到温带的广大地区。多为大型海洋性鸟类,一些种类喜在沿岸或远洋生活,也有的种类,像鹈鹕、鸬鹚等鸟类可以深入到内陆湖泊,最主要的食物是鱼类。

繁殖时集群,在平坦地面、悬崖峭壁、树上或灌丛中筑巢,通常 1 年繁殖 1 次,军舰鸟 2 年繁殖 1 次。

全世界有 6 科约 56 种,即鹲科(Phaethontidae)3 种,鹈鹕科(Pelecanidae)7 种,鲣鸟科(Sulidae)9 种,鸬鹚科(Phalacrocoracidae)30 种,军舰鸟科(Fregalidae)5 种和蛇鹈科(Anhingidae)2 种,其中蛇鹈科为纯粹淡水鸟类(我国鹈形目鸟类有 14 种)。现仅列出前 5 个科检索如下:

1. 趾间蹼呈深凹状;尾叉状 ·· 军舰鸟科 Fregatidae
趾间具全蹼;尾圆形或楔形 ·· 2
2. 中央尾羽特别延长 ·· 鹲科 Phaethontidae
中央尾羽不延长 ·· 3
3. 体形甚大;嘴平扁;喉囊大,伸达嘴的全长 ········· 鹈鹕科 Pelecanidae
体形居中;嘴侧扁;喉囊小,仅限于嘴基处 ·············· 4

4. 嘴形细长；嘴端大多具钩　……………………………………… 鸬鹚科 Phalacrocoracidae

嘴形粗面稍呈锥状；嘴端不具钩………………………………………… 鲣鸟科 Sutidae

1) 军舰鸟科（图 8-31）：嘴峰长，尖部钩状。翅狭长，楔尾。四趾向前，爪长而弯，蹼呈深凹状。尾脂腺特别小，因此军舰鸟不游泳而善飞翔。雌雄性外形不同，雌鸟稍大于雄鸟，上体黑色，下体白色；雄鸟全黑色，但喉囊鲜红。取食常为掠食性，追逐鲣鸟或海鸥，啄其尾或羽毛，迫使它们吐出食物，并在半空中迅速接住，此外，军舰鸟也吃其他海鸟的卵或雏，或捕食龟类。

该科全世界共有 1 属 5 种，即大军舰鸟（*Fregata aquila*）、白腹军舰鸟（*F. andrewsi*）、丽色军舰鸟（*F. magnificens*）、小军舰鸟（*F. minor*）和白斑军舰鸟（*F. ariel*），分布于热带、亚热带海洋。大军舰鸟和白腹军舰鸟只生活于远洋孤岛上。我国有 3 种，小军舰鸟见于广东、福建和西沙群岛，白斑军舰鸟见于南海及台湾沿海。

白腹军舰鸟，上体黑色，腹白色，雄鸟有红色喉囊，营巢于海岛的树顶或峭壁灌丛上，巢简陋，巢材多为掠夺或偷取。产 1 枚卵，淡土黄色，孵卵期约 40 天，幼鸟离巢后 2 年才能性成熟。偶见于南海，数量极为稀少，为我国一级保护动物，并被列入《世界濒危鸟类红皮书》当中。

2) 鹲科（图 8-32）：为热带和亚热带鸟类，尾羽 12～16 枚，中央 2 枚尾羽延长，幼鸟此尾羽不明显。社会性不强，常单独飞行，白天在水面休息时尾上翘。它们可俯冲潜水深达 15～20 m，主要以鱼类和乌贼为食。我国产 3 种，其中红尾鹲（*Phaethon rubricauda*）和白尾鹲（*P. lepturus*）偶见于台湾附近沿海。我国仅有红嘴鹲的海南亚种（*P. aethereus indicus*）分布于南海、台湾沿海，在西沙群岛繁殖。体羽白色，嘴红色，背部具黑色横斑。产 1 枚卵，孵卵期 6 周左右，雏鸟孵出后仍需亲鸟喂养 12～15 周后离开。

3) 鹈鹕科（图 8-33）：体形较大，体长可达 1 700～1 800 mm，鹈鹕最重可达 12 kg。外形最明显的是有一个长而直的喙及喙下的喉囊（喉袋）。嘴尖钩曲，舌小，腿短，具全蹼。颈长，飞翔时缩头。常结群飞行，队形为"一"字型或"V"字型。主要以鱼为食，在取食时常常互相配合，所有鹈鹕排成直线或半圆形把鱼赶在一起捕捉。褐鹈鹕可俯冲潜水达 10～15 m。

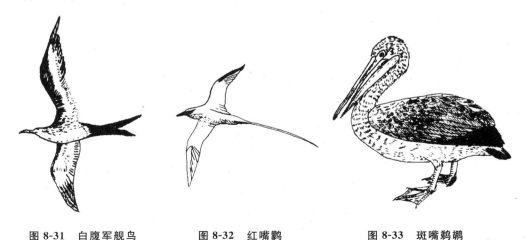

图 8-31　白腹军舰鸟　　　　图 8-32　红嘴鹲　　　　图 8-33　斑嘴鹈鹕

全世界鹈鹕科有 1 属 7 种，即白鹈鹕（*Pelecanus onocrotalus*）、粉红背鹈鹕（*P. rufescens*）、斑嘴鹈鹕（*P. philippensis*）、卷羽鹈鹕（*P. crispus*）、澳洲鹈鹕（*P. conspicillatus*）、红嘴鹈鹕（*P. erythrohynchus*）和褐鹈鹕（*P. occidentalis*）。我国有 1 属 2 种，白鹈鹕分布于新疆、青海湖等地；另一种为斑嘴鹈鹕。

斑嘴鹈鹕，为大型水禽。喉囊明显，暗紫色。上体灰褐，下体白色，嘴上有蓝黑色斑点。它常站在海边浅水或河边，等待食物过来时张开嘴将水和鱼一起吞入，闭嘴后挤出水分。繁殖于新疆、长江下游和福建等地，迁徙、越冬经过华东、华北沿海。营巢于高树上，巢用小树枝、水草等做成，窝卵数通常 3 枚，雏鸟从亲鸟喉囊取食。

4）鸬鹚科（图 8-34）：体通常黑色。嘴狭长呈圆锥形，上喙尖端具钩，边缘具齿，无喉囊。鼻孔小，呈缝状。颈部细长似蛇，尾长而坚强，楔形。

图 8-34　鸬鹚

图 8-35　红脚鲣鸟

鸬鹚分布广，除海洋性种类之外，还有内陆湖泊、海岸带种甚至是纯淡水种。绝大多数生活于南半球的温带和热带地区，也有少数迁徙或扩散到更广的地区。

全世界约有 2 属 30 种，我国只有 1 属 5 种即鸬鹚（*Phalacrocorax carbo*）、海鸬鹚（*P. pelagicus*）、斑头鸬鹚（*P. filamentosus*）、黑颈鸬鹚（*P. niger*）和红脸鸬鹚（*P. utile*），广布于沿海及内陆水域。

鸬鹚，体黑色，喉侧裸出部伸至嘴角后方，裸出部边缘羽毛纯白。尾羽 14 枚。集群休息或繁殖，筑巢于树上、岩石悬崖上，以水草为巢材，产卵 2～4 枚，孵卵期 27～30 天。由于鸬鹚无孵卵斑，则用蹼孵卵。分布于我国内蒙古、青海、新疆部分地区，在长江以南越冬。渔民常驯养以捕鱼。

5）鲣鸟科（图 8-35）：嘴强大、呈圆锥形，嘴边缘有锯状突，裸出部如喉、脚等均有美丽色彩。蹼发达。英文名"booby"来源于西班牙语"bobo"，意为"a stupid fellow"，因其陆地行走困难得名。雌雄个体外形相似，雄体更小些。未成熟个体通常为褐色。

本科鸟类为大洋性海鸟，它们以俯冲方式捕鱼，深度可达 1 m，觅食多在夜间。迁徙时多以集群成直线或"V"字形。

世界上有 2 属 9 种,即憨鲣鸟(*Sula bassana*)、开普鲣鸟(*S. capensis*)、澳洲鲣鸟(*S. serrator*)、蓝脚鲣鸟(*S. nebouxu*)、秘鲁鲣鸟(*S. variegata*)、粉嘴鲣鸟(*S. abbotti*)、蓝脸鲣鸟(*S. dactylatra*)、红脚鲣鸟(*S. sula*)和褐鲣鸟(*S. leucogaster*),主要分布于热带海洋。我国有 1 属 2 种,褐鲣鸟,头颈、上体褐色,脚淡黄色,见于东海和南海;另一种为红脚鲣鸟,体白色,翼黑褐色,脚红色,善于飞行和游泳。这两种鸟都在我国西沙群岛繁殖,筑巢在树上,产 1～3 枚卵,雏鸟半个月孵出,3 周后与亲鸟一起飞翔。

(3)鸥形目 Lariformes:本目特征为:体型中等,体羽多为银灰色,喙直、翅尖长、善飞、尾短圆或呈叉状。前三趾间具蹼,中趾最长,后趾形小而位高。雌雄性相似,雏鸟为早成鸟。

世界上有 43 科近 120 种,我国仅有 4 科即贼鸥科(Stercorariidae)、鸥科(Laridae)、剪嘴鸥科(Rynchopidae)和海雀科(Alcidae),共 34 种。各科检索如下:

1. 翅狭短;腿在体后部似企鹅状 ⋯⋯⋯⋯⋯⋯⋯⋯⋯ 海雀科 Alcidae
   翅狭长;腿正常 ⋯⋯⋯⋯⋯⋯⋯⋯⋯⋯⋯⋯⋯⋯⋯⋯⋯⋯⋯ 2
2. 中央尾羽特别或呈勺状或延长或尖长 ⋯⋯⋯⋯⋯⋯ 贼鸥 Stercoraridae
   中央尾羽正常 ⋯⋯⋯⋯⋯⋯⋯⋯⋯⋯⋯⋯⋯⋯⋯⋯⋯⋯⋯⋯ 3
3. 嘴不侧扁,上颚较下颚长或相等 ⋯⋯⋯⋯⋯⋯⋯⋯ 鸥科 Laridae
   嘴甚侧扁而长,而下颚尤长 ⋯⋯⋯⋯⋯⋯⋯⋯⋯ 剪嘴鸥 Rynchopidae

1)贼鸥科(图 8-36):嘴强直,先端钩曲,上喙由角质片组成。体色棕色为主,下体有时带有白色,初级飞羽,羽干多为白色,在繁殖期楔形尾的中央尾羽会延长。

世界上有 1 属 5 种,即大贼鸥(*Stercorarius skda*)、麦氏贼鸥(*S. maccormicki*)、中贼鸥(*S. pomarinus*)、短尾贼鸥(*S. parisiticus*)和长尾贼鸥(*S. longicaudus*)。繁殖时在高纬度地区,迁徙游荡距离较远,如长尾贼鸥和短尾贼鸥营巢于北大西洋苔原、沿岸岛屿和北极,迁徙时向南可达南半球的南美洲、非洲和澳大利亚水域。

这一科鸟类生活习性特殊,常偷取其他鸟类的卵和雏鸟、老鸟、体力弱的迁徙鸟以及漂浮在水面的动物尸体,同时,还常追逐海鸥、燕鸥,夺取食物,故名贼鸥。

我国有 1 属 1 种,即中贼鸥。体羽黑褐色,中央 2 枚尾羽延长。单个或小群在地面孵化。见于东海、南海,迁徙时可在内陆见到。

图 8-36 中贼鸥

2)鸥科(图 8-37):嘴直而细,先端尖或稍曲,翅尖长,尾形多,但都为 12 枚。前趾间具蹼,后趾小而位高。体色多为白、黑或灰,比较单一。

本科鸟类分布广泛,全世界共有 10 属 89 种左右,绝大多数在北半球。海鸥是温带海湾优势种,也有一些分布在内陆湖泊、河流一带。由于海鸥常在人类活动的环境中生活,它们的食性较杂,以海洋无脊椎动物、鱼类、昆虫,甚至是人类垃圾为食。少数为候鸟,多数只在繁殖地游荡。

我国有 10 属 32 种,种类很多,包括鸥、燕鸥、浮鸥及凤头燕鸥等。常见种类有银鸥(*Larus argentatus*)、灰背鸥(*L. schistisagus*)、棕头鸥(*L. brunnicephalus*)、普通燕鸥(*Sterna hirundo*)和红嘴鸥(*L. ridibundus*)。

黑尾鸥(*Larus crassirostris*)体白,尾部近端处有黑色带斑。每年 4、5 月间在岛屿岩石上筑巢,巢浅呈盘状,窝卵数 3~4 枚,卵淡灰绿色,具斑,在山东、浙江一带沿海繁殖。

遗鸥(*Larus relictus*)为国家一级保护动

图 8-37 黑尾鸥

物,自然界中繁殖群体总量在 2 000~3 000 对,但种群总量不足 1 万只(汪松等,2009)。最大的繁殖地有 3 个,俄国的阿拉湖、托瑞湖以及我国内蒙古鄂尔多斯中部的桃力庙—阿拉善湾海子,我国至少有 1 162 只。

现将常见鸥类检索如下:

1. 背面暗灰色或近黑色 ·················· 灰背鸥 *L. schistisagus*
   背面别色 ··· 2
2. 初级飞羽杂有黑色,头暗色、褐色、黑色 ························· 3
   头呈别的羽色 ·· 6
3. 头黑色 ·· 4
   头褐色 ·· 5
4. 跗蹠长于 45 mm;嘴长于 30 mm ·········· 黑头鸥 *L. melanocephalus*
   跗蹠短于 45 mm;嘴短于 30 mm ··········· 黑嘴鸥 *L. saundersi*
5. 翅长超过 310 mm;第 1 枚初级飞羽大多黑色,而具一近端白斑
   ······························· 棕头鸥 *L. brunnicephalus*
   翅长不超过 310 mm;第 1 枚初级飞羽白色,具黑色边缘和先端
   ······························· 红嘴鸥 *L. ridibundus*
6. 尾白,而具近端黑带斑;初级飞羽近黑,几无白色 ······ 黑尾鸥 *L. crassirostris*
   尾纯白;初级飞羽显著杂有白色 ·································· 7
7. 下嘴具红斑;翅长于 400 mm ·············· 银鸥 *L. argentatus*
   嘴无红斑;翅短于 400 mm ················· 海鸥 *L. canus*

3)剪嘴鸥科(图 8-38):嘴特别尖,似剪刀,下颚比上颚长 1.5~2 cm,与其俯冲取食有关。眼为狭长垂直的瞳孔。翼长而尖,腿短。清晨或傍晚取食,取食时将下喙放入水中并快速飞行,直至捕到鱼时才将上喙关紧,主要分布于湖、河和浅海。

世界上有 3 种:黑剪嘴鸥(*Rynchops nigra*)分布于南美洲、美国海岸;非洲剪嘴鸥(*R. flavirosrtris*)分布于热带非洲海岸、江河和湖泊;(白领)剪嘴鸥(*R. albicollis*)分布于印度、缅甸。我国只有剪嘴鸥 1 种,分布于南海。

4)海雀科(图 8-39):海雀科为北半球的冷水种,与南半球的企鹅相对应。海雀一般背部黑色或暗灰色,腹部白色。翅狭短,尾短,腿在体后部。嘴侧扁而高,少数细小。体短肥

胖。繁殖时一些种有装饰性的头部冠羽,常在悬崖上筑巢,产1～2枚卵。

图8-38 剪嘴鸥　　　　　　图8-39 扁嘴海雀

世界上共有22种,加上1844年杀灭的已绝迹的大刀嘴海雀共23种,例如刀嘴海雀(*Alco torda*)、海鸽(*Cepphus columba*)、北极海鹦(*Fratercula arctica*)和花魁鸟(*Lurda cirrhata*)等。我国有3种,扁嘴海雀(*Cerorhinca monocerata*)和斑海雀(*Brachyramphus marmoratus*)分布于山东、辽宁旅顺一带。扁嘴海雀(*Synthliboramphus antiquus*)头、颈黑色,上体灰黑,下体纯白,每年10～11月迁入青岛大公岛、千里岩及江苏前三岛繁殖,来年5月份离开。从青岛标志放流的扁嘴海雀在俄国远东千岛群岛回收,说明其可分布于黑龙江流域、松花江等流域。

图8-40 红喉潜鸟　　　　　　图8-41 小鸊鷉

(4)潜鸟目 Gaviiformes:嘴坚硬而直,腿在体后,全蹼,体修长,翅尖长,既善于游泳也善于潜水,尾短而坚硬,由18～22枚羽毛构成,成体多具有黑白条纹。为早成鸟。世界上1科1属5种。我国有3种,全为旅鸟或冬候鸟。常见种是:红喉潜鸟(*Gavia stellata*)(图8-40):颈前面有大块栗色三角斑,食鱼类,在我国北方沿海越冬,繁殖于西伯利亚、北极圈附近,在湖泊、水库做巢,常到海中取食。

(5)鸊鷉目 Podicipediformes:善于游泳和潜水,不善于飞翔。体似鸭,在水面呈葫芦

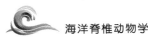

状。翅短。腿短,着生于体后部,跗蹠部侧扁,四趾间具瓣蹼,后趾位高。早成鸟。世界有5属20种,分布广,我国有1属5种,常见种是:

小䴙䴘(*Podiceps ruficollis*)(图8-41):体羽背部灰褐色,腹部白色,两性羽色相似。栖息于静水池塘、湖泊、河流及海湾。求偶行为非常有趣,作浮巢,受惊时,有用巢材盖卵的习惯。

(6)雁形目 Anseriformes:大中型游禽。数量很大,分布广泛。嘴扁宽,尖端有嘴甲,喙缘有锯齿状缺刻,具滤食功能。翅尖长,颈长或短,翅上具暗绿色或紫色有金属光泽的翼镜;腿短,位于体后,前三趾间有蹼,后趾高。尾脂腺发达。早成鸟。雄鸟多具交配器。

雁形目鸟类大多善游泳,停留水面有不同姿态。有季节性长途迁徙的习性,主要在北半球繁殖。世界上有2科,叫鸭科(Anhirnidae)和鸭科(Anatidae)共151种,我国只有鸭科46种,如:

1)大天鹅(*Cygnus cygnus*),图8-42(A)为大型野禽,体长1.5 m左右。嘴大多黑色,上嘴基部(至鼻孔外)黄色,下嘴基部和正中亦黄色。嘴基无疣状突,外侧尾羽短于中央尾羽不足60 mm。虹膜暗褐色。头和颈的长度超过躯体长度。全体洁白,从眼前至嘴基淡黄色。跗蹠、趾及蹼为黑色。幼鸟通体淡灰褐色;嘴呈暗淡肉色,嘴甲和嘴喙黑色,嘴基淡黄绿色或淡绿色。颈修长,伸直并与水面垂直。其测量记录见表8-2。

表8-2 大天鹅主要性状记录

性别	体重(g)	体长(mm)	嘴峰(mm)	翅(mm)	尾(mm)	跗蹠(mm)
♂(2)	7 000	11 215	107	580	150	106
	7 150	1 482	108	595	160	107
♀(2)	——	——	104	610	163	105
			117	632	178	107

栖息在生有多种水生植物的沿海、湖泊及湿地、沼泽地带,喜在水面上作长距离滑游。主食植物,也吃昆虫、甲壳类、小鱼等。冬季见于山东威海荣成沿海、黄河三角洲,江苏沿海滩涂及内陆大型湖泊,诸如青海湖等。越冬期一般为每年10月至翌年4月,通常天鹅成对活动。迁徙时常组成10~20只的小群,排成"一"字或"V"字形飞翔,在空中飞行时颈向前伸直,脚伸向后方。飞行时叫声为独特的 klo-klo-klo 声,但联络叫声为响亮而忧郁的号角声。翔游或静止时颈直立或呈"S"形,游水时一般颈较直。已知的繁殖地有黑龙江扎龙、兴凯湖、三江平原,内蒙古鄂尔多斯及新疆天山中部的巴音布鲁克等。巴音布鲁克是我国最大的天鹅繁殖基地,曾有2万只的记录,现下降至2 000只左右。每年5、6月份进行繁殖。由一雌一雄配对,在越冬区已经固定下来。一般进入繁殖区,经10余天后,开始选择比较干燥的地面或浅滩、芦苇间,用芦苇、苔藓枝条筑成80 cm左右高,直径100 cm大小的巢穴,外观上极为粗放,内部垫以干草苔藓及自身腹部的绒毛,开始产卵,隔日一枚,达4至6枚时开始孵化,雌雄轮流进行,35~40天雏鸟出壳,毛干后便能在亲鸟眼前觅食。雏鸟生长甚快,两个月后体形已经很大,会飞时,便随亲鸟向南方迁徙。

图 8-42（A）　大天鹅 *Cygnus cygnus*（Linnaeus）

资源概况：数量稀少，为我国一级保护鸟类。非经省级以上林业局批准，不得随意猎捕。在《中国濒危动物红皮书——鸟类》中，因人类经济活动的严重干扰，致使栖息环境受到破坏，以及偷猎拾卵等危害，导致种群数量降低，故被列为易危（V）。在《2004 中国物种红色名录》中，因捕猎现象严重，被列为近危（NT）几近符合易危（VU）。

地理分布：中国为次要分布区，冬季见于山东威海荣成沿海、黄河三角洲，江苏沿海滩涂及内陆大型湖泊，诸如青海湖等；夏季见于黑龙江扎龙、兴凯湖、三江平原，内蒙古鄂尔多斯及新疆天山中部的巴音布鲁克等。世界上见于格陵兰、北欧、西伯利亚。栖息于湖泊、沼泽。

2）绿头鸭（*Anas platyrhynchos*）（图 8-42B），冬候鸟，是家鸭的祖先。俗称野鸭、凫。雄鸟上体大多为暗灰褐色，下体灰白。白色的颈环分隔着黑绿色的头和栗色的胸部，翼镜紫色，上下为绿色并带宽的白边；四枚正中的尾羽绒黑，杂以浅棕红色宽边，腹面浅棕红色，散布褐色斑点。雄鸟（繁殖羽）：头和颈的全部呈翠金绿的光泽，颏部近黑；颈基有纯白颈环；上背和肩暗灰褐色，密杂以黑褐色纤细横斑，并镶着棕黄色羽缘；下背转为黑褐，羽缘较浅，腰和尾上覆羽黑色并着金属绿光辉；中央两对尾羽也一样，羽端向上卷，外侧尾羽灰褐而具白色羽缘，最外侧一、二对尾羽大多呈白色，但䎃片满杂以灰色细斑。两翼大都灰褐色，翼镜呈金属紫蓝色，其前后缘均为绒黑色，并外缀以白色狭边，三色相衬很醒目。胸栗色；羽缘浅棕；下胸的两侧、肩羽及胁大多灰白，杂以黑褐色纤细波状纹；腹淡灰，密布黑褐细点；尾下覆羽绒黑色。雌鸟（繁殖羽）：体形较雄者稍小，夹顶和后颈黑，稍杂以棕黄色；上体全部大多为黑褐色，而具棕黄色羽缘和"V"型斑。翅上有显著翼镜，形状、羽色与雄鸟同；颏、喉浅棕红；下体羽部也一样。而散布褐色斑点，在胁尤为显著。其测量记录见表 8-3。

表 8-3　绿头鸭主要性状记录

性别	体重（g）	体长（mm）	嘴峰（mm）	翅（mm）	尾（mm）	跗蹠（mm）
♂♂(2)	925,1 025	585,590	50.5,56	290,292	117.5,118	43,43.5
♀♀(10)	1 055	544	50	253.5	97.1	40.8
	（870～1 140）	（508～562）	（48～52）	（245～260）	（95～101）	（39～43）

虹膜红褐；嘴呈黄绿色，嘴甲黑，下嘴基部红黄色（♂），或呈黑褐色，尖端棕黄（♀）；跗蹠橙黄，爪黑色。

喜结群活动。叫声响亮,雄为"jia…",雌为"ga-,ga,guwa-guwa-"。性机警,不易接近,平时多在水中游荡、寻食,当受到惊动时,迅速到隐蔽处躲藏。无隐蔽处时,则立即起飞进入空中,并发出"guack-guack-guack"的孔叫声。杂食性。常见的留鸟。

图 8-42(B)　绿头鸭 *Anas platyrhynchos*

资源概况:我国倡导的爱鸟活动,历来受到国家和人民的重视。经济鸟类更受到国家的保护。未经国家林业局有关部门的批准不得随意捕抓鸟类。

地理分布:中国为次要分布区,常见于中国东北、西北诸湖泊湿地及华南沿海等地区。国外分布于温带地区各水域。

3)鸳鸯(*Aix gnlericulata*)为小型鸭类。雄鸟羽色鲜艳,有冠羽,前颈羽毛延长,翅上有直立的栗黄色饰羽;雌鸟头、背灰褐色,在东北北部长白山等地繁殖。

2.涉禽。涉禽是指一类在浅水中涉行寻找食物的鸟类,善于飞翔,但大多不能游泳。一般具有三长:颈长、喙长、腿长,蹼不发达或无蹼(图 8-43)。一般包括鹳形目、鹤形目和鸻形目,现检索如下:

1.后趾发达,与前趾位于同一平面,眼先裸出 ┄┄┄┄┄┄ 鹳形目 Ciconiiformes
后趾不发达或缺如,存在时较前趾稍高,眼先常被羽 ┄┄┄┄┄┄┄┄┄┄┄ 2
2.翅短圆,第一枚初级飞羽短于第二枚初级飞羽 ┄┄┄┄┄┄ 鹤形目 Gruiformes
翅尖,第一枚初级飞羽长于或等于第二枚初级羽 ┄┄┄┄ 鸻形目 Charadriiformes
一些常见涉禽的涉水姿态如图(8-43)所示。

图 8-43　常见涉禽涉水姿态

（1）鹳形目 Ciconiiformes：全为大型涉禽。具有颈长、喙长、腿长的特征，趾三前一后，基部有蹼相连，四趾在一个水平面上。晚成鸟。食鱼或其他水生动物，营巢于树上，巢简陋。

我国常见的是两类：鹳和鹭。它们外形相似，但鹳的中趾爪内侧不具栉状突，颈部飞行时与脚皆伸直为一直线，不同于鹭的"S"型曲颈。本目许多鸟类是珍禽（图8-44）。

图 8-44　鹳形目代表三种白鹭和东方白鹳（左下）

（右上：大白鹭，左上：中白鹭，右下：小白鹭）

白鹳（*Ciconia ciconia*）全身羽毛纯白色，仅翅黑色。颈下有矛状羽毛，嘴黑。分布于欧洲、中亚、中国、日本和朝鲜。

白鹭（*Egretta garzetta*）体羽纯白，具羽冠及胸部饰羽，可作装饰。栖息于水边，食鱼、虾及水生昆虫。

朱鹮（*Nipponia nippon*）为我国一级保护鸟类。体白，喙尖，头、脚带有朱红色，喙细长弯曲，颈部羽毛下垂呈柳叶形。据记载，朱鹮曾分布于我国东北、华北、陕西等地，现为濒危种。

（2）鹤形目 Gruiformes：与鹳形目相比，也具有腿长、颈长和喙长的特点。趾上蹼不发达，四趾不在同一平面上，后趾较小，位置较高。翼短圆，尾形短。气管长而弯曲。多栖息于水边。幼鸟为早成鸟。

丹顶鹤（*Grus japonensis*）（图8-45）：大型涉禽，略大于白鹤，全长约 1 500 mm。颈黑

色而枕白色,次级飞羽和三级飞羽黑色,其余全体均为白色。成鸟两性相似,雌鹤略小。头顶裸露皮肤红色,其上有黑色毛状短羽。雄鹤的前额、眼先、喉和颈为灰黑色,雌鹤为珍珠灰色,眼的后下方有一白色带从耳覆羽和枕伸到后颈,与黑色的下颈形成锐角。次级飞羽和三级飞羽黑色,初级飞羽和尾羽以及身体其他部分均为白色。三级飞羽延长并弯成弓状,收翅时覆盖在白色尾羽之上,酷似黑尾。故在有些国画误把白色尾羽绘成黑色。幼鸟体羽棕黄色,背和两翅棕褐色,腹淡黄色,当年秋季幼鸟背和两翅出现棕褐色和白色分明的花斑,至翌年春天花斑消失,但在上体仍残留有棕色块斑。虹膜褐色,嘴灰绿色,尖端略近黄色,脚灰黑色。测量记录见表8-4。

图 8-45　丹顶鹤 *Grus japonensis* (P. L. S. Müller)

表 8-4　丹顶鹤主要性状记录

性别	体重(g)	全长(mm)	嘴峰(mm)	翅(mm)	尾(mm)	跗蹠(mm)
3 ♂	11 740	1 502	165	688	270	308
	(8 600～12 080)	(1 440～1 568)	(152～174)	(670～820)	(260～280)	(300～319)
3 ♀	9 600	1 380	161	688	260	288
	(6 200～11 840)	(1 100～1 406)	(150～170)	(640～870)	(254～278)	(280～309)

　　丹顶鹤在东北的繁殖地主要为沼泽和草甸,而芦苇沼泽是它最主要的栖息生境,在长江下游的越冬地主要集中在江苏盐城沿海滩涂。杂食性,在越冬地以软体动物和鱼类等为主要食物,同时也吃水生植物。检查丹顶鹤的一个胃及 45 堆排泄物,其食物有各种螺、菲律宾蛤子、长竹蛏、沙蚕、海豆芽、鱼及莎草和禾本科植物的根、茎、种子等。每年 3～4 月迁徙到繁殖地,选巢区,就地取材,用芦苇等水草筑巢。每年产卵一窝,通常 2 枚,偶见 3 枚或 1 枚者。

　　资源概况:爱鸟活动,历来受到国家和人民的重视。经济鸟类更受到国家保护。未经国家林业局有关部门的批准不得随意捕抓鸟类。据盐城保护区建立以来(1983 年),此处的丹顶鹤从 300 只,到 20 世纪末已发展为 1 000 只左右。1989 年已被列为国家 I 级重点保护动物。在 1989 年的《中国濒危动物红皮书》中列为濒危鸟类。在 2004 年的《中国物种红色名录》中列为濒危(EN)等级。尽管保护区种群数量有所上升,全国范围却不尽然,由于工农业开发造成湿地丧失和退化,全国丹顶鹤数量急剧下降的趋势依然严重。

　　地理分布:中国为次要分布区,常见于中国东北、西北湖泊湿地及华南沿海等地区。

国外分布于温带地区各水域。体羽几乎全为白色,头顶裸出呈红色,颊、喉和颈为暗褐色。我国已建黑龙江扎龙丹顶鹤自然保护区,保护国家一级保护动物——丹顶鹤。

我国有 9 种,除丹顶鹤外,还有黑颈鹤(*G. nigricollis*)、白鹤(*G. leucogeranus*)、白枕鹤(*G. vipio*)、白头鹤(*G. monacha*)、灰鹤(*G. grus*)、蓑羽鹤(*Anthropoides virgo*)等,是世界上鹤类种数最多的国家。

(3)鸻形目 Charadriiformes:鸻形目的鸟类为小型或中型涉禽。体色多为沙土色或灰褐色。翼尖、腿长、短尾。四趾中以中趾最长,具蹼或不具蹼;嘴形多样,多栖息于沼泽、河流边。雏鸟为早成鸟。主要分布于北半球。喜成群活动。

白腰草鹬(*Tringa ochropus*)为鹬类代表,通常所说"鹬蚌相争,渔翁得利"当中的鹬就是这类鸟。其上体橄榄褐,体侧白,有黑褐横斑,下体白色。扇尾沙锥(*Gallinaga gallina-go*)嘴细长,体黑褐色,杂有棕色、白色和土黄色斑纹,腹部白色。燕鸻(*Glareola maldiva-rum*)嘴短宽,尾分叉,俗名土燕子,飞行时捕食蝗虫,是消灭蝗虫的能手(图 8-46)。

A..白腰草鹬;B.扇尾沙锥;C.燕鸻
图 8-46　鸻形目的代表

3.陆禽:陆禽的足、趾粗壮矫健,善于在地面上行走,常趾型。包括鸡形目和鸽形目。

嘴基部柔软,被以蜡膜 ·················· 鸽形目 Columbiformes
嘴全被角质,嘴基无蜡膜 ·················· 鸡形目 Galliformes

(1)鸡形目:本目多为重要的经济种类,腿脚健壮,适于陆地行走,翼短圆,不善飞翔。雄性常有距、肉垂,羽色鲜艳。一雄多雌制。早成鸟。

本目也有许多中国特产鸟类,如雉鹑和马鸡。

花尾榛鸡(*Tetrastes banasia*)大小似鸽,雄鸟头上有羽冠,分布于中国东北、中、北部。

红腹角雉(*Tragopan temminokii*)头黑色,上下体为深红色,分布于西藏、陕西、湖北等地。

环颈雉(*Phasianus colchicus*)俗称野鸡、山鸡等,雄鸟羽色鲜艳,颈羽紫绿色,一圈白色,尾羽特长,食植物种子及谷类,是主要狩猎鸟类。

绿孔雀(*Pavo muticus*)为著名观赏鸟。此外,还有白鹇、鹌鹑、鹧鸪、红腹锦鸡等。

原鸡(*Gallus gallus*)是家鸡的祖先,分布于热带森林,家鸡的品种很多,如北京油鸡、狼山鸡、九斤黄和寿光鸡等;引进品种有来亨鸡、芦花鸡等,目前国内养禽业已工厂化生产,供应人们肉类和蛋类(图 8-47)。

(2)鸽形目 Columbiformes:本目有一部分陆禽,有一些是树栖种。喙短,基部具有蜡膜。翼发达,善于飞翔。腿短健,无蹼。四趾位于一个平面上。嗉囊发达。

我国常见的有毛腿沙鸡(*Syrrhaptes paradoxus*)体为沙土色。后趾退化,前三趾基部愈合。密被短羽。栖息于荒漠,常成群活动,见于西伯利亚、蒙古、甘肃和新疆等处。

原鸽(*Columba livia*)为家鸽祖先,分布于我国新疆西部、亚洲中部等地,经人类长期驯养,已培育出许多品种。

山斑鸠(*Streptopelia orientalis*)为狩猎鸟类,遍布我国全境(图 8-48)。

A.花尾榛鸡;B.褐马鸡;C.环颈雉

图 8-47　鸡形目的代表

图 8-48　毛腿沙鸡(A)及山斑鸠(B)

4.猛禽:喙和脚上的爪大多弯曲锐利。翅膀发达。专吃动物,性凶猛。多为益鸟。包括2个目:隼形目和鸮形目。常见。猛禽的停落及飞翔姿态如图8-49所示。

(1)隼形目 Falconiformes:隼形目喙尖锐而且为钩状弯曲,喙基有蜡膜,鼻孔位于蜡膜上。脚强健,多有锐利的爪。视觉敏锐。性凶猛,捕食鼠、鸟等动物(图8-49)所示。

鸢(*Milvus milvus*)俗称老鹰,飞翔时翼下各有一块白斑,尾叉状(图8-50A)。

红脚隼(*Falco vespertinus*)俗名青燕子。头灰,脚红色。常停在空中直下掠食。自己不筑巢,喜占喜鹊巢,即"鹊巢鸠占"中的鸠。

图8-49 常见猛禽停落及飞翔姿态

大鵟(*Buteo buteo*)羽色变异大,飞翔时翅下有大的黑斑,尾圆形。

秃鹫(*Aegypius monachus*)又名坐山鵰(图8-50B)。鼻孔圆形。体羽乌褐色,颈裸出。栖息于海拔2 000 m~4 000 m的山区。吃动物尸体。终年居留于我国西北各省和内蒙古,偶见于沿海。

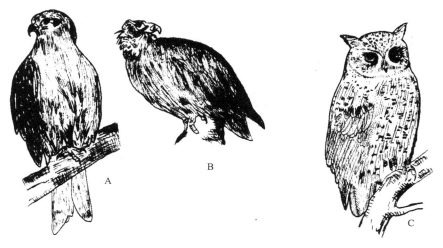

图8-50 鸢(A)、秃鹫(B)和长耳鸮(C)

鹗(*Pandion haliaetus*):本种隶属鹰科(Accipitridae)鹗属(*Pandion*)的鸟类。体大型,猛禽,全长约60 cm。头顶至枕部、颈侧白色,有黑色细纵纹;枕部羽延长成矛状;背羽黑褐,杂有淡斑;有黑色过眼纹与黑色后颈相连;翼及尾褐色;下体白色,上胸有棕褐色纵纹。幼鸟头顶暗褐,纵纹粗而显著,上胸较成鸟色淡。嘴黑。腿及脚黄色。栖息于沿海或内陆水域附近的大树上,在水面巡回飞翔,见到猎物后收翅冲入水中抓捕,以双脚抓持鱼类至停歇处撕食。在树上或岩洞内以枯枝编巢,内垫干草、树皮、苔藓及羽毛等。每窝产卵 2～4 枚,两性筑巢及孵卵,孵化期 32～40 天;雏鸟经双亲抚育约 40 天离巢。迁徙时东部沿海可见,为华南沿海至台湾冬候鸟(图 8-51)。

资源概况:呈零散分布。已被列为国家二级重点保护动物。在《中国濒危动物红皮书》中列为稀有鸟类。在《中国物种红色名录》中列为无危(LC)。

地理分布:中国为次要分布区,常见于中国东北、西北诸湖泊湿地及华南沿海等地区。国外分布于温带地区各水域。

图 8-51 鹗 *Pandion haliaetus* (linnaeus)

(2)鸮形目 Strigiformes:夜行性猛禽。眼大,周围有辐射状羽毛构成"面盘"。喙坚强而钩曲,喙基部有蜡膜。听觉发达,耳孔大,具耳羽。脚强健,第 4 趾可临时前后转动(转趾型),跗蹠部被羽。体羽柔软。常见种为长耳鸮(Asio otus)(图 8-50),俗称猫头鹰,白天潜伏在树上,夜间觅食,主要吃鼠类。因其夜间鸣叫声音凄厉,认为是不祥的象征,实际上,它是一种益鸟。此外常见的还有短耳鸮(*A. flammeus*)、红角鸮(*Otus scops*)及领角鸮(*O. bakkamoena*)。

5.攀禽:攀禽为适于在树上攀缘的鸟类,足绝不是常趾型,常见目的检索如下:

1.足为前趾型,无嘴须 ·························· 雨燕目 A. podiforme

足不是前趾型 ·· 2

2.足为并趾型 ·· 3

足非并趾型 ·· 4

3.中爪具栉状缘,嘴短阔 ·············· 夜鹰目 Caprim. lgiformes

中爪无栉状缘,嘴很长 ·················· 佛法僧目 Coraciformes

4.异趾型 ························· 咬鹃目 Trogoniformes

对趾型 ·· 5

5.喙凿状,尾羽坚挺 ·············· 䴕型形目 Piciformes

喙非凿状,尾羽不坚挺 ··································· 6

6.喙钩曲 ····························· 鹦形目 Psittaciformes

喙不钩曲 ···················· 鹃形目 Cuculiformes

图 8-52 爪哇金丝燕(A)和短尾金丝燕(B)

图 8-53 夜鹰

(1)雨燕目 Apodiformes:小型攀禽。喙短、扁、宽。翼尖长。尾叉状,后肢短,四趾全向前(前趾型)。幼鸟为晚成鸟。常见种有北京雨燕(*Apus apus*)又称楼燕,营巢在城楼、古塔等壁洞中,捕食昆虫。金丝燕(*Collocalia*)筑的巢为著名的"燕窝",是用海藻和唾液黏合而成(图 8-52)。还有蜂鸟(*Trochillus*)食花蜜,为世界上最小的鸟类。

(2)夜鹰目 Caprimulgiformes:喙短阔,口裂大,口缘有硬毛。羽片柔软,飞时无声,为夜行性攀禽。趾为并趾型,中爪具栉状缘。如夜鹰(*Caprimulgus indiczzs*)俗称贴树皮,体羽灰褐色,与树干相似。主要吃蚊虫(图 8-53)。

(3)佛法僧目 Coraciiformes:攀禽。体型各异。并趾型。多营洞巢。晚成鸟。如戴胜(*Upupa epops*)俗称花薄扇,头顶冠羽十分美丽,因雌鸟孵卵期间从尾脂腺分泌一种特臭的液体抹到巢内,故又名"臭姑鸪"(图 8-54)。

其他种类还有翠鸟(Alcedo atthis)、双角犀鸟(*Buceros bicornis*)。

(4)咬鹃目 Trogoniformes:异趾型。喙粗短,基部有毛状羽。红头咬鹃(*Harpactes erythrocephalus*)头、颈暗红色,体羽褐色,栖息于山林中。

图 8-54 戴胜(A)和翠鸟(B)

(5)鹃形目 Cuculiformes:对趾型。外形似小鹰,嘴不钩曲。大多自己不营巢,将卵产于其他鸟巢内,雏为晚成鸟(图 8-55)。

图 8-55　大杜鹃(A)和四声杜鹃(B)

四声杜鹃(*Cuculus micropterus*)体形和羽色与大杜鹃相似,但下体横斑较粗,彼此距离较远,叫声为"割麦割谷"。

大杜鹃(*C. canorus*)上体暗灰色,腹面具横斑。栖息时两翅下垂,叫声为"布谷"。杜鹃向其他鸟类巢内产卵,是生物进化中长期适应的产物。从鸟类系统分类和进化而论,杜鹃是低等的种类,应产比较大的卵,孵化期 20 天左右,实际上,杜鹃的卵较小,孵化期与高等雀形目十分接近,为 12 天左右,这是出色的自然选择的结果。

(6)鹦形目 Psittaciformes:对趾型攀禽。嘴钩曲似猛禽,喙基具蜡膜。趾端具利爪。羽色鲜艳,多为观赏鸟。善模拟人语。雏为晚成鸟。

常见种绯胸鹦鹉(*Psittacula alexandri*)体羽绿色,喉、胸红色。另一种为虎皮鹦鹉(*Melopsittacus undulatus*)善效人言(图 8-56)。

(7)䴕形目 Piciformes:对趾型攀禽。喙强直呈圆锥状。舌长,尖端具倒钩,钩取树皮下洞中的蛀虫。尾轴坚硬而富有弹性,在啄木时起支持作用。洞巢。

黑枕绿啄木鸟(*Picus canus*)(图 8-57)绿色体羽,雄鸟头顶有玉色斑,雌鸟无此斑,头顶灰色。

图 8-56　绯胸鹦鹉　　　　　　**图 8-57　黑枕绿啄木鸟**

大斑啄木鸟(*Dendrocopos major*)背羽黑白色,翼飞羽黑色,具白斑;雄鸟后头辉红,雌鸟后头纯黑。

此外还有蚁䴕(*Junoc torquilla*)、星头啄木鸟(*Dendnocopos canicapillus*)等。

6.鸣禽:鸣禽的鸣肌发达,鸣声婉转动听。只包括一个目,即雀形目。

雀形目 Passeriformes:离趾型。鸣肌发达。种类繁多,约5 100种,约占全部鸟类的60%左右。大多营巢巧妙,晚成鸟(图8-58)。

A.家燕;B.金腰燕;C.喜鹊;D.红尾伯劳;E.黑枕黄鹂;F.白脸山雀

图8-58 雀形目的代表

8.4　鸟类的起源及其演化趋势

　　鸟类是由早期的爬行类的一支进化而来。证据有两个:一是从鸟类与爬行类的比较解剖上看,科学家们发现它们有许多相近之处,如皮肤都比较干燥,缺乏腺体;鸟类的羽毛和爬行类的鳞片都是表皮衍生物;它们的头骨都只有单个枕骨髁与寰椎相关节,因而头部活动灵活;它们的嘴上都有角质鞘;有些爬行类也有与鸟类气囊相似的薄膜结构;而且,它们的生殖方式也是相似的,为羊膜卵,盘状卵裂,卵生且为体内受精。所以,也有人称鸟为"美化了的爬行类"。二是从古生物学角度看,鸟类起源于早期爬行类的证据就是始祖鸟(*Archaeopteryz lithographica*)(图 8-59)的发现。1861 年,在德国巴伐利亚省索伦霍芬附近的印板石石灰岩中,采到一个奇怪的化石标本,它的个体大小似乌鸦,全身长有羽毛,骨骼完整,两侧锁骨愈合为"V"字形,前肢变为翼;耻骨向后伸长,具跗蹠骨,后肢具四趾,三趾向前,一趾向后,显然,这些都是鸟类的特征。但是,始祖鸟口内有槽生齿;前肢三个掌骨个个分离,指端具爪;胸骨未形成龙骨突起,且肋骨无钩状突;无气质骨;尤其值得注意的是,它的尾巴特别长,由大约 25 块双凹型尾椎组成。这些都不同于现代鸟类,而与爬行类相似(图 8-60)。该标本现保存于英国伦敦自然历史博物馆内。

图 8-59　始祖鸟化石

　　后来,在 1877,1956,1970 和 1973 年,又先后发掘出 4 件标本,现全世界一共有 5 例化石标本。始祖鸟的发现,是论证生物进化的关键性材料。始祖鸟生活于一亿五千万年前的中生代中期下侏罗纪。1996 年 8 月,我国地质工作者在辽宁西部北票市上园乡,义县组底部第一层凝灰岩中获得的中华龙鸟(*Sinosauropteryx prima*)化石标本和原始祖鸟(*Protarchaeopteryx robusta*),原来认为是比始祖鸟还古老的化石鸟类,后经研究认为应属于小型的兽脚龙中的腔骨龙类(Coelurosaria)(刘凌云、郑光美,2009)。

　　鸟类是由早期爬行类进化而来,但具体讲鸟类由哪一类爬行动物进化而来的呢?现在一般看法是,鸟类是从爬行动物的主干——初龙类(Archosauria)中的原始槽齿类(Thecodontia)进化而来的。因为这类爬行类已经开始具备一些鸟类的特点,其繁盛于三迭纪,后灭绝。至于鸟类究竟由槽齿类中的哪一类进化而来,意见不统一。过去比较一致的看法是,鸟类由鸟龙类(Ornithichia)这一支进化来的,而现在越来越多学者赞同鸟类是由蜥龙类(Saurischia)这一支的小型兽脚类(Theropoda)演化而来。

对比部位(脑颅、腕掌部、胸骨、肋骨、腰带、尾椎)涂成黑色

图 8-60　始祖鸟(A)与现代鸽(B)的骨骼比较

关于陆上行走的爬行类是如何转变为具有飞翔能力的鸟类,一般有两种科学假说:

1. 树栖起源说(arboreal theory):认为原始鸟类用四肢在树上攀缘,逐渐过渡到能短距离滑翔,进而使身体构造发生相应变化,使表皮鳞变为羽毛,形成翼,开始能够鼓翼飞翔。

2. 奔跑起源说(cursorial theory):认为原始鸟类是在地面奔跑的动物,尾很长,在奔跑过程中前肢扇动起助跑作用。由于前肢不断动作,使前肢后缘鳞片发生变化,进而转化为羽毛,尾上鳞片也加大变成尾羽,这样,最终获得飞翔的能力。

自晚侏罗纪到早白垩纪,鸟类早期演化可分为侏罗纪的始祖鸟期、辽西"热河生物群"早白垩纪的孔子鸟(*Confuciusornis*)为代表的古鸟期类群和进入新生代的真鸟期。进入新生代后,鸟类已进化到现代鸟类,构造更加完善,已能很好地适应空中飞行,分布也极为广泛,并成为空中的"统治者"。鸟类的演化趋势是:个体逐渐变小,牙齿退化,骨合并或退化,气质骨形成,龙骨突的形成,肋骨上形成了钩状突,鸣肌发达等。由于适应不同的生活环境,鸟类发生了不同的适应辐射,出现了不同的生态类型。

8.5　海鸟的生态

8.5.1　海洋环境及海鸟对海洋环境的适应

海洋面积占地球表面的 2/3,根据海洋要素特点及形态特性,分成海峡、海湾、海及洋。海峡是指相邻海区之间宽度较窄的水道、急流;海湾是指洋或海延伸入大陆,且深度渐小的水域,潮差最大;海的深度在 200～300 m 以内,是环绕大陆的浅海地带,通称大陆架,又叫大陆浅滩。这里温度受大陆影响较大,有明显的季节变化,盐度一般在 32 以下,水色浅蓝,环流具有明显的季节变化;由大陆架再向外,才是深蓝色的海洋。海洋的面积广阔,约占海洋的 89%,深度大、盐度、温度受大陆影响小,盐度平均为 35,水色深蓝而透明,有潮汐系统和强大的洋流系统,如太平洋、大西洋、印度洋和北冰洋。

在海洋中生活的生物是海洋生态系统的一个重要组成部分,受海洋环境的影响,海鸟也不例外。有些鸟为沿岸性海鸟,即在陆地取食、休息,沿海岸取食的种类,如各种鸥类和燕鸥类,与陆地、沿海联系都密切;有些为大洋性海鸟,与内陆完全失去联系(除繁殖期外),它们主要在海上取食,如信天翁、白额鹱、红脚鲣鸟等。

生物对环境也会产生适应,适应的目的有两个:生存和成功繁殖。由于海洋环境单一、多样性低,对于海鸟来说,首先要解决的问题就是生存。海洋鸟类在适应海洋环境方面是比较成功的。

首先,是对海水盐度的适应:海水中盐的含量比鸟体液中氯化钠的含量高许多,在海鸟取食的时候,不可避免地吞进海水,因此排出过多盐分变得非常紧迫。因肾的排泄能力有限,许多海鸟有一种特殊的结构——盐腺,用来排出体内多余的盐分。盐腺位于眼眶上部,通过长管开口于鼻孔附近,盐滴顺管流到鼻孔外甩掉。有些海鸟实际上会飞到内陆湖或喝雨水,如许多鸥类。当然,大洋性海鸟是绝不会这样做的,即便当它们受伤或精疲力竭后落在船上,它可以吃食,但绝不会去喝淡水。

第二,海鸟的体温调节:由于海鸟绝大多数时间在海上飞行,热量散失较快,与此相适应,绝大多数海鸟体羽很厚,防水性强;在特别冷的条件下,鸟类可以抖动羽毛以增加厚度。企鹅、管鼻鹱的皮下脂肪层也可保存热量。

在行为上也有一些适应,如刚出生的雏鸟常常藏在亲鸟体羽下,皇企鹅的雏鸟,在寒冷的大洋洲冬季,常常聚集在一起避免热量散失;巢位选择也与温度调节有关,海鸟经常挖洞做巢,就是用以抵抗天气和敌害的一种保护措施。

几乎所有海鸟脚上都有网状鳞,当这片裸露的皮肤与冷水或地面接触时,流向趾端的血液将会散热,但因有了热对流系统,可将热量传递给从脚流回体内的血液,因此,脚的温度与环境温度相近,以免散热。

第三,海鸟对取食方式的适应(图 8-61):不同的海洋鸟类有不同的获得食物的方式。一类海鸟特别善于潜水,如企鹅、鸬鹚、海雀等,它们潜水深度可达 10～15 m,皇企鹅甚至可潜入 265 m 深处,并在水下停留 18 分钟之久。潜水种的腿经常位于体后,羽毛的防水性能强,蹼发达。该类鸟不善于陆地行走,有时企鹅会用肚皮贴着冰面滑行。第二类海鸟特别善于飞行,如大部分信天翁、鹱、海燕,许多种鸥类、剪嘴鸥类喜欢在飞行中抓捕食物或利用这股上升流进行飞行。

8.5.2　海鸟的繁殖

与爬行类相比,鸟类的神经系统已有较大发展,在鸟类个体之间可以进行有效的信息传递,刚出壳的银鸥雏鸟就能理解亲鸟的警叫声。一长串的行为中任何一个环节的失败都会导致整个繁殖活动的失败。

图 8-61　海鸟对取食方式的适应

这种繁殖活动是外部环境与内部信息相互影响的结果（图 8-62），当外界条件如光、温度等作用于鸟类感受器时，这种刺激就可以通过神经系统传入大脑中枢，神经分泌释放因子一部分进入血，另一部分作用于脑垂体，促使其分泌多种激素；它们又可以刺激其他以及神经内分泌的控制（自 Farner）腺体分泌激素，使鸟类产生一系列行为，如求偶、占区、筑巢、孵卵及育雏等。

8.5.2.1　占区或领域（territory）

海鸟是利用陆地作为繁殖地的。

第一步：海鸟选择适合于繁殖的大的生态系统。由于海鸟在非生殖时期与生殖期的生活条件有所不同，有些鸟类须通过一定的方式，如迁徙来寻找适合的繁殖生态环境。

第二步：选择相对较小的生态环境，如岛屿、沙堤、山顶等。岛屿是最常被利用的，因为在那儿繁殖，取食距离较短且人为干扰较小，首次繁殖的海鸟在最终选定巢址之前通常会考察一定数量相邻的区域，鹱类在其繁殖季节来临之前的一两年就开始进行选址工作了。

第三步：就是具体选择巢位，即孵卵的地方。巢位的选择具有十分重要的意义，它必须有较好的小气候条件且能够防御敌害。

巢位的选择具有各自的特异性，例如在悬崖上，一些海雀直接将卵产在岩石的突出部，另一些鲣鸟会筑巢；一些管鼻鹱、鹈类繁殖于岩隙或自然洞，另一些中等体型的鹱类会挖一些浅穴。由于在这里难于起飞和降落，所以在洞口旁常会有一块平坦的斜行岩石存在。还有一些海鸟在树上筑巢，鲣鸟、鸬鹚、鹈鹕、贼鸥、燕鸥及鸥类都是如此。

绝大多数海鸟繁殖时具有占区行为，一般由雄鸟负责。当雄鸟占区之后，通过求偶炫耀来吸引雌性注意且前来交配，鹱类等绝大多数海鸟都是这样。占区与配偶在形成时间上的先后顺序，不同的种结果不同，成熟的军舰鸟就是先求偶后寻找巢位的。

鸟类的领域性很强，也很常见。所谓领域性就是动物在一段时间内占有一定的区域的特性，领域可促进配偶的形成，同时保护雏鸟的食物供应，调节种群密度。在领域内鸟类会积极防御入侵者。由于海鸟常会集群繁殖,只有那些在竞争中年龄较大,经验丰富的鸟类才会占有最佳的位置。如果入侵者不逃走,就会引起激烈的争斗。

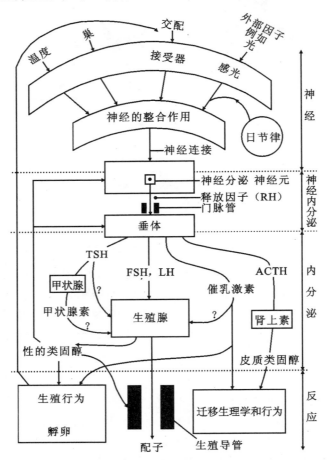

图 8-62　鸟类繁殖受内外环境条件刺激的影响
以及神经内分泌的控制(自 Farner)

领域的大小因种而异,大型鸥类的领域面积相对较大,鸥类对其保护得较好。鸣唱是最常利用的保护方式之一。鹈形目种类的领域面积较小,它们只保护筑巢的灌丛或树木附近的一块地方,鲣鸟可通过"躬身"姿态宣布其领域。而燕鸥类领域面积极小,几乎没有领域性,它们的巢非常密,互相间争斗和恫吓的情况极少发生。这是因为密集的巢可以使它们联合抵御天敌和其他可能的伤害。

8.5.2.2　配偶的形成(formation of pairs)

为了顺利进行繁殖,首先就要进行配偶选择,这一点对雌鸟来说更为重要,因为雌鸟要产卵、育雏、消耗能量较大,选择强壮的雄鸟可以提高繁殖的成功率。

人类对鸟类求偶选择的过程研究得还不十分透彻,但鸟类之间丰富多彩的求偶行为是吸引人的。首先,鸟类要先判断同种个体及性别,可通过体羽颜色、鸣唱等信号来观察,当然,也可通过行为进行观察。在鸥形目,对一些鸥的行为了解更多,如图 8-63 所示。

A. 雄性银鸥直立威胁姿态会吸引未配对的雌性；B. 雌性曲背、驯服地边靠近雄性边点头；C. 雄性接受雌鸟后站在一起摆头；D. 雌鸟开始乞食；E. 配偶后常一起鸣叫；F. 配偶后一起选择巢位。

图 8-63　银鸥配偶形成

配偶的形成是逐渐的，管鼻鹱在配偶关系形成之前几个季节时就开始求偶炫耀；鲣鸟在 4 月份产卵，早在 1 月份就要不断地进行求偶表演、献礼等。

企鹅到达繁殖地时，会进行求偶行为相对炫耀（图 8-64），许多鹱形种类求偶行为相对安静些；鹈鸟类主要利用视觉；褐鹈鹕在吸引雌性时，行为比较复杂，如躬身、转头等；鲣鸟会进行飞行"表演"；雄性军舰鸟，站在潜在巢位上抖动翅膀，显示其膨胀的喉囊，当雌鸟飞来时，它用各种行为和声音吸引，当雌鸟接受了，它们之间会摆头并缠绕颈部。

图 8-64　王企鹅（A）及绿脚鲣鸟（B）配偶形成

8.5.2.3 孵卵（incubation）

除皇企鹅外，几乎所有的海鸟都是由雌雄性共同孵卵。沿岸海鸟孵卵期较短，真正的海鸟孵卵期很长，管鼻鹱为 19～22 天，灰脸圆尾鹱平均 17 天，其他管鼻鹱平均 40～60 天，王信天翁平均 79 天，雄性皇企鹅大约 64 天，小型企鹅只需 33～40 天。

绝大多数海鸟产卵数极少，一般为 1～3 枚，这与其远距离取食消耗能量较多有关，只产 1 枚卵的有鹱类、皇企鹅、鲣鸟、军舰鸟和燕尾鸥等；而鸬鹚和鸥鹬可能产 4 枚卵。鸟类中存在产定数卵与不定数卵。孵卵的意义在于供热量、防止天敌等。卵一般为椭圆形，白色或带有斑纹，与雌鸟相比，卵的大小占其体重的比例在鲣鸟为 3.4％，暴风海燕为 25％。

洞巢海鸟的卵通常白色，在开阔地筑巢的海鸟产带颜色的卵，一方面为了伪装，另一方面便于海鸟识别。

8.5.2.4 育雏（parental care）

鸟类的幼鸟分两种：早成雏（precocial）和晚成雏（altricial）。早成雏孵出后，很快即可随亲鸟寻食或独立寻食，晚成雏出壳后仍不能行动，须由亲鸟喂食，继续在巢中发育。海鸟的雏鸟多为晚成雏。当海鸟雏鸟出壳后，许多成年海鸥和燕鸥便将壳移走。亲鸟要不断取食喂养直至其长大。

育雏期是从孵化到雏鸟能独立生活为止，在这期间亲鸟非常繁忙。育雏期长短不同：王企鹅和大型管鼻鹱育雏期最长，接近 1 年；漂泊信天翁雏鸟需要 38～43 天才能飞行，因其取食距离远，条件不好时还必须忍受较长时间的饥饿。雏鸟的皮下脂肪较厚。军舰鸟大约 6 个月，冬季繁殖的灰脸圆尾鹱需 4 个月，另外一些至少需 2～3 个月，沿岸海鸟需时少些，燕鸥通常 23～28 天，绝大多数鸥类为 35～45 天。育雏期间取食活动频繁，每天亲鸟都要饲喂雏鸟。燕鸥用喙叼啄食物，鸬鹚雏鸟将喙伸入亲鸟喉囊，吸食亲鸟的半消化食物。

8.5.2.5 成熟（maturity）

海鸟成熟期长于陆地鸟类，首次繁殖年龄在大型管鼻鹱为 10 年以上，鹱类 5～8 年，这个目中只有鸬鹚科鸟类成熟得最快，只用 2 年。企鹅、军舰鸟也需 5～10 年，其他一些海鸟用 3～6 年时间。

成熟期长短与食物供应、取食技巧有关。刚成熟的鸟类育雏力较弱，雏鸟经常死亡。在年景差时，海鸟不繁殖。人们发现黑背信天翁的成熟种群某些年内只有 40％繁殖，另一些年 100％的可繁殖。由于海鸟青年期较长，繁殖力较低，作为补偿，一般海鸟的寿命较长，每年调查的种中只有 10％～15％的死亡率。管鼻鹱类死亡率更低，只有 3％～5％，它们的寿命可达 20～30 年，甚至 40～50 年。信天翁寿命更长，可达 80 岁或更长些。

8.5.3 海鸟的迁徙

迁徙是指每年在一定的季节，在繁殖区与越冬区之间进行的周期性迁居现象，是鸟类对改变的环境条件积极适应的本能，具有定期、定向且集群的特点。根据鸟类迁徙活动的特点，可把鸟类分为留鸟和候鸟两大类，留鸟是指终年留居其繁殖地（出生地）的鸟类。在海鸟中,留鸟不超过5%且都为海岛种类,如加拉帕戈斯群岛的企鹅,不迁飞的鸬鹚、岩鸥等。绝大多数海鸟是属于留鸟当中的游荡鸟,占整个区系的85%。它们的游荡范围可达数千海里,远远超过其繁殖分布区,是以获得充分的食物为目的,无方向性。真正的迁徙种类并不多,大约占1%。能进行迁徙的鸟类叫候鸟。候鸟中,夏季在我国境内繁殖,秋季飞离到温暖的南方国家去过冬的称夏候鸟;秋季飞来越冬,春季北上繁殖的鸟类称冬候鸟;越冬及繁殖都在我国境内的叫旅鸟。

绝大多数海鸟迁徙方向是南北方向,冬天,当季节变更,食物供应发生变化时,在高纬度地区繁殖的海鸟迁徙到低纬度地区,如黑腹舰燕和白腰叉尾海燕。有些海鸟在亚热带和温带繁殖后,甚至会穿过赤道到另一半球去。当然,少数海鸟进行东西方向的迁徙,白顶信天翁就是一个很好的例子,它在新西兰和澳大利亚南部繁殖,非繁殖期聚集到南部非洲和南美洲西部(秘鲁南部)。一些不能飞翔的鸟类,如企鹅也可以迁徙相当远的距离,某些麦氏环企鹅可以从南美洲南部游泳到巴西南部。

迁徙的路线和时间:许多海鸟沿宽面迁徙,一些沿窄面迁徙,半岛、大陆沿岸为必经之路。迁徙路线通常是最"经济"的一条,但也并不是地理上最短距离的那一条,风会造成"环形"迁徙,即迁徙来回的路线会因风的作用而呈"8"字形。迁徙通常一年2次,春季从越冬地迁向繁殖地,秋季从营巢地迁往越冬地。迁徙时间因种而不同,在那些主要由内因而迁徙的海鸟很少会因外界条件的变化而改变迁徙时间。在北温带,海鸟迁徙时间,春季在4月末至6月初,秋季在9月至11月。

海鸟迁徙时常会聚集成群,但整个群的数量不多,如灰鹱、短尾鹱和大鹱。迁徙时,海鸟在水面上低空飞翔,充分利用波浪,只有当横过陆地时才提高飞翔高度。

海鸟迁徙飞行速度在体型较大的海鸟一般为40～70 km/h,速度受风的力量、风的方向影响较大,相当多的种类在秋、春两季迁徙方向不同,以避免顶风。用黑背信天翁做实验,它用10天时间飞行近5 150 km返回繁殖地,短尾鹱可飞行1 600 km回到白令海。

鸟类的迁徙定向,一直是人们最感兴趣的现象之一。有人做过这样的实验,把鸟类从其繁殖地移开并运送到远处放飞来研究鸟类返回的成功率。1915年时,人们把在墨西哥湾繁殖的白顶黑燕鸥带到1 300 km以外,几天后鸟类飞回。普通鹱和黑背信天翁有着惊人的定向力,甚至可横穿整个大洋而不迷失方向。

视觉定向一直被认为是最重要的方式之一,鸟类可借助于视觉观察地形地貌等特征,在海洋上迁徙时,可依据附近海岸的特征。鸟类也可利用星辰定向或地球磁场来确定迁徙方向,如企鹅、环嘴鸥等。到底它们是如何作用的还不清楚。总的来说,鸟类迁徙与星辰识别、磁场感应都有关,当某一信息错误时,可利用其他信息及时得到修正。

关于鸟类迁徙的原因,众说纷纭,鸟类迁徙是内外因素共同作用的结果。内因包括鸟类神经系统、激素内分泌系统的调节、生殖器官的发育及机体的生物钟节律等;外因包括光、气候、温度、食物和群落关系等,它们可通过影响内因而起作用。光照的延长使生殖腺发育,促使鸟类在春季飞向北方繁殖;秋季来临时,食物减少,水温、气温的降低及冰冷等都会引起温带鸟类的迁徙。对于海鸟来说,觅食条件的恶化、浮游生物的减少及鱼类迁往水深层等因素,首先会促使在海洋表层取食的鸟类迁徙,鹱、燕鸥、三趾鸥等迁徙的距离最远,而潜水种鸬鹚和大型海雀迁徙范围较小。

迁徙是鸟类在长期生活中适应进化的结果。尽管迁徙需消耗能量且极为危险,但对于繁殖成功非常有利,对整个种群的繁衍延续非常有利,因此,鸟类将其遗传给后代。未成熟的个体可在无成鸟领导下定向迁徙到越冬地就是一个很好的例证。

当然,有些学者认为鸟类迁徙是由一段特殊的历史时期造成的,在地质时期第四纪为冰川时期,冰川周期性地从北半球向南半球侵袭迫使鸟类南迁;当冰川退去时,鸟类又返回原来栖息地,久而久之,形成了鸟类的迁徙现象,用这个理论或许可以解释幼鸟的迁徙现象。总之,鸟类迁徙还是个谜,尚有待进一步研究。

8.6　鸟类的经济价值

鸟类的经济价值可以归纳为以下几点:

1.作为食物:鸟类的肉、蛋是营养价值极高的食品,一直受人类的重视,特别是家禽饲养业的大力发展,为社会提供了大量的禽肉和蛋,满足了社会需求,丰富了人们的物质生活。现在鸵鸟饲养业比较发达,还有一些珍禽的饲养业也不断扩大。此外,在野生鸟类中有许多狩猎鸟。

2.工业原材料:鸟类羽毛是装饰、被服工业的原材料,优良的绒羽是制作防寒服、被褥的高级填充物,一直深受大众欢迎;一些色彩鲜艳的羽毛是制作箭杆、羽扇等的上等原料。

3.药用:鸟类本身可作药用,如乌骨鸡;其产品也可作药用,如燕窝、砂囊(鸡内金)等,鸡内金是治疗消化不良、反胃呕吐的中药。

4.观赏:鸟类观赏价值极高,我国有许多著名的笼鸟,如百灵、画眉、相思鸟、鹦鹉等。它们鸣声多数婉转动听。

5.鸟类对农业、林业的贡献:绝大多数鸟类是有益的,红脚隼、鹭等吃蝗虫;杜鹃在一小时内能吃掉上百条毛虫;啄木鸟在消灭树木害虫时更是卓有成效,被人们称为"森林卫士";鸮类可以吃鼠类,对人类有益。当然,任何事物都是一分为二的,它们也会抢食农作物、破坏庄稼、捕捉鱼类、损坏建筑物或公用设施等,但是只要加强管理,损失就会减轻或消除。

6.环境监测:鸟类在生态系统中的地位比较重要,活动范围较小的留鸟,可用于监测栖息区域的污染物水平。如麻雀,多栖息于人工建筑,有可能成为一种适宜的指示种,用于监测小范围工业污染状况。有人研究大贼鸥体内既有重金属积累,又有有机农药积累,可作为海洋污染监测指示种。

复习题

1.总结鸟类飞翔生活方式,在各个器官系统上的结构特点。

2.试述鸟类消化系统各部的结构与功能。

3.何谓"双重呼吸"?

4.鸟类分几个总目? 在分类特征上有哪些主要区别?

5.列举10种常见游禽,说出其分类地位。

6.鸟类与爬行类的相似要点。

7.始祖鸟、中华龙鸟的主要特征。

8.什么叫迁徙？解释其原因。

9.海洋鸟类繁殖过程简述。

10.论述鸟类的经济意义及保护鸟类的深远意义。

第九章 哺乳纲(Mammalia)

哺乳动物是全身被毛、运动敏捷、恒温、胎生和哺乳的脊椎动物,并在新陈代谢全面提高的基础上获得恒温的特性,因而与鸟类共同又称为恒温动物。它是脊椎动物中躯体结构、功能和行为最复杂的一个高等动物类群,是生物界最具有高度发达神经系统的类群,它包括各种海洋哺乳动物、陆生哺乳类和人类。它们生活在各种不同的环境中,从两极地区到热带都有哺乳动物栖息。它们分别以不同的生活方式适应于陆地、海洋、地下和空中的各种不同的环境。

9.1 哺乳纲动物的主要特征

9.1.1 主要特征

1.具有高度发达的神经系统和感官,能协调复杂的机能活动并适应多变环境。
2.出现口腔咀嚼和消化,大大提高了对能量的摄取。
3.具有高而恒定的体温,减少了对环境的依赖性。
4.具有陆上快速运动的能力。
5.具有两心室和两心耳的完善心脏,加强了代谢机能,提高了生活能力。
6.胎生、哺乳,保证了后代有较高的成活率。

以上这些主要特征,也是较其祖先动物爬行类的进步特征。而较鸟类的进步特征则是恒定的体温和心脏完善特征之外的其他各项。这些进步特征,使哺乳动物能够适应各种各样的环境条件,分布几乎遍及全球,广泛适应辐射于陆地、洞穴、天空和水体等多种环境。

9.1.2 胎生、哺乳在动物演化史上的意义

胎生和哺乳完善了哺乳动物的繁殖能力,使其后代成活率大为提高,为其生存和发展提供了广阔的前景。胎生方式为发育胚胎提供了保护、营养和稳定的恒温发育条件,这是保证酶活动和代谢活动正常进行的有利因素,使外界环境条件对胚胎发育的不利影响降低到最低程度。这是哺乳动物在生存斗争中优于其他动物类群的一个方面。

所谓胎生(vivipary),即是哺乳动物的胎儿借助胎盘(placenta)和母体联系并取得营养,在母体内完成胚胎发育过程妊娠(gestation)而成为幼儿时始产出。产出的幼儿以母亲的乳汁哺育,即为哺乳。

胎盘是由胚胎的绒毛膜(chorion)和尿囊(allantois),与母体的子宫壁的内膜结合起来形成(图 9-1)。母体的营养物质和胎儿的代谢废物是透过胎盘外膜来弥散交换的,并不通

过血液循环系统。一般允许盐、糖、尿素、氨基酸、简单的脂肪以及某些维生素和激素通过。哺乳类的胎盘分为无蜕膜胎盘和蜕膜胎盘。前者胚胎的尿囊和绒毛膜与母体子宫内膜结合不紧密，胎儿出生时易于脱离，不使子宫大出血。蜕膜胎盘的尿囊和绒毛膜与母体子宫内膜结为一体，因而胎儿产生时需和子宫壁内膜一起，这就造成大量流血。无蜕膜胎盘包括散布状胎盘（绒毛均匀分布在绒毛膜上，鲸、狐猴和某些有蹄类属此）和叶状胎盘（绒毛汇集呈小叶丛，散布在绒毛膜上，大多数反刍动物属此）。蜕膜胎盘包括环状胎盘（绒毛呈环带状分布，食肉目、象、海豹属此）和盘状胎盘（绒毛呈盘状分布，食虫目、翼手目、啮齿目和多数灵长类属此）。人的胎盘也为盘状胎盘。

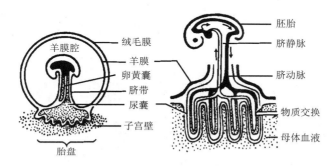

图 9-1　哺乳类胎盘结构模式图（仿 Weisz）

哺乳类自卵受精到胎儿产生的期限为妊娠期。胎儿发育完成产出，称分娩。生乳作用是通过神经体液调节方式来完成的。通过吸吮刺激和视觉，反射性地引起丘脑下部垂体的分泌，释放催产素，使乳腺旁的平滑肌收缩而泌乳；同时还引起丘脑下部分泌生乳素和抑制激素，以调节脑垂体分泌生乳素，使排空了的腺泡制造乳汁。

哺乳是使后代在优越的营养条件下迅速地发育成长的有利适应，加上哺乳类对幼仔有各种完善的保护行为，因而具有远比其他动物类群高得多的成活率。胎生、哺乳是生物与环境长期斗争的结果。低等哺乳类尚遗存卵生繁殖方式（如鸭嘴兽），但已用乳汁哺育幼仔。高等哺乳类胎生方式复杂，哺乳幼仔行为也各不相同。这说明物种是以各种不同方式，通过不同途经与生存条件作斗争，其在适应、生存和进化程度上亦各有不同。

9.1.3　哺乳纲动物的躯体结构和功能的概述

哺乳纲动物的外形分头、颈、躯干和尾等部分，其最显著的特点是体外被毛。多数哺乳纲动物的躯体结构与四肢的着生均适应于在陆地快速运动。前肢的肘关节向后转，后肢的膝关节向前转，从而使四肢紧贴躯体下方，提高了支撑力和弹跳力，有利于步行和奔跑，结束了低等陆栖动物以腹壁着地，用尾巴作为运动辅助器官的局面。但是，适应于不同生活方式的哺乳动物，在形态上有较大改变。水栖种类，如鲸鱼体呈鱼形，附肢退化呈桨状。飞翔种类，如蝙蝠，前肢特化，具有翼膜。穴居种类躯体粗短，前肢特化如铲状，适于掘土，如鼹鼠。

9.1.3.1　皮肤及其衍生物

哺乳纲动物的皮肤与低等脊椎动物相比较具有结构致密、抗水性强、感觉功能敏感、有控制体温的机能及阻止细菌侵入等保护作用。此外,皮肤的质地、颜色、气味、温度以及其他特性,能够与环境条件相协调,因而是完善地适应陆地生活的防卫和协调器官。这是物种历史的遗传性所决定的,并在神经、内分泌系统的调节下来完成,以适应多变的外界条件。哺乳动物的皮肤有以下特点(图 9-2):

1.表皮和真皮:均加厚,表皮的角质层发达。人有几十层细胞,猪、象、犀牛和河马等有几百层厚,称硬皮动物(pachyderms)。真皮为致密的纤维性结缔组织,内含丰富的血管、神经和感觉末梢,能感受温、压及痛觉。真皮的坚韧性极强,为制革原料。表皮和真皮内有黑色素细胞(melanocytes),能产生黑色素颗粒,使肤呈现黄、红褐色和黑色。在真皮下有发达的蜂窝组织,能储存丰富的脂肪,构成皮下脂肪层,起保温和隔热作用,也是能量储备基地。

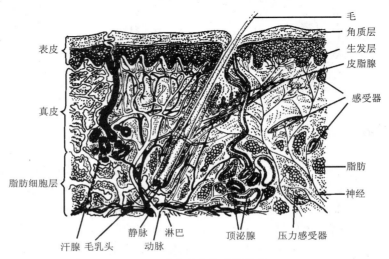

图 9-2 哺乳动物的皮肤结构

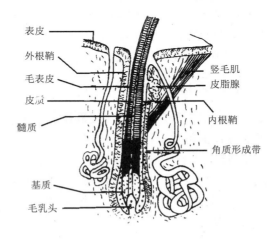

图 9-3 哺乳动物毛的结构——毛囊纵切面

2.被毛(hair):毛为表皮角质化的产物,由毛干和毛根构成。毛根埋在皮肤深处的毛囊里,外被毛鞘,毛根末端膨大部分为毛球。毛球基部即为真皮构成的毛乳突,内具丰富的血管,供毛生长所需营养物质。毛囊内有皮脂腺的开口,分泌的油脂滋润毛和皮肤(图9-3)。

　　毛囊基部有竖毛肌附着,竖毛肌收缩可使毛直立,有辅助调节体温的作用。毛是保温器官,毛干是由皮质部和髓质部构成,髓质部内含空气间隙,具保温作用。毛是触觉器官,很多种类如海豹、海狮、猫、鼠等,吻端的触毛是特化的器官。

　　根据毛的结构特点,可分为针毛(刺毛)、绒毛和触毛。毛被主要由这三种毛组成。毛被的主要功能是绝热,由于毛被的作用,体表热量的散失和吸收受到阻碍。生活在极为寒冷水域的鳍脚类,靠被毛和皮下脂肪来隔热。一些无毛或几乎无毛的哺乳动物,它们不是生活在温暖水域,就是有比其他被毛动物更好的隔热组织,如基本上无毛的鲸和海豚有一层厚厚的鲸脂和复杂的热交换血管网络;象、河马与犀牛的毛相当稀少,它们都栖息于温暖地带,而且很厚的皮肤也有隔热作用,况且其体躯巨大,有相对小的体表面积,因此有利于保持体温的恒定。

　　毛常受磨损和季节影响,通常每年有1～2次周期性换毛,多数哺乳动物每年春秋脱换两次(如狐、狗和鼬等)。陆生哺乳动物的颜色与它的生活环境的颜色一致。一般来说,森林的哺乳动物带暗色,开阔地区的呈灰色,沙漠地区多呈沙黄色。

　　3. 爪(claw)、甲(nail)和蹄(hoof):都是趾端表皮形成的角质构造,由上部的爪体及下部的爪下体构成(图9-4,图9-5)。爪体厚并向两侧弯曲,包住爪下体。甲为灵长类所特有,其爪体平展,不向两侧包下。有蹄类的蹄,其爪体增厚形成趾端的蹄壁。

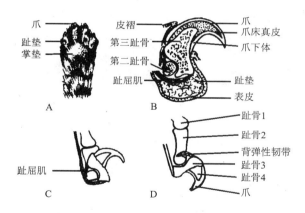

A. 前足外形腹面观;B. 趾端构造;C 和 D 示爪的伸缩

图 9-4　猫科动物的足和爪(盛和林,1985)

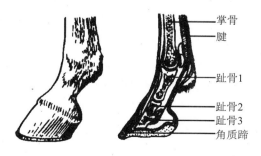

图 9-5　马蹄(盛和林,1985)

4.角(horn):角是表皮和真皮特化的产物。表皮产生角质角(牛、羊的角质鞘,犀牛的表皮角);真皮形成骨质角。角可分为五种类型:①洞角(hollow horn),成对生长在额骨上,包括骨心和角鞘,习惯称后者为角。洞角为牛科动物所特有,角永不脱落。②鹿角(antler)(实角),新生角在骨心上有嫩皮,连皮带骨称茸角,即鹿茸。鹿角每年周期性脱落和重新生长,这是鹿科动物的特征。③叉角羚角(prong horn),是介于洞角和鹿角之间的一种角形。骨心不分叉而角鞘具小叉,分叉的角鞘有毛。具角鞘与洞角相似。毛状角鞘在每年生殖期后脱换,骨心永不脱落。如叉角羚(*Antilocapra americana*)和高鼻羚羊(*Saiga talarica*)。④犀角(rhinoceros horn),由表皮产生的角质纤维交织形成,无骨心,固着在鼻骨的短结上。不脱换,但断落时能长出新角。东南亚的独角犀只有一个角,非洲的双脚犀一前一后有两个角。⑤瘤角(stubby horn),为长颈鹿和獾加狓(*Okapia jonstoni*)的角。在骨心外终生被有活的皮肤,从不脱落(图 9-6)。

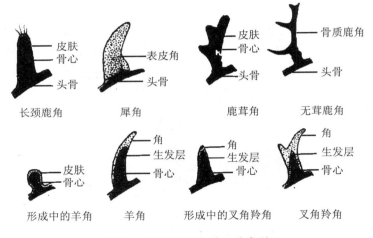

图 9-6　哺乳动物角的五种类型

5.皮肤腺:哺乳动物的皮肤腺特别发达,主要有皮脂腺、汗腺、臭腺及乳腺。①皮脂腺(sebaceous gland):系与毛囊相连的泡状腺。它分泌皮脂可润泽毛和皮肤。②汗腺(sweat gland):位于真皮内的单管腺,下盘曲成团状。汗液在体表蒸发,是散热的主要方式之一。汗水含盐类和尿素等。灵长类的汗腺散布全身,其他哺乳动物的汗腺多限于一定的部位,如牛、羊和狗的仅限于吻部,兔只在唇及鼠蹊部,而鲸、海牛和鼹鼠无汗腺。③臭腺(scent gland):分布于多种部位,如麝鼠及犬科的包皮腺,鼬科的肛腺,雄麝腹部的麝香腺。哺乳动物的臭腺主要有用气味标明个体的领域;发出气味使两性会合交配繁殖;发出气味作为一种防御手段等三方面的作用。④乳腺(mammary gland):是管、泡混合腺。单孔类,乳腺组织散布于体腹面,每小叶分别开口于毛根附近的皮肤表面。在其他哺乳动物中,各小叶的导管集中开口到乳头。乳头的数目及着生位置因种类而异。乳腺在垂体前叶的生乳激素的刺激下开始分泌。乳汁的营养成分含量因种而异(表 9-1)。

表 9-1　几种兽类乳的成分(%)

种类	脂肪	蛋白质	乳糖	灰分	水
狮	18.90	12.50	2.70	1.40	
双峰驼	5.39	3.80	5.10	0.69	87.00
驯鹿	13.05	9.54	3.31		
牛	1.73	2.54	4.73	9.10	13.32
非洲象	7.00	4.00	6.50	0.50	82.00
蓝鲸	42.34	12.16	1.29	1.42	
原海豚	25.30	8.28	1.09		
海狗	52.20	9.59	0.11		

以上所述毛、爪、甲、蹄、角和皮肤腺等都是皮肤的衍生物。

9.1.3.2　肌肉系统

哺乳动物的四肢和躯干的肌肉具有高度的可塑性,在不同进化方向都发展了适应其不同运动方式的肌肉模式,其构造和机能都比其他动物复杂。鲸是海洋里游动最快的动物,有蹄类和一些食肉类是陆地上最快的奔跑者,蝙蝠是比鸟类更灵活的飞行者。咀嚼肌加强了口腔的咀嚼,膈肌将胸腔和腹腔隔开而有助于呼吸,都是哺乳动物的特有肌肉。此外,哺乳动物发展了皮肌,能抖动皮肤,驱赶蚊蝇叮咬或抖落附着物;刺猬、犰狳发达的皮肌能使身体蜷曲成球状以避敌害。唇肌的吮乳作用,面肌控制许多重要动作,特别是灵长类表情肌的发展,对其社群活动都有重要意义。

9.1.3.3　骨骼系统

哺乳动物的头骨完全骨化,骨片愈合,数目减少,脑颅扩大,除了有保护脑的作用之外,还提供颞肌(temporal muscles)的附着点,颞肌是多数哺乳动物最有力的闭颌肌。鼻腔扩大,在延长的鼻腔内有鼻甲骨(turbinal bones),以支持鼻腔黏膜。口腔顶壁的次生腭或硬腭(hard palats)是构成分隔口腔内呼吸与消化通路的隔板,它解决了咀嚼食物时消化与呼吸的矛盾,是哺乳动物的进步特征之一。次生腭是由前颌骨、颌骨的腭突及腭骨并合而成。哺乳动物的头骨有听泡,系由鼓骨构成;也有颧弓(zygomatic arch),系由颌骨与颞骨的突起和颧骨本体所构成。颧弓突向头骨外侧,有保护眼睛的作用,又是咬肌(masseter muscles)的附着点,构成颧弓的鳞骨为齿骨提供关节髁。食虫类和鲸类颧弓缩小,咬肌发达的啮齿类则颧弓扩大(图 9-7)。

齿:哺乳动物的牙齿长在前颌骨、颌骨和齿骨上,属异齿型,齿列由结构和机能不同的牙齿组成。可分为门齿(incisor)、犬齿(canines)、前臼齿(premolar)和臼齿(molar)。哺乳动物的一生长两套牙齿,早期发育成的门齿、犬齿和前臼齿到一定年龄时脱落,由恒齿替换。各种齿型的数目,通常用齿式(dental formula)表示。如狼和狐,上下颌每侧各有三个门齿(3/3),一个犬齿(1/1),四个前臼齿(4/4)和两个上臼齿及三个下臼齿(2/3)。可以简写为 i.3/3,c.1/1,p.4/4,m.2/3=42;或 3/3,1/1,4/4,2/3=42 或 3.1.4.2/3=42,总数42 个得自齿式的两部,因齿式只列出总齿数的一半。哺乳动物的牙齿和头骨形状,随食性不同而有一系列适应性特化。食虫类多数是尖锐的牙齿;但一些食蚁种类头骨延长,牙齿退化或缺如；杂食性种类鼻面部延长，通常有锐利而具切割能力的门齿；食肉类头形相对短些，犬齿尖锐，上前臼齿和下臼齿发育成裂齿，臼齿多小尖；食草哺乳动物的臼齿有相对大的齿冠；海栖哺乳动物的牙齿有多种特化（图 9-8）。

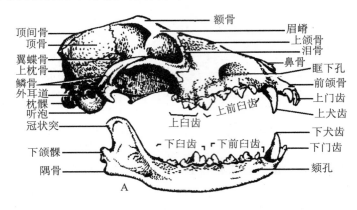

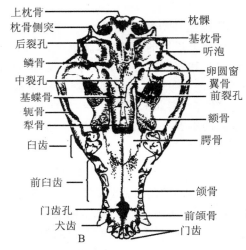

侧面观（A）和腹面观（B）

图 9-7 哺乳动物犬科的头骨（仿盛和林，1985）

脊柱：哺乳动物的脊柱可分为颈椎（cervical）、胸椎（thoracic）、腰椎（lumbar）、荐椎（sacral）和尾椎（cauda）五部分。颈椎通常为 7 个，但海牛和二趾树懒为 6 个，三趾树懒为 8～10 个是例外。第一和第二颈椎（寰椎和枢椎）形状特殊，互成枢轴关节，使头部有灵活的转向能力。胸椎多为 13 个；腰椎 4～7 个；荐椎 3～8 个，且常融合为一，与腰带相关节。鲸类无后肢，故荐骨不明显。尾椎数随尾巴长短而有很大变化，数个至数十个不等。

肋骨：一般分背、腹两段，背段多硬骨质称椎肋，腹段多软骨质称胸肋。肋骨、胸骨（sternurn）与胸椎构成胸廓，以保护内脏，完成呼吸动作等。直接与胸骨相接的肋骨叫真肋；不直接与胸骨相接而附着于前一肋骨软骨上的肋骨叫假肋；末端游离的肋骨叫浮肋。

四肢和带骨：肩带的肩胛骨特别发达，乌喙骨除单孔类外，均与肩胛骨愈合而仅留一喙突；锁骨随前肢活动方式不同而有很大变化，凡前肢能向左右活动的种类（飞翔，挖掘洞穴或攀爬)都很发达;前肢只能前后动作的种类,则退化或缺如(有蹄类和多数食肉类)。腰带包括髂骨、坐骨和耻骨,通过两侧坐骨和荐骨相接形成骨盘。在单孔类和有袋类的雌性的耻骨前缘有一对袋骨;有些种类雄性动物耻骨附近连着阴茎骨(如食肉类、翼手类、部分啮齿类和灵长类)。海牛和鲸类腰带仅剩痕迹。

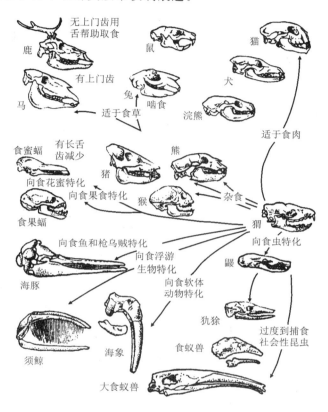

图 9-8　哺乳动物的齿和头骨对食物的适应

四肢骨的结构与一般陆生脊椎动物的模式类似(图9-9)。但前后脚掌(蹠)指(趾)骨,随不同的生活方式而有很大变化,如蝙蝠的翼状肢、鲸的鳍状肢、奇蹄类和偶蹄类的捷行肢。除鲸目、海牛目、翼手目和部分有袋目外,多数种类都有膝盖骨。根据陆生动物四肢着地行走的不同方式,可区分为跗蹠、

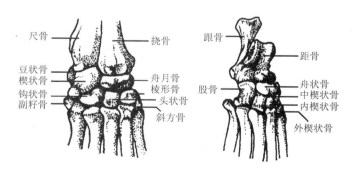

图 9-9　哺乳动物的前足骨(左)和后足骨(右)模式图
(盛和林,1985)

趾全部着地的蹠行性(plantigrade)动物,如猿和熊;仅趾部着地的趾行性(digitigrade)动物,如犬科和猫科动物;只用趾端着地行走的蹄行性动物,如有蹄类。

9.1.3.4 消化系统

哺乳动物的消化管分化程度高,消化腺发达,具有以下特点:

1. 口腔有真正的咀嚼活动,消化能力强,齿分化明显(门齿、犬齿和臼齿等),能主动寻觅食物,也有良好地粉碎食物和防止食物进入气管的性能(参见骨骼系统)。口腔的顶壁是由骨质的硬腭以及从硬腭向后的延伸部分——软腭(soft palate)所构成。而在喉门外有一会厌软骨,形成一个软骨的"喉门盖"。当完成吞咽动作时,先由舌将食物后推至咽,食物刺激软腭而引起一系列的反射,软腭上升,咽后壁向前封闭咽与鼻道的通路,舌骨后推,喉头上升,使会厌软骨紧盖喉门,封闭咽与喉的通路。此时呼吸暂停,食物经咽部而进入食道,以吞咽反射的完成,解决咽交叉部呼吸与吞咽的矛盾。

2. 消化道的结构和功能进一步完善,使食物得到充分的消化和吸收。哺乳动物的直肠直接以肛门开口于体外,其泄殖腔消失而显著不同于一般脊椎动物。值得注意的是哺乳动物的胃因食性的不同而有很大变化:多数为单胃,但草食动物中的反刍类(ruminant)则具有反刍胃。它由四室组成,即瘤胃(rumen)、网胃(蜂巢胃,reticulum)、瓣胃(omasum)和皱胃(abomasum)。其中前三个胃室为食道的变形,皱胃为胃本体,能分泌胃液。反刍的过程是:当混有大量唾液的纤维物质(如干草)进入瘤胃后,在微生物的作用下发酵分解。存于瘤胃内的粗糙食物上浮,刺激瘤胃引起逆呕反射,将粗糙食物逆行食道入口再行咀嚼,咀嚼后的细碎和相对密度较大的食物再经瘤胃与网胃的底部最后达皱胃。大肠与小肠交界处有盲肠,在草食动物特别发达。在细菌作用下,有助于植物纤维的消化(图 9-10)。

3. 消化腺发达:哺乳动物口腔内有三对唾液腺(salivary gland),即耳下腺(parotid gland)、颌下腺(submaxilary gland)和舌下腺(subingual gland)。其分泌物中除含有大量黏液外,还含有唾液淀粉酶(ptyalin),能把淀粉分解为麦芽糖,进行口腔消化。有人认为唾液腺分泌物(以及眼泪)中还含有溶酶菌,具有抑制细菌的作用。通过唾液腺蒸发失水,是很多哺乳动物利用口腔调节体温的一种方式。此外,皱胃有腺上皮,能分泌胃液;在小肠附近有肝脏和胰脏,分别分泌胆汁和胰液,注入十二指肠。

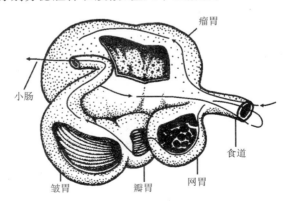

图 9-10　反刍类胃的分室和食物流动路线(仿 Hickman)

9.1.3.5 呼吸系统

哺乳动物的呼吸系统十分发达,空气经外鼻孔、鼻腔、喉、气管而进入肺。肺泡发达,数量多,大大增加其表面积,因而在呼吸效率方面有显著提高。如羊的全部肺泡总面积达 $50\sim80$ m^2,人为 70 m^2,马为 500 m^2,明显地提高了气体交换效率。胸腔为哺乳动物所特有的,容纳肺的体腔借横隔膜与腹腔分隔。横隔膜的运动可改变胸腔的体积(腹式呼吸),加上肋骨的升降来扩大或缩小胸腔容积(胸式呼吸),使哺乳动物的肺被动地扩张和回缩,以完成呼气和吸气。

9.1.3.6 循环系统

哺乳动物由于生命活动比变温动物强得多,因而在维持快速循环方面尤为突出,以保证氧气和燃料来维持恒温。在恒温下各种反应均被促进,并能快速运动,同时进一步增长了对能量的需要。人的一生心脏搏动达 260 亿次,从心室搏出的血液有 150 千吨,由此可知血液循环的重要性。血液循环系统是生命活动继续的最显著的信号,血液循环的停止就意味着生命的结束。有机体含有大量的水分(约占体重的 60%),这些水和溶解在水中的各种物质,总称为体液。其中大约 66% 是分布在细胞内,称为细胞内液。其余的称细胞外液,包括细胞间液、血浆、淋巴液及脑脊液等。细胞外液是细胞直接生活的环境,也是组织细胞与外界进行物质交换的媒介。因此常把细胞外液称为机体的内环境。尽管外环境经常发生变化,但内环境的各种理化因素都是相对恒定的(例如酸碱度、温度、渗透压和各种化学成分的浓度)。哺乳动物循环系统与鸟类一样,心脏分为四腔,完全的双循环,动、静脉血不在心脏内混合(图 9-11,图 9-12)。但哺乳动物具以下特点:

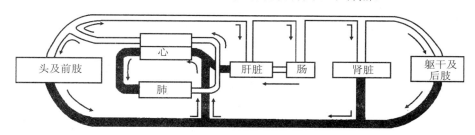

图 9-11 哺乳动物血液循环路径模式图

1.心脏:分为四腔,左心房、右心室与肺动脉构成肺循环。右心房、左心室与体动脉构成体循环。右心房、右心室贮静脉血,房室间有三尖瓣;左心房与左心室贮动脉血,房室间有二尖瓣。大动脉离心的基部有三个半月瓣。所有瓣膜的功能,全是防止血液倒流,以保证血流方向。

2.动脉。具左体大动脉,而与鸟类根本不同。左体动脉弓弯向背方为背大动脉,直达尾端。

3.静脉。大静脉主干趋于简化,肾门静脉消失,新生出奇静脉和半奇静脉,而腹静脉在成体消失。

4.哺乳动物有冠状循环。冠状循环是由左、右两心室之间的腹沟,含有冠状动脉和静脉而构成心脏自身的血管循环。冠状动脉分出大量微血管网包围着心肌内纤维,并供给氧气和营养。

5. 哺乳动物的淋巴循环系统极为发达。淋巴管发源于组织间的微淋巴管,微淋巴管前端为盲管,组织液通过渗透方式进入微淋巴管。微淋巴管再汇集为较大的淋巴管,最后经胸导管(thoracioduot)注入前大静脉回心。淋巴管内有瓣膜防止淋巴液倒流。来于小肠的淋巴管携带脂肪经胸导管注入前大静脉回心。因此说淋巴循环是借助静脉血液回心的系统。微淋巴管是一种可变异的结构,其管壁的缺口时开时闭,可将不能进入微淋巴管的大分子结构(如蛋白质、异物颗粒、细菌及抗原等)从组织液中摄入,并把它们过滤掉或加以中和。过滤异物是在淋巴结内进行的,淋巴结遍布于淋巴系统的通路上,在某些重要部位如颈、腋下、鼠蹊部以及小肠尤为发达。扁桃腺、脾脏和胸腺也是一种淋巴器官。淋巴结除有阻截异物,保护机体的作用外,还制造各种淋巴细胞。淋巴结的巨噬细胞有过滤细菌的功能。

有人认为哺乳类淋巴的发达和遍布全身,可能是热血动物对于防御细菌等异物滋长的一种特殊机制。

6. 哺乳动物血液的红血细胞呈双面凹陷的圆盘状,成熟后无核,是不同于其他脊

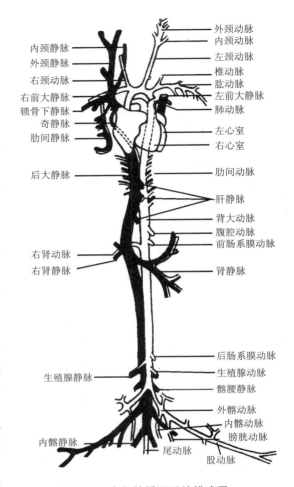

图 9-12　家兔的循环系统模式图

椎动物的重要特点。陆生哺乳类心跳变动范围为 25 次/分(亚洲象)到 1 320 次/分(鼩鼱、鼩鼠)。心搏频率与体形大小相关,一般体形越小,频率相对加快。水栖种类其心率相对陆生种类要慢,如斑海豹,潜水中其心率仅 18～25 次/分。血液循环的速度同样是个体小有较快的趋势,如猫体循环周期为 6.6 秒,犬为 16.7 秒,马为 30 秒。这与小动物代谢强度较高相关。

9.1.3.7　排泄系统

哺乳动物的排泄系统由肾脏(泌尿)、输尿管(导尿)、膀胱(贮尿)和尿道所组成(图 9-13,A～C)。肾脏豆形,位于腹腔中背部左右各一个。肾脏的构造复杂,外层为皮质,中间为髓质,里层为肾盂——输尿管顶端膨大的空腔。髓部为许多收集管汇合的地方,收集管的前段突入髓部成为髓线;每一收集细管由很多肾小管汇入,肾小管分为近曲小管(proximal convoluted tubule),髓袢(或称亨氏袢,loop of Henle)以及远曲小管(distal corvoluted tubule)等部分。收集细管形成较大的收集管,再成大收集管,又在髓部集合呈圆锥状,称肾锥体。锥体顶端称肾乳头。肾乳头上有小孔,开口于肾小盏,几个肾小盏汇合为肾大

盏,肾大盏汇合于肾盂。肾大盏与肾小盏汇合处为肾窦。

肾脏的主要功能是排泄代谢废物,参与水分和盐分调节以及酸碱平衡,以维持有机体内环境理化性质的稳定。此外,肾小球附近的球旁细胞产生肾素,有助于促进内分泌腺所分泌的血管紧张素的活性。

哺乳动物的新陈代谢异常旺盛,致使产生的尿量极大,要避免含氮物的迅速积累,需大量水将废物溶解并排出体外,而这又与陆生生活需要保水尖锐矛盾。哺乳动物所具有的高浓度浓缩尿液的能力就是解决这一矛盾的重要适应。哺乳动物的肾脏结构及肾单位见图 9-13,肾单位由肾小体和肾小管组成。哺乳动物的肾单位数目众多,例如人肾的肾单位有 300 万个,因而尿过滤的效能极高。沙漠啮齿类的尿几乎呈结晶状;骆驼在失水 1/4 的情况下,其血液黏稠度并无显著改变,这都是哺乳动物的尿的浓缩能力的表现。血液中盐类浓度的恒定,是在中枢神经系统的作用下,通过内分泌腺改变肾小管对盐类的选择性而起重吸收作用,以及抗利尿素对远曲小管水分的主动吸收实现的。

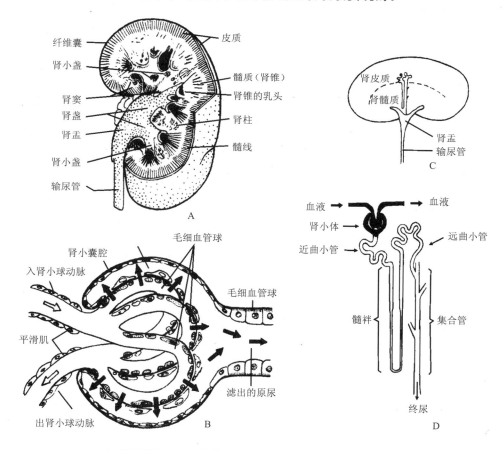

A. 肾脏横切;B. 肾小体;C. 肾脏结构简图;D. 肾单位示意图
图 9-13 哺乳类的肾脏及肾单位(依 McFarland 等改制)

9.1.3.8 生殖系统

生殖是保证物种生存、繁衍的最重要和最基本的生理功能。

1.结构和功能:雄性生殖器官有一对睾丸(testes),通常位于阴囊(scrotum)中,睾丸是由众多的曲细精管(精小管)(seminiferous tubule)构成,它是产生精子的地方。曲细精管间有间质细胞(interstitial cell),能分泌雄性激素,能促进生殖器官发育、成熟和第二性征的形成及维持(图 9-14)。曲细精管经输出小管(vasefferens)而达于附睾(又名副睾,epi-didymis)。

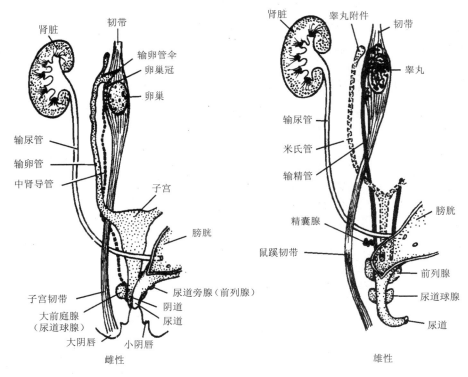

图 9-14　哺乳类雌雄生殖系统模式图

附睾是大而卷曲的管,它的壁细胞分泌弱酸性黏液,构成适宜精子存活的条件。精子在这里发育成熟。附睾经输精管(deferent ducts)而达尿道(urethra)。携带精子的精液经尿道、阴茎而通入雌体。重要的附属腺体有精囊腺(seminal vesicle)、前列腺(prostate gland)和尿道球腺(bulbourethral gland),它们的分泌物构成精液的主体,所含的营养物质能促进精子的活性。前列腺还分泌前列腺素,对于平滑肌的收缩有强烈影响。精液中含有高浓度的前列腺素,可使子宫收缩,有助于受精。尿道球腺在交配时首先分泌腺液为偏碱性的黏液,起着冲洗尿道及阴道,中和阴道内酸性,以利于精子存活的作用。阴囊中的温度比腹腔低 3℃～4℃,可以保证精子生成的正常和存活。阴茎(penis)为雄兽的交配器官,由附于耻骨上的海绵体(corpus cavernosum)所组成,海绵体包围尿道,尿道兼有排尿及输送精液的功能。

雌兽有一对卵巢(ovaries),卵巢由卵系膜(mesovarium)将其连于背部体壁上,卵巢系膜由脏壁腹膜形成。卵巢主要由三部分构成：①结缔组织构成的基质；②围绕表层的生殖上皮(germinal epithelum)；③数目繁多，处于不同发育阶段的滤泡(又称卵泡，follicle)。每个滤泡内含有一个卵细胞，其外有滤泡液，含有雌性激素，能促进生殖管道及乳房的发育和第二性征的成熟。卵泡成熟后，滤泡破裂，卵及滤泡也一齐排出。所残余的滤泡即逐渐缩小，并由一种黄色细胞所充满，成为黄体(corpus luteum)。黄体是一种内分泌组织，所分泌的激素(孕甾酮)可抑制其他滤泡的成熟和排卵，并促进子宫和乳腺的发育，为妊娠做好准备。成熟卵排出后，进入输卵管(oviduct)前端的开口，沿输卵管下行达子宫(uterus)。受精作用发生在输卵管上段，已受精的卵种植于子宫壁上，在此接受母体营养而发育。子宫经阴道(vagina)开口于阴道前庭(vestibulum vaginae)。前庭腹壁有一小突起，称阴蒂(clitoris)，系雄性阴茎头(clanspenis)的同源结构。

2.动情周期(oestrous cycle)：哺乳动物性成熟的时间，从数月至多年不等。性成熟与体成熟并不一致(体成熟较晚)，因而在畜牧业实践中，只有在体成熟之后才允许配种，否则对成兽及仔兽生长发育不利。性成熟以后，在一年中的某些季节内，规律性地进入发情期。卵在动情期排除，非动情期卵巢处于休止状态。掌握不同动物的性周期规律，可以有计划地调节分娩时间、产乳量、防止不孕或空怀。多数哺乳动物一年出现1～2次动情期，如有袋类、偶蹄类、食肉类、单孔类等；少数为多动情期，在一年内的某些时期出现几天为一周期的动情，如啮齿类和灵长类。大家鼠的每个动情期为4～5天。旧大陆猿猴具有28天的周期(同人类)，在此期间具有月经(menstral flow)。

3.控制繁殖期的因子：繁殖行为是内外因子综合影响的结果，在神经系统控制下，通过脑垂体分泌以及性腺分泌的激素，调节着性器官的活动，这是主要方面。但是内因必须通过一定的外部条件(外因)的诱导或协同、配合作用，才能顺利完成。例如猕猴尽管一年内有多次月经期，但仅在有限的动情期内发生妊娠，其余时间不排卵。啮齿类的动情期具季节性，显然环境因子的季节变化有重要意义。环境因子中主要涉及营养、光照变化、异性刺激等方面。在营养条件充足的情况下，家畜的单动情期可变为多动情期。人工控制光照的改变，可诱使春季动情的狐和貂等提前在冬季配种。异性刺激可产生类似激素(称外激素)的效果。一般认为外激素是一种挥发性的气味物质(通过嗅觉引起反射)，由一些皮肤腺所释放的，引起受纳者的化学感受器(如嗅觉)反应。外激素对于哺乳类的性引诱、性成熟，母性的性周期、妊娠及母性行为等都有明显的影响。这种个体间交换信息的形式称为化学通讯。研究和掌握这些控制因素，对于提高畜牧、水产及各种驯养业的生产发展有重要意义。

9.1.3.9　神经系统

哺乳动物具有高度发达的神经系统，能够有效地协调体内环境的统一并对复杂的外界条件的变化迅速作出反应。神经系统的基本活动方式是反射活动。反射是由感受器接受刺激，通过中枢神经系统而引起效应器活动的过程。例如动物吃食，食物入口腔使口腔感受器兴奋，产生冲动传入中枢，中枢神经系统传出冲动，经运动神经传到唾液腺，引起唾液分泌而消化食物。神经系统是伴随着躯体结构、功能和行为的复杂化而发展的。哺乳动物神经系统主要表现在大脑和小脑体积增大，神经细胞所聚集的皮层加厚和表面出现了皱褶(回和沟)。

1.脑：脑分为大脑皮层、间脑、中脑、小脑和延脑。

（1）大脑皮层（cerebral cortex）由发达的新脑皮层构成，它接受来自于全身的各种感觉器官传来的冲动，分析综合并根据已建立的神经联系而产生相应的反应。爬行动物和鸟类的高级神经活动中枢——纹状体已显著退化；爬行动物的古脑皮层（paleopallium）变为梨状叶，为嗅觉中枢；原脑皮层（archipallium）萎缩，主要仍为嗅觉中枢，称为海马（hippo-campus）。左右大脑半球通过许多种神经纤维互相联络，神经纤维所构成的通路称胼胝体（corpus callosum），它随大脑皮层而发展，是哺乳动物特有的结构（图 9-15）。

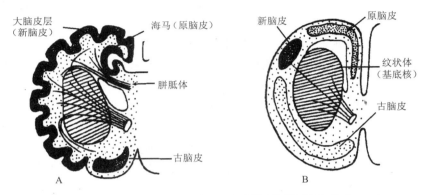

图 9-15　哺乳类（A）与爬行类（B）大脑横断面模式图（仿 Romer）

（2）间脑大部分为大脑所覆盖。视神经从间脑腹面发出，构成视神经交叉。视神经交叉之后借一柄联结脑下垂体，此为重要的分泌腺。间脑顶部有松果腺，也是内分泌腺，可抑制性早熟和降低血糖。间脑壁内的神经结构主要包括背方的丘脑（视丘）（thalamus）与腹面的丘脑下部（hypothalumus）。丘脑是视觉中枢与大脑皮层分析器之间的中间站，来自于全身的感觉冲动（除嗅觉）均聚集于此处，经更换神经元后达于大脑。丘脑下部与内脏活动的协调有密切关系，且为体温调节中枢。

（3）中脑相对于其他脊椎动物不发达，这是由于大脑发达且专司感觉、动作和联想等功能，取代了很多低级中枢的作用。中脑背方具有四叠体（corpora quadrigemina），前面一对为视觉反射中枢，后面一对为听觉反射中枢（与大脑相比功能次要）。中脑底部的加厚部分构成大脑脚（cerebral peduncle），为下行的运动神经纤维束所构成。

（4）小脑极为发达，位于后脑之顶部，是运动协调和维持躯体姿势正常的平衡中枢。小脑皮质又称新小脑，是哺乳动物所特有的结构。在延脑底部，由横行神经纤维构成的隆起，称为脑桥（pons varolii）。它是小脑左右两侧之间联络的中间站，也是哺乳动物所特有的结构。大脑与小脑越是发达的种类，脑桥越发达。

（5）延脑除了构成脊髓与高级中枢联络的通路外，还具有一系列的脑神经核。脑神经核的神经纤维与相应的感觉和运动器官相联系。延脑还是重要的内脏活动中枢，节制呼吸、消化、循环、汗腺分泌以及各种防御反射（如咳嗽、呕吐、流泪和眨眼等），又称活命中枢（图 9-16）。

2.周围神经系统：包括脑神经、脊髓神经和植物性神经。

（1）脑神经：哺乳动物脑神经有 12 对，其分布与功能见表 9-2。

表 9-2 哺乳动物脑神经的分布及功能

名称	发出部位	作用	分布	主要功能
Ⅰ 嗅神经	大脑	特殊体感觉	嗅上皮;犁鼻器[1]	嗅觉
Ⅱ 视神经	间脑	特殊体感觉	视网膜	视觉
Ⅲ 动眼神经	中脑	体运动 脏运动	动眼肌 虹膜的肌肉;睫状体	眼球的转动 瞳孔大小;调节晶状体
Ⅳ 滑车神经	中脑	体运动	动眼肌	眼球的转动
Ⅴ 三叉神经	小脑脑桥	体运动 特殊脏运动	眼区;上颌及下颌肌肉	一般感觉(痛、热冷、触) 咀嚼
Ⅵ 外展神经	延脑	体运动	动眼肌	眼球的转动
Ⅶ 面神经	延脑	特殊体感觉 脏感觉 脏运动 特殊脏运动	侧线系统[2] 舌前部味蕾 泪腺及唾液腺 舌弓或面部的肌肉	感觉振动 味觉 分泌 面肌的活动及咀嚼
Ⅷ 听神经	延脑	特殊体感觉	内耳	听觉和平衡
Ⅸ 舌咽神经	延脑	特殊体感觉 脏感觉 脏运动 特殊脏运动	侧线系统[2] 舌后部味蕾 唾液腺 第三鳃弓或咽部肌肉	感觉振动 味觉 分泌 咽部运动
Ⅹ 迷走神经	延脑	特殊体感觉 脏感觉 脏运动 特殊脏运动	侧线系统 咽部味蕾 胸、腹部内脏的平滑肌和腺体 第四鳃弓或咽喉部肌肉	感觉振动 味觉 分泌、蠕动、心搏等 咽、喉部运动
Ⅺ 副神经	延脑	特殊脏运动	颈、肩部肌肉	颈、肩部运动
Ⅻ 舌下神经	延脑	体运动	舌部肌肉	舌部运动

(1)仅存在于两栖类、某些爬行类和哺乳类中;(2)仅存在于鱼类及有尾两栖类中。

(2)脊髓神经:由脊髓发出的成对的周围神经,其数目随动物的不同而异,如人有 31 对,猪有 33 对。每一条脊髓神经由背、腹两个根从脊髓发出。背根(dorsal root)包含感觉神经纤维,这些纤维来自皮肤和内脏,能传达刺激至中枢神经系统。靠近脊髓处的背根有一个膨大的神经节,称背神经节(dorsal ganglion),内含神经元,通连身体周围部分和脊髓。腹根(ventral root)包含运动神经纤维,分布到肌肉与腺体,将中枢神经系统发出的冲动传递到各效应器(图 9-17)。

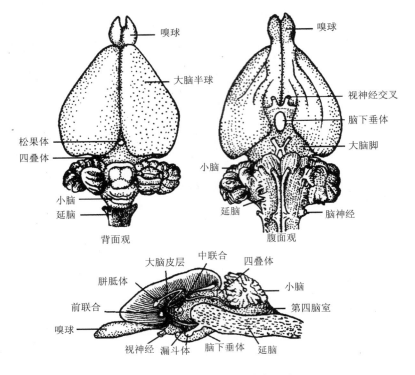

图 9-16 家兔脑的构造（自郝天和）

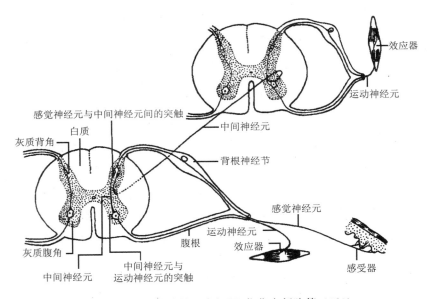

图 9-17 脊髓神经的两个切面（仿华中师院等,1983）

脊神经的背腹两根在脊柱内合并为一根,从椎间孔伸出后,即分为三支:背支(dorsal branch)、腹支(ventral branch)和脏支(viceral branch)。前者分布到背部皮肤和肌肉,中者分布到体侧及腹部皮肤和肌肉;后者分布到内脏器官。

(3)植物性神经:其作用是支配内脏的生理机能,如心跳快慢、胃肠运动和腺体分泌等,由于它不受意志的支配,所以又称为自主神经系统。这个系统又细分为交感神经系统和副交感神经系统两部分。身体的器官一般都同时分布有交感神经和副交感神经。两者的作用是相互拮抗、互相矛盾的,如交感神经所传递的冲动对心跳起着兴奋的作用,而副交感神经则相反,对心跳起着抑制作用。又如对肠、胃的活动,交感神经是抑制,副交感神经是加强。这两种对立作用相辅相成,才能促进器官的正常工作,保持生理功能的相对平衡(图9-18)。

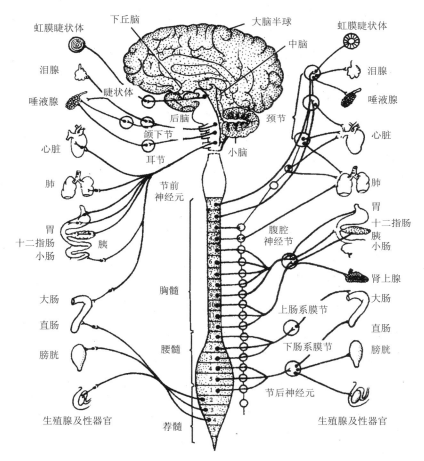

图9-18 哺乳动物的植物神经系统
(左侧为副交感神经,右侧为交感神经)(仿华中师院等,1983,动物学下册)

总之,交感神经系统的功能:①皮肤血管收缩;②竖毛肌收缩,出现"鸡皮疙瘩";③分泌冷汗;④瞳孔扩张;⑤抑制唾液腺分泌;⑥加速心跳;⑦支气管扩张;⑧松弛消化道平滑肌;⑨松弛膀胱肌肉;⑩收缩膀胱括约肌;⑪血糖、血压增加;⑫红血细胞的数量增加并减少凝血时间。副交感神经系统的功能：①血管扩张（心脏冠状血管除外）；②瞳孔收缩；③增加唾液和胃液分泌；④支气管收缩；⑤消化管壁收缩，引起蠕动；⑥膀胱肌肉收缩；⑦膀胱括约肌舒张；⑧外生殖器血管舒张。

植物神经与躯体神经的主要区别有两点：①前者支配平滑肌、心肌与腺体，后者支配骨骼肌；②植物神经自脑和脊髓发出后，不直接到达效应器，而是在植物神经节更换神经元再到达所支配器官，故植物神经有节前纤维（preganglionic fibre）与节后纤维（postganglionic fibre）之分，只有肾上腺直接受节前纤维的支配；躯体神经自脑的脊髓发出后，直达效应器。

3.感觉器官：哺乳动物的感觉器官可分为感受物理刺激和感受化学刺激的两类器官，前者有皮肤感受器（cutaneous sense organ）、平衡器（equlibratory organ）、听觉器（auditory organ）、视觉器（optic organ）等，而感受化学刺激的器官则有味觉器（gustatory organ）和嗅觉器（olfactory organ）。

（1）皮肤感觉器：终止于表皮的神经末梢、触觉细胞或触觉小体等。

（2）平衡器和听觉器：内耳是主要的平衡器官，从水栖到陆地后，内耳的听觉作用才逐渐加强，它是由半规管（semicircular canal）、椭圆囊（utriculus）、球状囊（saicculus）、瓶状囊（lagena）等组成，而且瓶状囊发展为明显的耳蜗（corchles）。听骨增加为3三个镫骨（stapes）、砧骨（incus）、槌骨（mallcus），耳蜗更分化成结构复杂的螺旋状器官，具有高效的听觉能力（图9-19）。

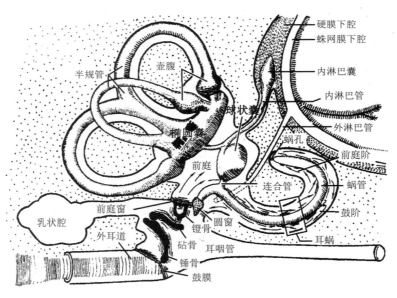

图 9-19　耳的构造示意图

（3）视觉器官：眼的外壁由三层膜构成，外层是坚韧的纤维膜，称巩膜，其前部是透明的角膜，后部不透明，白色，有保护和支持眼球的作用。中层包括脉络膜、睫状体及虹膜。脉络膜有血管和色素，血管提供视网膜的营养；色素吸收进眼的分散光线。睫状体把水晶体悬挂在虹膜的后方。虹膜位于角膜的正后方，光经其中央的瞳孔入眼。虹膜收缩可改变瞳孔大小，调节眼内光量。最内层视网膜是感受光刺激的神经组织，它有两种感光细胞，即视杆细胞和视锥细胞。前者感受弱光，含视紫红质（ehodopsin），为弱光下的视觉所必需；后者为强光下所必需，它含视紫蓝质（iodopoin）。水晶体的前方充满澄清的液体，叫房水。晶体后方充满透明的胶状物质，叫玻璃液。角膜、房水、玻璃液和水晶体都是透明的。水晶体曲度的改变使物像在视网膜上聚焦，进入眼的光线经过折射在视网膜上形成倒像（图9-20）。

（4）味觉器：味觉器是比较原始的感受化学刺激的器官，即味蕾。它由支持细胞包围着一些味觉细胞组成，顶端有味孔，基部有感觉神经末梢（图9-21）。一般说来，舌前部由面神经控制，舌后部由舌咽神经负责。

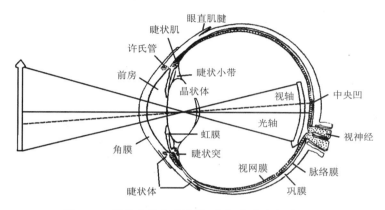

图9-20　眼的构造和视像的形成（仿华中师院1983）

（5）嗅觉器官：是高度分化的感觉化学刺激的器官（图9-22）。各类脊椎动物嗅觉器官有所不同。鼻腔间有嗅觉和呼吸两种功能，内有鼻黏膜，是由支持细胞、基细胞和嗅细胞组成。嗅细胞是感觉神经元，可将神经冲动直接传到中枢神经系统。

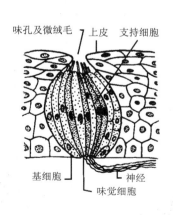

图9-21　味蕾切面的示意图

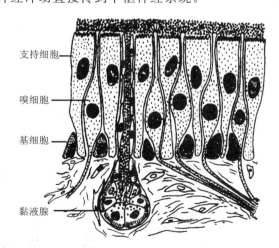

图9-22　嗅黏膜，示三种细胞及黏液腺
（仿华中师院等，1983）

9.1.3.10 内分泌系统

动物体和各种生命活动,直接受中枢神经系统的支配和调节,也间接受中枢神经控制下某些组织器官所分泌的活性物质的支配和调节,这些物质称为激素(hormone)。产生或分泌激素的组织器官,称为内分泌腺(endocrine gland)。内分泌腺无导管,它所分泌的激素直接进入血液,随之被分配到整个有机体内,以加强或减弱某些器官的活动,从而协调动物体的各种生理功能。各种内分泌腺,分泌不同的激素,起着不同的作用,它们彼此之间也有一定的联系,共同组成一个内分泌系统。

1. 甲状腺(thyroid):鱼类的分散存在,两栖类、爬行类和鸟类多位于咽的下方,哺乳类类似,但成对在咽的两侧。分泌甲状腺素(thyroxin),其中含碘。主要功能是提高新陈代谢,促进生长发育,刺激各种组织细胞进行氧化,释放能量。甲状腺素缺乏,生长发育受到影响,皮肤干燥,脱毛。但甲状腺分泌亢进,则有代谢增高、心跳加快、眼球突出等症状。

2. 副甲状腺(parathyroid):常位于甲状腺之背侧、小、呈卵圆形。两栖类及羊膜动物有。其分泌物为副甲状腺素(parathormone),能调节血中钙、磷含量。

3. 肾上腺(adrenal):位于肾脏附近,由两种组织构成,一种叫做皮质(cortex),另一种叫做髓质(medull)。哺乳动物的肾上腺,在结构上完善,外为皮质,内为髓质。皮质能分泌几种激素,统称皮质素(cortin),能调节盐和水分的均衡和糖代谢,并能促进性腺发育和第二性征的发达。髓质分泌的激素统称肾上腺激素(adrenalin),其作用是能引起交感神经的兴奋,从而使血糖增加、心跳加快、内脏平滑肌收缩等。

4. 脑垂体(pituitary):位于间脑的腹面,分为两部,即前叶和后叶。前叶发生于口腔上皮,后叶是间脑神经组织下突形成。根据其来源的不同,前叶也叫腺性垂体(adenohypophysis),后叶也叫神经性垂体(neurohypophysis)(图9-23)。

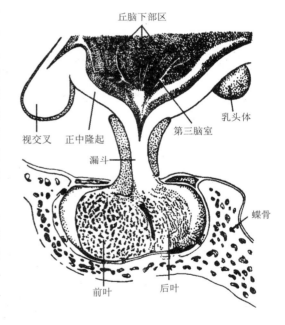

图9-23　人脑垂体构造的示意图

前叶能分泌多种激素,如生长激素(growth-stimulating hormone,GSH)以加速体内蛋白质合成,促进幼年动物生长。再如促甲状腺激素(thyroid-stimulating hormone TSH),能刺激甲状腺分泌激素;促肾上腺皮质激素(adrenocortropic hormone,ACTH),能刺激肾上腺皮质分泌皮质激素;促性腺激素(gonadotropic hormone,GTH),与性腺成熟有关,它可分为促卵泡雌激素(follicle-stimulating hormone,FSH)和促黄体雌激素(Luteinizing hormone,LH)。这两种激素无论雌雄都可产生。促卵泡雌激素能促进精子或卵子成熟,促黄体雌激素能促进睾丸间隙细胞的活动,或加快卵的释出,并使卵泡产生黄体;促性腺激素已得到广泛应用。

近年来的研究表明,脑垂体的分泌活动还受丘脑下部产生的化学物质释放激素(leas-

（图中标注：丘脑下部区　乳头体　第三脑室　蝶骨　视交叉　正中隆起　漏斗　前叶　后叶）

ing hormone)所控制,每一种释放激素控制着相应的一种脑垂体激素。如促黄体雌激素的释放激素(LRH)增多,促黄体雌激素的分泌量也增多。LRH 是由 10 种氨基酸组成,已能人工合成;催乳素(prolactin or luteotropic hormone,LTH),能刺激黄体分泌孕酮(progesterone),促进泌乳(图 9-24)。

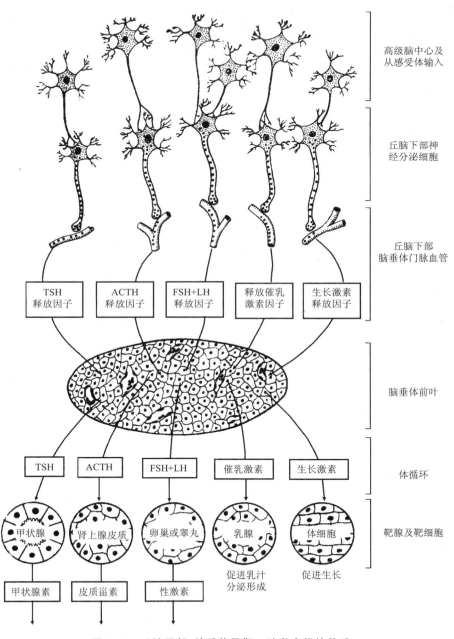

图 9-24　丘脑下部,脑垂体及靶—腺激素间的关系

(依 C.P.希克曼等著,林绣瑛等译,1989,动物学大全)

后叶分泌的激素有两种：加压素（vasopressin），也叫抗利尿激素（antidiuretic hormone，ADH），能促使血管收缩以升高血压，又促使排泄小管更好地重新吸收水分以维持体内水分的平衡；催产素（oxytocin）能引起子宫的收缩和促进泌乳。

5. 性腺：精巢和卵巢除产生生殖细胞外，还能产生激素，所以也是内分泌器官。精巢的生精小管有间质细胞，能分泌雄性激素（androgen），促进第二性征的发育。卵巢能分泌两种激素：一为卵泡分泌的雌性激素（estrogen），也叫卵泡素（folliculin）；另一是黄体分泌的孕酮，也叫黄体素（lutein）。雌性激素能促进雌性生殖器官和第二性征的正常发育，孕酮能刺激子宫内膜（endometrium）增生以接纳受精卵，使之在子宫黏膜上固生，又能刺激乳腺发育，阻止其他卵细胞的再行成熟。

6. 胰岛：胰岛是散在胰脏组织中的细胞群，是一种内分泌腺（胰脏是外分泌腺，另外还有唾液腺和汗腺等，它们都是有导管的分泌腺）。胰岛中有两种细胞：α 细胞分泌高血糖素（glucaglon），促使血糖浓度增加；另一为 β 细胞，分泌胰岛素（insulin）促使血中的葡萄糖转化为糖原，提高肝脏和肌肉中糖原的储藏量。胰岛素分泌不足会有糖尿病。1965 年我国人工合成结晶牛胰岛素，1971 年又用 X 光衍射法完成猪胰岛素晶体结构的测定，在生命科学理论上作出重要贡献，为人类在生命奥秘的认识进程上迈出了一大步。

7. 其他内分泌腺：松果腺可能与生长或成熟有关。胸腺位于胸部稍前方，幼体特别发达；分泌物可促进生长及抑制性器官早熟，并增加抗体，消化道分泌的激素有胃液素、促胰液素和促肠液素等，分别激发胃液、肠液和胰液的分泌。十二指肠（duodenum）能分泌不同的激素影响好几种消化腺的活动（图 9-25）。

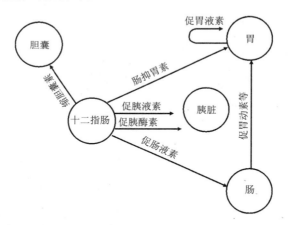

图 9-25 消化道分泌的几种激素

前列腺能分泌前列腺素促进精子生长成熟、激发孕酮分泌、加速黄体溶解、抑制胃腺分泌、增强利尿、降低血压等。前列腺素（prostaglandin）还存在于卵巢、子宫内膜及脐带等处，甚至在洋葱、香蕉和甘蔗中也有。

综上所述，激素的作用是极其复杂的，但其活动均受神经系统特别是高级中枢神经的控制。如果中枢神经系统发生障碍，内分泌腺的功能就会失调，动物体的代谢过程就会发生紊乱，正常的生命活动就会受到损害。

9.2　哺乳纲的代表动物白暨豚

白暨豚(*Lipotes vexillifer* Müller)是我国特有的珍贵水生哺乳动物,是世界现存的稀有豚类之一。它是海洋中生长壮大,淡水中繁殖、产仔的兽类。近百年来由于水运交通繁忙、渔业过度捕捞、商业贸易和国际交往频繁、甚至连年战火也多集中于河海交汇的地区,致使我国各江河海口的白暨豚洄游通道阻塞,由此很少再见到白暨豚的江海洄游现象,而仅残留在某些通江大湖或深水河道中。周开亚(1986)在《中国海兽学研究概况》一文中,将白暨豚纳入齿鲸类。盛和林等(1985)将其归入鲸目、齿鲸亚目的淡水豚科(Platanistidae)。新中国成立以后,特别是 20 世纪 70 年代以来,我国科学工作者对其进行了大量的调查和研究,全面系统地描述了白暨豚的皮肤、骨骼、肌肉、消化、呼吸、生殖系统、脑部结构及眼部器官等。此外还开拓了生物声学、生理学、生物化学及生态保护等研究领域,现分述如下:

9.2.1　白暨豚的分布和生态习性

白暨豚常见于长江中下游干支流和通江湖泊及钱塘江中,其并非均匀分布,而是分别选择适宜其生活的小生境栖居。多次调查表明,以长江支流和通江湖泊的入口处及江心沙洲附近的干流数量较为集中。在 1973 和 1974 年分别在湖北鄂城和洪湖县的长江发现并获得。1979 年在武汉至岳阳江段调查发现有 19 头白暨豚,在洪湖江段的江心洲附近发现 17 头。上述江段水深一般在 10～20 m,流速每秒 1 米左右,调查时为枯水季节,水温 16℃～27℃,沙洲露出水面,其上杂草丛生;涨水时,杂草被水淹没,成为鱼类生长、繁殖的好场所。鱼类的集聚为白暨豚提供了优越的食物条件,可能是形成白暨豚数量集中的主要原因。白暨豚一般只吞食小型鱼类,多在清晨或傍晚于浅滩、岔流及支流汇合口处取食。每年春季繁殖幼兽,每胎 1～2 仔。繁殖习性尚待进一步研究。白暨豚通常营数量不等的群体活动,单独行动者很少。常在远离江岸的江心游水,遇到过往船只,便潜水逃走,是疏人性的。夏季夜间和炎热的中午,白暨豚多在江心的中、下层活动,清晨和黄昏时游向岸边浅水处。风雨来临之前,白暨豚到水面活动极为频繁。冬季经常在上风岸的深水中活动。白暨豚到水面呼吸时的动作与江豚不同,尾鳍不露出水面。一般是头部朝上,吻突露出或不露出水面,额隆和呼吸孔出水后,接着背部出水,在水面滑动时间较江豚长。然后头部入水,背鳍最后没入水中。潜水时间一般为 20 秒,受惊时可达 2 分多钟。出水时间为 0.2～0.6 秒。

9.2.2　白暨豚的形态、解剖学与组织学研究

9.2.2.1　白暨豚的外形

白暨豚体呈纺锤形。上下颌形成狭长的吻,体长约为口角至吻端距离的 6.3～7.3 倍;吻端稍上翘,吻后头部隆起呈圆形。口在头前,无肉质唇。眼小,位于头侧上方;鼻孔纵长,开口于头顶左侧;无外耳,仅有极小耳孔在头两侧。背鳍三角形,位于背中部稍后方。前肢为薄而长的肢鳍,后肢退化。尾分左右两叶,与腹面平行。尾柄侧扁(图 9-26)。

体背部浅灰色,腹部白色。

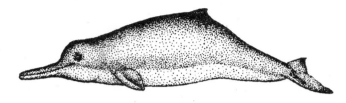

图 9-26　白暨豚之外观

9.2.2.2　皮肤

白暨豚的皮肤构造与鲸类一样,适应于完全的水生生活。表皮特别厚,可分为角质层、棘状层和基底层,无颗粒层和透明层。真皮为乳头层和网状层,无毛囊及皮肤腺,相对较薄。皮下层较厚,且因部位、季节及身体状况而有差别,它充满脂肪细胞,形成极厚的脂肪层,具有隔热和贮存能源的重要生理功能(图 9-27)。

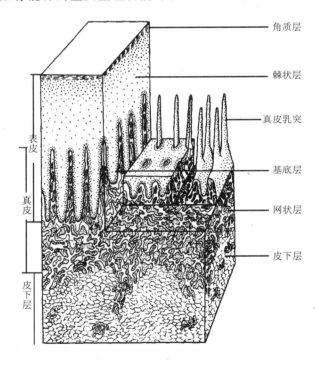

图 9-27　白暨豚的皮肤及皮下层的示意图

9.2.2.3　肌肉

白暨豚躯干皮肤肌肉有 13 种,分别为:①指膜肌在躯干部每侧各具两片,可调节皮肤使体表形成皱褶。此皱褶可使水的紊流变为层流,以减少水的阻力。②原颈括约肌位于颈部。③深颈括约肌,它盖在口底及喉部。④颌鼻外肌在额隆之后起自上颌,止于颌鼻腱板。⑤呼吸孔后唇肌(posteriorlip muscle)起于额隆之前缘,止于呼吸孔后唇的结缔组织。

⑥颌鼻中肌位于前庭气囊之下,使鼻道外部扩张,前庭气囊扩大。⑦颌鼻内肌能隔绝气囊的前部与后部。⑧鼻栓肌收缩时把鼻栓向前拉。⑨额隆肌(melon muscle)可将额隆拉向头骨。⑩唇肌(m. labialis)作用于上唇。⑪颧眶肌(m. zygomatico-orbitalis)起自颧突侧面。⑫眼轮匝肌(m. orbicularis oculi)为环绕眼眶外侧的括约肌。⑬颊肌(m. buccinator)自口角下缘经口角至眼眶下缘(图9-28,图9-29,图9-30,图9-31)。

白暨豚的肩和鳍肢部肌肉有15种,即①斜方肌(m. trapezius);②菱形肌(m. rhornboideus);③肩胛提肌(m. levator scapulae);④前锯肌(m. serratus anterior);⑤背阔肌(m. latissimus dorsi)⑥胸大肌(m. pectoralis major);⑦胸小肌(m. pectoralisminor);⑧肋肩胛肌;⑨乳突肱肌;⑩三角肌(m. deltoideus);⑪冈下肌;⑫大圆肌(m. teres major);⑬小圆肌;⑭冈上肌;⑮肩胛下肌(m. subscapularis)。白暨豚具有斜方肌而无三头肌和喙肱肌,为值得注意的特征。

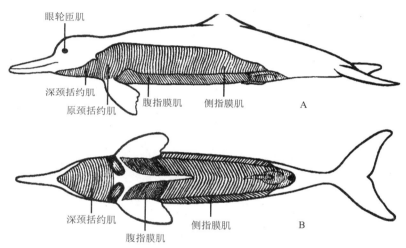

图 9-28　白暨豚体侧面(A)和体腹面(B)示指膜肌(仿周开亚)

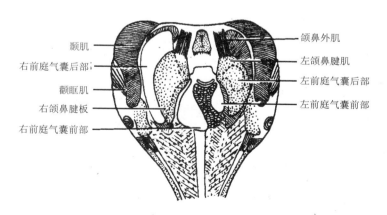

图 9-29　白暨豚头部皮肤肌浅层(仿周开亚)

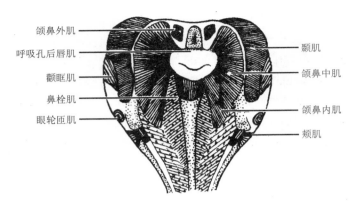

图 9-30　白暨豚头部皮肤肌中层（仿周开亚）

　　白暨豚的胸壁肌肉包括吸气肌和呼气肌两类，共 8 种。吸气肌有：①肋间外肌；②肋提肌；③背斜角肌；④中斜角肌（m. scalenusmedius）；⑤胸直肌（m. rectus thoracis）；⑥膈（diaohragma）。呼气肌有：①肋间内肌（m. intercostales interni）；②胸横肌（m. tramversus thoracis）。

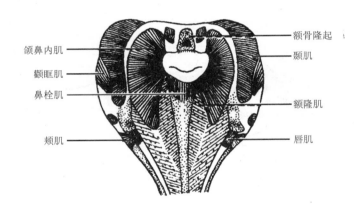

图 9-31　白暨豚头部皮肤肌深层（仿周开亚）

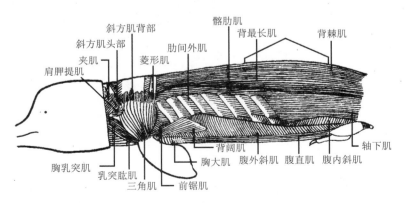

图 9-32　白暨豚的肩、鳍肢和躯干肌肉（仿周开亚）

白暨豚的腹壁肌肉有 4 种:①腹外斜肌(m. obliqus abdominis);②腹中斜肌;③腹横肌(m. transversus abdominis);④腹直肌。腹壁肌有保护脏器的作用,协助呼吸,增加腹压,帮助分娩、排便、固定脊柱以利尾的上下运动等。

白暨豚颈、背和尾部肌肉有 13 种:①夹肌(m. splenlus);②头棘肌(m. splenlus capitis);③半棘肌;④胸乳突肌;⑤头颈长肌;⑥背棘肌(m. spinalis dorsalis);⑦背最长肌(m. longssimusdor);⑧髂肋肌;⑨轴下肌(m. hypaxialis);⑩尾上肌(m. supracaudalis);⑪尾下肌(m. infracaudalis);⑫坐尾肌(m. ischocaudalis);⑬肛门提肌(m. levatorani)。白暨豚的运动与其他鲸类一样,是借尾部上下击水推进。运动肌的排列与陆生动物不同,主要分为在脊柱背方的升尾肌和脊柱腹方的降尾肌。此外有尾上肌和尾下肌可侧屈尾部。脊柱背方的肌肉相互合并形成自颅至尾的强大升尾肌。升尾所做的功大于降尾(图 9-33)。

咀嚼肌包括咬肌(m. masseter);颞肌(m. temporalis);翼外肌(m. pterygoideus lateralis);翼内肌(m. pterygoideus medialis)和腹肌(m. digastricus)5 种。白暨豚的咬肌和翼外肌部分脂肪退化,分别形成下颌内、外脂肪体,下颌脂肪体的发展使咬肌和翼外肌相应变弱;而下颌脂肪体可能是一种透声组织。

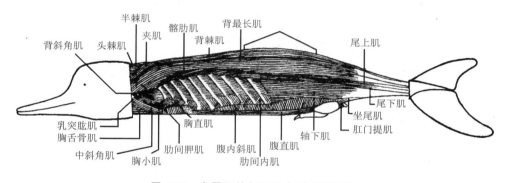

图 9-33　自暨豚的躯干肌肉(仿周开亚)

舌和舌骨肌肉包括 9 种:①下颌舌骨肌(m. mylohyoideus)起自下颌及其脂肪体,止于基舌骨前腱膜和甲舌骨外侧,能使口腔上升;②颏舌骨肌(m. geniohyoideus)能向前拉住基舌骨;③茎舌肌(m. styloglossus)可向后牵引舌;④舌骨舌肌(m. hyoglossus)可牵引舌向后;⑤颏舌肌(m. genioglossus)可牵引舌向前;⑥腭舌肌(m. palatoglossus)构成舌腭弓;⑦胸舌骨肌(m. sternohyoideus)使下颌下降,口角张开;⑧舌骨间肌(m. interhyoideus)使甲舌骨靠近茎舌骨;⑨枕舌骨肌(m. occipitohyoideus)起自枕骨的副枕突及基枕骨侧缘,止于茎舌骨后端,使茎舌骨牢固地固着于副枕突上。

喉部肌肉分喉内肌和喉外肌,共 11 种。喉外肌有 5 种,即①胸甲肌(m. sternothyreoideus)可使甲状软骨两角扩展;②甲舌骨肌(m. thyreoideus)可提起舌骨;③舌骨会厌肌(m. hyoepiglotticus)牵引会厌开启喉的入口;④枕甲肌(m. occipitothyreoideus)略展咽壁;⑤甲咽肌(m. thyreopharyngeus)收缩咽壁。喉内肌有 6 种,即①环甲肌(m. cricothyreoideus)使会厌管张开;②背环杓肌使会厌管张开;③侧环杓肌使会厌管闭合;④杓横肌使会厌管紧缩;⑤甲杓肌使会厌管闭合;⑥喉内缩肌(m. constrictor laryngeus internus)使会厌管的背段张开。

鼻咽和鼻部肌肉共有 4 种：①腭咽肌（m. palatopharyngeus）；②翼咽肌（m. ptery-go-pharyngeus）；③茎咽肌（m. stylopharyngeus）；④鼻咽括约肌（m. sphincter nasopha-ryn-geus）。这些肌肉包围着鼻咽道，起使咽壁外展或将鼻咽道与咽隔开等作用。其呼吸道与消化道在咽部直接交叉，是各类齿鲸的共同特征，白暨豚也不例外。

9.2.2.4 骨骼

白暨豚是适应水生生活的哺乳动物，其骨骼结构必然会反映其水生生活方式的特征，现分述如下：

1. 头骨：头骨两侧基本对称，左侧和右侧上颌骨基本相等。上颌骨末端略上翘，后缘贴于额骨之上。额骨与鼻骨愈合，在鼻孔之后方形成一粗大的骨质隆起（额隆）。外鼻孔后移，距上颌骨前端较远于距内鼻孔。枕骨界限明显，枕骨大孔高。枕骨髁肾形，位于头后方，与脊椎连成一直线。颅腔大，内壁光滑。颧骨细长，鳞骨颧突强大。齿骨近端扁直。上下颌同齿形，齿式左为 32～33/33，右为 32～34/32～34。从脑颅后部腹侧，可见到鼓泡（tympanicbulls）和围耳骨（periotic），鼓泡的后突通过鳞骨后的鼓鳞骨窝的叠状片与脑颅保持松动的直接联系（图 9-34）。

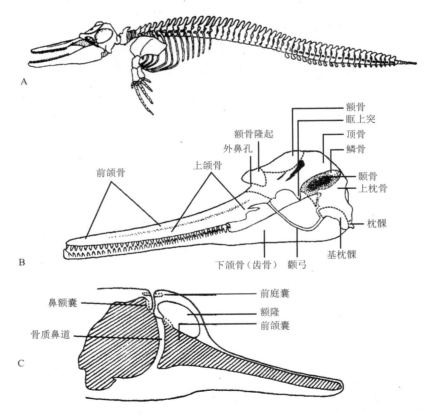

图 9-34　齿鲸骨架（A）及白暨豚的头骨侧面观（B），额隆与鼻道及附近各囊（C）（仿周开亚等）

336

2.中轴骨骼:白暨豚的脊椎骨数目为41~45枚,其颈椎(C),胸椎(T)10~11,腰椎(L)4~8,尾椎(C$_a$)19~21个,缺少荐椎。颈椎相互分离,不愈合;胸椎椎弓宽大,棘突显著,横突较短而厚;腰椎椎体粗大,椎弓高,椎管横切呈三角形;尾椎前10个椎体较大,具棘突和横突,以后的尾椎渐小,无棘突和横突。脊椎各椎体间由较厚的软骨相连。肋骨10~11对,其中第1至第4对为真肋,与胸肌相连,第5、第6对为假肋,其余为浮肋。胸骨为一块盾形骨板,中部具圆形小孔。

3.肢骨与肢带骨:①肩带仅有肩胛骨,肩白宽而浅,缘突发达。前肢骨呈薄板状,除肩关节外,均由软骨相连,外裹白色纤维组织,不能活动。肱骨、桡骨、尺骨很短。腕骨5块,2排,指式为Ⅰ$_2$,Ⅱ$_6$,Ⅲ$_5$,Ⅳ$_4$,Ⅴ$_3$。②腰带仅有一棒状坐骨,埋在肛门两侧体壁的肌肉中。雌性坐骨较细而短。

9.2.2.5 呼吸系统

由上呼吸道、气管及肺组成。上呼吸道包括鼻孔、鼻道和喉三部分。白暨豚鼻孔位于额隆后部,开口于头顶左侧,入内不远处分为两条通道,通过颅骨的外鼻孔和内鼻孔。内鼻孔下方有一长约15 cm的管道与咽喉部相连。喉部甲状软骨在上前方与会厌软骨相关节,后下方连接环状软骨。气管很短,由8~10个完全环形的软骨片组成。气管下分两条主支气管,左主支气管比右主支气管稍长。在两肺叶上方另有两条上支气管。右侧上支气管直接连于喉部下方,开口于气管第3至第4节软骨环片之后,离环状软骨4~5 cm。左侧上支气管开口于左主支气管的前端。总之,在肺和喉部之间分生有不对称的4条支气管,即2条主支气管和2条肺叶上支气管。横膈膜斜生,肺为横膈膜和胸膜所包围。肺分左右两叶,每叶构造简单,不再分小叶。右肺通常比左肺稍大(图9-35)。

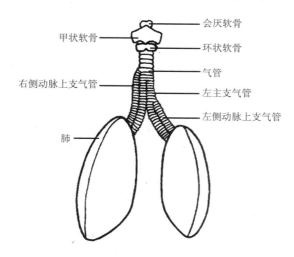

图 9-35 白暨豚的肺图和气道的示意图(仿陈宜瑜)

9.2.2.6 消化系统

白暨豚的消化系统包括消化管和消化腺两部分。消化管包括口腔、咽部、食道、胃和肠等。口腔内有舌,舌短,不活动,前部边缘具细小的分叶状突起。食管后端即是胃,胃大,横生,内部构造较复杂。胃分 4 个隔室,第Ⅰ、第Ⅱ隔室很大,分离不完全。仅留隔膜痕迹,胃壁皱褶粗大;第Ⅲ和第Ⅳ隔室很小,彼此分离完全,与第Ⅱ隔室及其相互之间仅有小孔相通,胃壁皱褶较细致(图 9-36)。周开亚(1970)将第Ⅰ、第Ⅱ隔室称为白暨豚主胃的第一部,将第Ⅳ隔室称为幽门胃,将第Ⅲ隔室称为主胃的第二和第三部。主胃第一部后部和第二部中的胃底腺间混杂分布着黏液腺,可区分出主细胞、壁细胞和颈黏液细胞,表明它能分泌消化酶及盐酸,故主胃第一部不仅可暂存和研磨食物,而且还有化学消化作用。白暨豚的肠管细长,可分为十二指肠、空肠、回肠、结肠和直肠,然后达肛门。各肠腺均无潘氏细胞。肠仅在接近肛门处稍变粗,未发现盲肠或其痕迹。肝脏大,紧贴在横膈膜的下方,分两叶,右叶较大。胰脏位于十二指肠转弯处(图 9-37)。

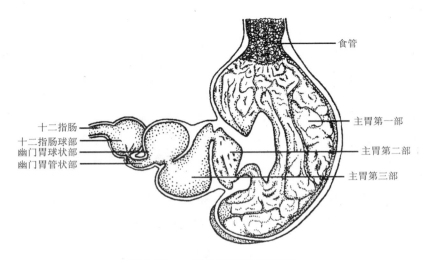

图 9-36　白暨豚的胃(仿周开亚)

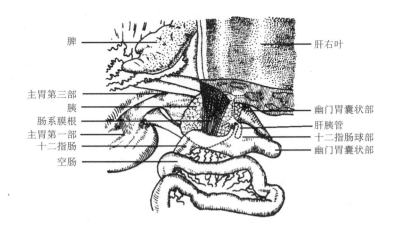

图 9-37　白暨豚的肝胰管和十二指肠

(仿周开亚,1979)

9.2.2.7 循环系统

白暨豚资料缺乏,仅知白暨豚的心脏体积大,宽而扁。心室与心耳间隔完全。但陈万青等(1992)认为海豚动脉的基本走向如下:主动脉离开左心室后形成左体动脉弓,由此弓顶部向前分出一对无名动脉,无名动脉各分成以下3动脉。①内颈动脉,进入头骨,它供血到中耳内的动脉网。而脑颅的血实际上由椎动脉供给。②外颈动脉,比内颈动脉粗大,进入颈部后分数支分别通至舌、上颌和下颌等处。沿内、外颈动脉周围有纤维鞘,内含致密血管网。③锁下动脉,进入体壁达鳍肢前,各分出两条血管。一为内胸动脉,沿腹壁达腰部。另一支是肩胛横动脉,终于颅基和枕区。体动脉后行成背大动脉,沿胸椎下行,穿胸腔和横膈膜,在胸区分出多体节动脉,在横膈膜后分出一条腹腔动脉和一条前肠系膜动脉,再向后又分出肾上腺动脉,一对肾动脉和一对生殖腺动脉。此后,背大动脉又分出一条后肠系膜动脉和髂动脉,然后自成尾动脉,由尾椎的"V"形骨间通往尾部。

鲸类的静脉系统中,无论何种,其腹腔部的后大静脉都接收来自胸壁的许多小静脉和椎间静脉的血。肾静脉从每个肾脏的吻端中央缝中通出,进入后大静脉。脑颅的回心血大部经椎内血管流回,这些血管有种间差异。脑颅腹面血流往耳骨周围发达的静脉丛,静脉丛与颈静脉相连。椎内静脉经左右的静肋静脉和前大静脉相连。静肋静脉由胸腔前两侧的第三肋骨孔通出椎管(图 9-38)。

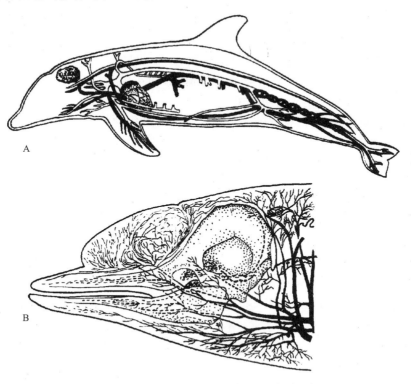

图 9-38 海豚循环系统模式图(A)和头部动脉分布(B)(仿陈万青)

9.2.2.8 泄殖系统

白暨豚的肾脏分左右两个,紧贴在腹腔背面,各为扁豆形。右肾比左肾稍大。肾体分叶,左右各分120余小叶,有输尿管与腹面膀胱相通。尿道直接开口于体表。雄性个体具睾丸一对,椭圆形,位于膀胱背面两侧,不下降到体外。输精管位于膀胱背面。阴茎可伸缩,平常缩在体内,末端尖细。雌体具卵巢一对,椭圆形,比精巢稍大,输卵管较短。子宫为双角子宫,中间无隔膜。膀胱位于子宫背面,尿道开口于前庭(图9-39)。

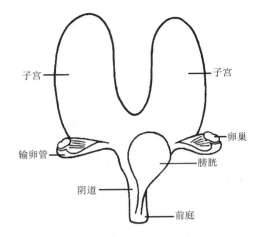

图 9-39　白暨豚雌性生殖器官示意图
（仿陈宜瑜）

9.2.2.9 神经系统

根据三头白暨豚脑解剖研究的结果(陈宜瑜,1979),得到如下结论:

1.白暨豚的脑表现出典型的鲸脑特征,即大脑较宽,其宽度大于长度;大脑皮层具有复杂的沟回;下丘脑窄而较长。说明其中枢神经系统高度发达。白暨豚的嗅分析器(即嗅觉器官)显著退化,无嗅球、嗅囊,也无明显的梨形区和前联合。虽有发达的嗅结节,但已无嗅觉功能。

2.听觉分析器非常发达,听神经粗大,四叠体的下叠显著大于上叠。

3.起支配四肢活动作用的小脑前叶显著退化,而小脑后叶、特别是傍绒球却非常发达。以上三点与适应水中生活密切相关。

4.与海洋齿鲸类比较,白暨豚脑的视分析表现出退化的趋势。其视神经和视束很小,与眼球肌肉活动有关的动眼神经和外展神经非常细弱,而且不存在滑车神经。白暨豚的眼睛很小,视觉退化,是对江河浑浊水体生活的一种适应。

9.2.3 白暨豚生理生化的研究

沈钧贤,关力(1981)记录了1头雄白暨豚3个标准导联的心电图。白暨豚的心电图和其他哺乳动物的心电图是非常相似的。其心率测量值为120～125次/分,P波间期为0.06～0.10秒,P-R间期为0.14～0.18秒,QRS间期为0.06～0.08秒,T波间期为0.06～0.08秒,而导联1上P波幅度为0.35～0.38 mV(毫伏)。

生物化学资料仅见陆佩洪等(1980)的报道。文章对白暨豚各部位(包括额隆)油脂的酸价、碘价、皂化价,不皂化物及甘油三酯作了分析测定。白暨豚体内各部分的油脂的酸价均明显高于江豚和真海豚相应部位的酸价。而额隆油脂的酸价(0.7左右)显著低于其他部分(3.0)。白暨豚、江豚与真海豚三者体内相应部位油脂的皂化价近似。白暨豚额隆油脂的碘价约为其与被测定部位的1/4。白暨豚额隆部位的油脂皂化价略高于其他被测部位,而甘油三酯含量则较低,不皂化物百分含量很高,而总胆固醇量很低。

图中标注:子宫、子宫、卵巢、输卵管、膀胱、阴道、前庭

9.2.4 白暨豚的生物声学研究

海豚类依靠回声定位能力探知其生活环境中各种目标、获取食物、寻求配偶及逃避敌害。海豚不仅能迅速发现目标物体，而且有惊人的区别两个相似物体的能力。Norris 将宽吻海豚蒙上眼睛后做实验，结果发现它能在 1.5 秒钟内区别距离 2 m、直径 57 mm 和 64 mm 的两个钢球。它能区别不同鱼种之间的差别，并且能捡起槽底直径仅 5 mm 的维生素丸。白暨豚水下声信号变化很多，但主要有长、短两种信号，一种为"哨叫"声，其特点是持续时间长，平均为 330 毫秒左右。另一种为"滴答"声。将录制的白暨豚水下回声信号回放，观察到非常有趣的现象。"滴答"声可招来白暨豚，使其游向声源；"哨叫"声同样招来白暨豚，但它是边游边哨叫着地向声源游来。Norris（1968，1974）等认为，海豚类的发声器是位于右鼻道的鼻栓，哨声发声器为左鼻栓。所以他们假设额隆的功能与"声透镜"相像，额隆内存在声道，对声有聚焦功能，形成声波束。华明龙等（1987）实验证明额隆具有良好低声传输特性，并能在一定程度上具有波束形成器的功能或起到声道的功能。额隆椭球体状，其与鼻道及附近各囊的位置示于图 9-38。目前白暨豚的生物声学研究正引起学者的广泛兴趣和高度的重视。

9.3 哺乳纲的分类与地理分布

根据《哺乳动物学概论》（盛和林，1985）统计，现存哺乳类有 3 900 余种，分布遍及全球。国内有 440 种左右，约占世界总种数的 11.3%。其主要特征是体被毛，具新脑皮。绝大多数胎生，有胎盘。以乳汁哺乳幼仔。根据其躯体结构和功能，可分为三个亚纲。

9.3.1 原兽亚纲（Prototheria）

哺乳纲中最原始的类群，卵生，具泄殖腔，无齿和胼胝体。但以乳汁哺育幼仔，仅存 1 目，即单孔目（Monotremata），分为 2 科：针鼹科（Tachyglossidae），体毛杂有针棘，吻尖，尾小无蹼，如针鼹（*Tachyglossus aculeatus*）；鸭嘴兽科（Ornithorhynchidae），体无棘，嘴似鸭嘴，尾阔长，有蹼，如鸭嘴兽（*Ornithorhorhynchus anatinus*）（图 9-40）。

9.3.2 后兽亚纲（Metatheria）

后兽亚纲，胎生，无胎盘，幼仔发育不足时产出，在母体育儿袋中继续发育，泄殖腔仅留残余，通常第四趾特别发达，具乳头，无胼胝体，仅存 1 目，即有袋目（Marsupialia），分为 3 科，如负鼠科（Didelphidae），负鼠（*Marmosa murina*）；新袋鼠科（Caenolestoidae）；黑新袋鼠（*Caenolestes obscurus*）；袋鼠科（Macropodidae），大袋鼠（*Macropus giganteus*）（图 9-41）。

9.3.3 真兽亚纲（Eutheria）

真兽亚纲包括现有哺乳纲动物种类的 95%，有胎盘，胚胎在母体子宫内发育完全才产生，无泄殖腔，异齿型，有胼胝体。世界有 18 目，本书列出 15 目。国内有 13 目，无皮翼目和贫齿目等。

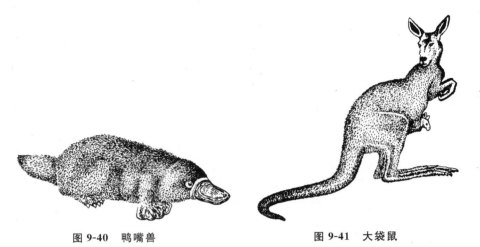

图 9-40　鸭嘴兽　　　　　　　　图 9-41　大袋鼠

9.3.3.1　食虫目（Insectivora）

本目为比较原始的有胎盘类。头颅狭长、脑壳较小、大脑表面光滑、胼胝体小，犬齿不明显等为其特点。为哺乳类三大目之一，包括 8 科 374 种。国内有 4 科：①树鼩科（Tupaiidae），如树鼩（*Tupaia glis*）；②猬科（Erinaceidae），如刺猬（*Erinaceus europaeus*）（图 9-42）；③鼩鼱科（Soricidae），如臭鼩（*Suncus murinus*）；④鼹科（Talpidae），如麝鼹（*Scaptochirus moschatus*）。

9.3.3.2　贫齿目（Edentata）

齿不完全，齿存在时皆同型，无釉质。乳头在腹部，隐睾。分为 3 科：①食蚁兽科（Myrmecophagidae），如大食蚁兽（*Yrmecophaga jubata*）；②树懒科（Bradypodidae），如二指树懒（*Chaloepus hoftmanni*）；③犰狳科（Dasypodidae），如九带犰狳（*Dasypus novemcinctus*）。

9.3.3.3　皮翼目（Dermoptera）

体侧有皮膜。国内无分布，如鼯猴（*Cynocephalus variegates*）。

9.3.3.4　翼手目（Chiroptera）

唯一真正能飞的哺乳动物。前肢翼状，指骨除拇指外均延长成翼肋，胸骨具龙骨突，锁骨发达。脚踝内侧有脚跟突起以支持股间膜。翼手目为哺乳动物纲第二大目（图 9-43），可分两个亚目。

图 9-42　刺猬　　　　　　　　　图 9-43　蝙蝠

1. 大蝙蝠亚目(Megachiroptera)，仅一科，即狐蝠科(Pteropodidae)，如果蝠(*Rousettus leschenaulti*)和长舌果蝠(*Eonycteris spelaea*)。

2. 小蝙蝠亚目(Microchiroptera)，国内有 6 科：①鞘尾蝠科(Emballonuridae)，如黑髯墓蝠(*Taphozous melanopogon*)；②假吸血蝠科(Megadermatidae)，假吸血蝠科(*Megadermalyra*)；③菊头蝠科(Rhionlophidae)，马铁菊头蝠(*Rhionlophus ferrumequinum*)；④蹄蝠科(Hipposideridae)，普通蹄蝠(*Hipposideros armiger*)；⑤蝙蝠科(Vespertilionidae)，鼠耳蝠(*Myotis myotis*)；⑥犬吻蝠科(Molossidae)，宽耳犬吻蝠(*Tadarida teniotis*)。

9.3.3.5　灵长目(Primates)

大脑发达，双眼向前，多数种具 5 指(趾)，大拇指(趾)相对峙。乳头 2 个，胸位或腹位，隐睾。分 2 亚目。

1. 原猴亚目(Prosimiae)，或称狐猴亚目(Lemuroidea)，颜面似狐、眼大、双角子宫。国内仅一懒猴科(Lemuroidea)，如懒猴(*Nyxticebus coucang*)。

2. 类人猿亚目(Anthropoidea)，或称猿猴亚目(Simiae)，颜面似人，单子宫，有 3 科：①猴科(Ceropithecidae)，如猕猴(*Macaca mulatt*)、金丝猴(*Rhinoptihecus roxellanae*)；②猩猩科(Pongidae)，黑冠长臂猿(*Hylobates concolor*)；③人科(Hominidae)，大脑发达，直立行走，能劳动。如人(*Homo sapiens*)(图 9-44)。

A.懒猴　　B.长臂猿　　C.猕猴　　D.黑猩猩

图 9-44　灵长目代表动物(仿郑作新)

9.3.3.6 食肉目（Carnivora）

犬齿发达而尖锐，臼齿常具尖锐齿突，最后一枚上前臼齿和第一枚下臼齿有截切齿缘，称齿裂。常具锐爪。锁骨常退化。国内有7科（图9-45）。

A.狼　　B.狐　　C.貉　　D.黑熊　　E.大熊猫　　F.紫貂　　G.水獭　　H.黄鼬　　I.貛　　J.虎　　K.猞猁

图 9-45 食肉目各科代表（仿刘凌云等）

①犬科（Canidae）如狼（*Canis lupus*）；②熊科（Ursidae）如黑熊（*Selenarctos thibelanus*）；③浣熊科（Procyonidae），如小熊猫（*Ailurus fulgens*）；④熊猫科（Ailuropodidae），如熊猫（*Ailuropoda melanoleuca*）；⑤鼬科（Mustelidae），如紫貂（*Maetes zibellina*）；黄鼬

(Mustela sibirica),狗獾(Meles meles);美洲水貂(Mustela vison)原产北美洲,体似黄鼬,在自然界多栖息于近水地带,居洞穴,以鱼、蛙、蠕形动物或鼠类为食,每年繁殖一次,春季交配,产5～6仔;海獭(Enhydra lutris)是最小的海洋哺乳动物,体长1～1.5 m,体重30 kg左右,头小,吻端裸出,上唇生有刚直的须,耳壳较小,颈部粗于头,躯干肥壮圆筒形,尾扁平;前肢短小,有爪,适于握持食物,梳理毛皮;后肢宽扁,呈鳍状,趾间有蹼,趾端具爪,全身除鼻端、耳、掌外均被暗黑色具光泽的长毛;分布于北太平洋沿岸冷水性浅海,常栖息于海中,游泳敏捷,以鱼、贝类为主食,至夏天会上陆地,在岩礁间多海藻处营窝,雌雄同栖,3～4月间交配,每次产1仔。水獭(Lutra lutra),遍布古北界,在亚洲还见于中印半岛以至爪哇,为半水栖兽类,经常活动于大河或湖沼附近,穴居于江河湖沼岸边的灌丛中或岩石间;常昼伏夜出,善奔驰、游泳及潜水,以鱼类为主,兼食蛙、鼠和水鸟等;初夏产仔,每胎产2～5仔,可驯养用来捕鱼,是贵重的毛皮兽。⑥灵猫科(Viverridae),如大灵猫(Viverra zibetha)。⑦猫科(Eelidae),如虎(Panthera tigris)。⑧鬣狗科(Hyaenidae),国内无分布,如鬣狗(Hyaena hyaena)。

9.3.3.7 鳍脚目(Pinnipedia)

主要特征:头大、较圆,听觉器官发达,耳壳小或缺失,潜水时有圆形肌肉关闭耳孔。眼球外表平坦,瞳孔能扩张得很大,有利于水内观察。齿圆锥形,门齿较小,臼齿无切割作用。鼻孔有活动的瓣膜。颈部短粗。四肢特化成鳍形或挠形,各肢具五趾,第一和第五趾最长,趾间有蹼相连。尾极短,夹在两后肢之间。皮下脂肪层很厚。平时生活在海洋中,只在交配、分娩、哺乳、换毛、休息时才上岸。吞食不咀嚼。分布于高纬度海区。国内有3科。

1.海狮科(Otariidae),耳壳小,前肢长于后肢,呈桨状,后肢可支持身体,并在陆地爬行。中间3趾爪发达。分海狮和海狗两亚科,我国有北海狮(Eumetopias jubata)和海狗(Callorhinus ursinus)(图9-46)。海狗栖息于北太平洋,常随适当的水温、海流而洄游,5～6月间返至北太平洋北部小岛上繁殖。它是一种一雄多雌制的典型兽类。每年产仅1仔。以鱼和贝类为主食。

图9-46 海狗

2.海象科(Odobenidae),体粗大,头小,吻钝,皮肤裸露几乎无毛,无耳壳。后肢能支持身体缓慢行动。四肢具爪,无游离尾,上犬齿变形、特大、突出口外、似象牙。雄兽有一对大獠牙,可自卫或攀登冰丘。常结小群活动,以鱼、虾、蟹、贝为食。每胎产 1 仔。如海象(*Odobenus rosmarus*)(图 9-47)。产于北太平洋及北大西洋,我国无。

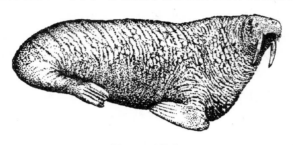

图 9-47 海象

3. 海豹科(Phocidae),后肢不能向前折转,只能向后直伸,前肢上部全隐在体内。无耳壳。我国有斑海豹(*Phoca largha*),髯海豹(*Erignathus barbatus*),环海豹(*P. hispida*)等。

髯海豹成体体长 2.6～2.8 m,重约 400 kg,头小,须长而多,鳍肢方形,第三趾甚于其余各趾。头骨短宽,齿较大,齿式 3.1.4.1/2.1.4.1＝34。主食虾、蟹、贝和鱼类。每年春夏之交时节在冰上产仔,哺乳期 12～18 天,雌性 6 年成熟,雄性 7 年成熟,仅分布于北半球,我国偶尔可觅(图 9-48)。

图 9-48 髯海豹

斑海豹(*Phoca largha* Pallas),体颇粗壮,雄性长 1.5～2 m,重 150 kg,雌性长 1.4～1.6 m,重 120 kg。头圆颈短,吻宽短,口部触须长,每侧 40～50 根,呈念珠状,刚硬。齿数 34。眼大而圆,无外耳壳,鼻孔和耳孔均有瓣膜,可启闭。前肢较小,上部隐于体内,前、后肢均具 5 趾,趾端有爪,趾间具蹼,形成鳍足。后鳍足第 1 趾、第 5 趾长于其余各趾,形成扇形,与尾相连,只向后伸,不能自脚踝处向前弯曲活动。尾短小、夹于后鳍足之间。成体齿式:I 3/2,C 1/1,PC 5/5。椎式:C 7,T 15,L 5,S 4,Ca 12～13＝43～44。全身密被短毛,体背灰黄色或蓝灰褐色,布有许多不规则的蓝黑色及白色、大小不一的斑点或暗色椭圆形点斑。下颌白色无斑。腹部乳黄色,斑点稀少。随年龄增长,毛色变浅或近白色(图 9-49)。

生活于寒带及温带海洋中。以鱼、软体动物及甲壳动物等为食。每年春季洄游至渤海湾一带觅食,2～3 月繁殖,属单配偶型,雄性在 4～5 龄性成熟,7～9 龄体成熟;雌性在 3～4 龄性成熟,6～7 龄体成熟。每年 1 至 4 月中旬繁殖,在水中交配。妊娠期 10～11 个月,每胎 1 仔,出生时体长 78～92 cm,体重 7～12 kg。有乳头 1 对。雄性无阴囊,睾丸位于腹腔内。于 2 月初在辽东湾浮冰上产仔,仔兽被柔软白色毛,生后 2～3 星期后蜕毛,长出新毛与成体相同,成长较快。

图 9-49　斑海豹 *Phoca largha* Pallas（山东长岛县环保局提供）

资源概况：尽管本种分别在白令海东南部、西北部和西南部及鄂霍次克海北部、南部、鞑靼海峡、符拉迪沃斯托克（海参崴）附近海湾和渤海等海域有 8 个繁殖区，而我国的渤海沿岸海域、黄海、东海沿岸亦有发现。尽管其繁殖区如此广泛，但也禁不住每年被大量捕杀。其资源量明显减少，目前已被我国列为二级保护动物。我国除在辽东湾建有繁殖保护区外，2002 年山东长岛县也建立了海豹省级保护区。在《中国物种红色名录》中，被评估为濒危（EN），主要原因是繁殖地生境恶化，人类干扰和过度开发利用。我国黄、渤海的辽宁大连、山东长岛以及东海等都有分布。广东也偶尔见到。国外常见于北太平洋白令海、鄂霍次克海、鞑靼海峡、日本海及美国布里斯托尔湾等海区。

9.3.3.8　鲸目（Cetacea）

鲸目终生生活在水中，体形似鱼、颈不明显、尾水平展开、中间凹入。前肢鳍状、后肢缺。鼻孔仰开、无外耳壳。多数身体庞大，大者可达 30 m，体表光滑，毛退化，无鳞，仅在吻部有几根分散的刚毛。表皮厚，真皮内无毛囊，无皮脂腺和汗腺，但皮下脂肪厚（鲸脂，blubbe,）。鼻孔内有鼻瓣，无纤毛上皮，无小腺体，这是对洋面上清新湿润空气无需过滤的适应。鼻道短，鼻腔内无鼻甲骨，故鼻道扩展得较宽，使气体能流畅通过。当鼻瓣膜在入水后关闭，出水呼气时声响极大，形成很高的雾状水柱，因而又称喷水孔。无嗅觉器官。眼位于口角上方，较小，眼球的角膜外层角质化，以耐摩擦并抵制海水等的刺激。可分两亚目：

1. 齿鲸亚目（Odontoceti），成体口内具同型圆锥形齿。鼻孔一个。上下颌等长或上颌较长。腹部无褶沟。鳍肢 5 指。雌兽小于雄兽。体长一般小于 10 m，个别可达 20 m。寿命 25～35 岁。以乌贼、鱼类等动物为食，分布于海洋和内陆大河中，以温带、亚热带较多。有 9 科。

（1）淡水豚科（Platanistidae），吻狭长，齿根侧扁而阔，同齿型，齿锥状。额部隆起。上下颌每侧有齿 30～35 枚，上下颌齿相互交错。如白暨豚（*Lipotes vexillifer*）（图 9-26）。

（2）海豚科（Delphinidae），多有短喙，喙长为喙宽的 2 倍。尾鳍后缘中央分岔点上有缺刻。为鲸类种数最多的科。如中华白海豚（*Sousa chinensis*）（图 9-50）。

图 9-50　白海豚

（3）鼠海豚科（Phocoenidae），吻短，不突出。除江豚外均有背鳍。齿侧扁呈铲形。如江豚（*Neophocaena phocaenoides*）（图 9-51），体较小，最大体长达 2 m 左右，雄性成体的体长可达 2.27 m，雌性可达 2.06 m。头部钝圆，无喙，新月形的呼吸孔位于头部背面略偏左。无背鳍。体背中央的背脊起自体长之半处或体后部的背面中央，向后延伸到尾柄背面。本种分黄海、长江和南海三个亚种。三个亚种只有长江江豚是淡水产，其他生活在沿海海域。南海江豚为指名亚种。本种背脊高 15～50 mm，其高度在不同的亚种中有显著的差异。体背面有疣粒 2～14 纵列，疣粒列数和疣粒区宽是区别不同亚种的主要特征之一（黄海亚种：疣粒列数 1～10，疣粒区宽 3～12 mm；南海：疣粒列数 10～14，疣粒区宽 48～120 mm；长江：疣粒列数 2～5，疣粒区宽 2～8 mm）。鳍肢中等大，后缘弯，其梢端尖。尾叶的后缘凹入，尾叶宽约为体全长的 1/4。体灰色，口缘和喉部有浅色斑。体色的深浅有显著的地理变异：南海的江豚成体体色暗灰接近黑色；黄海和长江的江豚体色浅灰色，黄海的有些种类为乳白色。最大颅基长 250 mm。吻突宽，其前端圆。头骨背面：上颌骨狭长，两上颌骨的内缘接近平行。鼻孔前的前颌骨上有瘤状突起。头骨腹面：翼骨狭窄，2 块翼骨钩突远分开。鼓围耳骨后突尖，指向后方。齿冠扩大呈铲状。每个齿列有 13～23 枚齿。椎式：C7，T12～14，L10～13，Ca26～33＝58～64。

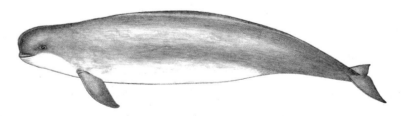

图 9-51　江豚 *Neophocaena phocaenoides*（G. Cuvier）（吴翠珍彩绘）

江豚主食小鱼、乌贼和虾类。黄海亚种每年 4～5 月产仔，日本海的产仔可延至 8 月份。新仔平均体长 0.72～0.84 m，雄性最小性成熟体长为 1.32～1.50 m，雌性最小性成熟体长为 1.32～1.42 m。雄性最小性成熟年龄为 3 龄，雌性最小性成熟年龄为 4 龄。最长寿命为 24 龄。

资源概况：鲜肉紫红色，柔软，手摸有油腻感。干肉微腥，味咸，性温，暗褐色。数量较多,但不同程度地遭受到破坏,在渔业活动中常有误捕江豚的事件发生,涉及流刺网、张网和插网。在《中国物种红色名录》中,列为濒危(EN),主要理由为生境质量持续衰退,误捕,商业利用。而在《IUCN 世界红色名录》中,列为数据缺乏(DD);而长江江豚亚种已被列为濒危(EN)。

我国辽宁、山东、江苏、浙江、福建、台湾、广东、广西和海南岛等海域都可见到。国外分布在印度洋、太平洋温带和热带的沿岸水域。

(4)一角鲸科(Monodontidae),无喙,无背鳍或仅有皮肤隆起,尾鳍分叉处具缺刻。如一角鲸(*Monodon monoceros*)(图 9-52)。

图 9-52　一角鲸

(5)抹香鲸科(Physeteridae),头大,前端较钝,仅下颌有齿,外鼻孔 1 个,位于头上偏左方。

抹香鲸(*Physeter catodon*)(图 9-53),为齿鲸(Odontoceti)类中最大的一种,一般雌性体长 11.4~13.2 m;雄体 16.5~18.0 m,最大雌鲸 17.0 m,最大雄鲸 20.0 m。头部特大,侧观呈箱形,前端截形,可占体长的 1/4~1/3。年龄越小,头长比例越小,此庞大头部为齿鲸类最特异形态。由于头盖骨凹陷,上颌骨和前颌骨向前延伸,其后端与侧头骨及后头骨垂直组成立壁,致头骨上部形成大的特别组织"脑油袋"。雌、雄鲸的各部测量比例差异很大,各部的相对值随着年龄的增长也有很大的改变。整个躯体如圆锥形,以眼和鳍肢之间部位最粗,尾部渐细。外鼻孔 1 个,位于头顶左侧前缘,俗称喷水孔。眼小,位于口角后上方。外耳孔极小。上颌具无功能性的痕迹齿;下颌狭窄,每侧具 20~25 枚圆锥形的功能齿。鳍肢短宽呈圆形,鳍肢长小于宽的 2 倍,通常占体长的 8.5%~9.0%。背鳍位于体后 1/3 处,是一侧扁的隆起,高为体长的 1.25%~3.75%,基部长约为体长的 8%,明显地处于肛门截线前面。尾鳍宽大,占体长 1/4~1/3,后缘缺刻很深。尾鳍基至尾叶的长度约等于鳍肢的长度。尾柄部侧扁。肛门处凹陷,其后至尾基明显地隆起形成很大的"龙骨"。咽喉部之后往往具有纵沟,纵沟个体差异大。脐约位于体的中部,雌鲸稍前,雄鲸稍后。雄鲸阴茎距肛门有 1~2 m,长可达 1.5 m,直径为 43 cm。雌性乳头一对,位于生殖裂两侧,平时藏于乳沟内。胎儿期头部有触毛,成体无触毛(王丕烈,2000.《中国鲸类》.香港:海洋企业有限公司出版,1999:108-120)。体背暗黑稍带红(宛如供佛的抹香颜色)及蓝灰色或瓦灰色,体侧略淡。口角处近淡白色,体最前端有旋涡状密布的白斑。皮肤裸露,有的于体侧及喉胸部具褶皱或浅沟。皮下脂肪厚。鳍肢及尾鳍全黑色。腹面银灰色或白色。其肠内似结石物质可制名贵香科龙涎香。

生态特性:分布于全球,在世界各大洋中都有,属温水性鲸种,主要栖息在热带、亚热带及温带海洋中。主食深海大乌贼、鱿鱼、章鱼及鳕鱼等。通常营一雄多雌的集群生活方式活动,抹香鲸的游泳速度较慢,平时为 6~10 km/h,受惊时为 18~20 km/h。潜水本领强,为觅食往往潜入 500 m 深的海底,潜水的最大深度达 2 200 m。在水中可滞留 55 分钟,有学者认为可滞留 80 分钟。生殖属一雄多雌型,交配期主要在每年 6～7 月,孕期 14～16 个月,每胎 1 仔,偶有 2 子。成熟雌鲸繁殖周期为 3～5 年。抹香鲸雌性出生后 7～13 年性成熟,体长可达 8.30～9.20 m;雄性出生后 7～11 年达青春期,开始性成熟,体长达 11.00～12.00 m。至 18～21 岁完全性成熟,体长可达 13.00～14.00 m。

图 9-53　抹香鲸 *Physeter macrocephalus* Linnaeus(吴翠珍绘)

资源概况:抹香鲸脂肪提炼的油脂称"抹香油",由头部提取者称"脑油",可做精密仪器的润滑油。抹香鲸的皮优于其他鲸皮,可制革。肉和内脏可食,肝脏可提取维生素。各部腺体可提取多种激素。肠内异物即著名的"龙涎香",是贵重的香料原料,并有医疗作用。20 世纪 70 年代,为合理利用世界抹香鲸资源,国际捕鲸委员会采取了分区限额以及配额猎捕的措施,尽管如此,资源仍急剧减少。1985～1986 年国际捕鲸委员会实施暂时全面禁止商业性捕鲸决议。如各国能通力合作,信守协议,经过一段相当长时期的禁捕后,这一珍贵动物资源可望得到恢复。抹香鲸为国家二级保护动物。数量稀少,禁止滥捕,1988 年国际捕鲸委员会实行暂停捕鲸后,停止了商业性的猎捕。粗略推算全世界总数可能在 20 万～150 万头。在《中国物种红色名录》中,列为濒危(EN),评估主要原因是人类的过度利用以及水域污染。当前存在威胁加重。

我国辽宁、山东、浙江、福建、台湾、广东、香港、海南岛皆见有分布。也见于世界各大洋。

(6)领航鲸科(Globicephalidae),无喙,每侧齿少于 15 枚,如虎鲸(*Orcinus orca*),又名逆戟鲸(图 9-54)。虎鲸具有不明显的喙,是鲸类中最易鉴定的种类之一。高而直立的背鳍与身体黑、白两色的色斑都是虎鲸的识别特征。其形态特征是体呈纺锤形,喉部无"V"形沟,尾鳍有缺刻。上、下颌每侧有齿 10～12 枚,齿圆锥形。无吻突,有背鳍且高大。头骨短宽,颅长为颅宽的 1.6 倍以下,吻长为其宽的 1.5 倍以下。头骨侧面观,背面较平缓地向后升起。体长可达 9 m,头圆,无吻突。眼后有白斑。口裂为体长的 1/11～1/10。眼位于口角后上方。呼吸孔宽 5～7 cm,位于头顶两眼截线稍后。背鳍高大,是本种主要特征,呈三角形,位于体的中部稍前方。背鳍后有鞍形淡色斑,颏白色。鳍肢黑色、大、末端钝圆。尾鳍厚而大,左右鳍叶宽可达体长的 1/4。身体背部黑色,体侧和腹部白色。

虎鲸一般结群不大,通常 2～3 头一起游泳,或成 5～10 头小群活动。游泳速度很快。呼吸时喷出雾柱倾斜,高达 1～2 米。虎鲸集群本能很强,通常不离开负伤或被击中的同伴。虎鲸系大洋性种类,栖息场所不固定,各大洋几乎无所不至,并可进入内海和河口。主要以鱼类或其他海兽为食。虎鲸是海洋中的无敌猛兽,甚至袭击大型的须鲸类。胎生。性成熟年龄 10～16 岁,全年都可交配。妊娠期,16～17 个月,生殖间隔 2～8 年,差异较大。繁殖率较低。初生仔鲸体长 2.00～2.50 米。

图 9-54　虎鲸 *Orcinus orca*（Linnaeus）（吴翠珍绘）

资源：在《2004 年中国物种红色名录》中，列为无危（LC），评估主要原因是中国虽是本种的次要分布区，但目前国内各海区都有发现，南海的台湾南部、东海的舟山渔场、黄海的石岛渔场、海洋岛渔场、烟威渔场以及渤海的辽东湾渔场都有捕获。在中国的虎鲸为洄游种类，无固定栖息水域，且在该海域长期没有捕猎，周边国家猎捕数量也不多，目前对本种尚未构成威胁。国家二级保护动物，禁止滥捕。

分布：虎鲸系大洋性种类，栖息场所不固定，各大洋几乎无所不至，并可进入内海和河口。我国渤海、黄海、东海、南海皆有分布，台湾海域也经常捕获。

（7）灰海豚科（Grampidae），下颌前端与头前缘等齐，喷气孔位于头顶。如灰海豚（*Grampus griseus*）（图 9-55）。

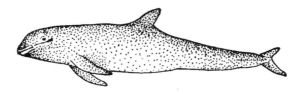

图 9-55　灰海豚（仿顾宏达等）

2. 须鲸亚目（Mysticeti），成体口内无齿，上颌生有角质须，外鼻孔 2 个。下颌长于上颌，雌兽大于雄兽。体长 8～33 m。寿命 90～100 岁。滤食浮游生物和小鱼。常分布于南北两极海域。有些学者根据鲸背鳍及胸部褶皱的有无而分为褶鲸和无褶鲸两大类群，其区别如表 9-3 所示。

表 9-3　褶鲸与无褶鲸形态特征与习性的比较

特征	颈椎	背鳍	胸部褶皱	体形	头：体长	颌弧	鳍足	鳍须	结群性	运动
无褶鲸	愈合为一	无	无或数少	粗短	1：3	弯曲	宽圆	细长	2～3 头	缓慢
褶鲸	部分愈合	有	褶皱多	细长	1：4	平直	尖细	短宽	大群	敏捷

黑露脊鲸和灰鲸属无褶鲸类,但灰鲸胸部有2～4条褶皱;小须鲸、长须鲸属褶鲸类。近来,学者常将须鲸亚目分为以下3科(图9-56):

(1)灰鲸科(Eschrichtiidae),胸部有2～4条纵沟,无背鳍。如灰鲸(*Eschrifhtius gibbosus*)。体围比须鲸科的种类大,但比露脊鲸小。体短粗呈纺锤形。体灰色。体长一般12～13米,很少超过15米。头部较短,约为体长的1/5。上颌吻端钝圆并微凸起,下颌前端突出如球形,颏下鼓出。呼吸孔位于头顶部眼的垂直线前方,两孔前端间距近,后端间距稍远。呼吸孔后部凸起为头的最高点,其前较平缓,弯曲呈弧状。其后逐渐隆起至鳍肢上方为身体最高点,鳍肢以后渐细。眼紧邻口角,位于口角上方。外耳孔较大,位于眼与鳍肢之间。头部表面散布有多数针眼小孔。无背鳍。但在肛门正上方至尾鳍沿脊间有8～14个形状各异的瘤状物或小圆突。鳍肢短小,位于身体前部1/4处,为体长的18%,鳍肢宽约大于其长的1/3。尾鳍缺刻较宽大,两叶对称,外缘波状。脐位于身体中央部。腹部平滑无褶沟,通常在颌下有2～4条纵沟。须板140～180片,须毛较粗,鲸须白色或黄白色。

呼吸时喷出雾柱高3～4.5 m。以底栖动物为食,胃含物中有多毛类环节动物,端足类、软体动物、群游鱼幼鱼和蟹等。5～11年性成熟(平均8年)生殖周期2年,雌鲸11～12月发情,持续3周。孕期13.5个月。12月至1月的5～6周内产仔,哺乳期约7个月。仔鲸长4.6 m,重500 kg。

资源:17世纪捕鲸开始时,数量即有限。1910～1933年采用现代捕鲸法,在朝鲜沿岸水域共捕获1 500头灰鲸。1948～1966年同水域捕获67头,数量已明显减少,70年代后同水域再未发现灰鲸,直到1996年发现黄海北部辽宁沿岸搁浅一头,据此认为该种群已处于濒危状态。虽然近年观察该种群有数十头至数百头生存,但资源恢复甚慢,必须加强保护。为国家二级保护动物,禁止滥捕。

分布:现灰鲸仅分布于北太平洋,有东、西两个地理种群。沿美洲侧洄游的东支称加利福尼亚灰鲸种群。沿亚洲侧洄游的西支群,以往称朝鲜灰鲸种群。我国黄海、东海、南海沿岸均有分布。

(2)须鲸科(Balaenopteridae),胸部褶沟14条以上,有背鳍,吻宽,口大,口须短。如小须鲸(*Balaenoptera acutorostrata*),是鲸类中最小者。成体体长6～7 m,黄海捕获的最大雌鲸体长8.6 m,雄鲸7.9 m。吻狭而尖,口短,口中每侧有须板231～360枚,须板长约17 cm,宽为长的1/2,淡黄白色,但后部须可以是褐色或黑色。头部较小,正面观呈等腰三角形,在吻端至呼吸孔的颌骨中线上形成不高的峰峰。呼吸孔两个。背鳍小,镰刀形,后缘呈凹形,位于肛门垂线的稍前方,约为体后1/3处。(胸)鳍肢小,略大于体长的1/8。尾鳍宽,将近体长的1/4。喉胸部褶沟细,30～70条,腹部中央的褶沟较深长,终止于肚脐稍前。体背黑褐色或灰色,体侧色淡。腹部白色。最独特的是鳍肢外表面有1条白色横带。尾鳍背面为灰黑色。

栖息于世界各大洋,广布于北冰洋、北太平洋、北大西洋及南极水域。喜于近岸和内海活动,常单独或数头一起游弋,以小虾及小鱼为食。胎生。妊娠期约10个月。我国各海区均有分布,以黄海、渤海较多,尤其在辽宁海洋岛、獐子岛附近捕获较多。我国黄海北部于6～7月产仔,一胎可产1～2仔,少数3仔。初生仔鲸经5～6个月的哺乳期即脱离母鲸生活(体长约4 m),一年后即可长到7～8 m。

资源概况。在大型鲸类捕获兴盛期,小须鲸并不被重视,而且捕获量较小,1955年挪威沿海年获3 000余头,日本海周围年获500余头。1970年后大型鲸资源衰退,小须鲸成为主要猎捕对象,捕获量逐年增加,小须鲸资源很快衰退。1976~1977年度世界小须鲸捕获限额为8 900头,1981~1982年度为3 577头。国际捕鲸委员会对韩国在黄海、东海和日本海捕鲸作出限量,至1988年完全禁止捕捞。小须鲸为国家二级保护动物,禁止滥捕。在《中国物种红色名录》中,列为易危(VU),评估主要原因是人类的过度利用。

(3)露背鲸科(Balaenidae),体大型,头大具角质瘤,无背鳍,口须长。如北太平洋露脊鲸 *Eubalaena japonica* (Lacépéde)。与上述须鲸科(Balaenopteridae)动物主要区别在于无背鳍,无褶沟,7枚颈椎全部愈合,体色黑,腹部具不规则的白色区,头部有淡黄到紫色角质瘤状物;鲸须每侧250~370枚,基部黑灰色,须毛黑色,须板前部须毛白色或部分白色。呼吸孔2个,分开很宽。本种与同科北极露脊鲸属(Balaena)的北极露脊鲸(*Balaena mysticetus* Linnaeus)主要不同在于吻拱形,下颌弯曲,头部有帽状瘤,鳍肢宽呈抹刀状,鲸须相对地短;而后者头庞大,皮肤光滑,吻狭窄,鳍肢浆状,鲸须长,颏白色;尾鳍宽、两端尖,后缘凸,缺刻深、上下面皆黑色;尾柄有白色或灰色带与本种有明显区别。本种与灰鲸科(Eschrichtiidae)灰鲸属(*Eschrichtius*)的灰鲸[*Eschrichtius robustus* (Lilljenborg)]的主要不同在于后者体灰色,身上常有藤壶等动物附生,背部有峰状脊,头的背面或侧面观呈三角形(图9-56C)。

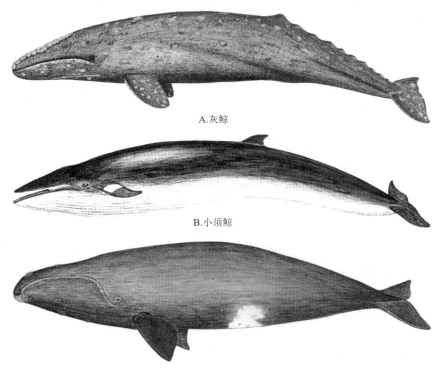

A.灰鲸

B.小须鲸

C.北太平洋露脊鲸

图9-56 须鲸亚目各科代表(吴翠珍绘)

栖息场所和洄游路线接近沿岸浅水域,其行动缓慢,洄游有规律。结群不大,通常单独或 2~3 头一起游泳,并接近海湾或岛屿周围。呼吸时喷出"V"形雾柱,柱高达 6 米。小潜水呼吸时,每分钟喷出雾柱 2~3 次,通常连续 5~6 次即行大潜水。大潜水约 6 分钟,最长 20 分钟。以浮游性甲壳类如哲水蚤类、桡足类、太平洋磷虾等为食。胎生。性成熟年龄 10 岁,交配、产仔期均在冬季。妊娠期同其他须鲸,约 11 个月,每产一胎间隔 2~3 年,初生仔鲸体长 4.5~6.0 米。经哺乳期 6~8 个月,仔鲸体长达 10 m 可离乳,但仍同母鲸一起行动。

资源:本种是人类最早利用的大型鲸类,至 19 世纪已有十万头以上的露脊鲸被捕杀,数量急剧减少。19 世纪末在西太平洋几乎绝迹。由于长期滥捕,资源濒临灭绝境地。虽然 1935 年就被完全禁捕,但由于破坏严重,资源恢复很慢。为国家二级保护动物,禁止滥捕。在《IUCN 世界红色名录》中,列为濒危(EN),而《中国物种红色名录》中,列为极危(CR)。评估主要原因是人类的过度利用,说明当前威胁已达不可挽回的地步。

分布:栖息于南北半球各大洋,南极水域等。太平洋东西两侧从白令海、阿拉斯加近海到日本海和中国的黄海、东海、台湾海域和南海北部皆有分布。但近 30 年来则少见。

9.3.3.9　海牛目(Sirenia)

海牛目体粗大,纺锤形,皮肤厚、多褶皱。吻短,唇厚,无耳壳。前肢鳍状,尾水平展开,后肢缺少。乳头一对,胸位。现存 2 科(图 9-57)。

(1)儒艮科(Dugongidae),动物儒艮(*Dugong dugon* Müller)体肥胖、形似鲸、体长 2~4 m,体重 300~400 kg,尾水平,眼小,吻扁平,口周偶生刚毛,无耳壳。分布在南北纬 15 度之间的热带和亚热带的港湾及浅滩中,我国的北部湾及台湾均产。如儒艮(*Dugong dugon*)。体呈纺锤形,身肥圆,无明显颈部,体重可达 500~600 kg。头大,顶部光秃,前端如截形,口向腹面张开。嘴吻向下弯曲,上唇呈圆盘状,唇有粗短刚毛,其前端成为一个长有短密刚毛的吻盘。吻上及左右侧有浅纵沟,雄性门齿略外露。鼻孔两个,无鼻骨,具有活瓣,阀门状,紧靠一起,位于吻端背面(在头部顶端),平均 15 分钟换气一次。眼小。耳孔很小,无耳廓。无背鳍,鳍肢胸鳍状,与尾鳍一起主要用于游泳。乳房位鳍基外侧。后肢仅存简单的肢带,体末有扁平的尾鳍,中央凹进,两端尖。体表皮肤全由肥厚皮肉组成。背部深灰色或橄榄绿色,腹部稍淡。全身有稀疏细软短毛。前颌骨显著扩大,下颌骨联合部相应地延长并急剧地下弯。每侧上下颌各有 3 枚前臼齿和 3 枚臼齿。皮肤坚厚,骨骼致密,可能起到承重的作用,有利于抵消海底摄食时产生的浮力,也有利于对付鲨鱼的攻击,起到自我保护的作用。

生活于热带浅海水域,多在沙泥底质多海藻、多水草的浅海滩涂生活。可进入河口,但不在淡水中栖息。喜成群活动,行动缓慢,性情温驯,视力差,听觉灵敏,平日呈昏睡状。以海藻水草等多汁水生植物为食,如海韭菜、海菖蒲、蕨藻、喜盐草、大叶藻和茜草等,每天可消耗 40~50 kg。饱食后除不时出水换气外,常潜入 30~40 m 深的海底,伏于岩礁处。对冷敏感,不去冷海。妊娠期为 13 个月,每次产一仔。小儒艮平均需要跟随母亲生活一年半至两年才能断奶。小儒艮有两对门齿,第一对至成体时脱落,第二对呈獠牙状,最长可达 18 cm,主要在成年后争夺配偶及防御敌人用;此外上、下颌每侧有颊齿 6 枚。儒艮平均寿命为 78 岁。

图 9-57　儒艮 *Dugong dugon* Müller（吴翠珍绘）

资源概况：20 世纪 50 年代以前，我国渔民视儒艮为"神异鱼类"，从不捕捉，1958 年后开始捕猎。近年已很少见。另外产区沿海海水污染、滩涂围垦也是儒艮资源减少的主要原因。周开亚等（2003 年）曾在海南省东方市港门村观察到 5 头儒艮，证明我国北部湾沿海仍有儒艮存在。在《中国物种红色名录》中，列为极危（CR），评估主要理由是人为破坏和栖息地质量的衰退，以及人类的猎捕；合法及非法的商业利用。而在《IUCN 世界红色名录》中，列为易危（VU），说明近年该种资源遭受严重破坏。

我国北部湾的广西沿海、广东电白县和阳江县以及台湾南部沿海都有儒艮存在的记录。国外不连续地分布于印度洋、太平洋的热带及亚热带沿岸和岛屿水域、海湾和海峡内的水域，北至琉球群岛，南至澳大利亚中部沿岸，西至非洲东部。

（2）海牛科（Trichechidae），尾圆形，国内无分布。如北美海牛（*Trichechus manatus*）。

9.3.3.10　长鼻目（Proboscidea）

现存最大陆生动物。鼻长呈管状，皮厚少毛，第三上门齿不断生长，成为象牙。如亚洲象（*Elephsa maximus*）。

9.3.3.11　奇蹄目（Perissodactyla）

第三指和趾特别发达，单胃。2 亚目。

1. 马亚目（Hippomorpha：第三指和趾有蹄，如斑马（*Equus butchglli*）、野驴（*Equus hemionus*）。

2. 貘亚目（Tapiromorpha）：多指和趾有蹄。包括貘科（Tapiridae），如马来貘（*Tapirus indicus*）；犀牛科（Rhinocerotidae），如犀牛（*Rhnoceros unicornis*）。

9.3.3.12　偶蹄目（Artiodactyta）

四肢蹄数为偶数，第三和第四指、趾特别发达，现存 2 亚目。

1. 猪形亚目（Suina），包括 3 科，猪科（Suidae），如野猪（*Sus scrofa*）；西猯科（泰耶猪科，Tayassuidae），如西猯（泰耶猪）（*Tayassu tajacu*）；河马科（Hippopotamidae），如河马（*Hippopotamus amphibius*）。

2. 反刍亚目（Ruminantia），胃多室，能反刍食物。仅第三、四指、趾发达。国内有 4 科。

（1）骆驼科（Camelidae），有上门齿，蹄后有肉垫，胃 3 室。如双峰驼（*Camebus bactrianus*）。

（2）鼷鹿科（Tragulidae），无角，国内有 1 种，如小鼷鹿（*Tragulus javanicus*）。

（3）鹿（Cervidae），如梅花鹿（*Cervus nippon*），麝（*Maschus moschiferus*）。

(4)长颈鹿科(Giraffidae),四肢皆 2 指、趾,发达,具不分叉的实心短角。国内无。如长颈鹿(*Giraffa camelopardalis*)。

9.3.3.13　鳞甲目(Pholidota)

体被覆瓦状的鳞片,鳞片间和腹部生毛,无齿,舌长。第一和第五指短小,第三指粗大,具强大的曲爪。尾扁阔。如鲮鲤科(Manidae)的穿山甲(*Manis pentadactyla*)(图略)。

9.3.3.14　啮齿目(Rodentia)

为本纲第一大目。上下门齿各一对,无齿根。分 2 亚目。

1.松鼠形亚目(Sciuromorpha),下颌骨隅突与下门齿槽在同一垂直平面,且位于齿槽下方。国内有 7 科:①松鼠科(Sciuridae),如灰鼠(*Sciurus vulgaris*)。②鼯鼠科(Petauristidae),前后肢间有皮褶,如小飞鼠(*Pteromys volans*)。③河狸科(Castoridae),尾大扁阔,具鳞。如河狸(*Castor fiber*)产于蒙古西北与新疆东北部,北欧与西伯利亚也有。栖于林区的河边,穴居于堤岸上,巧于营巢,巢外常以树干、黏土或石砾等筑成堤堰,把巢周溪流围成小池。夜行性,善游泳潜水,群栖。以桦、柳、榆、杨等的树皮及水生植物为食。有贮存食物度冬的习性。每年一胎,产 1～3 仔。其毛皮及河狸香均名贵。④鼠科(Mueidae),啮齿目中最大的科,分 7 亚科:有仓鼠亚科(Cricetinae)的大仓鼠(*Cricetulus triton*);田鼠亚科(Microtinar)的东方田鼠(*Microtus fortis*);沙鼠亚科(Gerbillinae)的长爪沙鼠(*Meriones unguiculatus*);鼢鼠亚科(Myospalacinae)的中华鼢鼠(*Myospalas fontanieri*);鼠亚科(Murinae)的褐家鼠(*Rattus norvegicus*);竹鼠亚科(Rhizomyinae)的大竹鼠(*Rhizomys pruinosus*);刺毛睡鼠亚科(Platacanthomyinae)的猪毛鼠(*Typhomys cinereus*);及美洲引进的麝鼠(*Ondata zibethica*)(属水䶄亚科(Arvicolinae)麝鼠属)。麝鼠栖息于沼泽及茂密植物的水滨地区,以草、枝、根类营筑巢穴,夜晚出外活动,以植物为主食,也吃小动物。当年可成熟,每年生育 2～3 次,每胎 4～12 仔。⑤睡鼠科(Gliridae)的睡鼠(*Dryomys nitedula*)。⑥林跳鼠科(Zapodidae)的中国林跳鼠(*Zapus setchuanus*)。⑦跳鼠科(Dipodidae)的三趾跳鼠(*Dipus sagitta*)。

2.豪猪亚目(Hystricimrpha),下颌骨隅突在下门齿槽垂直面外侧。国内有 2 科:①豪猪科(Hystricidae)的豪猪(*Hystrix hodgsoni*);②硬毛鼠科(Capromyidae)的河狸鼠(*Myocastor coypus*),原产美洲,常栖息于水生植物繁茂的静水湖泊或缓流处,穴居于岸坡上,善游泳,以植物根茎叶为食,5 个月即可成熟,每年繁殖 3 胎,每胎 4～5 仔。毛皮可制衣帽。

9.3.3.15　兔形目(Lagomorpha)

上颌骨孔隙多如网状。上门齿 2 对,尾短或无。2 科(图略):①鼠兔科(Ochotonidae)的达呼尔鼠兔(*Ochotana daurica*);②兔科(Leporidae)的蒙古兔(*Lepus talai*)。

9.4　哺乳动物的起源及适应辐射

哺乳动物起源于古代爬行类,从化石记录看,比鸟类出现得早。哺乳动物的进化概括如下:

古生代后期,当恐龙的进化尚未达到高峰时,出现了盘龙类(Pelycosauria)的古爬行类。其生存了4千万年后灭种,留下后代兽孔类(Therapsids)是具有很多类似哺乳动物特征的早期中生代爬行动物。

兽孔类在漫长的进化过程中,其后代所具有的哺乳动物结构特征日益增长。后裔中的一支兽齿类(Theiodentia),已经具备了一些似哺乳类的特征,例如:头具合颞窝,槽生的异型齿,两个枕骨髁,下颌的齿骨特别发达,某些种类已具原始的次生腭,脊椎、带骨及肢骨的构造似哺乳动物的结构等。我国云南省发现的化石卞氏兽,即属兽齿类。化石证据已可肯定是哺乳类的动物,出现于中生代三叠纪末期,距今约二亿年。可以推断,在这一漫长的进长过程中,逐渐形成了哺乳动物类型的躯体结构,能快速奔跑和猎食的四肢,运动行为的复杂,促进了脑和感官的发展。出现了口腔消化、毛保温,使体温恒定;胎生及乳腺哺育幼仔等进化特征,摆脱了卵、巢和幼体易受攻击的局面,提高了后代的成活率。

哺乳动物的祖先为三尖(锥)齿类(Triconodonta)化石,形态与兽孔类很相似,但下颌为单一齿骨构成,臼齿有三个齿尖,排列一行,以小型无脊椎动物为食。其外形似鼠,能初步攀登爬行。多数真兽亚纲与后兽亚纲的哺乳动物是侏罗纪(1.5亿年前)某些古兽类的后代。而原兽亚纲则是从完全不同的祖先进化来的。原兽亚纲可能是三叠纪末期出现的多瘤(结节)齿类(Multituberculata)的后代。

哺乳动物的历史经历了三个基本辐射阶段:

1. 中生代侏罗纪:此期所见的三瘤(结节)齿类(Trituberculata)臼齿齿尖已从三锥齿类的直行排列演变成三角形排列。由三瘤齿类演化出三个大支,其中二支不久灭绝,第三支古兽类(Pantotheria)得到蓬勃发展,古兽类的臼齿齿尖也为三角形排列,但下颌臼齿后方具有带两个齿尖的台(talonid),为真兽亚纲与后兽亚纲的祖先。此期多瘤齿类还很兴盛。

2. 中生代末期(白垩纪):出现了有袋类和有胎盘类。多瘤齿类尚存。

3. 新生代:从新生代初期开始,哺乳动物获得空前大发展。一方面是由于当时的环境条件对爬行类不利,而更主要的是由于哺乳动物一系列进步特征,在生存斗争中占优势。现各目哺乳动物,多是这个时期辐射出来的,5千万年以来一直成为陆生占有优势的动物类群。多瘤齿类在此期灭绝,单孔类化石出现。

现代哺乳动物群是第四纪更新世及其以后建立起来的,它们在各大陆间进行迁徙混杂,地理的和生态的因子导致隔离而产生了适应于多种生活条件的动物群。澳洲大陆在中生代末期即与北方大陆隔离,因而真兽类哺乳动物未能侵入,此地在新生代成为有袋类辐射的时代。在人类进入澳洲以前,唯一的有胎盘类是蝙蝠和啮齿类。

9.5 哺乳动物的经济意义及其保护与发展

哺乳动物具有重大的经济价值,与人类有密切关系。生活在青藏高原和内蒙古草原的各族同胞,长期以来其衣、食、住、行等各方面都离不开牛、羊、马和骆驼,这是众所周知的事实。家畜是肉食、毛革及役用的重要对象;鹿茸、麝香、熊胆、虎骨和牛黄等都是中医的珍贵药材。因此,哺乳动物对国家经济建设和人民生活水平的提高及卫生保健都有极为重要的作用。此外,有些兽类,如某些啮齿类严重危害农、林、牧业,并能传播疫源性疾病,严重危害国家财产和人民健康。

在我国哺乳动物中,国家一级保护动物有 42 种,国家二级保护动物有 40 种,而我国特有动物有大熊猫、小熊猫、白唇鹿、野牦牛、藏羚羊、羚牛、金丝猴和白暨豚等 8 种。哺乳动物中需绝对保护的哺乳动物有 21 种,包括 4 种水兽;急需保护的有 63 种,包括 4 种水兽。

我国海域的海兽资源较为丰富,计有鲸类 30 种,鳍脚类 5 种,儒艮 1 种。如渤海有海豹,黄海有须鲸,南海有儒艮,东海有海豚,台湾附近海域还有抹香鲸,长江中下游段栖息着我国特有的白暨豚。鲸皮可制革,肉可食用,脂肪可制精密仪表用油,机械油,蜡,肥皂等,鲸骨作骨粉,肝脏可作维生素制剂,用途非常广泛。

我国海域纵跨 3 个温度带(暖温带、亚热带和热带),受沿岸流、黑潮暖流和上升流等多种流系影响,大陆岸线长 1.8 万 km,海岸滩涂和大陆架面积广阔。1 500 多条河流入海。具有海岸滩涂生态系统和河口、湿地、海岛、红树林、珊瑚礁、上升流及大洋等各种生态系统。因此,我国海洋生物物种、生态类型和群落结构表现出丰富的多样性特点。自 20 世纪 50 年代以来,特别是近 20 年我国沿海地区经济得到长足的发展,开发利用海洋的活动也不断增强,海洋生态环境问题也随之日益突出。20 年来,我国在减少海洋污染、控制捕捞强度和加强海洋管理以及保护海域生态环境方面作出了巨大的努力,并取得了明显效果。实践已经表明,在发展海洋产业、振兴沿海经济的同时,必须重视海洋生物多样性的保护和持续利用,两者不可偏一。实践还表明,除加强海洋生态环境管理之外,加强海洋自然保护区的建设是保护海洋生物多样性和防止海洋生态环境恶化的最有效途径。然而,由于我们是发展中国家,经济尚处于力求满足人民生活基本需要的发展阶段,目前仍未能完全有效地制止海洋生态环境和陆地水域环境的继续恶化。但是我国政府和人民已经认识到生物保护在持续发展中的重要作用。刘建康院士,1993 年在《第一届东亚地区国家公园与保护区会议》上,呼吁"长江白暨豚的保护研究,建立白暨豚保护区",并说"通过我们多年的研究,提出了建立半自然白暨豚保护区、人工饲养下白暨豚的繁殖和建立长江白暨豚自然保护区等三大措施。在政府和科研部门的共同努力下,三项措施正在落实,为保护白暨豚创造了良好条件。但面临的困难还很多,任务十分艰巨,我们希望开展广泛的国际合作,为保护白暨豚共同努力。"当前,重视动物保护在国内已蔚然成风,这是时代的要求,是我们必须做好的历史任务。中国作为一个海洋大国,要为世界海洋生物的多样性作出贡献,以保证我国国民经济的持续而稳定发展。

9.6 鲸类的生态学及其搁浅原因的探讨

9.6.1 鲸类生态学

9.6.1.1 鲸的结群

须鲸是两头到数头结群,也有的结成大群。两头洄游,多是同龄的;大小差别不大时,较大者为雌,小者为雄;差异明显时,常为母子同游。也有父母与子女同游的较大群。须鲸是单配偶动物,每到生殖季节,成熟的个体,一雌一雄组成一对配偶。齿鲸是多配偶动物，一雄多雌，如抹香鲸是数十头至数百头结成大群，出现于以赤道为中心的温、热带海区。该群中除一头强大的雄鲸外，其余都是雌鲸和随群的仔鲸。离群的雄鲸多是年老体衰者，不少曾是大群的统帅者，它们常索居于南北两极海域。

9.6.1.2　鲸的呼吸和潜水

鲸浮上水面张开鼻孔，呼出肺中的空气，然后吸入新鲜空气。其呼气时常将喷气孔附近的海水一起喷上去，形成雾柱，俗称"喷水"，日本称"喷潮"。鲸的呼吸时间很短，连续几次，同时发出呼声。每次出现"喷水"，"喷水"的间隔时间、高度、形状和大小因种类不同而有差异，这是识别鲸的依据之一。如蓝鲸呼吸一次 1.5 秒，其"喷水"非常强大，高达 12 m；长须鲸的"喷水"，细而高，8～10 m；抹香鲸的"喷水"不是直上，而是和头顶成 45° 倾斜向前方喷出；座头鲸的"喷水"，宽阔而散乱，高约 6 m；小鳁鲸的"喷水"淡薄；高仅 1.5～2 m。也有的须鲸两鼻孔很靠近，"喷水"汇成一条。

鲸的潜水有两种，一种潜水浅，时间短，叫小潜水；一种潜水深，时间长，叫大潜水。两种方式交替进行，一次大潜水后要进行几次小潜水。大潜水时尾部露出水面较多，座头鲸和抹香鲸等尾部全面现在水面上。大潜水的时间 7～10 分钟。各种鲸的潜水时间不同，北齿槌鲸和抹香鲸分别潜水 120 分钟和 90 分钟，一般是 50 分钟。露脊鲸和鳁鲸分别能潜水 60 分钟和 40 分钟，一般每潜水 10～15 分钟就在海面上休息 5～10 分钟。海豚潜水不深，一般为 5 分钟。

9.6.1.3　鲸的食料和捕食方式

须鲸的口中无牙，而在上颚两侧长着两排须，窗帘似地下垂着，那是由上颚皮肤角质化而成，每侧约 300 枚，每枚都呈板片状，须能不断增长，须鲸用须滤食。须鲸类的身体很大，一般体长 20 m 以上，蓝鲸、露脊鲸、长须鲸、座头鲸都属此类。须鲸类滤食浮游生物、小虾和鱼，其胃容量可达 3 000 L，每天能吃食数吨。齿鲸类口中有齿，用以捕食各种鱼类和乌贼等较大动物，有的捕食海豹等大动物。

9.6.1.4　鲸类的生殖习性

鲸类的性成熟年龄因种而异，一般大型比小型成熟晚。蓝鲸和长须鲸 8～10 年性成熟，宽吻海豚 5～6 年，鼠海豚平均 15 个月成熟。鲸类成熟后一般一年产一仔，很少产两仔。某些大型鲸 3～4 年产一仔，须鲸类 2 年产一仔。抹香鲸 4 年产一仔，真海豚产仔 3 年，间歇一年。怀孕期：长须鲸 11.5 个月，蓝鲸 9.5 月，鳁鲸和灰鲸各一年，抹香鲸和领航鲸怀孕期达 16 个月之久。胎体达母体长 1/4～1/3 时分娩，母鲸把尾高举于水面上，使所产生的小鲸能顺利地进行第一次吸气，使肺充满空气后才入水中。鲸类有一对乳房位于生殖裂两侧，在哺乳期间乳头从凹陷处突到外边。喂奶时，母鲸贴近水面，露出乳头，慢游，体略侧，仔鲸从后方接近乳头，用舌紧紧卷住它，此时母鲸收缩乳腺周围的环状肌，压迫乳腺把乳汁喷射到仔鲸的舌卷管中。鲸乳含脂量特高，高于牛乳 10 倍，水分少，呈乳白色。

9.6.1.5　生长和年龄

长须鲸出生时长达 6 m，蓝鲸约 7 m，体重也很重，每天平均吃奶量 300 L。仔鲸哺乳期各不相同，齿鲸多为一年，抹香鲸是哺乳类中哺乳期最长的一种。须鲸的哺乳期稍短，座头鲸为 10.5 个月，蓝鲸为 5～7 个月。鲸类生长很快，蓝鲸出生后 6～7 个月体长达 15 m，长须鲸可达 12 m，重达 23 t。3 岁时长到与母体同大并具生殖力，性成熟后生长即变得缓慢。

9.6.1.6 洄游和分布

鲸的栖息场所原来多数是在温暖海域，之后为了自身和种的生存，它也作广范围的洄游。鲸在温暖水域交尾、分娩、育幼，但这些水域食料生物较少，故本能地随食物多少而进行索饵洄游。鲸类的洄游以南北移动为多，一般 3、4 月由温带向寒带行索饵洄游，9、10 月间由寒带向温带行生殖洄游。

9.6.2 关于鲸类搁浅原因的探讨

鲸鱼搁浅死亡，从个别到成群，自古就有。汉代史书《汉书·五行志》中，有"成帝永始元年春，北海出大鱼，长六丈，高一丈，四枚；哀帝建年三年，东莱平度出大鱼，长八丈，高丈一尺，七枚，皆死。"这是世界上最早的鲸鱼群死亡的可靠记录。1784 年 3 月 13 日法国记载奥枥港 32 条抹香鲸自杀。1948 年，阿根廷马德普拉塔沿岸有 835 头伪虎鲸集体自杀。1985 年 12 月 23 日新华社报道我国福建福鼎县有 12 头抹香鲸在秦屿湾自杀。1988 年新华社又报道，澳大利亚志愿者正在营救 38 头鲸鱼，这些鲸鱼是 9 月 28 日晚上 60 头集体自杀鲸鱼的幸存者，而就在同一海湾附近，1986 年 7 月曾有 140 头鲸鱼自杀。对于这些鲸鱼集体死亡于海滩的事件，人们拟人化地称为"集体自杀"是不科学的。科学的说法应是搁浅死亡。

对鲸鱼搁浅死亡的原因，各国生物学家一直在努力研究，并试图作出回答。美国的地球生物学家发现，这些搁浅地区往往是磁力较低或极低的区域。他认为，当鲸鱼沿着磁力较低的路线游泳时，容易搁浅在海滩上。由于磁力作用，人们也很难把它们赶到深海去。俄国学者认为搁浅与捕食有关，由于贪食而忘记游回深水，潮水退落，于是搁浅。还有人认为是鲸鱼的寄生虫作怪，促使它依靠淡水杀死寄生虫而搁浅，还有说是返祖现象等等，这些都缺乏充分根据。

根据现已积累的大量鲸鱼搁浅资料以及对鲸鱼的行为研究、物理分析、解剖学研究所取得的重大进展，促使人们从鲸鱼的信息系统、动物行为和地形学三个因素的相互关系综合考虑鲸鱼搁浅的原因，并作出较为圆满的解释。

首先通过水声信号反射的实验研究，证实倾斜的海滩，能搅乱甚至消除表层水平方向声的回声定位，使鲸鱼的声纳系统辨不清水的深浅，致使其陷入浅滩却不能察觉。当鲸鱼为追逐食物到达浅水时，就会发生搁浅，如果涨潮时无法回到海洋中，就只好坐以待毙了。科学家又证实，齿鲸类倾向群体活动，个体多与其亲属共同生活。群体皆由年长者或最强有力的雄鲸率领，一旦某头鲸搁浅，其他鲸则会在统一领导下尽力抢救，表现出高度友爱的行动。这样往往会使整个群体陷入悲惨的境地，构成群体搁浅。过去，捕鲸者就常利用这种习性进行猎捕。由于抹香鲸、伪虎鲸和巨头鲸的种群行为极为强烈，而且群体数量大，故它们搁浅的机会也比其他种类多。人们面对成群搁浅的鲸鱼，过去曾束手无策，现在通过多次抢救鲸鱼，已经取得不少成功的经验。目前，人们正在持续不断地研究搁浅发生的各种原因，制订相应对策，为彻底解决这个问题而努力。

复习题

1.哺乳动物的进步特征有哪些？结合各器官系统的结构和功能阐述。

2.恒温及胎生哺乳动物生存有何意义？

3.总结哺乳类皮肤的结构、功能及皮肤衍生物类型。

4.哺乳类骨骼系统有哪些特征？再次入水生活后，体形结构又有什么适应性变化？

5.哺乳类口腔消化的意义及吞咽反射的完成过程。

6.试述哺乳类牙齿和足型的结构特点及齿式和足型在分类上的意义。

7.简述哺乳类呼吸运动的过程。

8.哺乳类的循环系统通过什么途径（心脏、动脉、静脉及淋巴系统）来完成？

9.哺乳类体内环境的相对恒定有何意义？

10.哺乳类肾脏功能及泌尿过程。

11.绘哺乳类生殖系统结构的简图，联系内分泌腺的调节，了解控制兽类繁殖的手段和意义。

12.简述哺乳类脑各部分的功能和特点。

13.哺乳类脑神经、脊神经和植物性神经系统的特点和功能。

14.哺乳纲之三个亚纲（原兽、后兽和真兽亚纲）的主要区别有哪些？

15.水兽是指哺乳类的哪几个目？各目的主要特征是什么？

16.说明鲸目水兽适应水生生活的形态构造特点？

17.须鲸类与齿鲸类的区别特征？褶鲸与无褶鲸的区别？

18.简述鲸类的生态特点及其经济意义。

第十章 动物的进化研究与系统生物学的发展及有关学科概要

10.1 关于生命起源的问题

地球上存在着形形色色的生物,动物约有 150 万种,植物有 30 多万种,还有许多微生物。地球上这么多的生物究竟是怎样产生的? 地球上最初的生命又是从何而来的呢? 关于生命起源的问题,自古就有争论,众说纷纭。特创论主张生命来自神造。自生论认为生命是自然发生的,直接从非生命物质突然产生出来,但无科学根据。生源论,主张生物只能由同类生物产生,其虽有实验为依据,但其结论是形而上学的,不能回答生物变异性等问题。曾被恩格斯严厉批判过的宇宙生命论,近来又见兴起。它认为"地上生命,天外飞来",对眼见为实的现实主义表示怀疑,并用电磁场、人的身影、超声波等以前未发现的物质为理由,否认地上的生命是地球上物质发展的必然结果。现代科学已经证明,太空的各星球之间,在自然状况下,没有保存生命的条件,因为没有空气,温度接近绝对零度,又弥漫着具有强大杀伤力的紫外线、X 射线和宇宙线,任何生命胚体不可能从其他天体带到地球上来。

20 世纪 20 年代俄国化学家奥巴林(A. I. Oparin)和英国生物学家霍尔丹(J. B. S. Haldane)分别提出生命起源的假说。他们主张来自原始大气的一些分子自然地集合成更复杂的生物分子,假设集合这些分子所需的能量来自闪电和太阳的紫外线辐射或火山爆发所释放的能量,在这种还原性大气里自然形成了生命所需要的有机化合物。霍尔丹还相信早期的有机分子会沉积在原始海洋里形成"热稀溶液",在这种初始的溶液里,糖类、脂肪、蛋白质和核酸可能装配形成最早的微生物。1953 年美国的米勒(S. L. Miller)首次在实验室内获得了腺嘌呤、嘧啶等和一些氨基酸、某些核苷酸小分子化合物。后来 S. W. Fox 又在无氧条件下,将氨基酸合成多肽,进一步实验又合成一些类蛋白微球,这些小球具有渗透与选择扩散能力,以出芽增殖,可以积累糖和氨基酸,并具有自然的酶活性,由此可知这类蛋白微球似具有某些活系统的特征。

研究生命起源问题的科学家们比较一致地认为:地球在几十亿年的漫长岁月中由无生命物质逐渐发展而成今天的生命世界,大体上要经历五个阶段:

1. 由原始海洋和原始大气中的甲烷、一氧化碳、氰化氢、二氧化碳以及水、氮、氢、氨、硫化氢、氯化氢等无机物,在一定条件下(紫外光、电离辐射、闪电、高温和局部高压等),形成了氨基酸、核苷酸、单糖等有机物。

2. 氨基酸、核苷酸等聚合成生物大分子蛋白质和核酸等。

3. 众多的生物大分子聚集成多分子化合物体系,呈现初步生命现象,构成前细胞型生命体。

4.前细胞型生命体复杂化和完善化,演化为具有完备生命特征的细胞。

5.由单细胞生物发展为各级多细胞生物。

10.2　动物进化的例证

10.2.1　比较解剖学的例证

1.痕迹器官的存在,就是动物在进化的证明,如盲肠、阑尾、耳肌、尾椎骨的存在,证明人是由具有这些器官的动物进化而来。

2.不同动物的同源器官的存在说明它们来自共同的祖先,如马的前肢用于奔跑、蝙蝠的翼用于飞翔、鲸的鳍状肢用于游泳,其形状也不同,但来源和基本结构却相同(同功器官:指功用相同,形状相似,但来源和基本结构不同的器官。如鸟翼和蝴蝶的翅,虾鳃和鱼鳃都是同功器官,但只能说明两者的生活方式相同而不能说明它们有相近的亲缘关系)。

10.2.2　胚胎学的例证

一个哺乳动物从受精卵发育开始,经历囊胚、原肠胚、三胚层等相当于无脊椎动物的阶段,再出现鳃裂,相当于鱼的阶段,再出现心脏的分隔变化,相当于两栖类和爬行类的阶段,这是个体发育重演系统发育的规律,被称为"生物发生律"或"重演律"(biogenetic law or recapitulation theory),这一发现是由德国生物学家赫克尔(Haeckel)提出的。它表达了动物的进化历程。

生物发生律有时也表现在动物行为或生活习性方面,例如大麻哈鱼和鳗鲡生殖洄游的形成可以追溯到它们的祖先。大麻哈鱼的祖先化石发现于中新世欧洲淡水沉积物中,可以说大麻哈鱼祖先生活于淡水,而现今的大麻哈鱼生活于海洋,但到生殖期尽管路途遥远,行程极为艰辛,大麻哈鱼仍须竭尽全力从海洋上溯到淡水上游产卵,产后绝大多数亲鱼衰竭而亡。鳗鲡化石发现于黎巴嫩的白垩纪海洋沉积物中,证明其祖先生活在海洋,而今生活于沿海的河口或深入湖泊、山溪间,为淡水生活鱼类,但至繁殖时,鳗鲡亲鱼还须集群降河入海,在海中产卵。

10.2.3　古生物学的例证

1.各类生物化石在地层中出现,是有一定顺序的,即从低等到高等,从简单到复杂,从水生到陆生,明确地显示动物的演化过程。

2.古生物学还揭示生物类群在发展过程中相互交替的基本原因,是自然条件的改变。这种改变引起某些类型的灭亡而另外类型的出现、发展和繁荣。如石炭纪末期发生了造山运动,气候变干,到二叠纪大陆性气候更剧烈,气候干燥炎热,两栖类衰落,爬行类兴盛。中生代末期,地球上发生巨大的变动,地形、气候和植被都变得不利于恐龙的生存,于是恐龙大批绝灭。

3.古生物学又揭示:生物类群的发展是由中间过渡类型连接起来的。最初的两栖类与鱼类相似,最初的爬行类与两栖类相似;最初的哺乳类、鸟类与爬行类相似。这些都说明各类群之间有一定的亲缘关系。以上说明生物界并不是一成不变的,而是从共同祖先不断地演化发展而来的。

4.同一类动物在不同地层中的演化过程,以马化石最为完善和具有说服力。距今约5400万年的始新世马的始祖广布于北美洲,称之为始新马,生活在林区,以树叶为食,体形似狗,齿冠低、齿根长,前肢趾4,后肢趾3。渐新世,北美为广阔草原,此时渐新马的体形较大,以草为食,前后肢趾均3个。中新世,中新马完全成为草原动物,前后肢虽均3趾,但中趾较长,特别发达,白齿为高齿冠,咀嚼面复杂适于草料研磨。至700万年前的上新世,上新马的前后肢仅剩发达的中趾,第二、四趾成为痕迹,变成单趾马,齿冠高型。此时即称现代马、斑马、野驴由此演化而成。20世纪末,俄国人普尔热瓦尔斯基记载我国新疆与蒙古一带有野马发现。

10.2.4　动物地理学的例证

达尔文关于地球上生物进化和种的演变观念是在实际考察后,又分析比较若干地区动物地理分布特征后提出的。当"贝格尔"号巡洋舰到达加拉帕戈斯群岛,达尔文在对该岛的动植物进行考察后,开始萌发了他的生物进化概念。这些岛屿与美洲大陆远隔500~600海里的海洋。该群岛的动植物和南美洲的动植物存在显著的亲缘关系,但又有很大的差异。群岛的每个岛上都存在着独特的动物类群,而它们又同其他岛上的动物在形态上有一定的关系。由此可知,该岛曾和南美洲大陆相连接,岛上的生物起源于南美洲,后来与南美大陆脱离成为群岛。在不同的隔离地理环境中产生变异而演化成现在各岛的动物地理群。他发现26种地栖鸟全属于南美类型,但其中有23种为该群岛的特有种。又观察到14种雀科鸟源于同种,经其适应辐射形成,它们的喙的大小,形状与生活习性不同。因岛屿隔离形成特有动物群的例子很多,众所周知的澳洲大陆至今保留了现存最原始的哺乳类鸭嘴兽、针鼹和形形色色的有袋动物就是一例。有袋类动物化石在欧洲、亚洲和北美大陆的白垩纪及第三纪地层均有发现,但现在这些洲不见现生种类。其原因就是澳洲大陆在中生代末期即与北方大陆脱离,当时地球上正值有袋动物辐射发展时期,有胎盘类尚未出现,而胎盘类真兽亚纲动物出现时,由于地理隔离真兽亚纲动物无法进入澳洲,而造成有袋类动物在澳洲得以发展;达150余种。世界上现存的鸵鸟、肺鱼仅生存在非洲、美洲与澳洲,其原因在于第三纪以前这3个洲与南极曾连接在一起。这在种的形成方面也可作为动物地理学的例证。以上说明岛屿被隔离而有物种形成,新种的形成有其历史渊源,作为动物地理学的例证是有说服力的。

近年我国对青藏高原地区淡水鱼类起源、演化与区系特征进行了深入研究。首先根据青藏高原鱼类分布(武云飞,吴翠珍,1992)和采自西藏北部伦坡拉盆地的大头近裂腹鱼化石(武云飞,陈宜瑜,1980)及化石产地古地理生态环境的资料分析得知:白垩纪海退之后,此时东亚和东南亚淡水鱼类和生物渗入,逐渐增多,适于湖泊生活的大头近裂腹鱼开始出现,并得以生存和发展,此期为大头近裂腹鱼发展的初期阶段。渐新世—中新世,为伦坡拉盆地发育全盛时期,湖盆稳定下沉,水面扩大,水质淡化,气候湿热,各门类的生物繁茂,湖水的理化条件适合淡水鱼类的生活,因此大头近裂腹鱼成为该湖泊环境的主要鱼群,为极盛时期。中新世晚期,喜马拉雅运动强烈,地壳抬升,湖泊退缩或分离,湖水减少或浅化。由于环境条件的变化,各类生物也明显地发生变化,对大头近裂腹鱼的生存适应产生了明显的不利影响,从而导致大头近裂腹鱼的分化、迁移或绝灭。伦坡拉古湖沉积层中残留的部分鱼类化石,即是大头近裂腹鱼灭绝的证据。伦坡拉古湖位于藏北班公——怒江大断裂带槽谷中,其间分布着许多大小不同的湖泊,其中与伦坡拉古湖毗邻的最大湖泊是色林错湖。在湖泊水体发育时期,伦坡拉古湖通过西南的扎加藏布下游与色林错湖盆地串连在一起。青藏地区在经受第三纪及上新世强烈构造变动、地壳抬升和长期切割剥蚀之后,伦坡拉古湖湖水退缩,最终消失殆尽,目前已变成波状起伏的缓丘地形。但是伦坡拉盆地毗邻的扎加藏布和色林错,虽也受构造变动的影响,水系频频变迁,但仍有大量的现生鱼类。只不过原先的大头近裂腹鱼已不复存在,而由新近的裂腹鱼类所替代。

　　第二,根据青藏高原鱼类区系组成及其特点指出,青藏高原鱼类区系主体成分中鲤科的裂腹鱼亚科和鳅科的条鳅亚科,它们均属中亚高原区系复合体鱼类,一向被认为具有共同的地理起源。青藏高原是裂腹鱼类和高原条鳅集中分布的地区,在其他水域的分布极为零星。青藏高原各流域鱼类区系中亚高原区系复合体鱼类所占百分比,在青海龙羊峡以上黄河达 100%,在柴达木盆地同样为 100%,在川西高原诸河从高原边缘 50%～60% 迅速向内部增加到 80%。澜沧江、怒江水系的情形与此类似。雅鲁藏布江及印度河流经青藏高原的河段狮泉河和象泉河则高达 90% 以上。至于高原及其他各内流河湖,如青海湖、纳木湖、羊卓雍湖和班公湖、玛法术湖等水系均为 100%。青藏高原水系归属如此不同的流域,格局极为复杂,但其鱼类区系基本组成却完全相反地显示出统一性。这种统一性主要取决于海拔高度对鱼类的显著影响,说明一定的海拔高度可以成为鱼类隔离分化、物种形成的重要因素。

　　第三,青藏高原鱼类区系与新疆、甘肃等干旱盆地内流水域鱼类区系相似而又有差异,显示出它们之间的古老历史渊源。不计外来鱼类引入种,中亚高原区系复合体鱼类总种数在塔里木河水系中占 100%,在伊犁河占 83%,在准噶尔盆地诸水系达 60%,在甘肃河西走廊诸河系占 90%。新疆内流水域共有 10 属鱼类,其中中亚高原区系复合体鱼类为 7 属,与青藏高原有 5 个共有属(弓鱼、重唇鱼、裸重唇鱼、裸裂尻鱼和高原鳅等属)。新疆特有属为扁吻鱼属(单型属),新疆与甘肃内流水域共有的特有种为叶尔羌高原鳅一种。甘肃河西走廊诸水系鱼类 4 属 10 种,其中中亚高原区系复合体鱼类 3 属 9 种,与青藏高原共有鱼类 2 属,即高原鳅、裸鲤属。青藏高原与新疆和甘肃干旱地区在地形、海拔、气候等自然环境条件方面殊为不同,而其鱼类区系组成却很相似,反映了这些地区鱼类区系起源的地理统一性和诸水域鱼类区系的古老历史渊源。

　　第四,青藏高原内部鱼类区系组成有明显的区域性,为方便起见,将高原内部各水系间的共有属种比较结果绘入图 10-1 中。由图中可看出青藏高原外流水系之间的共有属种达 50% 以上,仅怒江有 71% 的属和 50% 的种与长江水系相同。伊洛瓦底江有 67% 的属和 60% 的种与怒江水系相同,有 66% 的属和 60% 的种与澜沧江水系相同。恒河有 60% 的种分别与雅鲁藏布江、澜沧江和长江相同。其他诸河系之间的共有属种很少,反映各水系的鱼类区系有明显的区域性。青藏高原各水系间属种的差别,显然与高原急剧隆起、长期隔离有关。隔离导致不同水域间气候条件、水体理化因素和食物成分的改变,引起种间分

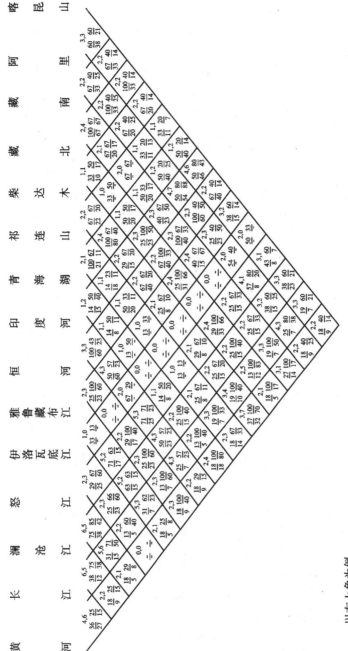

图10-1 青藏高原各水系共有属种的比较

以左上角为例：

1) 一对数字间有逗号，如4、6，即表示黄河长江系共有4属6种相同，其他类推。

2) 如 $\frac{36}{27}$，36表示黄河和长江水系共有属数占黄河水系属数的百分比；27表示黄河和长江水系共有种占黄河水系种数的百分比；再如 $\frac{25}{15}$，25表示长江和黄河水系共有属数占长江水系属数的百分比；15表示长江和黄河水系共有种数占长江水系种数的百分比。

3) 数字越大关系越密切，数字越小关系越不密切。

化，使各水系间鱼类区系组成呈现各自的区域特色。

第五，内流水系鱼类区系成分与毗邻的外流水系极为相似，反映邻近的内、外流水系间的密切联系。如青海湖有全部的属和80%的种，柴达木有100%的属和70%的种分别与黄河相同。藏北水系与长江水系有100%的属和85%的种相同，与怒江水系和雅鲁藏布江水系分别有100%的属和66%的种相同。藏南水系则显示出与雅鲁藏布江67%的属和

67%的种相同,而与长江有100%的属和50%的种,与印度河水系有67%的属和50%的种相同。阿里水系与印度河水系有80%的属和88%的种相同,显示它与印度河水系有密切的联系。在内流各水系之间,青海湖全部属和80%的种与柴达木水系相同。藏北与藏南两水系也有67%的种相同。这些相互毗邻的内外流水系之间鱼类种属相似程度较大,反映出彼此之间可能在历史上有相互的交往,特别是藏北水系与怒江和长江及雅鲁藏布江各水系之间都有较多的共同属种,有可能提供藏北地区在古代曾是长江、怒江和雅鲁藏布江各水系上游相互沟通的地理旁证。

基于青藏高原地区鱼类化石及现代鱼类区系特征的分析,反映出第三纪以来青藏高原鱼类演化发展的独特性。形成这种独特性的原因是什么?联系古地史、古地理和古气候资料,可以这样认为:适应温暖水域生活的原始鲃类和鳅类,在早第三纪时已广布于东亚和中亚地区。喜马拉雅运动以来,通过三次重大地质历史事件产生隔离,引起青藏地区地理生态环境的巨大改变,导致青藏高原鱼类区系与其他地区鱼类区系分离。三次隔离事件即是:①喜马拉雅地槽闭合引起西康群山急剧隆起构成中亚与东亚鱼类区系间的分离;②喜马拉雅山隆起引起中亚与南亚鱼类区系间的分离;③随着青藏高原的急剧抬升,阿尔金山等山脉再度隆起构成中亚地区青藏高原的分离,最后完成现代青藏高原独特的鱼类区系。从生物地理学方面讲,这个结论显然不同于起源中心说、辐射或跨阻传布理论。从鱼类起源、演化讲,说明青藏高原鱼类的演化发展与其地理生态环境的演变有着极为深刻的密切关系。

10.2.5　生理、生化的例证

一切生物都有新陈代谢、应激性、运动、生长、发育、遗传和变异等基本特性,构成它们身体的元素也基本一致。这些说明它们彼此间有亲缘关系,有着共同的起源。动植物身体内都含有葡萄糖,它们的蛋白质都由氨基酸组成,它们的核酸结构也很相似。但植物都含有纤维素,而动物没有,植物几乎都有淀粉,而动物则常含糖原(动物淀粉)。脊椎动物的血液里含有含铁的血红蛋白,而在一部分无脊椎动物的血液里则是含铜的血蓝蛋白。这些相似和相异,从特创论是不可能得到解释的,但对进化论则是很有意义的科学资料。说明不同生物之间有共同的祖先,不同的亲缘关系、不同的种族历史,即有不同的系统发展或进化历史。

在说明不同动物具有共同的祖先和它们的亲缘关系方面,近代的免疫学、生物化学和分子生物学的研究提供了许多令人信服的例证。

10.2.5.1　血清免疫实验

这就是用异种动物的血清注射,从沉淀反应可以看出各种动物的生理亲缘关系。例如在接受过多次人类血清注射的兔的血中,可以获得一种新的特性物质——抗体。用具有抗体的兔血清和人血清(抗原)混合,即出现凝块,发生沉淀。再以这种兔血清和其他动物的血清混合,看沉淀的多少,就可以推断被试验的动物与人的亲缘关系。在亲缘关系上和人愈近的动物,其血清的沉淀反应愈强;愈远,则愈弱。实验结果表明,不同动物之间确有不同的亲缘关系(表10-1):

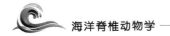

表 10-1　家兔抗人血清抗体与不同哺乳动物血清之间的反应

种类	沉淀反应强弱（%）
人	100
黑猩猩	97
大猩猩	92
猩猩	79
狒狒	75
蜘蛛猴	53
狐猴	37
刺猬	17
猪	8

　　从表 10-1 得出人与黑猩猩的亲缘关系最近，与猪的最远。此外用该法还查知鲨与蜘蛛的亲缘关系较近，而鲸与哺乳类的偶蹄动物接近。血清免疫实验还将多年混杂在啮齿目中的兔，独立出来，自立为兔形目。澄清了分类学的混乱，对生物进化的观点给予有力的支持。

10.2.5.2　蛋白质分子进化例证

　　生物进化是以生物大分子的进化为基础的，分子进化的研究起始于 50 年代，是与生物化学和分子生物学以及一些生化新技术的建立分不开的。研究表明，所有生物的基因都以稳定的速率积累着突变。尽管遗传变异发生在 DNA 上，但由于蛋白质是构成生物形态和发挥生物功能的基础，因此比较同源基因产物的差异，即比较同源蛋白质中氨基酸顺序的差异，从中可获取分子进化的信息。所谓同源蛋白质是指在不同生物体中实现同一功能的蛋白质。来自不同生物的同源蛋白质的肽链长度相同或相似，而且在氨基酸顺序中有许多位置上的氨基酸都是相同的，称不变残基（表示有共同祖先）；在其他位置上存在不同的氨基酸，称可变残基，这种可变残基在不同种属中可有相当大的变化。在不同种属的同源蛋白质中，可变残基的数目是与这些种属在系统进化上的位置密切相关，可变残基愈多即表现氨基酸在顺序上的差异愈大，说明它们的亲缘关系愈远。常见蛋白质的二十种氨基酸及其缩写符号（括号内）如下：甘氨酸（Gly），丙氨酸（Ala），缬氨酸（Val），异亮氨酸（lleu），亮氨酸（Leu），丝氨酸（Ser），苏氨酸（Thr），脯氨酸（Pro），天门冬氨酸（Asp），谷氨酸（Glu），赖氨酸（Lys），精氨酸（Arg），天门冬酰胺（Asn），谷酰胺（Gln），半胱氨酸（Gys），蛋氨酸（Met），色氨酸（Try），苯丙氨酸（Phe），酪氨酸（Tyr），组氨酸（His）。

　　近 20 多年来，已在细胞色素 C（cytochrome C）、血红蛋白（haemoglobins）、肌红蛋白（myoglobins）、血纤肽（fibrinopeptides）、组蛋白（histonis）等几十种大分子中进行了同源蛋白质的氨基酸顺序分析比较。结果表明在进化过程中，蛋白质分子一级结构的改变是以大致恒定的速率进行的，不同蛋白质有不同的进化速率，按每变化 10A 的氨基酸残基所需时间计：血纤肽约为 110 万年，血红蛋白约为 580 万年，细胞色素 C 约为 2000 万年，而组蛋白Ⅳ约需 6 亿年。所以用此法讨论进化问题时,应据研究对象亲缘关系的远近选择一种合适的同源蛋白质。

表 10-2　人与其他生物的细胞色素 C 氨基酸顺序差异的比较

生物名称	氨基酸差异	生物名称	氨基酸差异
黑猩猩	0	金枪鱼	21
猕猴	1	鲨鱼	23
狗	10	天蚕蛾	31
豹	11	小麦	35
马	12	链孢酶	43
鸡	13	酵母菌	44
响尾蛇	14		

　　细胞色素 C 变化较慢,而且在不同种属生物之间的氨基酸顺序差别较少,故只便于亲缘关系较远的不同种属间的比较(表 10-2)。在细胞色素 C 的氨基酸中,黑猩猩与人的差异为 0;猕猴与人的差异为 1,从表 10-3 中可见其差异在第 66 位的氨基酸(斜体),人是亮氨酸,猕猴是苏氨酸;猕猴与马之间有 11 个氨基酸的差异(本表只列出显示差异的氨基酸,用斜体表示)。这些氨基酸的数据反映了相应的系统发育的距离。细胞色素 C 的氨基酸资料除可用以核对各物种之间的分类学关系并绘制出进化树外,还可以粗略估计各类生物的进化分歧时间。

表 10-3　人与猕猴和马的细胞色素 C 氨基酸顺序的比较

氨基酸顺序	1—18—19—20—23—54—55—58—66—68—70—91—97—100—
人	—Ile Met Ser Tyr Ser Ala Ile Gly Asp Val Glu Ala—
猕猴	—Ile Met Ser Tyr Ser Ala *Thr* Gly Asp Val Glu Ala—
马	—*Val Gin Ala Phe Thr Asp Thr Lys* Glu Ala *Thr Glu*—

　　应用蛋白质一级结构差异讨论生物进化的优点表现为:氨基酸序列的背景清楚;进化速率较稳定。适于用数学方法处理或数学模型对提供信息用微机处理,以便更精确地比较不同物种的同源和异源差距,差异程度可以用它们的氨基酸差异数目和百分比表示,也可用相应的基因之间的核苷酸差异的最小数目来表示。将这些差异的数据处理后,即可表示为系统发生图或蛋白质分子的进化关系图,图 10-2 是将大熊猫乳酸脱氢酶的 H (LDHH)亚基的序列同蛋白质序列库内所存的其他脊椎动物的 LDH 同功酶进行序列差异比较,计算出分子距离,然后给出 10 种脊椎动物的 18 个 LDH 同功酶的亚基序列的分子进化树。图中显示了乳酸脱氢酶 3 种纯合体同功酶(H_4,M_4,X_4)的进化速率不同,如人与小鼠之间 3 种同功酶的分子距离,H_4 为 0.97(0.31＋0.22＋0.44＝0.97),M_4 为 3.66 (1.39＋1.60＋0.67＝3.66),X_4 为 21.86(4.09＋9.58＋8.24＝21.86),即 H_4 的进化速率最慢,而 X_4 的进化速率最快。也可表明动物的亲缘关系的远近,数据越小,亲缘关系越近。

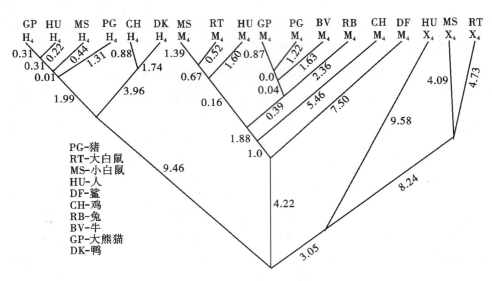

图 10-2　10 种脊椎动物的 LDH 同功酶的系统树

10.2.5.3　核酸分子进化的例证

真正的遗传物质是 DNA，而蛋白质仅是基因表达的产物。在生物进化过程中，DNA 复制时的随机突变和这种突变的积累才导致蛋白质分子中氨基酸残基的突变，最终造成物种的改变形成新种。故在生物进化过程中 DNA 变化才是演化的本质所在。目前随生物由低级向高级的进化，反映在 DNA 的含量上由少到多（表 10-4）。

表 10-4　各类生物的 DNA 含量

生物	平均每基因组的核苷酸对（bp）	生物	平均每基因组的核苷酸对（bp）
类病毒	3.6×10^2	果蝇	0.1×10^9
$\phi \times 10^{174}$	6×10^3	棘皮动物	0.8×10^0
λ 噬菌体	1×10^5	文昌鱼	0.5×10^9
T_4 噬菌体	2×10^5	鲨鱼	2.9×10^9
大肠杆菌	4×10^6	肺鱼	111.7×10^9
链孢霉	4×10^7	大多数硬骨鱼	0.9×10^9
玉米	7×10^9	蛙	6.2×10^9
海绵	0.06×10^9	蜥蜴	1.9×10^9
腔肠动物	0.3×10^9	鸟	1.2×10^9
乌贼	4.4×10^9	哺乳动物	3.2×10^9

表中总的趋势是在生物进化过程中愈高等的动物，其 DNA 含量愈高，而表中肺鱼与蛙所含的核苷酸对却大于哺乳动物，这可能是由于它们的 DNA 中含有更多的重复序列所致。测定不同生物之间的核苷酸差异对了解生物间的亲缘关系很有帮助，在此 DNA 杂交技术是常用的方法。其程序为分离 DNA，加热使之解链成单股之后，让一个种的一些单

股链与其他种类的单股链反应,在冷却后,如果两个种的单股链有相同的碱基序列,它们将融合在一起(即杂交)形成种间的双螺旋。在种间双螺旋链中杂交程度的大小要视两者有多少碱基对能配对,由此可测出两个种之间的核苷酸差异的百分比。据此可分析两个种之间的亲缘关系的远近,核苷酸的差异愈小,则亲缘关系愈近;反之则远。由表 10-5 可知,在所测试的 6 种灵长类动物中,黑猩猩与人的关系最近,狐猴与人的关系最远。DNA 杂交方法是一种可直接计算两个物种之间的遗传相似程度的方法,但此法也有一定的限度。因为该法只适应于研究亲缘关系相近的种,较远的种所解开的单股链之碱基序列相差太大而不能杂交以致难以估算其核苷酸差异百分率。

表 10-5　根据 DNA 杂交估计核苷酸差异的百分比

用于比较的 DNA	核苷酸差异(%)	用于比较的 DNA	核苷酸差异(%)
人—黑猩猩	2.5	人—猕猴	9.3
人—长臂猿	5.1	人—卷尾猴	15.8
人—青猴	9.0	人—狐猴	42.0

10.2.6　遗传学例证

已知不同生物有不同的染色体组型(karyotype),生物种之间染色体组型的类似性程度可反映生物进化的亲缘关系。染色体是遗传物质的携带者,在生物进化过程中,染色体在数目与结构上的变化无疑在物种的形成和演化方面扮演着重要角色。染色体的变化往往反映其基因的变化,从而造成遗传物质增加或丢失。染色体在结构与数目上的差异也会造成两个本来很相近的种群间的生殖隔离,而生殖隔离则是物种的分化与新种形成的前提。一般来说,生物进化是源于染色体进化,而染色体进化是经过一系列的染色体突变进行的。人们研究大熊猫染色体的 G 带型,发现大熊猫的染色体与熊的染色体相同,均有共同的着丝点将染色体对的头与头连接起来,从而认为大熊猫与熊有共同祖先。

一般情况下,一个种群的染色体数目,形态结构都是相对稳定的。但是,最近对青藏高原鱼类染色体的研究(武云飞等,1999)发现,其主要优势类群裂腹鱼类的染色体具有普遍的多样性,反映裂腹鱼类是一个染色体多倍化的类群。多数裂腹鱼类的染色体数目,2 n ≥86,染色体最多的 2 n=424~432,最少的 2 n=66,其遗传多样性非常丰富,可以说是动物界中十分独特的类群。中国科学院昆明动物研究所所长施立明院士(1990)指出,"遗传多样性越丰富,其物种进化的潜力就越大,对环境改变的适应能力越大,就意味着物种自身的延续能力越强"。这就是说遗传多样性为生物的进化提供了潜在的原料储备,种内遗传多样性的保持也有助于物种和整个生态系统的多样性,或可以降低或减缓由适应和进化所导致的灭亡过程。正因为如此,裂腹鱼类才能成为青藏高原及其毗邻地区各水域中的优势类群。

10.2.7　返祖现象和形态特征演化的例证

10.2.7.1　返祖现象

返祖现象在生物界中比较罕见,但它是生物进化的有力证据。"毛孩"的报道可以追溯人类的祖先来自被毛动物。《关于皮鳞鱼属的讨论》(武云飞等,1977),以所采到的具鳞片返祖现象标本的事实,为裂腹鱼类适应青藏高原环境而其鳞片"从有到无"的特化提供了确凿物证。从而解开了青藏高原鱼类"无鳞"的秘密,对裂腹鱼类的起源演化研究有十分重要的意义。在动物进化中是难得的见证。

10.2.7.2　形态特征演化

裂腹鱼类在其演化过程中,身体鳞片和须都表现出从有到无、从多到少的变化,而下咽齿表现出由3排到2排再到1排的变化。这些变化,恰好与该亚科鱼类中原始、特化和高级特化各不同属鱼类的形态特征和分布的海拔高度相对应,由此证明了裂腹鱼类随高原不断隆起而演变的规律(武云飞,吴翠珍,1992)。为达尔文的"物种起源"和"自然选择"等进化理论提供了有力的证据。

10.3　进化原因的探讨——进化理论

动物进化的事实,是无可否认的,但动物进化的原因是什么呢? 生物学的历史记载着许多科学家的论点。法国人拉马克(Lamarck,1744～1829),被认为是动物进化理论的创始人。他在1809年发表《动物学的哲学》,提出了"用进废退"和"获得性遗传"两个著名法则。这个学说主张动物进化,认为物种是可变的,而不是神灵干涉的结果。并认为生物进化的原因是环境对生物有机体的作用。拉马克的学说限于当时的科学发展水平,论据还不充足,而且有许多事实如动物的保护色、拟态等现象都不能以"用进废退"的学说来解释。长期以来,他被错误地认为是主张"动物有所谓意志和欲望并能在进化中发挥重大作用的人",其实美国科学家迈尔(E. Mayr)认为这是对拉马克精心推敲"动物需求与行为产生到结果构成之间的复杂现象"的错误理解。

达尔文(Charles Darwin,1809—1882),英国人,伟大的进化论者。自1831年在英国搭乘巡洋舰"贝格尔"号环球旅行,进行科学考察达5年(1831～1836)之久。达尔文在各地搜集到不少的动植物和地质的第一手资料,为他的学说"达尔文主义"打下了坚实的基础。另外,达尔文又广泛地搜集了当时农业、畜牧业等生产实践中创造动植物新品种的许多实例,包括我国养猪、蚕、金鱼、羊、兔及种牡丹、菊花等资料。他还参加英国养鸽俱乐部,亲自观察研究各种家鸽品种。他又大量引证当时动物细胞学、胚胎学、遗传学、比较解剖学、古生物学和地质学等所积累的重要材料,经过多年的综合分析,终于在1859年发表了他的名著《物种起源》,提出著名的"共同起源"和"自然选择"为理论基础的进化学说,即"达尔文主义"。此外又先后发表了《动物和植物在家养下的变异》(1868)和《人类起源及性的选择》(1871)以及《人类和动物的表情》(1872)等重要著作,进一步充实和发展了进化学说的内容。

达尔文的"共同起源"之说,就是"一切生物都是经由不断的分支发展过程由一个共同祖先传下来的"。共同祖先学说大大有利于人们接受进化论。这个学说在动物进化的例证中已涉及许多,此不赘述。达尔文关于自然选择的学说,其主要内容如下:

1.一切生物都有发生变异的特性,许多变异可以遗传。

2.生物与其周围的环境有着极其复杂的联系,又和它不断地斗争,这样的斗争称为生存斗争或叫生存竞争。

3.在生存斗争中对生物有利的变异得到保留,对生物不利的变异则被淘汰,这就叫自然选择或适者生存。

4.通过长期的、多代的自然选择,变异积累下来,就逐渐形成了新的物种。对于此点,迈尔(1982)认为新种的形成与自然选择无关,物种形成与自然选择是两种各自独立的过程。某一种群可能在某个海岛上而且最终仅仅由于随机的遗传过程(遗传漂变)变得与亲本种群如此不同,不能再与亲本种群繁殖,也就是说它已形成新种。摩尔根(T. H. Morgan),则认为新种是由突变引起。

5.自然选择使不断变化的生物适应不断变化的环境。所以生物永远在发展变化之中,不会长期停留在一个水平上。

达尔文是怎样总结出自然选择这个理论来的呢?扼要地讲主要有两个:一是人们对饲养动物和栽培植物的人工选择;另外则是马尔萨斯的人口论。人工选择改造生物的巨大作用,给达尔文留下了深刻的印象,深入研究的结果,就产生了他的自然选择学说。马尔萨斯的人口论,认为"人口的增长是按几何级数,而粮食的增长是按算术级数"、"全世界整个生物界中的生存斗争,是依照几何级数高度繁生的不可避免的结果"。在达尔文看来,生物繁殖过剩,但粮食和空间有限,为了生存和传留后代,生物间必须进行生存竞争。这样达尔文把人工选择与生存斗争的思想综合在一起,构成了自然选择学说。

达尔文的进化理论,科学地阐明了整个生物界的历史发展事实,在自然科学中实现了一次大革命,推翻了特创论和形而上学的学术统治,从而有成效地促进了生物科学的大发展。恩格斯高度评价达尔文的进化理论,认为它是19世纪自然科学的三大发现之一。达尔文的自然选择学说,至今仍为人们所普遍接受。可以认为:自然选择是生物进化的原因,遗传和变异则是生物进化的动力。随着生物科学突飞猛进的发展,特别是遗传学研究的深入,进化学说也不断得到修改、充实和提高。达尔文当年不清楚的遗传和变异机制,已被后人逐步了解。现代的达尔文主义者认为基因的突变最重要。生物进化乃是起源于基因突变,在自然选择的作用下实现的。可以预言,随着更广泛、更深入的生物学实践以及有关科学之间不断的交叉、渗透和综合,我们将会更多、更好地认识、掌握生物进化的机制和规律,更有成效地改造生物,使之为人民服务。

10.4　动物进化规律

动物进化并非紊乱无序,而是循着一定规律由简而繁,由初级向高级的总趋势不断进化发展着。了解这些规律有助于更深刻地认识动物界。

1.适应辐射律,又叫适应辐射或适应辐射现象。它是物种在扩大生存范围和占领分布区的过程中,受到不同环境的影响,在长期发展过程中,而逐渐形成不同的适应器官。达尔文称为性状分歧,是物种形成的基础之一。如原始哺乳动物,其后裔分布各处,发展成为不同类型的哺乳动物:有沙漠中生活的骆驼,善掘土的鼹鼠,海洋中的鲸鱼,适于飞翔的蝙蝠和善于攀爬树栖的长臂猿等等。

2.平行律,又称平行演化或平行进化。是不同类群的动物,由于生活在极为相似的环境条件下,具有某些共同生活习性,而造成一些对等的器官出现相似的性状,这种现象,称为平行律。例如有袋目的大袋鼠和啮齿目的跳鼠都过地面的跳跃生活,就都具有较长的后腿,尾还有支持身体的作用。再如树栖生活的攀缘动物都具有长臂和钩爪,以便攀登和悬挂,如灵长目长臂猿和贫齿目的树懒。

3.趋同律,又叫趋同现象或趋同。亲缘关系较远的不同动物,生活在极相似的环境条件下,不对等的(即来源不同的)器官出现相似的性状,这种现象为趋同律。如蝶翅和鸟翼,是适应飞翔生活的器官;鱼的鳍和鲸的鳍是适应水中游泳生活的相似器官,但它们的来源不同。

4.不可逆律,动物在进化中所丧失的器官,即使后代恢复了祖先的生活环境,也不会失而复得,这就是进化的不可逆律。如陆生动物用肺呼吸,再回到水里生活,也不能恢复鳃的结构。

除以上主要进化规律外,再补充两个概念。

1.同功器官和同功概念:两种动物的某一器官,其功用相同,形态相似,但来源和基本结构完全不同,这样的器官称同功器官。如蝴蝶的翅和鸟的翼,其功用和外形相同或相似,但其来源和结构却大不相同,这是两种动物共同适应飞翔的生活方式而形成的。因为它们的相似无亲缘关系,在进化上又称为同功。

2.同源器官和同源概念:不同动物的器官,功用不同,形状也异,但来源和基本结构却相同,就叫同源器官。如牛和马的前腿,蝙蝠的翼,鲸鱼的鳍是这些不同动物分别在陆地、空中和水体中的运动器官,用于奔跑、飞翔和游泳,其外形有很大差异,但它们都来自哺乳动物的前肢,其结构也基本相同。这种功用不同,起源上又非常接近的现象,在进化上被称为同源。

动物按照进化的规律不断发展变化,经过几亿年的时间推移,就呈现为今天这样种类纷繁的动物世界,我们可以用一张谱系图简要而又明确地表达动物世界进化谱系(图10-3)。

根据化石的详细资料,动物的发展历史与地质年代的对照关系,可归纳于表10-5。

太古代距今约46亿年,地球形成,化学进化随之开始。元古代距今34亿至18亿年时,出现细菌和蓝藻类。距今13亿年的震旦纪藻类兴起,此时原始无脊椎动物海绵、水母、水螅等出现。古生代寒武纪与奥陶纪距今5亿~6亿年,此期浅海广布,气候温暖,海藻繁盛,水生无脊椎动物海绵、软体动物、棘皮动物、原始甲壳动物和三叶虫、笔石等大量繁生,被称为真核藻类和无脊椎动物时代。志留纪距今4.4亿年,有造山运动,局部地区气候干燥,海面退缩,陆生植物裸蕨类出现。水生无脊椎动物苔藓虫和珊瑚繁盛,原始鱼类出现。距今4亿年的泥盆纪,海陆变迁出现广大的陆地,气候转向干燥炎热,蕨类植物繁盛,鱼类、昆虫繁盛,两栖类开始出现。泥盆纪和志留纪为进化时代的裸蕨植物和鱼类时代。距今3.5亿年的石炭纪气候湿润温暖,原始裸子植物出现,两栖类繁盛,爬行类出现,昆虫兴盛,为蕨类和两栖动物时代。二叠纪为古生代的最后一个地质时代,距今2.7亿年,造山运动频繁,气候干燥炎热,裸子植物兴盛,爬行类繁盛。至中生代的三叠纪,距今2.25亿年,银杏、松柏繁多,恐龙占优势,哺乳动物出现。至距今1.8亿年,被子植物出现,单孔类繁盛,有袋类出现,大型爬行类占统治地位。至1.3亿年前的白垩纪有造山运动,裸子植物逐渐被被子植物取代,有袋类繁盛,有胎盘动物和鸟类兴起,恐龙灭亡。中生代被称为裸子植物和爬行动物时代。新生代包括第三纪和第四纪,前者有古新世(距今

0.7 亿年)、始新世(距今 0.6 亿年)、渐新世(距今 0.4 亿年)、中新世(距今 0.25 亿年)、上新世(距今 0.12 亿年),第三纪地壳运动、海陆变迁、造山运动颇为频繁,特别是渐新世以后,气候渐冷,为被子植物和哺乳动物时代。此时被子植物繁盛,鸟和兽类繁荣,灵长类和类人猿出现。第四纪包括更新世和全新世,此时出现多次冰川活动时期,气候变冷,恒温高等动物得到充分发展、繁荣,人类发展为全球的统治者,第四纪为人类的时代。从上面可以看出,动物进化经过了一系列漫长而复杂的发展历程,直至现在,生物仍在不停地进化发展着。

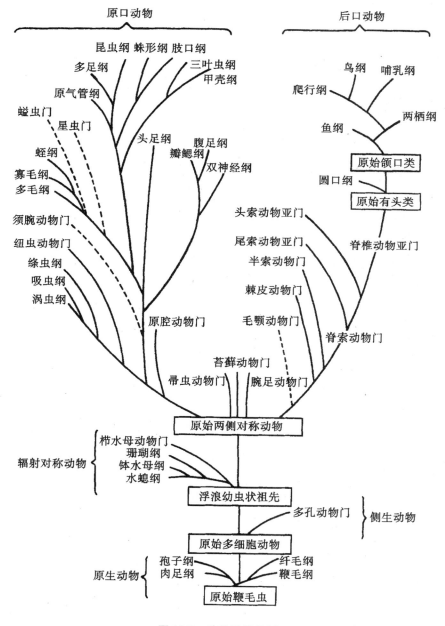

图 10-3　动物界进化树

表 10-5　脊椎动物地质历史简表

代(Era)	纪(Period)		脊椎动物发展简况
	第四纪 Quarternary	距今百万年	
	全新世 Recentepoch	0.012	人类发展
	更新世 Ploistocene	3.0	高等哺乳类繁盛,猿人出现
	第三纪 Tertiary		
新生代 Cenozoic	上新世 Plioeene	12	哺乳类、鸟类繁盛,人类远祖出现
	中新世 Miocene	25	灵长类及类人猿出现
	渐新世 Ligocene	35	原始哺乳类绝灭,高等哺乳动物兴起
	始新世 Eocene	60	近代鸟类、哺乳类出现
	古新世 Paleocene	70	原始胎盘哺乳类发展
中生代 Mesozoic	白垩纪 Cretaceous	135	原始哺乳类特化、有齿鸟和恐龙绝灭
	侏罗纪 Jurassic	180	鸟类初现,大型爬行类、软骨鱼类多
	三叠纪 Triassic	225	兽类初现,爬行类兴起,硬骨鱼繁盛
古生代 Palaeozoic	二叠纪 Permian	270	陆生脊椎动物兴起,原始爬行类多
	石炭纪 Carboniferous	350	两栖类增多,爬行类初现
	泥盆纪 Devonian	400	鱼类繁盛,两栖类初现
	志留纪 Silurian	440	甲胄鱼增多,肺鱼、鲨鱼多见
	奥陶纪 Ordovician	500	脊椎动物初现(甲胄鱼)
	寒武纪 Cambrian	600	无脊椎动物繁荣,如三叶虫等
元古代 Proterozoic	震旦纪 Precambrian	1 300	原始无脊椎动物初现
		1800	原始生命,蓝藻和细菌时代
太古代 Archaeozoic		46.00	

10.5　生物进化与系统生物学的发展

什么是系统生物学?系统生物学是以分类(Classification)为基础,以系统发育关系研究为中心,分析生物多样性,探讨物种形成、地理分布、生物进化等生命现象及其时空关系的科学。它将生态学、生理学、遗传学、细胞学和分子生物学等有关学科的知识综合作为研究的手段,并通过微机计算技术处理研究结果,使人方便地掌握物种起源、演化及其亲缘关系,并将对生物资源、地理环境与人类未来作出科学的预测。因此,这一学科必将有着广泛的应用前景。

林奈早在 1735 年出版的《自然系统》中就开创了系统学研究的历史,但是他将生物的进化当做造物主的神秘工作。达尔文在《物种起源》中提出了著名的"共同祖先"和"自然选择"理论并指出:"我们的分类将成为生物的系谱","我们必须用长期遗传下来的各种性状,去发现和探索自然系谱上的许多分歧的系线",这就是进化论给予分类学的一个十分明确的任务。目前生活在地球上千变万化、形形色色的物种,它们在形态上、生态上、生理上和地理分布等方面都存在着不同的差异,这些差异都是在物种形成的历史进程中产生的,也必然可以反映物种之间的系统发育关系。因此,通过特征分析,去研究物种之间的系统发育关系,并且用一明确无误的方式来表达这个结果,成为当代系统生物学的最重要的内容。达尔文的进化论用唯物主义的观点揭示了生物界发生和发展的自然奥秘,然而他没有给予生物物种一个明确的概念,也未曾对系统原理进行更深入的探讨。

　　近百年来,分类学家围绕着物种概念和系统发育这两个系统生物学的核心问题,不断进行探索。在 20 世纪三四十年代,以赫胥黎(J. S. Huxley)、辛普森(G. G. Simpson)、迈尔(E. Mayr)和杜布赞斯基(Dobzhansky)等为首的综合进化学派的兴起,以"新系统学"为核心,开展过一场关于物种概念的辩论,这场辩论摧毁了形而上学的模式概念,代之以种群概念,有力地推动了系统生物学的发展。然而关于系统学原理和特征分析的理论和方法的研究,却是一个较新的问题,直至六七十年代进入学派争鸣,百花齐放的局面。

　　20 世纪 60 年代,Henning 提出分支系统学(Cladistic systematics)理论,反对基于总体相似性比较的亲缘关系概念,强调以共同祖先的近度作为衡量生物物种和类群间亲缘关系的唯一标准。认为只有那些在从祖先到后裔的发育过程中,由先前状态衍生而成,并存在于所有的后裔类群中的共同离征,才是在系统归类中有价值的相似性状,而由共同离征确定的谱系关系才是真正的系统发育关系。根据分支系统学原理和特征分析方法所建立的生物分类系统,与传统的分类系统之间有很大的不同。分支系统学作为一种哲学理论正在不断地被完善,并得到许多分类学家的支持。

　　计算机技术的进步也直接推动了分类学理论和方法的发展,Sokal 和 Sneah 提出了另一个新理论。他们认为真正的系统发育系统是无法重建的,人们只能基于生物表现型性状的总体相似性去对生物进行归类和编级。性状的相似反映了共同基因,因此生物表现出来的所有性状都具有同等的重要性,物种和类群之间的亲缘关系可被表达为相似性的数值指数。据此发展了一系列运用数学方法进行生物分类的方法,这种理论和方法被称为数量分类学(numerical taxonomy)或表型系统学(phenetics)。

　　生物系统学三大学派的纷争,不仅推动了各派学说的发展,也促进了分类系统的不断完善,使其接近于自然的"分类系统"。

　　在上述三种学派理论中,分支系统学原理异军突起,表现出强大的生命力,其系统发育的原理和方法已被广泛地运用到动物学、植物学、古生物学和生物地理学等领域中,受到越来越多的重视。特别是在鱼类学界,由于 Rosen,Nelson,Patterson 和 Greenwood 等著名鱼类学家的推崇,其影响尤为显著。

　　分支系统学发展过程大致如此:它最早起始于 20 世纪 50 年代,创始人亨尼希(W. Henning,1913～1976),德国昆虫学家。他早年在莱比锡获博士学位之后,在柏林昆虫研究所从事双翅目昆虫的研究,1948 年发表了巨著《双翅目昆虫》,1950 年出版《系统发育系统学的基本原理(德文)》,并在其中新西兰双翅目昆虫的地理分布研究中,首次使用了分支分类学原理。经过十余年的实践,他的系统发育理论日趋成熟,1965 年他在《昆虫学年度评论》10卷上发表了《系统发育系统学》的论文摘要性论文。翌年戴维斯和赛格尔将其译成英文出版。新书的出版,使《系统发育系统学》的观点、原理与方法,很快受到学者的推崇和生物学界的重视。产生很大反响,并迅速传播,随即在美、英、法和瑞典等国家兴起一股"热潮",被称为"分支系统热"。《系统发育系统学》成为系统生物学历史上的一个转折点。这本书曾获得伦敦林奈学会1974年度的林奈金奖和美国自然历史博物馆1975年度的科学重要贡献奖。该学说在20世纪70年代引入我国,如陈世骧教授在他的《进化论与分类学》一书中特别地强调了"特征分析"的重要性;邱占祥(1978)则在《古脊椎动物学报》上发表Henning《系统发育系统学》的介绍文章;周明镇等又分别编译了《分支系统学译文集》(1983)和《隔离分化生物地理学译文集》(1996);赵铁桥(1995)编译了《系统生物学概念与方法》等。以伍献文为首的我国鱼类学家在20世纪80年代初期将该理论应用于我国淡水鱼类的研究中,取得大量的科研成果。这些成果标志着我国系统鱼类学的研究处于最活跃、发展最快的时期。其水平与当时的国际水平相当。

分支系统学,也叫分支分类学或支序分类学,其基本原理主要包括以下五点:

1. 单源类群是比较亲缘关系的基本单位。

2. 只有根据共同离征(synapomorphy)建立的系统发育关系或亲缘关系才是单系。

3. 姐妹群是建立系统发育系统的基本结构。一对姐妹群,必须各自具有自己独特的共同离征(至少一个),且呈镶嵌分布,即某个性状在一个类群必然比另一个类群特化,而另一类群则相反。共同离征在姐妹群中的镶嵌分布是类群间系统发育关系建立的先决条件。

4. 在一特定类群中,所掌握的异级特征的镶嵌分布越复杂,从中推断的系统发育关系越可靠。

5. 一个完善的系统发育系统可以用分支图解正确地表示出类群的发生时间和相对顺序。这需要妥善利用古生物化石、古代地质历史和动物地理学的资料。

目前国际上分支系统学理论取得巨大的完善和发展,具体表现在以下几方面:

1. 系统发育的重建借助专门的计算机辅助分析软件,如PAUP,Hennig 86等,实现了真正意义的简约性(Parsimony)分析,在众多可能的系统发育关系假设中识别出最简约的系统发育分支图(Swoford,1985;Wiley 1988a和1988b)。

2. 分支系统学原理应用于历史生物地理学分析,获得了大量创新性的历史生物地理学推论,对于认识地球的演变历史具有重大价值(Humohries et al.,1988)。

3. 成功地实现了分支系统学理论与物种形成和生态适应过程的结合,摆脱了以往系统发育分支图与物种形成方式相脱离的不足,同时成功地实现了隔离分化(vicarance:隔离分化;vicariats:分化产物)和扩散式(dispersion)物种形成在系统发育中的兼容性(Brook et al.,1991)。由于实现了这些突破性进展,分支系统学理论目前已被国际上绝大部分系统学家所接受,并被广泛而活跃地应用于具体类群的研究中。

亨尼希所处的时代,正是系统生物学百花争艳的时代。在20世纪50年代,迈尔的系统学原理已较盛行,索卡尔和史奈斯的数量分类(Numerical taxonomy)也正在发展之中,其他一些分类学家,如Simpson等人也都提出各自不同的系统学原理和方法。

20世纪80年代后期各派将其理论付诸实际研究,结果演化了各自的理论方法,并在实践中得以完善和发展,使系统生物学派观点开始相互渗透,如 Farris 等人将数值系统学的计算方法引入分支系统学中,因而形成数量支序分类学(Numeric ladistic taxonomy)(钟扬,1990);综合系统学派也吸收分支系统学派的特征分析方法,使进化研究更加深入、全面。

近些年来,许多动物学者已从单纯的分类与动物区系研究转向动物系统发育方面的研究。他们采用大量形态特征分析和细胞生物学、生物化学、电镜扫描、数学分析等手段来辨别和分析离征、祖征,借以探求动物系谱及共同起源,真正反映出彼此间的亲缘关系。徐克学(1994)则对数量分类的发展历史、基本原理和分类运算分析方法进行较全面的论述;摒弃了表征分类和分支分类两大学派相互对峙的观点,奉献出多种分支分类新方法,把信息量增长的不可逆作为生物演化的基本原理。当前系统生物学原理与方法,正在电子仪器、生物高新技术、数理统计分析等近代科学和先进设备的紧密配合下,在生物学的各个领域之间不断地交叉、渗透,出现了更高层次的综合,其研究成果都在以更快的速度向应用转化。

目前系统生物学在解决系统发育亲缘关系、生物地理和动物资源学等疑难问题上取得许多重要进展,使我们越来越清楚地认识到系统生物学的重要性。

10.6　动物地理区划与海洋渔区划分

10.6.1　动物的分布

动物是自然环境不可分割的组成部分,它是在长期历史发展中形成的。任何一种动物的生活,都要受到栖息地(生境:habitat)内各种要素的制约。一般动物的栖息地适合于动物的生活与繁殖,栖息地常处于相对稳定的状态。其变化一旦超过动物所能耐受的范围,动物将无法在原地继续生存和繁殖,这个范围即是动物对环境的耐受区限。耐受区限决定着动物区域分布的临界线。动物的耐受区限通常比较广,但临界线很难逾越,例如懒猴、长臂猿、犀鸟、太阳鸟和蟒蛇等常年生活在无霜冻的地区,霜冻就成了它们的临界线。各种动物在适宜环境以外的地区里,虽可暂时生存,但不能久居,更无法进行繁殖。有些鱼类和鸟类的生活适宜区限与繁殖最适区限有着明显差异,它们在繁殖季节之前,要进行长距离的洄游或迁徙,直至到达最适区限才筑巢、交配、繁殖产卵。由此可知,一个种(各属、科)的分布区就是这种(或属、科)动物能够充分生长、发育并繁殖后代的地理空间。把这种动物出现的地点或采集点标记到地图上,如果有足够的数量,就可以表达该种动物的分布范围。

动物分布区能否扩展常取决于两个因素,即动物自身的扩展能力及是否存在限制其分布的阻限。非生物阻限是指地形、气候、山脉、河流、湖泊、沙漠和海洋等自然因素,这些都可能成为动物分布过程中难以逾越障碍。生物阻限包括食源不足、种间斗争等因素。研究陆地动物分布时,常用"景观"这个词,观(landscape)即是指陆地动物分布区内的自然条件,包括地势、岩石、土层、水环境(河流、湖泊、沼泽等)、植物和动物等一系列因素的综合,它们是互相作用、互为依赖的整体。由于地球呈球形和依一定的轨道旋转,以致投射在地表各个区域的太阳热能不均匀,使自然条件自北向南呈现有规律的地带性分布。在山地条件下,自然条件也呈现类似纬度带的垂直更替,称之为垂直分布。每一种不同的自然条件的地带内,均着生有数量占优势的代表性的植被类型和动物类群。陆地自然地理带大致可分为:

1.苔原(tundra):位于极区附近。冬季严寒而漫长,夏季冷而短促,多数地区覆盖冰雪。植被主要是地衣、苔藓,动物有北极狐、旅鼠、雪鹗等。

2.草原(grassland):在远离海洋的温带地区。耐干旱的草本植物繁盛。就北方而论,典型的代表动物有黄羊、黄鼠、旱獭、鼠兔、百灵、麻蜥等。

3.荒漠(desert):分布于亚热带和温带的干燥地区。植物稀少,主要是旱生灌木、半灌木和半乔木。热带荒漠的仙人掌是最典型的代表性植物。动物多夜间活动,保护色显著,运动快和有保护体内水分散失的生物学适应。典型代表有跳鼠、沙土鼠、骆驼、野马、沙鸡、沙蜥等。热带地区的代表有袋鼠、鸵鸟等。

4.针叶林(coniferous foredt)或泰加林(taiga):分布于苔原带以南和阔叶林带之北的广阔地区。有冷杉、云杉、松等植物,典型动物代表有松鼠、棕背䶄、貂、猞猁、驯鹿、松鸡、啄木鸟等。本区动物常随针叶林球果的丰歉而有广泛的季节迁徙或数量的规律性波动。

5.阔叶林(deciduous forest):属温暖潮湿的海洋性气候地区。食物丰富,动物种类繁多。典型代表动物有鹿、狐、熊、河狸、松鼠、斑鸠、杜鹃、夜鹰、黄鹂等。

6.热带雨林(tropical rain forst):赤道附近的林区。植物种类繁多而茂盛,森林层次极为复杂,林底有草本植物、灌木、藤本植物和不同高度的乔木。典型动物有各种猿猴、云豹、麂、鹦鹉、孔雀、犀鸟、太阳鸟、蜂鸟、蟒蛇、巨蜥、树蛙和雨蛙及各种昆虫和无脊椎动物等。

地球上的水生生物依据其生活环境可分为淡水生物群落(freshwater,biomes)和海洋生物群落(marine biomes)两大类。前者又可依据水流状况的不同而分为流水水域(lotic)和静水水域(lentic)。后者由三个大带所组成,即沿岸带(littoral zone)、浅海带(neritic zone)和远洋带(pelagic zone)。

以上为根据自然条件不同类型划分的动物群,称为生态地理动物群。生态地理动物群与主要依据区系组成而划分的动物区划之间存在着一定的关系。两者的配合反映了现代生态因素和历史因素对当地动物的影响以及各地动物区系的发展动态。

10.6.2　世界及我国陆地动物地理区系划分

动物区系(fauna)是指在一定的历史条件下,由于地理隔离和分布区的一致所形成的所有动物物种,即有关地区在历史发展过程中所形成和现今生态条件下所生存的动物群。从动物地理学观点考虑,整个动物界可分为海洋动物区系和大陆动物区系。由于陆地的自然环境复杂,气候多变以及存在着众多影响动物分布的阻碍,致使物种分化非常激烈。150多万种动物总数的85%以上分布在陆地上,且其身体结构也较同类的海洋动物复杂。

10.6.2.1　陆地动物地理分区概述

世界陆地动物区系可划分区为6个界(fauna realm):

1.澳洲界:包括澳洲大陆、新西兰、塔期马尼亚及附近太平洋上的岛屿。该区是所有动物区系中最古老的,仍保留中生代晚期的特征。保存了最原始的哺乳动物——原兽亚纲(单孔目)和后兽亚纲(有袋目),缺少胎盘类哺乳动物。鸸鹋是鸟类的特产,澳洲肺鱼是鱼类特产。

2.新热带界:包括中、南美大陆和墨西哥及西印度群岛。兽类以贫齿目犰狳,大陆猿猴及有袋目的负鼠为特色。鸟类有 25 个特有科,以美洲鸵鸟、麝雉最有名。爬行类、两栖类和鱼类种类甚多,如美洲鬣蜥、负子蟾和美洲肺鱼、电鳗等。

3.埃塞俄比亚界:包括阿拉伯半岛南部、撒哈拉沙漠以南的非洲大陆、马达加斯加岛等。哺乳类有蹄兔、长颈鹿、河马等,鸟类有非洲鸵鸟、鼠鸟等,鱼类有非洲肺鱼和多鳍鱼等。

4.东洋界:包括亚洲南部喜马拉雅山以南和我国南部、印度半岛、斯里兰卡、中印半岛、马来西亚、菲律宾群岛、苏门答腊岛、爪哇岛和加里曼丹等大小岛屿。哺乳类的长臂猿科,眼镜猴科和树鼩及鸟类中的犀鸟、阔嘴鸟等。

5.古北界:包括欧洲大陆、北回归线以北的非洲与阿拉伯半岛及喜马拉雅山以北的亚洲。鼹鼠、河狸、狗鱼、鲟鱼及白鲟等。

6.新北界:包括墨西哥以北的北美洲。有角羚羊科、山河狸、美洲鬣蜥、两栖鲵科等,鱼类有弓鳍鱼和雀鳝等。

上述六大陆界可归纳以下几点:

1.大陆同一纬度的不同部分,动物区系由北往南的差异越来越大(指北部大陆同纬度的各陆块间动物区系的差异较小,而南纬各陆块间的差异大)。

2.不同类群古老动物现仅存于北回归线之南地区,但此线以北仅有化石发现。

从大陆漂移观点来看,非洲、澳洲和南美洲最初相距很近,隔离之前还曾有过一段接埌时期或联结在一起,因而三个洲有类似动物区系。到第三纪末,南美与北美再次连接。欧亚洲大陆与北美在白令海峡曾有连通,故有类似动物。澳洲与泛大陆分离较早,故哺乳纲中的真兽亚纲动物未曾侵入。

10.6.2.2　我国动物地理区划(区系划分)

我国动物区系分属于世界动物区系的古北界和东洋界两大区系。这两大区系的分界线西起横断山脉北端,经过川北岷山与陕南的秦岭,向东达到淮河一线。我国在第四纪以来并未遭受像欧洲大陆北部那样广泛的大陆冰川覆盖,动物区系的变化不像欧洲大陆北部那样强烈,因而保存了一些比较古老或珍稀物种,例如大熊猫、金丝猴、白暨豚、褐马鸡、扬子鳄和大鲵等。

我国动物地理区划分为两界 7 区,古北界包括东北区、华北区、蒙新区、青藏区;东洋界包括西南区、华中区和华南区。各区简述如下:

1.东北区:包括大兴安岭、小兴安岭、张广才岭、老爷岭、长白山地、松辽平原和新疆阿尔泰山地。本区气候寒冷,冬季漫长,北部的漠河素有我国北极之称,夏季短促而潮湿。植被主要由云杉、冷杉、松等组成针叶林带,或与桦树、山杨、蒙古栎、槭树和椴树等共同构成针阔混交林。典型的代表动物有哺乳类的原麝、梅花鹿、马鹿、东北虎、棕熊、野猪、灰鼠、红背䶄;紫貂等;鸟纲有丹顶鹤、啄木鸟等。

2.华北区:北邻东北和蒙新区,往南延至秦岭、淮河,东濒黄、渤海,西至兰州盆地。本区位于暖温带,气候冬季寒冷,夏季高温多雨,植物生长繁茂。原有的温带森林—森林草原仅残留有部分森林,现有主要植被为草地和灌丛,动物种类比较贫乏,特有种类少,但也见有猕猴、野猪、林麝、狍等。以广大农田为主要景观的农田动物群:有麝鼹、大仓鼠、兔、狐、黄鼬等。四季分明的季节变化,对动物的生命活动有显著影响,每当春末夏初和秋季,许多广适应性鸟类在本区常形成季节高峰,冬季则大多迁往南方。鸟类有石鸡、褐马鸡、环颈雉、岩鸽、麻雀、金腰燕等。

3. 蒙新区:本区东起兴安岭西麓,往西沿燕山、阴山山脉、黄土高原北部、甘肃祁连山、新疆昆仑山直至国境线。典型大陆性气候,属草原和荒漠生态环境。寒暑变化大,昼夜和季节温差大,夏季短,冬季漫长,积雪深厚,植物生长期短。本区分为东部草原和西部荒漠两地带,两者大致以集(宁)二(连)铁路至鄂尔多斯西南部一线为界。东部为草原及草甸草原,有黄羊、旱獭、跳鼠、田鼠、鼢鼠、鼠兔、沙鼠、石貂、狐、大鸨、蒙古百灵、云雀、沙鸡、地鸦、蓑羽鹤等。西部荒漠地带多跳鼠、黄鼠,另有野骆驼、蒙驴、野马、风头百灵、角百灵、原鸽等。

4. 青藏区:包括青海(除柴达木盆地),西藏和四川西北部,是东由横断山脉,南由喜马拉雅山脉,北由昆仑山、阿尔金山和祁连山等所围绕的青藏高原。海拔4 500 m左右,是世界上最大的高原。冬季长而无夏天的高寒气候类型,哺乳类有白唇鹿、野牦牛、野驴、藏羚羊、藏盘羊、喜马拉雅旱獭、鼠兔、田鼠、仓鼠等,鸟有雪鸡、雪鸽、马鸡、黑颈鹤、高原山鹑等。青藏高原的抬升和形成,从地质时间上来看是短促的,尽管现今的自然条件与蒙新区的差别相当明显,但两区亲缘关系相近的动物其分化程度只达到种和亚种的水平。

5. 西南区:包括四川西部、贵州西缘和昌都地区东部,北起青海和甘肃的南缘,南抵云南北部,即横断山脉部分,往西包括喜马拉雅山南坡针叶林以下山地。境内多高山峡谷,横断山脉呈南北走向,地形起伏很大,海拔高度在1 600~4 000 m之间,自然条件的垂直差异显著。动物区系的动物群有两大类:一类是高地森林草原、草甸草原的寒漠动物群,有鼠兔、林跳鼠、喜山旱獭、斑尾榛鸡、戴菊莺等古北界种类;另一类为喜马拉雅中、低山带的亚热带林灌草地农田动物群,有长尾叶猴、塔尔羊、灵猫、猕猴、大熊猫、牛羚、鹦鹉、太阳鸟、角雉等。横断山脉在更新世未曾发生过广泛的冰盖,保留了不少的残存种和孑遗种,大熊猫和牛羚是哺乳动物的残存种,而小熊猫是浣熊科中唯一分布在东半球的种类,是地理隔离保存至今的孑遗种。

6. 华中区:本区相当于四川盆地以东的长江流域地区。主要动物是东洋界成分,代表种有红面猴、大灵猫、豪猪、穿山甲、鬣羚、华南兔、牛背鹭、黄嘴白鹭、白颈长尾雉等,古北界的动物如狗獾、黄喉貂、白暨豚、獐、黑鹿、灰胸竹鸡、白颈长尾雉等。

7. 华南区:本区地处我国的南部亚热带和热带区,包括云南及两广的南部、福建东海沿海一带,以及台湾、海南岛和南海各群岛。属热带雨林和季雨林。滇南山地素有"动物王国"之称,有印度象、懒猴、长臂猿、金丝猴、绿孔雀、原鸡、太阳鸟等;闽广沿海有黑叶猴、黑长臂猿、白臂叶猴、树鼠、鹦鹉、黄鹂等;台湾的梅花鹿、鬣羚、猕猴、八哥、黑长尾雉等都极为常见。

10.6.3 海洋环境及渔区的划分与产量分布

海洋虽然在湿度和温度变化上没有陆地鲜明,但海洋动物的分布模式与陆地动物一样,受各种环境因素所左右,最主要的有水深、气候和海流。

10.6.3.1　海洋环境与海洋鱼类地理群

1.海洋环境:除鱼纲动物外,海洋脊椎动物能在水中生活的都是次生性的,即是从陆生再次回转到水中生活的现象。因此,海洋脊椎动物的不同类群鱼类、爬行类和哺乳类等,对海洋生活环境的适应性表现出明显的差异。这些差异增加了海洋动物地理学研究的复杂性。在此我们仅就鱼类,谈点海水鱼类的地理区划:海水鱼类终生于海水中生活,由于海洋水域范围广及大陆沿岸至离岸远洋,其环境因子如光照、盐度、水温、海流以及食物等在各水域有所差异,因此绝大部分海水鱼类均具地域性。它们并非在整个海洋的所有水域中自由迁移游动,更不会无故地进入或栖息于淡水,因此海水鱼类的分布与其栖息水域的位置及条件有密切关系。Briggs 于 1974 年的著作《海洋动物地理学》中提出,应以水平离岸与垂直水深以及纬度气候带划分的海洋水域,作为现今的海洋生物地理分区的基础,图示如下。

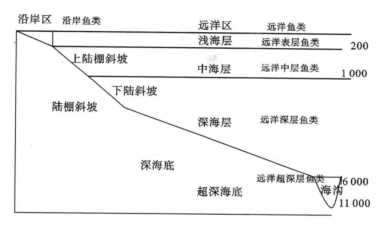

图 10-4　海洋地理分布区及海洋鱼类地理类群的分布

2.海水鱼类的地理群:海水鱼类可根据水平与陆岸距离分为沿岸鱼类及远洋鱼类,远洋鱼类又以垂直水层深度分为远洋表层鱼类、远洋中层鱼类、远洋深层鱼类及超深层鱼类;表层性鱼类又以生活方式分为非完全表层鱼类和完全表层鱼类,分类如下(详见图 10-4):

(1)沿岸鱼类:在水深浅于 200 m 之沿岸水域生活的鱼类。

(2)远洋表层鱼类:在水深浅于 200 m 之远洋水域表层生活的鱼类。

1)非完全(远洋)表层鱼类,其生活史中某时期有规律或偶然到表层水域生活。

①暂时(远洋)表层鱼类,幼鱼阶段或繁殖期才到远洋水域生活。

②(远洋)中层鱼类,日周期活动某阶段时间(如夜间)游升至远洋表层水域中层。

③外来(远洋)表层鱼类,偶然随水流或漂浮物(如海藻)到达远洋水域。

2)完全(远洋)表层鱼类,生活史绝大部分或全部在远洋表层水域度过的鱼类。

(3)远洋中层鱼类:在水深 200～1 000 m 中海层水域生活的鱼类。

(4)远洋深层鱼类:在水深 1 000～6 000 m 深海层水域生活的鱼类。

（5）远洋超深层鱼类,在水深 6 000～11 000 m 超深层水域生活的鱼类。

10.6.3.2　世界海洋渔区的划分与产量分布

20 世纪 90 年代,联合国粮农组织(FAO)将全世界的海洋水域划分为 18 个渔区〔孟庆闻等(1995)〕,其中印度洋分三个渔业区,西印度洋区、东印度洋区和印度洋南极部。太平洋有 7 个渔区:西北太平洋、东北太平洋、中西太平洋、中东太平洋,西南太平洋、东南太平洋及太平洋南极部;大西洋及其毗邻海域分为 8 个渔区:西北大西洋、东北大西洋、中西大西洋、中东大西洋、西南大西洋、东南大西洋、地中海和黑海及大西洋南极部。而在 2002 年 FAO 将世界的海洋水域划分为 19 个渔区,增加了北冰洋海区和渔区。为了对比近十余年来海洋渔业产量的变化,先介绍 20 世纪末世界各渔区的主要经济鱼类及产量基本情况,然后在其相应位置上用斜杠将 2002 年资料隔开,如果没有变化的就省略括号。

1. 西印度洋区。本区渔业总产量为 264 万吨/424.3 万吨,占世界海洋渔业产量的 3.28%/5.05%,在世界各大渔区中居第 8/6 位。主要鱼类有长头小沙丁鱼 *Sardinella longiceps*,鲣 *Katsuwomus pelamis*,龙头鱼 *Haupadon nehereus*,黄鳍金枪鱼 *Thunnus albacares* 等,主要生产国有印度、巴基斯坦、斯里兰卡、伊朗。

2. 东印度洋区。本区渔业总产量为 182.4 万吨/510.0 万吨,占世界海洋渔业产量的 2.2%/6.04%,在世界各大渔区中居第 13/5 位。鱼类有托氏鲥 *Tenualosa toli*,长头沙丁鱼,羽鳃鲐 *Rastrelliger kanagurta*,花点鲥 *Hilsa kelee*,南金枪鱼 *Thunnus maccoyii*,大眼金枪鱼 *T.obssas* 和鲣等。主要生产国有印度、缅甸、孟加拉国、印尼、澳大利亚。

3. 印度洋南极部。本区渔业总量极小,为 3.79 万吨/0.8 万吨,仅占世界海洋渔业产量的 0.05%/0.009%,居世界各大渔区中第 17/17 位。主要是南极银鱼 *Champsocephalus gumari* 和南极鱼 *Notothenia squuamifrons*,生产国为前苏联、日本和法国。

4. 西北太平洋区。本区是世界上最重要、产量最高的渔业生产区,渔业总产量为 2583.94 万吨/2143.6 万吨,占世界海洋渔业产量的 32.16%/25.39%,在世界各大渔区中居首位。主要有远东沙瑙鱼 *Sardinops melanosticta*,狭鳕 *Theragm chaleogramma*,鲐 *Scomber japonicus*,带鱼 *Trichiurus lepturus*,日本鳀 *Engraulis japonicus*,细鳞鲀 *Stephanolepis cirrhifer*,秋刀鱼 *Coloabis sairas*,太平洋鲱 *Clupea pallasii* 等。主要的生产国和地区有日本、前苏联、中国、韩国和朝鲜等。

5. 东北太平洋区。本区的渔业总产量为 320.7 万吨/270.3 万吨,占世界海洋渔业产量的 4%/3.2%,在世界各大渔区中居第 5/8 位。主要有狭鳕,太平洋无须鳕 *Merluccius productus*,刺黄盖鲽 *Limanda aspera*,大头鳕 *Gudus macrocephalus*,细鳞大麻哈鱼 *Oncorhynchus gerbuscha*,太平洋鲱,远东六线鱼 *Pleurogrammus azonus*,庸鲽 *Hippoglossus stenolepis*、裸盖鱼 *Anoplopoma fimbria* 等。主要生产国有美国、韩国、日本、加拿大、波兰。

6. 中西太平洋区。本区渔业总产量为 668 万吨/1 051.0 万吨,占世界海洋渔业产量的 8.31%/12.45%,在世界各大渔区中居第 4 位。有鲣,黄鳍金枪鱼,金带小沙丁鱼 *Sardinella gibbosa*,舵鲣 *Auxis thazard*,贝利小沙丁鱼 *S.lemura*,鲔 *Euthynnus affinis*,羽鳃鲐等。主要生产国有印尼、泰国、菲律宾、马来西亚、越南。

7. 中东太平洋区。本区渔业总产量为 261.78 万吨/203.7 万吨,占世界海洋渔业产量的 3.25%/2.41%,在世界各大渔区中居第 9/11 位。有加利福尼亚沙瑙鱼 *S. caeruleus*,黄鳍金枪鱼,鲉,北太平洋鳀 *E. mordax*,中太平洋鳀 *Cetengraulis symmetricus*,大眼金枪鱼,鲣,太平洋后丝鳍鱼 *Opisthonema livetate*,长鳍金枪鱼,太平洋竹荚鱼 *Trachurus symmetricus*。主要生产国有厄瓜多尔、墨西哥、美国、日本、巴拿马。

8.西南太平洋区。本区渔业总产量为 73.3 万吨/74.0 万吨,占世界海洋渔业产量的 0.91%/0.88%,在世界各大渔区中居第 15/15 位。鱼类有绿背竹荚鱼 *T. dedivis*,蓝尖尾无须鳕 *Mocruronus novaezealandiae*,棘胸鱼 *Hoplostethus altlanticus* 等。主要生产国有新西兰、日本、前苏联。

9.东南太平洋区。本区渔业总产量为 1 195.1 万吨/1 376.5 万吨,占世界海洋渔业产量的 14.8%/16.31%,在世界各大渔区中居第 2/2 位。有秘鲁鳀 *Engranlis ringens*,智利沙瑙鱼 *Sardinops sagax*,智利竹荚鱼,智利无须鳕 *Merluccius gayi* 等。主要生产国有秘鲁、智利、前苏联、古巴、日本。

10.太平洋南极部。本区渔业总产量为 3 892 吨/13.5 吨,仅为南极磷虾产量,占世界海洋渔业产量的0.61%,在世界各大渔区中居第 18/18 位。

11.西北大西洋区。本区渔业总产量为 290.9 万吨/224.5 万吨,占世界海洋渔业产量的 3.6%/2.61%,在世界各大渔区中居第 7/9 位。有大西洋鳕 *Gadus morhua*,油鲱 *Brevoortia tyrannus*,大西洋鲱 *Clupea harengus*,银无须鳕 *Merluccius bilinearis*,拟庸鲽 *Hippoglossoidea platessoides*,毛鳞鱼,绿青鳕 *Pollachius virens*,犬齿牙鲆 *Paralichthys dentatus* 等。主要生产国有加拿大、美国、前苏联、葡萄牙、格陵兰。

12.东北大西洋区。本区渔业总产量为 1 049.万吨 1/1 102.5 万吨,占世界海洋渔业产量的 13.05%/13.06%,在世界各大渔区中居第 3/3 位。有大西洋鳕,毛鳞鱼,大西洋鲱,蓝鳕 *Micromesistius poutasson*,鲭,绿青鳕,大西洋竹荚鱼,黍鲱 *Sprattus sprattus*,欧洲沙丁鱼 *Sardine pilchardus*,欧洲鲽,棘角鲨 *Squalus acanthias*。主要生产国有挪威、丹麦、前苏联、英国、法国、荷兰。

13.中西大西洋区。本区渔业总产量为 201.95 万吨/176.4 万吨,占世界海洋渔业产量的 2.62%/2.09%,在世界各大渔区中据第 11/12 位。有大鳞油鲱 *Brevoortia patronus*,黄鳍金枪鱼,鲻 *Mugil cephalus* 等。主要生产国有美国、墨西哥、委内瑞拉、古巴、圭亚那。

14.中东大西洋区。本区渔业总产量为 301.8 万吨/337.0 万吨,占世界海洋渔业产量的 3.75%/3.99%,在世界各大渔区中居第 6/7 位。有欧洲沙丁鱼,鲉,金色小沙丁鱼 *Sardinella aurita*,槟榔鲥 *Ethmalosa fimbriata*,大眼石鲈 *Brachydeuterus auritus* 等。主要生产国有前苏联、摩洛哥、西班牙、加纳、塞内加尔、尼日利亚。

15.地中海和黑海区。本区渔业总产量为 199.49 万吨/154.6 万吨,占世界海洋渔业产量的 2.18%/1.83%,在世界各大渔区中居第 12/14 位。有欧洲鳀,欧洲沙丁鱼,地中海竹荚鱼,银带棱鳀,黍鲱等。主要生产国有土耳其、意大利、前苏联、西班牙、希腊、突尼斯。

16.西南大西洋区。本区渔业总产量为 172.95 万吨/209.0 万吨,占世界海洋渔业产量的 2.12%/2.48%,在世界各大渔区中居第 14/10 位。鱼类有阿根廷无须鳕 *Merluccius hubbsi*,巴西小沙丁鱼 *Sardinella brasiliensis*,澳洲蓝鳕 *Micmmesistius australis*,细须石

首鱼 *Micropogenias undulatus*，鮊，南红笛鲷 *Ludanus purpureus* 等。主要生产国有巴西、阿根廷、波兰、乌拉圭、日本。

17. 东南大西洋区。本区渔业总产量为 211.3 万吨/170.1 万吨，占世界海洋渔业产量的 2.6%/2.01%，在世界各大渔区中居第 10/13 位。在南非无须鳕 *Merluccius capensis*，南非竹筴鱼 *Trachurus capensis*，南非鳀 *E. fapensis*，竹筴鱼 *Trachurus tracae* 等。主要生产国有前苏联、南非、纳米比亚、西班牙、罗马尼亚。

18. 大西洋南极部。本区渔业总产量为 201.95 万吨/0.2 万吨，占世界海洋渔业产量的 2.62%/0.002%，在世界各大渔区中居第 16/18 位。主要为南极磷虾，鱼类有两种：短尾南极鱼 *Patagonothen brevicauda* 和南极银鱼 *Champsocephalus gunnari*。主要生产国为前苏联、日本。

19. 北冰洋海区。无数据。

从以上可以看出近十余年世界各海区渔业产量有明显变化。

10.7 动物生态学与环境概要

10.7.1 动物生态学

动物生态学是研究动物与其周围环境和生物相互之间关系的科学，是生态学按生物划分的一支。地球上的环境主要分为非生物环境和生物环境两大类。前者包括阳光、大气、水域和陆地。对于水生动物来讲，水域环境十分重要。水体的温度、盐度、pH 值、溶氧、营养物质含量、透明度、水流、水压以及潮汐和海流等都属水生动物的非生物环境因子，其测定方法与海洋学和湖沼学相同。通过所测定的各种数据即可了解水生动物与其周围环境的相互关系。

水生动物与周围生物间的相互关系研究，需要根据生态学所研究的要求，分别按层次的差别，如个体的、种群的、群落的或生态系统的不同，而分别采用不同的技术方法各个解决。首先要确定所研究的对象及有关生物的名称。由此可见，分类学基础对生态学研究十分重要。第二，要进行种群数量变动的调查和统计。由于生态学的发展，人们对于各个大类群的动物，都已形成相对完整而独立的调查方法。按照专业的需要可以参考选用。第三，种群生态学的研究，通常定期对生物的密度、出生率、死亡率、迁移扩散、食性、昼夜分布节律、生活史或行为特点等各种生态特征的观察和实验。第四，群落生态学的研究，通常直接描述群落的外貌，分析群落的结构和组成部分，常用关联分析法、梯度分析和排序、物种多样性研究、生态位宽度及重叠等，其研究方法除进行取样以外，还大量地应用数学分析。第五，生态系统的研究，有两个主要方向：一是生产力的研究，发展了生产力生态学（Productivity ecology）；另一是物流研究。动物的生产力属于次级生产力范畴。对消费者生产力的估计，一方面要应用生理学方法测定动物消化率、同化率、摄食量、代谢率等生理参数，同时还要测食物、粪尿和身体的热值。另一方面，还要取得种群数量或生物量，出生率、增长率等生态学参数，然后根据适当的数学模型来估计出生产力指标。在物流研究中，有两种最常用的技术：一是同位素标志追踪，观察它们在各亚系统之间的运行渠道，各环节的利用率和积累量,以及在整个生态系统中的循环规律;二是模拟技术,或叫数学模型研究,已在食物网的理论研究方面有明显进展,特别是一些统计规律和预测模型(Cohen,J. E.,F. Briand and C. M. Newman,1990 Community Food Webs:Data and Theory. Springer—Verlag,N. Y.)。

就其所涉及的范围而言,生态系统是可大可小的,小至一个池塘、一片森林,大至整个地球,都是生态系统。所有的生态系统一般包括以下4个基本组成部分:

1.非生物物质和能量:包括无机物、水、气体、日光能等。日光是生物能量的来源。

2.生产者:自养生物(主要是植物)。

3.消费者:异养生物(主要是动物)。根据其在食物链中所占的位置可分初级、次级及三级消费者等。寄生生物和腐生生物通常也归此类。

4.还原者(或称分解者):将动植物尸体的复杂有机物分解为简单的无机物并再次供植物利用。因而还原者也是生态系统中物质循环不可缺少的部分。

生态系统最简单的例子是池塘,日光被水生植物和浮游植物吸收作能源。自养生物还利用水和底泥中的无机物作为制造有机物的原料,称生产者(producer)。浮游动物吃浮游植物而获得能量,称初级消费者(primary consumer)。小鱼吃浮游动物,为次级消费者(secondary consumer)。大鱼吃小鱼,为三级消费者(tertiary consumer)。鱼鹰吃大鱼,为四级消费者(quaternary consumer)。上述食物链中的动植物死亡后,尸体即被微生物分解,微生物称为分解者(decomposer)。能量、物质就在这样一个生态系统中转化和循环,能量只能被有机体或群用一次就转化成热并散失了,是一种单向流(one way flow),而非能物质(如氮、碳和水)则能反复多次被利用。目前已采用放射性同位素^{32}P喷洒标记食物源,通过检查动物的放射性强弱情况来加以推断。

复杂的食物网是生态系统保持稳定的重要条件,它具有较强的抵抗干扰的能力。食物链愈简单,生态系统就愈脆弱,对外力的干扰愈敏感,容易波动甚至破坏。

10.7.2　环境保护

生态学研究的多数问题都涉及环境保护。环境保护的目的就是最有效和最有益地合理利用自然资源。动植物资源都必须在其能够不断更新的范围内来加以利用。但不要轻易伤害某些植物,因为它们是生态系统的一部分,对于保持生态系统的相对稳定是必要的。当前由于人类活动对环境的破坏,使野生动物面临严重威胁。两千年以来的记载表明,已有110种兽类和139种鸟类被人类消灭了。以美洲旅鸽绝灭为例,该种1810年曾多得"能将天空遮黑",被估计有10亿只,1869年仅在一个巢址区域就被猎杀700万只,由于商人的争捕出售以及栖息地枥林的大规模破坏,使种数量急剧下降,至1914年最后一只旅鸽死于美国动物园(刘凌云等,1994)。我国的兽类需要加以保护,而列为国家一、二级的保护对象有82种,占现有总种数的17.4%;鸟类列为一、二级保护的种类约占总数的10%。显然,这些种类只有在国家的保护下,才能避免濒临灭绝的境地。人类对环境的破坏主要有3个方面,即经济活动(砍伐森林、城市设施、工业发展)而导致的生态系统破坏;环境污染以及由于乱捕滥猎而导致的生态平衡失调。生态系统的污染源来自三处:工业废物污染、农药污染及放射性污染。工业设施所排出的有毒气体(二氧化碳、一氧化碳、硫、氯及氮的化合物等)能造成严重的大气污染,使动植物特别是人类造成生存威胁。如1952年伦敦上空的烟尘和二氧化硫,曾造成4 000居民死亡。化工厂、造纸厂等所排出的工业废水进入河道之后,引起水质的严重污染,致使整个水域中的生物,特别是鱼类中毒并死亡,有机体内的残毒还能通过食物链的途径转移富集,最终危害食鱼鸟类及人类健康。污水中的有机质使江河、沿海水质富营养化(eutro phication),细菌等腐生生物大量繁殖。赤潮出现造成水中缺氧,水色红黄带有恶臭,使鱼和大量水生生物缺氧窒死。近海石油污染也是十分严重的问题,数十万吨的油轮漏油事件屡见不鲜,经常造成海洋大面积污染,致使鱼类、海鸟、海兽成批死亡。农业大量使用杀虫剂,如DDT等有机氯化物,自然不能降解,通过虫—禽—人的食物链的传递、富集造成对人类的严重危害。

放射性污染主要发生在核爆炸或核基地、核电厂附近,核微尘通过空气或水流扩散也能富集而危及人畜的生命安全。此外,随人口增加,城乡建设发展工业噪声,电磁辐射等都会成为"公害"。因此,城乡建设的发展、生态系统的环境保护和改善问题,也需与生态学密切结合起来加以研究。

复习题

1.地球上生命起源的基本条件有哪些?

2.试述化学进化到生物进化的演变过程。

3.如何从比较解剖的角度说明动物是进化的?

4.试从胚胎学角度提出动物的进化例证。

5.如何以古生物学例证说明生物是进化的。

6.举例说明动物地理因素在动物形成中的作用。

7.如何以免疫学方法研究动物之间的亲缘关系?

8.试述核酸分子在进化中的作用。

9.论述遗传学在生物进化与进化论中的作用。

10.达尔文的自然选择主要内容是什么?

11.动物进化的四大定律?

12.何为系统生物学?综合进化学派对进化论的主要贡献是什么?

13.为什么说《系统发育系统学》是系统生物学历史上的转折点?

14.为什么系统发育系统学又被称为分支系统学?

15.分支系统学已取得哪些主要成绩?

16.何谓动物区系?

17.世界陆地动物区系划分几个界?其各自的鸟兽特点如何?

18.概述我国陆地动物地理区划的基本特点?

19.试述生态系统的基本组成。

20.概述种群生态学、群落生态学和生态系统研究的主要方法。

21.人类经济活动在哪些方面可以造成对环境的破坏?如何防止这些破坏?

参考文献

[1] 丁汉波.脊椎动物学[M].北京:高等教育出版社,1985.

[2] 马克勤,郑光美.脊椎动物比较解剖学[M].北京:高等教育出版社,1984.

[3] 中国科学院西北高原生物研究所.青海经济动物志[M].西宁:青海人民出版社,1989.

[4] 中国科学院一国家计划委员会自然资源综合考察委员会.中国自然资源手册[M].北京:科学出版社,1990.

[5] 方永强,王龙.文昌鱼轮器哈氏窝匀浆对幼体蟾蜍睾丸发育的初步探讨[J].实验生物学报,1984,17:115-117.

[6] 方永强,齐襄.文昌鱼哈氏窝上皮细胞超微结构的研究[J].中国科学B辑,1989,6:592.

[7] 方永强.文昌鱼在生殖内分泌进化中的地位[J].科学通报,1998,34:225-232.

[8] 方永强.鱼类促性腺激素在文昌鱼哈氏窝免疫细胞化学定位[J].科学通报,1993,38(9):340-342.

[9] 牛青山.非鳄类爬行动物的血液循环.动物学专题[M].北京:科学出版社,1990.

[10] 牛青山.蛇毒研究和应用的现状.动物学专题[M].北京:科学出版社,1990.

[11] 王丕烈,孙建运.儒艮在中国近海的分布[J].兽类学报,1986,6(3):175-181.

[12] 王所安,等.动物学专题[M].北京:北京师范大学出版社,1991.

[13] 王所安.脊椎动物学[M].北京:人民教育出版社,1961.

[14] 汪松,解焱.中国物种红色名录.第一卷红色名录[M].北京:高等教育出版社,2004.i-xx+1-225.

[15] 汪松,解焱.中国物种红色名录.第二卷脊椎动物(上册)鱼类与两栖类[M].北京:高等教育出版社,2009.i-xiv,1-746.索引1-.

[16] 汪松,解焱.中国物种红色名录.第二卷脊椎动物(下册)[M].北京:高等教育出版社,2009.i-xii,1-588.

[17] 兰龙.日照近海首次发现文昌鱼[J].海洋开发,1998,1;71.

[18] 叶昌媛,费梁,胡淑琴.中国珍稀及经济两栖动物[M].成都:四川科学技术出版社,1993.

[19] 四川省生物研究所两爬室.中国爬行动物系统检索[M].北京:科学出版社,1977.

[20] 伍献文,陈宜瑜,陈湘麟,陈景星.鲤亚目鱼类的系统发育的相互关系[J].中国科学B辑,1985,6:369-376.

[21] 刘凌云,郑光美.普通动物学[M].第4版.北京:高等教育出版社,2009.

[22] 刘瑞玉.中国海洋生物名录[M].北京:科学出版社,2008.

[23] 华中师范学院,等.动物学(下)[M].北京:高等教育出版社,1984.

[24] 华明光,钱振德,周开亚,王雨初,唐天雪.白暨豚额隆声衰和声速的测量[M].兽类学报,1987,7(2):85-91.

[25] 吕小梅,方少华.福建沿海文昌鱼的分布[J].海洋通报,1997,3:88-90.

[26] 孙儒泳.动物生态学原理[M].第2版.北京:北京师范大学出版社,1992.

[27] 朱龙.山东蓬莱发现文昌鱼[J].生物学通报,1998,33(6):45.

[28] 老克利夫兰 P.希克曼,等.动物学大全[M].林绣瑛等译.北京:科学出版社,1989.

[29] 许崇任,程红.动物生物学[M].北京:高等教育出版社,2008.

[30] 别洛波利斯基,舒恩托夫.海洋鸟类[M].刘喜悦,庄一纯译.北京:科学出版社,1991.

[31] 吴贤汉,等.青岛文昌鱼生活史:年龄、生长和死亡研究[J].海洋与湖沼,1995,2:175-178.

[32] 张士璀,等.从文昌鱼个体发育谈脊椎动物起源[J].海洋科学,1995,4:15-21.

[33] 张孟闻,等.中国动物志:爬行纲第一卷[M].北京:科学出版社,1998.

[34] 张孟闻,等.脊椎动物比较解剖学(上册)[M].北京:高等教育出版社,1987.

[35] 张弥曼,热河生物群[M].上海:上海科学技术出版社,2001.

[36] 张英培.分子分类的若干问题[M].动物学研究,1994,15(1):1-10.

[37] 张恒军.鸟类在环境监测中的作用[J].生物学通报.1992,3:8-10.

[38] 张荣祖.中国自然地理——动物地理[M].北京:科学出版社,1979.

[39] 张荫荪.遗鸥繁殖生境选择及其繁殖地湿地鸟类群落[J].动物学研究.1993,14(2):128-135.

[40] 张致一,朱益陶,陈大元.促黄体素(LH)在文昌鱼哈氏窝免疫细胞化学定位[J].科学通报,1982,27(15):946-947.

[41] 李岗.分支系统学评述[J],植物分类学报,1993,31(1):80-99.

[42] 李树青.鲸的集体自杀.动物学专题[M].北京:科学出版社,1990.

[43] 李难.生物进化论[M].北京:高等教育出版社,1987.

[44] 李难.进化论教程[M].北京:高等教育出版社,1990.

[45] 李湘涛.中国的海鸟[J].生物学通报,1990,4:8-11.

[46] 杨安峰.脊椎动物学[M].第2版.北京:北京大学出版社,1994.

[47] 杨德渐,等.中国北部海洋无脊椎动物[M].北京:高等教育出版社,1996.

[48] 汪松,解焱.中国物种红色名录(第二卷下册)[M].北京:高等教育出版社,2009.

[49] 沈汉祥,李善勋,唐小曼,陈思行.远洋渔业[M].北京:海洋出版社,1987.

[50] 邹鹏.水生哺乳动物的呼吸.动物学专题[M].北京:科学出版社,1990.

[51] 陈万青,郑长禄,张起信.海洋哺乳动物[M].青岛:青岛海洋大学出版社,1992.

[52] 陈世骧.进化论与分类学[M].第2版.北京:科学出版社,1987.

[53] 陈世骧.物种概念与分类原理[M].北京:中国科学 B 辑,1983,4:315-320.

[54] 陈佩薰,刘沛霖,刘仁俊,林克杰,G.皮莱里.长江中游(武汉—岳阳江段)豚类的分布、生态、行为和保护[J].海洋与湖沼,1980,11(1):73-84.

[55] 陈佩薰,林克杰,刘仁俊.白暨豚上呼吸道的解剖和组织学的研究[J].水生生物学集

刊,1980,7(2):131-140.

[56] 陈宜瑜,陈炜.关于白暨豚行为的一些形态解剖资料[J].水生生物学集刊,1975,5(3):360-370.

[57] 陈宜瑜.中国平鳍鳅鱼类系统分类的研究.Ⅱ.腹鳍鳅亚科鱼类分类[J].水生生物学集刊,1980,7(1):96-119.

[58] 陈宜瑜.白暨豚脑的解剖[J].水生生物学集刊,1970,6(4):365-376.

[59] 陈宜瑜.系统动物学和动物地理学的发展趋势及我国近期的发展战略[J].动物学杂志,1992,27(3):5-56.

[60] 周开亚,李悦民,钱伟娟.白暨豚的胃[J].动物学报,1979,25(2):95-99.

[61] 周开亚,李悦民.白暨豚的肠[J].动物学报,1979,27(3):248-252.

[62] 周开亚,钱伟娟,李悦民.白暨豚的骨骼和分类地位[J],动物学报,1979,25(1):58-73.

[63] 周开亚,钱伟娟.白暨豚(齿鲸亚目,白暨豚科)的肌学研究Ⅰ[J].兽类学报,1981,1(2):117-126.

[64] 周开亚,钱伟娟.白暨豚(齿鲸亚目,白暨豚科)的肌学研究Ⅱ[J].兽类学报,1981,2(1):9-18.

[65] 周开亚.中国近海的两种宽吻海豚[J].兽类学报,1987,7(4):246-254.

[66] 周开亚.白暨豚.动物学专题[M].北京:科学出版社,1990.

[67] 周明镇,张弥漫,于小波.分支系统学译文集[M].北京:科学出版社,1983.

[68] 周明镇,张弥漫,陈宜瑜,朱敏.隔离分化生物地理学译文集[G].北京:中国大百科全书出版社,1996.

[69] 周明镇,等.脊椎动物进化史[M].北京:科学出版社,1979.

[70] 孟庆闻,苏锦祥,缪学租.鱼类分类学[M].北京:中国农业出版社,1995.

[71] 孟庆闻,等.鱼类比较解剖学[M].北京:科学出版社,1987.

[72] 季强,姬书安.中国最早鸟类化石的发现及鸟类的起源[J].中国地质.1996,10:30-32.

[73] 武云飞,朱松泉,关于皮鳞鱼尾的讨论[J].动物学报,1977,23(2):182-186.

[74] 武云飞,吴翠珍.青藏高原鱼类[M].成都:四川科学技术出版社,1992.

[75] 武云飞,康斌,门强,吴翠珍.西藏鱼类染色体多样性的研究[J].动物学研究,1999,20(4):258-264.

[76] 武云飞,谭齐佳.青藏高原鱼类区系统及其形成的地史原因分析[J].动物学报,1991,37(2):135-152.

[77] 武云飞.中国裂腹鱼亚科鱼类的系统分类研究[J].高原生物学集刊,1984,3:119-140.

[78] 武云飞.陈宜瑜.西藏北部新第三纪的鲤科鱼类化石[J].古脊椎动物与古人类,1980,18(1):15-20.

[79] 武云飞,等.水生脊椎动物学[M].青岛:中国海洋大学出版社,2004.

[80] 武云飞.系统生物学[M].青岛:中国海洋大学出版社,2004.

[81] 武汉大学,等.普通动物学[M].第2版.北京:高等教育出版社,1986.

[82] 郑光美.鸟类学[M].北京:北京师范大学出版社,1995.

[83] 郑作新,等.中国动物图谱鸟类[M].北京:科学出版社,1987.

[84] 郑作新,等.世界鸟类名称[M].北京:科学出版社,1986.

[85] 郑作新,等.脊椎动物分类学.北京:中国农业出版社,1982.

[86] 郑作新.中国鸟类系统检索[M].北京:科学出版社,1964.

[87] 郑作新.中国鸟类种和亚种分类名录大全[M].北京:科学出版社,1994.

[88] 郑国锠.细胞生物学[M].第3版.北京:高等教育出版社,1996.

[89] 侯连海,等.侏罗纪鸟类化石在中国的首次发现[J].科学通报.1995,40(8):726-729.

[90] 荆显英,肖有芙,景荣才.白暨豚(*Lipotes'UPxillifer*)的声信号及声行为[J].中国科学,1981,2:233-241.

[91] 费梁,叶昌媛,黄永昭.中国两栖动物检索[M].重庆:科学技术文献出版社重庆分社,1990.

[92] 费梁,等.中国两栖动物检索及图解[M].成都:四川出版集团四川科学技术出版社,2005.

[93] 赵尔宓,鹰岩.中国两栖爬行动物学[M].〔美〕蛇蛙研究会与中国蛇娃研究会出版,Oxford,Ohio.

[94] 赵尔宓.中国动物志:爬行纲[M].北京:科学出版社,1998.

[95] 赵尔宓.中国蛇类,上卷[M].合肥:安徽科技出版社,2006.

[96] 赵尔宓.两栖类和爬行类(中国濒危动物红皮书第三卷)[M].北京:科学出版社,1998.

[97] 赵肯堂,张祥,陈丽华.蜥蜴尾的自残及再生[M].动物学专题.北京:科学出版社,1990.

[98] 赵铁桥.系统生物的概念和方法[M].北京:科学出版社,1995.

[99] 赵新全,等.青藏高原代表性土著动物分子进化与适应研究[M].北京:科学出版社,2008.

[100] 郝天和.脊椎动物学(上、下册)[M].北京:高等教育出版社,1965.

[101] 夏武平.中国动物图谱(兽类)[M].北京:科学出版社,1964.

[102] 徐克学.数量分类学[M].北京:科学出版社,1994.

[103] 涂长晟,等.生物学思想发展的历史[M].成都:四川教育出版社,1990.

[104] 钱伟娟.江豚气管和肺的解剖学与组织学研究[J].兽类学报,1986,6(3):183-189.

[105] 陶锡珍.脊椎动物比较解剖实验[M].台湾:欧亚书局,1994.

[106] 崔志军.扁嘴海雀繁殖及迁徙的研究[J].动物学杂志.1993,4:27-29.

[107] 盛和林,等.脊椎动物学野外实习指导[M].北京:高等教育出版社,1985.

[108] 盛和林.哺乳动物学概论[M].上海:华东师范大学出版社,1985.

[109] 傅秀梅,等.海洋生物资源保护与管理[M].北京:科学出版社,2008.

[110] 傅桐生,等.长白山鸟类[M].长春:东北师范大学出版社,1984.

[111] 傅桐生,等.鸟类分类及生态学[M].北京:高等教育出版社,1988.

［112］奠伟红,陈萍君.鳖和鳖的人工养殖［M］.动物学专题.北京:科学出版社,1992.

［113］楮新洛.褶兆属鱼类的系统发育及二新种的记述［J］.动物分类学报,1982,7(4):428-437.

［114］韩存志.近年来我国关于白暨豚 *Lipotes vexillifer* 的研究［J］.兽类学报,1982,2(2):245-252.

［115］甄朔南.中国的恐龙。动物学专题.北京:科学出版社,1090.

［116］管华诗,等.中华海洋本草［M］.上海:上海科技出版社,北京:海洋出版社,2009.

［117］赛道建.白额鹱的繁殖生态初报.动物学研究.1993,14(2):17.

［118］Carl E Bond. Biology of Fishes［M］. Philadelphia:Saunders College Publishing,1979.

［119］Davis P W,E P Solomon. The World of Bilolgy［M］. Philadelphia:Saunders College Publishing. 1986.

［120］George C kent. Comparative Anatomy of the Vertebrates［M］. Times Mirror/Mosby College Publishing,1987.

［121］Henning W. Phylogenetic Systematics［M］. Ann. Rev. Ent. 1965,10:97-116.

［122］Joseph J. Nelson. Fishes of the World［M］. 4th ed. Printed in United States of America, 2006.

［123］Kent G C. Larry M. Comparative Anatomy of the Vertebrates［M］. Times College Publishing. 1987.

［124］Knut Schmidt－Niclseo. Animal physiology［M］. Cambridge:Cambridge University Press,1979.

［125］Lars lofgren. Ocean Birds［M］. Alfred A Knopf,INC,1984.

［126］Miller S A,J P Harley. Zoology［M］,Wn C. Brown,1992.

［127］Nelson G,E Rosen. Vicariance Biogeography－Acritique［M］. New York. Columbia University Press. 1981.

［128］Nelson G,N I Platnick. Biogeography［M］. Carolina Biology Reader. 1984,119:1-16.

［129］Nelson J S. Fishes of the World［M］. 3rd edition,New York:John Wiley&Sons,Inc. 1994.

［130］Starr C,R Taggart. Biology:the University and diversity of life［M］. 1984,Printed in the United States of America.

［131］Starr C,R Taggart. Biology:the Unity and diversity of life［M］. Printed in the United States of America,1984.

［132］Walker W F. Vertebrate Dissection［M］. Philadelphia:Saunders College Publishing,1986.

［133］Wiley E O. Passinomy Analysis and Vicariance Biogeography［J］. Systmatie zoology. 1988b,37(3):271-290.

［134］Wiley E O. Vicariance Biogeography［J］. Ann. Rev. Ecol. Syst. 1988a,19:513-542.

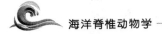
[135] William N,McFarland F. Harvey Pough. Vertebrate Life[M]. New York:Macmillan Publishing,1985.

[136] Young J Z. The life of Vertebrates[M]. Oxford:Oxford university press,1962.

[137] Zhang shicui,et al. Topographic changes in nascent and early mesoderm in Amphioxus embryos studied by Di J Labaling and in situ hybridization for a Branchyury gene[J]. Dev. Genes. Ev01. 1997,206:532-535.